油库技术与管理系列丛书

油库安全技术与安全管理

马秀让　主编

石油工業出版社

内 容 提 要

本书主要介绍了油库安全技术和安全管理的方法、措施、评价、职责和规章制度。内容涵盖了安全教育，安全管理体制，安全、环境与健康（HSE）管理体系，安全管理技术与方法，安全评价，运行与施工安全管理，防自然灾害对策，事故分析与管控，油库安全文化建设等。

本书可供油料系统各级管理者、油库业务技术干部及油库一线操作人员阅读使用，也可供油库工程设计与技术人员和石油院校相关专业师生参阅。

图书在版编目（CIP）数据

油库安全技术与安全管理 / 马秀让主编 .—北京：石油工业出版社，2017.5

（油库技术与管理系列丛书）

ISBN 978-7-5183-1861-2

Ⅰ.①油… Ⅱ.①马… Ⅲ.①油库管理-安全管理 Ⅳ.①TE972

中国版本图书馆 CIP 数据核字（2017）第 070690 号

出版发行：石油工业出版社
（北京安定门外安华里 2 区 1 号　100011）
网　址：www. petropub. com
编辑部：（010）64523583　图书营销中心：（010）64523633
经　销：全国新华书店
印　刷：北京中石油彩色印刷有限责任公司

2017 年 5 月第 1 版　2017 年 5 月第 1 次印刷
710×1000 毫米　开本：1/16　印张：23. 25
字数：450 千字

定价：118. 00 元
（如出现印装质量问题，我社图书营销中心负责调换）

《油库安全技术与安全管理》分册编写组

主　　编　马秀让

副 主 编　许胜利　徐浩勐　景　鹏　高志东

编写人员　(按姓氏笔画排序)

马介威　王　岩　王　征　王立明　邓凯玲

朱邦辉　安笑静　杨林易　连　伟　何岱格

张宏印　张寿信　邵海永　陈　伟　陈李广

陈　巍　罗晓霞　岳　田　周　娟　单汝芬

赵希凯　屈统强　聂世全　贾跃全　夏礼群

郭广东　郭守香　曹常青　梁检成　寇恩东

程　赟　解宇仙　端旭峰

序一

读完摆放在案头的《油库技术与管理系列丛书》，平添了几分期待，也引发对油库技术与管理的少许思考，叙来共勉。

能源是现代工业的基础和动力，石油作为能源主力，有着国民经济血液之美誉，油库处于产业链的末梢，其技术与管理和国家的经济命脉息息相关。随着世界工业现代化进程的加快及其对能源需求的增长，作为不可再生的化石能源，石油已成为主要国家能源角逐的主战场和经济较量的战略筹码，甚至围绕石油资源的控制权，在领土主权、海洋权益、地缘政治乃至军事安全方面展开了激烈的较量。我国政府审时度势，面对世界政治、经济格局的重大变革以及能源供求关系的深刻变化，结合我国能源面临的新问题、新形势，提出了优化能源结构、提高能源效率、发展清洁能源、推进能源绿色发展的指导思想。在能源应急储备保障方面，坚持立足国内，采取国家储备与企业储备结合、战略储备与生产运行储备并举的措施，鼓励企业发展义务商业储备。位卑未敢忘忧国。石油及其成品油库，虽处在石油供应链的末梢，但肩负上下游生产、市场保供的重担，与国民经济高速、可持续发展息息相关，广大油库技术与管理从业人员使命光荣而艰巨，任重而道远。

油库技术与管理包罗万象，工作千头万绪，涉及油库建设与经营、生产与运行、安全与环保等方方面面，其内涵和外延也随着社会的转型、能源结构及政策的调整、国家法律和行业法规的完善，以及互联网等先进技术的应用而与时俱进、日新月异。首先，随着中国社会的急剧转型，企业不仅要创造经济利润，还须承担安全、环保等社会责任。要求油库建设依法合规，经营管理诚信守法，既要确保上游平稳生产和下游的稳定供应，又要提供优质保量的产品和服务。而易燃、易爆、易挥发是石油及其产品的固有特性，时刻威胁着油库的安全生产，要求油库不断通过技术改造、强化管理，提高工艺技术，优化作业流程，规范作业行为，强化设备管理，持续开展隐患排查与治理，打造强大作业现场，实现油库的安全平稳生产。其次，随着国家绿色低碳新能源战略的实施及社会公民环保意识的提升，要求油库采用节能环保技术和清洁生产工艺改造传统工艺技术，降低油品挥发和损耗，创造绿色环保、环境友好油库；另外，随着成品油流通领域竞争日趋激烈，盈利空间、盈利能力进一步压缩，要求油库持续实施专业化、精细化管理，优化库存和劳动用工，实现油库低成本运作、高效率运行。人无远虑必有近忧。随着国家能源创新行动计划的实施，可再生能源技术、通信技术以及自动控制技术快速发展，依托实时高速的双向信息数据交互技术，以电能为核心纽带，涵盖煤炭、石油多类型能源以及公路和铁路运输等多形态网络系统的新型能源利用体系——能源互联网呼之欲出，预示着我国能源发展将要进入一个全新的历史阶段，通过能源互联网，推动能源生产与消费、结构与体制的链式变革，冲击传统的以生产顺应需求的能源供给模式。在此背景下，如何提升油库信息化、自动化水平，探索与之相融合的现代化油库经营模式就成为油库技术与管理需要研究的新课题。

这套丛书，从油库使用与管理的实际需要出发，收集、归纳、整理了国内外大量数据、资料，既有油库生产应知应会的理论知识，又有油库管理行之有效的经验方法，既涉及油库“四新技术”的推广应用，又收纳了油库相关规范标准的解读以及事故案例的分析研究，涵盖了油库建设与管理、生产与运行、工艺与设备、检修与维护、安全与环保、信息与自动化等方方面面，具有较强的知识性和实用性，是广大油库技术与管理从业人员的良师益友，也可作为相关院校师生和科研人员的学习和参考素材，必将对提高油库技术与管理水平起到重要的指导和推动作用。希望系统内相关技术和管理人员能从中汲取营养并用于工作，提升油库技术与管理水平。

中国石油副总裁 田景惠

2016年5月

序二

油库是储存、输转石油及其产品的仓库，是石油工业开采、炼制、储存、销售必不可少的中间重要环节。油库在整个销售系统中处在节点和枢纽的位置，是协调原油生产、加工、成品油供应及运输的纽带，是国家石油储备和供应的基地，它对于保障国防安全、促进国民经济高速发展具有相当重要的意义。

在国际形势复杂多变的当今，在国际油价涨落难以预测的今天，多建油库、增加储备，是世界各国采取的对策；管好油库、提高其效，是世界各国经营之道。

国家战略石油储备是政府宏观市场调控及应对战争、严重自然灾害、经济失调、国际市场价格的大幅波动等突发事件的重要战略物质手段。西方国家成功的石油储备制度不仅避免因突发事件引起石油供应中断、价格的剧烈波动、恐慌和石油危机的发生，更对世界石油价格市场，甚至是对国际局势也起到了重要影响。2007 年 12 月，中国国家石油储备中心正式成立，旨在加强中国战略石油储备建设，健全石油储备管理体系。决策层决定用 15 年时间，分三期完成石油储备基地的建设。由政府投资首期建设 4 个战略石油储备基地。国际油价从 2014 年年底的 140 美元/桶降到 2016 年年初的不到 40 美元/桶，对于国家战略石油储备是一个难得的好时机，应该抓住这个时机多建石油储备库。我国成品油储备库的建设，在近几年亦加快进行，动员石油系统各行业，建新库、扩旧库，成绩显著。

油库的设计、建造、使用、管理是密不可分的四个环节。油库设计建造的好坏、使用管理水平的高低、经营效益的大小、使用寿命的长短、安全可靠的程度，是相互关联的整体。这就要求我们油库管理使用者，不仅应掌握油库管理使用的本领，而且应懂得油库设计建造的知识。

为了适应这种需求，由中央军委后勤保障部建筑规划设计研究院与部分军内油库建设与管理专家和中国石油天然气集团公司部分专家合作编写了《油库技术与管理系列丛书》。丛书从油库使用与管理者实际工作需要出发，吸取了《油库技术与管理手册》的精华，收集了国内外油库管理及建设的新知识、新技术、新工艺、新标准、新设备、新材料，总结了国内油库管理的新经验、新方法，涵盖了油库技术与业务管理的方方面面。

丛书共13分册，各自独立、相互依存、专册专用，便于选择携带，便于查阅使用，是一套灵活实用的好书。本丛书体现了军队油库和民用油库的技术与管理特点，适用于军队和民用油库设计、建造、管理和使用的技术与管理人员阅读。也可作为石油院校教学的重要参考资料。

本丛书主编马秀让毕业于原北京石油学院石油储运专业，从事油库设计、施工、科研、管理40余年，曾出版多部有关专著，《油库技术与管理系列丛书》是他和石油工业出版社副总编辑章卫兵组织策划的又一部新作，相信这套丛书的出版，必将对军队和地方的油库建设与管理发挥更大作用。

解放军后勤工程学院原副院长、少将

原中国石油学会储运专业委员会理事

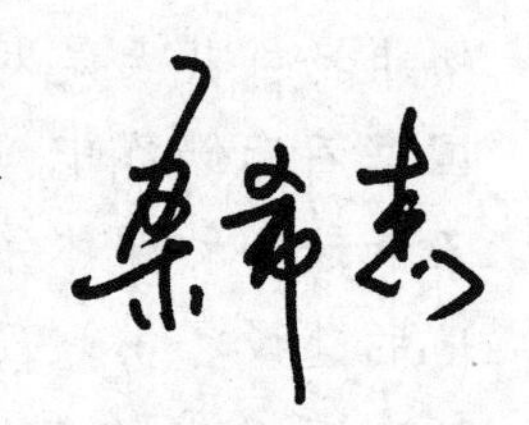

2016年5月

丛书前言

油库技术是涉及多学科、多领域较复杂的专业性很强的技术。油库又是很危险的场所，于是油库管理具有很严格很科学的特定管理模式。

为了满足油料系统各级管理者、油库业务技术干部及油库一线操作使用人员工作需求，适应国内外油库技术与管理的发展，几年前马秀让和范继义开始编写《油库业务工作手册》，由于各种原因此书未完成编写出版。《油库技术与管理系列丛书》收集了国内外油库管理及建设的新知识、新技术、新工艺、新标准、新设备、新材料，采用了《油库业务工作手册》中部分资料。

本丛书由石油工业出版社副总编辑章卫兵策划，邀中央军委后勤保障部建筑规划设计研究院与部分军内油库建设与管理专家和中国石油天然气集团公司部分专家用3年时间完成编写。丛书共分13分册，总计约400多万字。该丛书具有技术知识性、科学先进性、丛书完整性、单册独立性、管建相融性、广泛适用性等显著特性。丛书内容既有油品、油库的基本知识，又有油库建设、管理、使用、操作的技术技能要求；既有科学理论、科研成果，又有新经验总结、新标准介绍及新工艺、新设备、新材料的推广应用；既有油库业务管理方面的知识、技术、职责及称职标准，又有管理人员应知应会的油库建设法规。丛书整体涵盖了油库技术与业务管理的方方面面，而每本分册又有各自独立的结构，适用于不同工种。专册专用，便于选择携带，便于查阅使用，是油料系统和油库管理者学习使用的系列丛书，也可供油库设计、施工、监理者及高等院校相关专业师生参考。

丛书编写过程中，得到中国石油销售公司、中国石油规划总院等单位和同行的大力支持，特别感谢中国石油规划总院魏海国处长组织有关专家对稿件进行审查把关。书中参考选用了同类书籍、文献和生产厂家的不少资料，在此一并表示衷心地感谢。

丛书涉及专业、学科面较宽，收集、归纳、整理的工作量大，再加时间仓促、水平有限，缺点错误在所难免，恳请广大读者批评指正。

《油库技术与管理系列丛书》编委会

2016 年 5 月

目　录

第一章　油库安全管理概述

油库安全管理是一门涉及范围广、内容极为丰富的综合性学科。安全管理是管理科学的一个重要分支，它是为实现系统安全目标而进行的有关决策、计划、组织和控制等方面的活动。其主要任务是在国家安全生产方针的指导下，依照有关政策、法规及各项安全生产制度，运用现代安全管理原理、方法和手段，分析和研究生产过程中存在的各种不安全因素，从技术上、组织上和管理上采取有力措施，控制和消除各种不安全因素，防止事故的发生，保证生产顺利进行，保障职工的人身安全和健康，避免国家财产损失。

第一节　油库作业与安全

油库是炼厂和用油单位的中间环节，是产销的纽带。油品的危险性和油库作业的特点，使得安全工作稍有疏忽就可能酿成事故，所以安全工作必须贯穿于油库收储发的全过程。

一、油库作业的特点

以油品储存、供应为中心的油库作业具有许多特点，主要包括危险性、技术性、随时性、断续性、独立性、批进零出等。这些特点给油库安全工作带来诸多不利因素。

（一）危险性

由于油品本身固有的不安全因素，油库作业中随时有发生事故的可能。只要有一个环节、一个岗位、一项操作、一条规定没有落实或稍有疏忽，就可能引发事故。如冒罐跑油、开错阀门混油、烧焊油桶爆炸、误操作吸瘪油罐及阀井中的阀门渗漏中毒等。

（二）技术性

油库工作涉及技术门类多，甚至一项工作与多种技术有关，要求油库工作者具有多种技术能力。而实际情况是油库工作者技术素质水平与油库工作的技术要求不相适应，这极易造成事故。

（三）随时性

油库接收来油没有固定的时间，为了不积压铁路油罐车，必需随到随收。由于铁路机车调运问题，大多数在下班后或夜间送到油库。特别是周转供应库，多数星期天和全国统一的公休日工作。这种随时性极易造成疲劳而失误。

(四) 断续性

油库收发作业，大多不是连续作业，设备的运行时断时续。

(五) 独立性

油库作业岗位多，战线长。通常每个岗位只有一人工作。这种独立工作的特点，要求工作者具有很高的自觉性、责任心和技术素质。否则极易失控而发生事故。

(六) 批进零出

油库大多是由铁路油罐车和油轮整批接卸，然后由用户用汽车油罐车、油桶等容器零星拉走。这种作业方式，既在装卸、输送中有大量油气逸散，又使油品零发场所外来人员和车辆繁多。这无疑会有诸多外来不安全因素进入零发油现场，给具有油气飘浮的发油场所的安全造成威胁，给安全管理带来困难。

二、安全在油库作业中的重要地位

油品的危险性决定了油库作业中潜在的不安全因素。而且这种不安全贯穿于油库工作的方方面面及各种作业的全过程。因此，安全工作对油库具有特别重要的意义，是油库的“生命线”。

(一) 安全是油库作业的前提

围绕油库收储发这个中心而进行的各种作业活动，其目的是为国民经济的发展、国防建设的加强、社会的安定团结、人民生活的幸福和谐等提供动力资源，且作业中必须保证操作人员的身心健康和人身安全。但是，油品自身的危险性给油库作业带来了极大的危险性，稍有疏忽与失误，就可能造成重大事故。离开了安全这个前提，油库各项工作就难以正常运转。

(二) 安全是油库作业的关键

油库作业是否安全，是关系油品的损失、设备和设施毁坏、人员的健康和伤亡以及环境污染的大事，同时还会影响友邻单位，造成人们的恐惧心理，也会因供需失调而影响油品需求单位的生产、国防建设等。所以，油库安全作业是圆满完成中心任务收储发的关键所在。

(三) 安全是油库作业的保证

从油库事故千例统计分析中发现，影响油库安全作业的因素很多，大体可归纳为以下五类：

(1) 人的不安全意识和不安全行为。

(2) 安全制度不健全(含油库各种制度，如操作规程、作业程序等)和执行不严。

(3) 技术设备状况不良和安全设备不配套。

(4) 油品固有的危险特点。

(5) 社会环境和自然条件的影响、作用。

只有将这些影响油库安全作业的问题加以研究和解决，才能保证油库的安全作业。

三、油库安全作业的基本原则

(一) 油库安全作业，坚守原则

人类的生产活动(油库作业也在其中)是最基本的实践活动，它决定着社会的其他活动。生产劳动是人类赖以生存和发展的必然条件。然而，在生产劳动中必然存在着各种不安全、不利于身心健康的因素，如果不加以防护，随时可能发生工伤事故和职业病或职业伤害，造成生命财产的损失。

1. 保护劳动者原则

生产力由科学技术、劳动对象、劳动工具、劳动者四者组成，其中劳动者是生产力的决定因素。发展科学技术，维护劳动工具，合理开发劳动对象，都离不开保护劳动者的安全和健康，这也是全面建设现代化油库的客观需要。

2. 关心劳动者利益的原则

安全作业直接关系油库人员的切身利益。全面建设油库，实现油库作业的现代化，要依靠油库人员的聪明才智和创造性劳动。调动群众的积极性，除了细致的政治思想工作外，就是关心群众生活，创造一个安全、卫生的劳动环境，解除劳动者的后顾之忧。反之，搞不好安全作业，关心和爱护群众就成了一句空话。

3. 管生产必须同时管安全的原则

实践证明，安全作业必然促进油库的全面建设。“生产必须安全，安全促进生产”这一揭示生产与安全辩证关系的科学方针，同样适合于油库的作业。执行这一方针，贯彻“管生产必须同时管安全”的原则。这一原则要求油库各级领导和干部，要特别重视安全，抓好安全，将安全作业渗透到油库作业的各个环节，做到作业和安全的“五同时”。即计划、布置、检查、总结、评比作业时，要将安全纳入其中。编制油库年度计划和长远规划时，应将安全作为重要内容。

4.“安全第一”的原则

所谓“安全第一”就是组织安排油库作业时，应把安全作为一个前提条件考虑，落实安全作业的各项措施，保证油库人员的安全和健康，以及油库作业的长期和安全运行；“安全第一”就是在油库作业与安全发生矛盾时，作业必须服从安全；“安全第一”对领导和干部来说，应处理好作业与安全的辩证关系，把人员的安全和健康当作一项严肃的政治任务；“安全第一”对油库人员来说，应严格执行规章制度，从事任何工作都应分析研究可能存在的不安全因素和注意的问题，采取预防性措施，避免人身伤害或影响油库作业的正常运行。

（二）油库安全作业，人人有责

安全作业是一项综合性的工作，必须坚持群众路线，贯彻专业管理和群众管理相结合的原则。油库作业中，领导和干部决策指挥稍有失误，操作者工作中稍有疏忽，检修、化验人员稍有不慎，都可能酿成重大事故。所以，油库作业必须做到人人重视，个个自觉，提高警惕，互相监督，发现隐患，及时消除，才能实现安全作业。为保证安全作业的落实应确实做好以下几点：

1. 实行全员安全责任制

安全责任制是岗位责任制的组成部分，是一项最根本的安全制度。安全责任制将安全与作业从组织领导上统一起来，使安全作业事事有人管，人人有专责。

2. 建立健全安全规章

安全规章中要特别重视岗位安全技术、操作规程的建立健全和贯彻执行，使操作者有章可循，并正确分辨安全操作和危险操作，以及安全和危险的道理。

3. 适时修改和完善安全规章

安全规章应随着油库机构的变动，科学技术的发展，对油库作业认识的深化，作业经验的积累，操作技能的提高，事故教训的总结而适时修改和完善。

4. 加强经常性的政治思想工作和监督检查

领导和干部应以身作则，身体力行，认真执行。同时要依靠各级组织和群众做好经常性政治思想和安全教育，定期或不定期督促检查执行情况，发现问题，及时解决。安全作业中的好人好事要给予表扬和奖励，好经验要及时总结推广。而对违章指挥、违章作业、玩忽职守造成事故者，必须认真追究责任，严肃处理。

（三）油库安全作业，重在预防

“凡事预则立，不预则废”，是总结同灾害作斗争的经验而提出的科学论断，是“防患于未然”的正确主张。油库安全同消防工作“以防为主，以消为辅”一样，应“重在预防”，变被动为主动，变事后处理为事前预防，把事故消灭于萌芽状态。

1. 体现“三同时”原则

“安全作业，重在预防”体现在认真贯彻执行“三同时”的原则。即新建、改建、扩建油库，以及油库实施技术革新、新科技项目时，安全技术、“三废”治理、主体工程应同时设计、施工、投产，决不能让不符合安全、卫生要求的设备、装置、工艺投入运行。

2. 体现对设备设施的整修改造

"安全作业，重在预防"体现在对已投入运行的安全装置和设施的整顿改造。在运行的油库中，凡不符合安全要求的安全装置应及时更换或改造；不配套的安全设施应完善配套；不安全的设备、工艺应更新或改造；老、破、旧、损设备应有计划、有步骤地用新设备代替。而且对运行油库的整修改造应在总体规划指导下进行，以免出现"拆了建，建了拆"的浪费现象。

3. 体现科技含量的不断提高

"安全作业，重在预防"体现在积极开展安全作业的科研、技术革新，对油库现有设备、工艺、装置、设施存在的影响安全问题，组织力量攻关，及时消除隐患；研究或采用新材料、新设备、新技术、新工艺时，应相应地研究和解决安全、卫生等问题，并研制各种新型、可靠的安全防护装置，以提高油库安全的可靠性。

4. 体现人员技能的不断提高

"安全作业，重在预防"体现在狠抓安全作业的基础工作，不断提高人员识别、判断、预防、处理事故的能力和本领。如运用安全教育、安全技术培训、安全技术考核；定期不定期地开展预想、预查、预防的"三预"活动和安全检查；完善各种测试手段，坚持测试，随时掌握设备和环境的变化情况，做到心中有数，以及油库典型事故分析和事故分类综合分析，研究掌握油库事故发生的原因和规律，主动采取预防措施。

5. 体现安全管理方法的不断改进

"安全作业，重在预防"体现在结合油库实际，应用事故致因理论不断完善安全技术设施，加深对危险因素认识，加大对物质危险状态和人的不安全行为的监控力度，防止事故隐患向事故方面转化，采用符合油库的职业安全健康管理体系，实现油库的持续发展。

四、油库安全作业的基本任务

安全与危险是对立的统一。所谓安全是预测危险，消除隐患，取得不使人身受到伤害，不使财产遭受损失的结果。油库安全作业的基本任务归纳起来有两条：

（一）预防工伤和职业病

在油库作业过程中保护操作者的安全和健康，防止工伤事故和职业性危害。

（二）预防各类事故发生

油库事故主要有跑冒油、着火爆炸、中毒、静电和雷电危害、设备设施损坏、禁区不禁、环境污染、人的不安全意识和行为、交通运输事故、自然灾害、人为破坏等11个方面的事故。在油库作业过程中防止各类事故的发生，确保油库连续、正常运行，保护人身和国家财产不受损失。

油库安全作业和劳动保护这两个概念有相同的内涵，也有不同的含义。相同点是其基本任务都是消除作业中的不安全、不卫生因素，防止伤亡事故和职业病的发生。不同点是安全作业含有保护设备、设施、工艺等财产，保证油库正常运行等内容；劳动保护含有劳逸结合，女工保护等内容。

第二节　油库安全管理和安全技术的基本内容

油库安全作业离不开安全技术和安全管理。安全技术是安全工作的物质基础，安全管理是安全工作的保证，两者互相促进，互为补充。

一、油库安全管理及其基本内容

在企业管理的发展过程中，始终都渗透着安全管理的内容。现实采用的安全管理理论、方法和手段，均可以从企业管理理论中找到依据。如现代安全管理理论中的系统安全工程、可靠性工程、安全行为学、安全经济学、事故致因理论、人机工程学等，以及各种安全教育方法、安全作业标准化、系统安全分析、系统安全评价等，都是科学管理理论的应用。

（一）油库安全管理的研究对象

油库安全管理涉及面广，客观存在是进行各项管理的前提，又是实现油库管理目标的重要内容和约束条件。在油库作业过程中，由于导致事故的原因较多，包括人、设备、环境等诸多因素，而这些因素又涉及设计、施工、操作、维修、储存、运输以及经营管理诸环节。油库安全管理与作业过程中的许多环节和因素发生联系并受其制约。因此，油库安全管理研究对象应包括油库系统的人、物、环境三要素及三者之间互相联系的各个环节。其中对物的管理包括油库设备、设施，对环境的管理包括内部和外部环境。

（二）油库安全管理的基本内容

油库安全管理涉及内容比较多，它是顺利进行各项管理的前提，又是实现管理目标的重要内容和约束条件。其基本内容包括以下几个方面：

1. 安全管理组织体制

安全管理组织体制主要研究安全管理组织机构设置的原则、形式、任务、目标等方面的内容，从而达到优化体制建设的目的。

2. 安全管理基础工作

主要研究安全管理法规贯彻落实，组织安全培训和法规的实施，制订和实施安全检查方案。

3. 安全作业

安全作业主要是研究储存和收发作业中的安全管理，储油输油设备设施，电气、通风、消防设备设施运行作业中的安全管理。

4. 劳动保护

劳动保护主要研究油库生产作业中毒物的来源、危险及防护，油库噪声的危害及控制，油库劳动保护用品等内容。

5. 作业人员的安全管理

作业人员的安全管理主要研究人的行为与安全的关系，行为的退化及预防措施，安全行为的模型，不安全行为的表现以及消除这些不安全行为所采取的对策。

6. 安全评估

安全评估主要研究油库安全评估的标准、组织实施及应注意的问题。

7. 事故管理

事故管理主要研究油库事故调查、分析、处理程序及方法，事故发生发展规律，预测、预报理论和方法等。

综合上述内容，可归纳为三个方面的内容：

(1) 建立健全安全管理机构，全面实行岗位责任制机制，自上而下明确责、权、利。

(2) 用情感和规章制度规范人的思想，约束人的行为，保护好劳动者的安全。在安全管理中，实行“走动”管理模式，进行信息交流，疏通思想。

(3) 建立事故管理和安全评估机制，真正实现预测预防，对危险因素进行有效消除或控制。

(三) 油库安全管理的研究方法

1. 理论与实践相结合

由于油库安全管理是一门实用性很强的科学，涉及的范围广，内容复杂，与自然科学、社会科学、技术科学、行为科学等学科在内容上存在多边的联系。因此，研究油库安全管理，必须学习和掌握多方面、多学科的知识，如油库设计、油库设备的使用维护及检修技术、系统论、系统工程、行为科学、心理学、管理科学以及电子计算机等。同时，还应善于将这些知识、技术应用于油库安全管理之中，应用现代管理科学知识和工程技术去研究、分析。控制以及消除油库生产过程中的各种危险因素，有效地防止灾害事故的发生。

2. 定性和定量相结合

任何事物都有其自身质的规定性和量的规定性。油库安全管理中所涉及的因素较多，有人的因素、环境的因素以及设施、设备的因素等，而在这些因素中，有些因素能够用数量表示，有些因素不能用数量表示。在对这些因素进行分析或对油库系统安全或各子系统安全进行评价时，就无法完全采用定量的方法进行，因此应采取定性分析和定量分析相结合的方法，尽量扩大定量分析的范围，以便对油库安全管理的规律有更深刻的认识，指导油库安全工作实践。

3. 总结与吸收相结合

油库安全管理有其普遍的规律，也有其特殊的规律。各油库由于其规模的不同，设施设备的差异，所处地理环境的不同，人员素质的高低等原因，其安全管理工作有差异。因此油库在安全管理中应针对其具体情况，采取有效的措施，不断总结各油库自身安全管理工作的规律。比如军用油库大多地处偏僻，人员流动性大，担负的任务不同，这就决定了军用油库与地方油库相比有其特殊规律，而且即使是军用油库，北方油库和南方油库、储备油库和供应油库，其安全管理工作也有所不同。

（四）实施安全监督

大力推行安全监督制度，是我国改革劳动保护制度的重要内容。安全监督，就是使安全管理成为封闭式管理，即不但管生产管安全，而且要有安全监督部门监督安全。安全监督，就是组织职能机构对所属单位组织的安全生产，保证劳动者健康的工作进行监督。国家建立了“国家监察、行业管理、行政负责、群众监督”的安全管理体制，并成立国家安全生产监督管理局，保证有效的安全监督。油库的安全监督机构，对所属单位进行安全检查、评比、监督和事故处理。同时，还应大力开展群众性的安全监督。实践证明，油库设立安全监督岗和安全员实施安全监督是行之有效的方法。油库建、管、用的安全监督过程见图 1-1。

二、油库安全技术及其基本内容

所谓油库安全技术是研究和查明油库作业过程中各类事故和职业性伤害发生的原因，防止事故和职业性疾病发生的系统科学技术和理论。安全技术是生产技术的一个分支，与生产技术紧密相关。在生产中利用安全技术，针对不安全因素进行预测、评价、控制和消除，以防止人身伤害事故、设备事故、环境污染，保证生产的安全运行。

安全问题是随着生产的出现而产生，随着生产和技术的发展而发展。

（一）油库安全技术研究的对象和目的

1. 研究对象

油库安全技术是为了控制和消除油库中各种潜在的不安全因素，针对油库生产作业环境、设备设施、工艺流程以及作业人员等方面存在的问题，而采取的一系列技术措施。

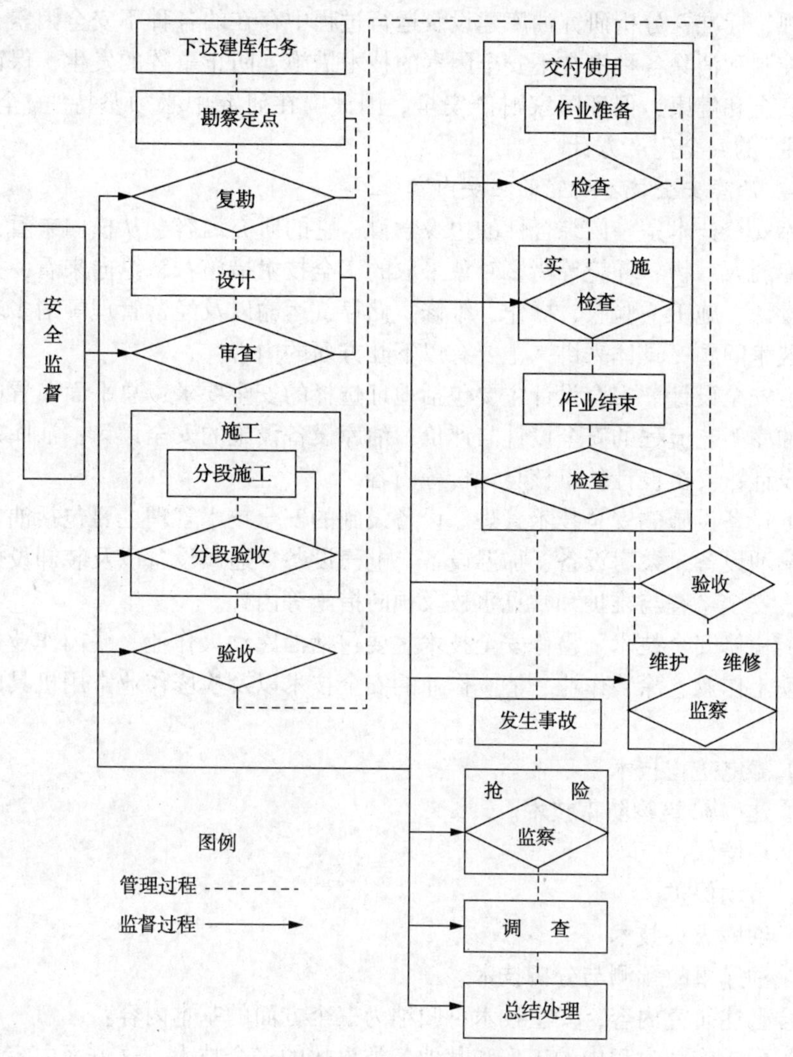

图 1-1　油库建、管、用的安全监督过程

油库安全技术是安全作业工作的重要组成部分。作为一门综合性实用学科，安全技术的研究涉及机械、电子、焊接、起重、防腐、系统工程、管理工程等广泛的知识领域，安全技术是一门综合性应用技术，其研究对象包括人（生产作业人员）、物（油料及其与储运、加注、维修、化验等相关的设备设施）、环境（油库内外部环境）等及其有关的各个环节。

2. 研究的目的

油库安全技术研究的目的，就是应认真贯彻执行国家有关的法律、方针、政策及法规、标准，分析研究油库建设及运行过程中存在的各种不安全因素，采取有效的控制和消除各种潜在不安全因素的技术措施，防止事故的发生，保证职工的人身安全和健康，保证国家财产安全。因此，在研究中必须坚持“安全第一，预防为主”的安全生产方针。

（二）油库安全技术研究的主要内容

油库安全技术是一门综合性的边缘学科，它的研究内容，从横向来看，应包括对油库的人、物、环境等诸多对象采取的安全技术措施；从纵向来看，又涉及从油库设计、施工、验收、操作、维修、储存、运输以及经营管理等诸多环节中的安全技术问题。具体来讲，主要有以下几方面的内容：

(1) 安全设计。安全设计主要包括地址选择的安全要求；总平面布置的安全要求；油库工艺流程的安全设计与评价；油库设备设施的安全设计；油库建筑防火防爆设计；安全设计的审核与评价等内容。

(2) 设备设施的安全技术管理。设备设施的安全技术管理主要包括油库储油设备、输油设备、泵房设备、加温设备、电气设备、通风设备以及装卸设施的安全操作、安全检查与维护和常见事故及预防措施等内容。

(3) 检修安全技术。检修安全技术主要包括油库动火作业、罐内作业、高处作业、动土作业、涂装作业、清洗作业的安全技术以及检修作业常用机具的安全使用。

(4) 静电防止技术。

(5) 建(构)筑物防雷技术。

(6) 环境保护。

(7) 劳动保护。

(8) 油库灭火技术。

(9) 油库事故预测与分析技术。

综合上述研究内容，安全技术可归纳为三个方面的基本内容：

(1) 预防作业过程中的工伤和其他各类事故的安全技术。这方面内容主要有预防油品流失和变质、减少油气逸散、预防火灾爆炸、预防静电危害、预防设备设施损坏和失修、人体防护等安全技术，以及油库安全评估、事故管理和数理统计，安全系统工程运用等。

(2) 预防职业性伤害的安全技术。这方面的内容主要有防尘、防毒、噪声治理、振动消除、通风采暖、照明采光、放射性防护、高频和射频防护、现场急救等。

(3) 建立技术规范。制订、完善安全技术规范、规程、规定、条例、标准等内容。

三、安全技术与作业技术关系

安全技术与作业技术两者密切相关，相互促进。作业技术没有安全技术的保证就难以实现，而安全技术没有作业技术的基础就难以发展，两者的发展水平必须互相适应。

（一）安全技术是作业技术的一个组成部分

安全技术与作业技术都是根据科学原理和实践经验而发展的各种物质生产的知识和技能。两者的发展水平代表了人类利用自然、改造自然、征服自然的能力。有什么样的作业技术就有什么样的安全技术保证其实现。各个行业都有自己的安全技术。一般来说安全技术有通用和专用之分。作业技术的进步必须伴随安全技术改进，才能确保安全作业；而安全技术的发展，必须熟悉作业技术。

（二）安全技术贯穿于作业的全过程

新建、改建、扩建油库时，从可行性研究、设计、施工、安装到竣工、验收、试运行、投入使用等各个环节都有安全技术的内容，都必须遵守有关安全技术法规。如《石油库设计规范》《建筑设计防火规范》《工业企业设计卫生标准》等安全规范、规程、规定、条例和标准。油库运行过程中，在人员方面有岗位分配的禁忌、对人员的安全教育、岗前体验、安全技术培训和考核等；在物资方面有油品的质量化验、设备和器材的质量检验、工艺设备的维护和定期技术鉴定、检修等；在管理方面有劳动组织、计划调度、工艺改革、安全技术措施等都与安全技术有不同程度的关联。因此，油库运行中，在各个环节上都应做好安全技术和安全管理工作。

（三）安全技术随着作业技术的发展而发展

作业技术的发展，对安全技术提出新的更高的要求，也为安全技术的发展创造了条件。与新的作业技术相对应的安全技术问题得不到解决，新的作业技术就难以推广应用。而安全技术愈发展，工作者预知和消除危险的本领就愈大，也就愈能保证正常、连续、安全地运行，可获得更佳的效益，人员的安全和健康更有保障。因此，安全技术是随着作业技术的发展而发展的。而先进的科学技术和先进的管理方法是安全技术不断前进的原动力。

第二章　油库安全教育

第一节　安全教育的目的、原则和作用

人的生存依赖于社会的生产和安全，而安全条件的实现是由人的安全活动去实现的，安全教育又是安全活动的重要形式。安全教育是实现安全目标(即防范事故发生)的三大对策之一，也是人类生存活动中的基本而重要的活动。

一、安全教育的目的

安全教育的目的、性质是社会制度所规定的。在计划经济为主的体制下，油库的安全教育目的较强地表现为“你要我安全”，被教育者偏重于被动地接受；在市场经济体制下，变“要你安全”为“你要安全”，变被动接受安全教育为主动要求安全教育。

安全教育的功能、效果，以及安全教育的手段都与社会经济水平有关，都受社会经济基础的制约，是由生产力所决定的。安全教育的内容、方法、形式都受生产力发展水平的限制。由于生产力落后，操作复杂，人的操作技能要求很高，相应的安全教育主体是人的技能；现代生产的发展，使生产过程对于人的操作要求越来越简单，安全对人素质要求的主体发生了变化，即强调对人的态度、文化和内在的精神素质。因此，安全教育的主体也应改变。这就是说现代社会的安全活动要求重视和加快安全文化的建设步伐，使其适应社会化安全作业的需要。

二、安全教育的基本原则

安全教育的基本原则是进行安全教学活动所应遵守的行动准则。它是在教学工作实践中总结出来的，是教学过程中客观规律的反映。

(一) 教育的目的性原则

油库安全教育的对象包括油库的各级领导、油库的一线人员、安全管理人员以及职工的家属等。对象不同，教育的目的也不同。各级领导是安全的认识和决策教育；一线人员是安全态度、安全技能和安全知识的教育；安全管理人员是安全科学技术教育；职工的家属是让其了解油库的工作性质、工作规律及相关的安全知识等。只有准确地掌握了教育的目的，才能有的放矢，提高教育效果。

（二）理论与实践相结合的原则

安全活动具有明确的实用性和实践性。进行安全教育的最终结果是对事故防范，只有通过生活和工作中的实际行动，才能达到防范事故的目的。因此，安全教育过程中必须做到理论联系实际。为此，现场说法、案例分析是安全教育的基本形式。

（三）调动教与学积极性原则

从受教育的角度来说，接受教育，利己、利家、利人，是与自身的安全、健康、幸福息息相关的事情。所以，接受安全教育应是发自内心的要求。为此，必须充分认识安全效果的间接性、潜在性、偶然性，全面地、长远地、准确地理解安全活动的意义和价值。

（四）巩固性与反复性原则

安全知识，一方面随生活和工作方式的发展而改变，另一方面安全知识的应用在人们的生活和工作过程中是偶然的。这就使得已掌握的安全知识随着时间的推移而退化。“警钟长鸣”是安全领域的基本策略，其中就道出了安全教育的巩固性与反复性原则的理论基础。

三、安全教育的作用

在教学过程中，经常起作用并直接关系教学效果的基本因素有两个：一个是人的因素，包括教育者和被教育者；另一个是物的因素，即有关教学工作的各种设备及其有效使用。特别是随着现代教学工具的发展，教学手段的作用越来越占有重要的地位。

安全教育承担着传递安全作业和安全生活信息的任务。安全教育使得人的安全文化素质不断提高，安全精神需求不断发展。通过安全教育能够形成和改变人对安全的认识观念、安全活动和事态的态度。使人的行为更符合社会生活及油库作业中的安全规范和要求。因此，安全教育在安全活动领域充当着十分重要的角色。

第二节　安全教育方法和对象

油库安全教育方法集中表现为通过宣传和教育、传授和示范、理论和实践、学习和理解、思维和行动、外因和内因、心理和生理、感性和理性、道德和伦理等活动方式来开展，形成油库各具特色的行之有效的方法。虽受时间、地点、环境的限制，总能找到或创造符合本油库安全生产经营活动实际的，人人喜闻乐见的，不落俗套、不刻板、不乏味的好办法，以提高职工的安全意识和素质，保护职工的身心安全与健康的好方法。

依靠安全科学技术的普及，提高员工的安全意识和安全素质，是安全教育的最佳途径。其中关键之举是通过教育和传媒的形式和手段，将安全哲理、安全思想、安全意识、安全态度、安全行为、安全道德、安全法规、安全科技、安全知识告诉并传授给员工，并影响、激励和造就员工的安全品质。只有全员的安全素质的不断提高，油库安全才能真正发挥巨大作用。

一、安全教育方法

安全教育的方法和一般教学的方法一样，多种多样。各种方法有各自的特点和作用，在应用中应结合实际的知识内容和学习对象，灵活采用。

合理的教育方法可提高教学质量，达到事半功倍的效果。通常在教学过程中有如下方法可供参考：启发法、发现法、讲授法、谈话法、读书指导法、演示法、参观法、访问法、实验和实习法、练习与复习法、研讨法、宣传娱乐法等。比如对于大众的安全教育，多采用宣传娱乐法和演示法等；对中小学生的安全教育多采用参观法、讲授法和演示法等；对各级领导和官员多采用研讨法和发现法等；对于油库一线人员的安全教育则宜采用讲授法、谈话法、访问法、练习和复习法等；对于安全专职人员则应采用讲授法、研讨法、读书指导法等。

(1) 讲授法是教学中常用的方法。它具有科学性、思想性、计划性、系统性和逻辑性。

(2) 谈话法是指通过对话的方式传授知识的方法。一般分为启发式谈话和问答式谈话。

(3) 读书指导法是通过指定教科书或阅读资料的学习来获取知识的方法。这是一种自学方法，需要学习者具有一定的自学能力。

(4) 访问法是对当事人的访问，现身说法，获得知识和见闻。

(5) 练习和复习法是涉及操作技能方面的知识，往往需要通过练习来加以掌握。复习是防止遗忘的主要手段。

(6) 研究讨论法是通过研讨的方式，相互启发、取长补短，达到深入消化、理解和增长知识的目的。

(7) 宣传娱乐法是通过宣传媒体，寓教于乐，使安全的知识和信息通过潜移默化的方式深入员工的思想言行之中。

安全教育的方式有人与人传授教育、人与设备演习培训、人与环境访问教学、电化教学、计算机多媒体培训等。就安全课讲授的形式而言，有报告式安全课、电教式安全课、答疑式安全课、研讨式安全课、演讲式安全课、座谈式安全课、参观式安全课、竞赛式安全课、试验式安全课、综合式安全课等。

随着计算机多媒体的发展，目前在国际范围内还发展了一种新的教育方式，这就是“计算机多媒体培训技术”。它具有文字、图像、视频、声音等多种媒体。培训内容包括防火防爆、机械安全、电气安全、锅炉压力容器安全、安全管理、职业卫生、特种作业等。系统具有学习、测试、评分、管理、打印等多种功能，可适用于不同的测试对象和测试难度。学习过程中可根据需要按不同难度选择学习内容。难度等级包括一般难度(适用于一般人员)、中等难度(适用于管理人员)、较难(适用于安全专业人员)三个等级。难度等级可任意组合，培训方式有学习和测试两种，其中测试又分为出试卷测试和上机测试。

二、安全教育对象

就社会总体而言，安全教育对象分为社会和企业(油库)。社会安全教育的对象有官员、居民、学生、大众等；油库安全教育的对象有决策者、管理者、安全专业人员、一线人员以及家属等。安全教育包括目标、内容和方式。

(1)安全教育总的目标是提高人的安全素质，但不同对象应有不同的安全教育目标。而目标要通过强化安全意识，培育安全能力，增长安全知识，提高安全技能等来实现。

(2)针对不同对象应有不同的安全教育内容。一般来说，安全教育内容涉及安全常识、安全法规、安全标准、安全政策、安全技术、安全科学理论、安全技能等。

(3)教育方式也是安全教育重要环节。常规的安全教育方式有持证上岗教育，特种作业教育，安全员教育，日常安全教育，家属、学生、居民的基本安全教育等。

第三节 油库相关人员的安全教育

油库安全教育内容、方式应以对象的不同而不同。这是由于不同的对象对掌握的知识和内容有所区别。对于一个油库来讲，安全教育包括油库的决策层(法人代表、各级党政领导)、管理者、员工、安全专业管理人员以及职工的家属五种对象。

一、决策层(法人及决策者)的安全教育

决策层是油库的最高领导层(包括法人代表和决策者)，其中第一负责人就是油库的法人代表。油库法人代表及决策者是油库生产经营的主要决策者，是油库利益分配和生产资料调度的主要控制者，同时也是油库安全生产的第一指挥者和责任人。

法人代表及决策者对安全生产的理解程度和认识程度决定着油库安全生产的状态和水平，所以，决策者必须具备较高的安全文化素质，这就需要对决策层不断进行必要的安全教育。油库领导对安全的认识教育就是要端正领导的安全意识，提高其决策素质，从油库管理的决策层确立安全生产的应有地位。

(一) 油库决策层安全教育的知识体系

对油库决策层的安全教育重点是方针政策、安全法规和标准。具体可从以下几个方面进行教育。

1. 懂得安全法规、标准及方针政策

油库决策层应有意识地培养自己的安全法规和安全技术素质，认真学习国家和行业主管部门颁发的安全法规、文件和有关安全技术规范，研究事故发生规律。安全生产的技术规范包括安全生产的管理标准，生产设备、工具安全卫生标准，生产工艺安全卫生标准，防护用品标准等；重大责任事故的治安处罚与行政处罚；违反安全生产法律应承担的相应民事责任；违反安全生产法律应承担的相应的刑事责任；在什么情况下构成重大责任事故罪等。

2. 培养安全管理能力

决策层只有具备较高的安全管理素质，才能真正负起“安全生产第一责任人”的责任。在安全生产问题上正确运用决定权、否决权、协调权、奖惩权，在机构、人员、资金、执法上为安全生产提供保障条件。

3. 树立正确的安全思想

重视人的生命价值，要有强烈的安全事业心和高度的安全责任感。

4. 建立应有的安全道德

作为油库领导必须具备正直、善良、公正、无私的道德情操和关心职工、体恤下属的职业道德，对于贯彻安全法规制度，要以身作则，身体力行。

5. 形成求实的安全工作作风

在市场经济下，要对油库决策层进行求实的工作作风教育，防止口头上重视安全，实际上忽视安全，即所谓“说起来重要，做起来次要，忙起来不要”。

(二) 油库决策层安全教育的目标

1.“安全第一”的哲学观

在思想认识上，安全高于其他工作；在组织机构上，应赋予其一定的责、权、利；在资金安排上，其规划程度和重视程度要重于其他工作所需资金；在知识更新上，安全知识(规章)学习先于其他知识的培训和学习；在管理举措上，情感投入多于其他管理举措；在安全检查考核上，安全的检查评比严于其他考核工作。当安全与生产、安全与经济、安全与效益发生矛盾时，安全优先。只有建立了辩证的“安全第一”的哲学观，才能处理好安全与生产，安全与经济效益的关系，才能做好油库的安全工作。

2. 尊重人的情感观

油库法人代表、领导者在具体的管理与决策过程中应树立“以人为本，尊重与爱护职工”的情感观。

3. 安全就是经济效益的经济观

实现安全生产，保护职工的生命安全与健康，不仅是油库的工作责任和任务，而且是保障生产顺利进行及经济效益实现的基本条件。“安全就是效益”，安全不仅能“减损”，而且能“增值”，这是油库法人代表和领导者应有的“安全经济观”。安全的投入不仅能给油库带来间接的回报，而且能生产直接的效益。

4. 预防为主科学观

要高效、高质量地实现油库的安全生产，必须走预防为主的道路，必须采用超前管理、预期型管理的方法。采用现代的安全管理技术，变纵向单因素管理为横向综合管理；变事后处理为预先分析；变事故管理为隐患管理；变管理的对象为管理的动力；变静态被动管理为动态主动管理，努力实现本质安全化。

(三) 油库决策层安全教育的方法

对油库决策层的安全教育可以采取定期安全培训，持证上岗。从国家人事部门和国家经贸委的规定中可了解到，油库领导安全教育的形式主要是岗位资格的安全培训认证制度教育。这是一种非常有力和有效的安全教育形式。通过学习，获取安全生产知识，体验和经历事故教训，通常采用研讨法和发现法来达到教育的目的。

二、油库管理层的安全教育

油库管理层主要是指油库中的中层管理部门和基层单位的领导及其干部。这些管理者既要服从油库决策层的管理，又要管理基层的生产和经营人员，起着承上启下的作用，是油库生产经营决策的忠实贯彻者、执行者。管理者对油库安全生产的态度、投入程度、油库地位等起着决定性作用。

(一) 油库管理层安全教育知识体系

管理层的安全文化素质对整个油库的形象具有重要影响，其安全生产管理的态度、投入程度对油库地位起着决定性的作用。

1. 油库中层管理干部的安全教育知识体系

油库中层管理干部除必须具备的生产知识外，在安全方面还必须具备一定的安全知识和安全技能。

(1) 多学科的安全技术知识。作为一个生产单位，直接与机、电、仪器打交道。作为一位中层领导(干部)还涉及油库管理、劳动者管理。所以，应该具有油库安全管理、劳动保护、机械安全、电气安全、防火防爆、工业卫生、环境保护等知识。根据各油库内各行业的不同，还应有所侧重，如油品收发管理者应重点掌握油气着火爆炸方面的安全知识；油库电气设备管理者必须掌握电气安全方面的安全技术知识。

(2) 推动安全工作前进的方法。如何不断提高安全工作的管理水平，是中层领导干部工作的一个重点。中层干部必须不断学习推动安全工作前进的方法，如利益驱动法、需求拉动法、科技推动法、精神鼓动法、检查促动法、奖罚激励法等。

(3) 国家的安全生产法规、行业规章制度体系。

(4) 安全系统理论、现代安全管理、决策技术、安全生产规律、安全生产基本理论和安全规程。

2. 班组长的安全教育知识体系

油库的基层单位管理者，特别是班组长，也应具有较高的安全文化素质。因为班组长是油库的细胞，是油库生产经营的最小单位，是生产经营任务的直接完成者。“上面千条线，班组一根针”，油库的各项制度、生产指令和经营管理活动都要通过班组来落实。因而，班组安全工作的好坏，直接影响着油库的安全生产和经济效益。这就需要抓好班组里的带头人(班组长)的安全文化素质的提高。

(1) 较多的安全技术技能。不同行业、不同工种、不同岗位要求是不一样的。总体来讲，必须掌握与自己工作有关的安全技术知识，了解有关案例。

(2) 熟练的安全操作技能。掌握与自己工作有关的操作技能，不仅自己操作可靠，还要帮助班组内的成员避免失误。

(二) 油库管理层安全教育目标

1. 油库中层管理干部的安全教育目标

通过教育具备多学科的安全技术知识，推动安全工作前进的方法和一系列的安全法规、制度外，还要具备如下安全文化素质。

(1) 具有关心职工安全健康的仁爱之心，牢固的“安全第一，预防为主”观念。珍惜职工生命，爱护职工健康，善良公正，体恤下属。

(2) 具有高度的安全责任感，对人民生命和国家财产具有高度负责精神，正确贯彻安全生产法规和制度，决不违法乱纪和违章指挥。

(3) 具有适应安全工作需要的能力。如组织协调能力、调查研究能力、逻辑判断能力、综合分析能力、写作表达能力、说服教育能力等。

2. 班组长的安全教育目标

通过教育除具备较多的安全技术，熟练的安全操作技能外，还要具备以下安全文化素质。

（1）强烈的班组安全需求。珍惜生命，爱护健康，把安全作为班组活动的价值取向，不仅自己不违章操作，而且能抵制违章指挥。

（2）高度的安全生产意识。深悟“安全第一，预防为主”的含义，并把它作为规范自己和全班成员行为的准则。

（3）自觉的遵章守纪习惯。不仅知道与自己工作有关的安全生产法规、规章制度和劳动纪律，而且能够自觉遵守，模范执行，长年坚持。

（4）勤奋地履行工作职责。班前开会作危险预警讲话，班中生产进行巡回安全检查，班后交班有安全注意事项。

（5）机敏的处理异常情况的能力。如果遇到异常情况，能够机敏果断地采取扑救措施，把事故消灭在萌芽状态或尽力减少事故损失。

（6）高尚的舍己救人品德。如果一旦发生事故，能够在危难时刻自救或舍己救人，发扬互帮互爱精神。

（三）油库管理层安全教育方法

1. 油库中层管理干部

油库中层管理干部的安全教育方法可以采取岗位资格认证安全教育，定期的安全再教育，研讨法和发现法进行安全教育。使用统一教材，统一时间，分散自习与集中教授相结合，集中辅导和考试相结合的方法。除了抓好干部的任职资格安全教育外，还必须进行一年一度的安全教育，并进行考试、建档。

2. 基层管理人员（班组长）

基层单位管理人员主要采用讲授法、谈话法、参观法等形式进行安全教育。油库每年必须对班组进行一次系统的安全培训，由油库中层部门组织实施，教育部门配合，安全部门负责授课、考试、建档。

三、油库专职安全管理人员的安全教育

专职安全人员是油库安全生产管理和技术实现的具体实施者，是油库安全生产的“正规军”，也是油库实现安全生产的主要决定性因素。具有一定的专业学历，掌握安全专业知识和科学技术，又有生产的经验和懂得生产的技术，是一个安全专职人员的基本素质。建设好安全专职人员的安全文化，需要油库领导的重视和支持，也需要专职人员自身的努力。

（一）油库专职安全管理人员的安全知识体系

（1）安全科学（即安全学）。这是安全学科的基础科学，包括安全设备学、安全管理学、安全系统学、安全人机学、安全法学。

（2）安全工程学。安全工程是技术科学，包括安全设备工程学、卫生设备工程学、安全管理工程学、安全信息论、安全运筹学、安全控制论、安全人机工程

学、安全生理学、安全心理学等。

(3) 安全工程。安全工程是工程技术，包括安全设备工程、卫生设备工程、安全管理工程、安全系统工程、安全人机工程等。

(4) 专业安全知识。行业不同，具体的专业要求也不一样。总体来讲，大体包括通风，油库安全，噪声控制，机、电、仪器安全，防火防爆安全，汽车驾驶安全，环境保护等。

(5) 计算机方面的知识。随着社会的发展，计算机在生产、管理方面的应用越来越普及，在安全管理方面也逐步得到利用。所以安全管理人员不仅要掌握一般的计算机使用常识，而且应该具备一定的应用软件开发基础。

(二) 油库专职安全管理人员的安全教育目标

随着社会的不断发展、进步，对油库安全专职管理人员的要求越来越高。传统的那种单一功能的安全员，即仅会照章检查，仅能指出不足之处的安全员，已不能满足油库生产经营、安全管理、油库发展的需要。油库强烈的呼唤“复合型”的安全员。

通过对油库专职安全管理人员的安全教育，除了具备安全知识体系外，还应该具备广博的知识和敬业精神。

(三) 油库专职安全管理人员的安全教育方法

对油库专职安全管理人员的安全教育，一方面是通过学校进行安全管理人员的学历教育；另一方面可以通过讲授法、研讨法、读书指导法等对专职安全管理人员进行安全教育，不断获取新的安全知识。

提高安全专职管理人员的素质是21世纪安全管理的需求。为此，就需要对安全管理人员有计划地进行培训。

(1) 充实安全队伍，将年富力强的人员安排到安全队伍中。年轻人有能够快速接受新事物、新知识的优势。

(2) 抓培训学习、充实基本功。根据安全队伍来源比较复杂，存在着安全知识水平参差不齐的问题。因此，必须不断更新安全知识、不断发展提高。

(3) 勇于实践、善于总结，使新科技为安全工作服务。21世纪是科学技术迅猛发展的时代，如何使新科技成果不断为我所用，是未来也是当前的一个“焦点”问题。

(4) 多开展交流活动。经常性的经验交流活动，是搞好工作的有效方法之一，安全员的健康成长也不例外。通过走出去，请进来，使安全队伍开阔视野、丰富见识，进而取长补短。

四、油库普通员工的安全教育

油库普通员工的安全教育是油库安全教育的重要部分。安全工作的重要目的之一是保护现场员工，而安全生产的落实最终要依靠现场的员工。因此，油库普通员工的安全素质是油库安全生产水平保障程度的最基本元素。

历史经验和客观事实表明，油库发生的工伤事故和生产事故将近80%是由于职工自身的“三违”造成的。从事故的构成要素“人、设备、环境”的关系分析，设备、环境两要素相对比较稳定，唯有“人”这个要素是最为活跃的，而人又是操作机器设备、改变环境的主体。因此，紧紧抓住人这个活跃的要素，通过科学的管理，及时有效的培训和教育，正确引导和宣传，合理、及时的班组安全活动来提高员工的安全素质，是做好安全工作的关键，也是职工安全素质建设的基本功。

随着科学技术的进步，机械化、自动化、程序控制、遥控操作越来越多。一旦有人操作失误，就可能造成库毁人亡。人员操作的可靠性和安全性与人的安全意识、文化知识、文化素质、技术水平、个性特征和心理状态等都有关系。所以，提高职工的安全素质是预防事故的最根本的措施。

（一）油库普通职工安全教育的知识体系

油库的安全教育是安全生产三大对策之一，它对保障安全生产具有重要的意义。油库职工安全教育的目的，主要是通过训练使职工掌握安全生产的知识和规律，提高安全技能，保证在工作过程中安全操作、提高工作效率。

安全生产的需要决定了职工安全教育的知识体系。主要包括安全法规、一般生产技术知识、一般安全生产技术知识、专业安全生产技术知识、安全生产技能、安全生产意识、事故案例等。

1. 安全法规教育

21世纪是一个法制管理的时代，安全生产管理由人治变为法制管理。目前我国已经出台了《劳动者法》《安全生产法》等安全方面的法律，其他安全方面的法律、法规也将陆续出台。法制管理必将随着社会的发展，时代的前进而不断健全和完善。使职工了解和掌握国家的安全生产法律及规程、规定，保证在其约束下进行安全活动，同时能够通过法律来保障自己的合法权益。在法制管理的时代，安全法规教育更为必要，更需要加强。

2. 一般生产技术知识教育

生产技术知识是人类在征服自然的斗争中所积累起来的知识、技能和经验。安全技术知识是生产技术知识的组成部分，要掌握安全技术知识，首先要掌握一般的生产技术知识。因此，在进行安全技术知识教育的同时，必须根据油库的生产情况对职工进行一般的生产技术知识教育。其主要内容：

（1）油库的基本生产概况、生产技术过程、作业方法或工艺流程。

（2）与生产技术过程和作业方法相适应的各种机具设备的性能。

（3）职工在生产过程中积累的操作技能和经验，以及产品的构造、性能、质量和规格等。

3. 一般安全生产技术知识教育

油库所有职工都必须具备的基本安全生产技术知识，主要包括内容如下。

（1）油库内的危险设备和区域及其安全防护的基本知识和注意事项。

（2）有关电气设备的基本安全知识。

（3）起重机械和库内运输有关的安全知识。

（4）生产中使用的有毒有害原材料或可能散发有毒有害物质的安全防护基本知识。

（5）油库的消防制度和规则，灭火器材的操作使用。

（6）个人防护用品的正确使用，伤亡事故报告办法。

（7）发生事故时的紧急救护和自救技术措施、方法。

4. 专业安全生产技术知识教育

专业安全生产技术知识教育是指从事某一作业的职工必须具备的专业安全生产技术知识的教育，是比较专业的知识，主要包括安全生产技术知识、工业卫生技术知识，以及根据这些技术知识和经验制定的各种安全生产操作规程等。

（1）按生产性质主要有消防安全技术、电气安全技术、油品安全技术和机械设备安全技术。

（2）按机器设备性质和工种主要有“车、钳、铣、刨”等金属加工安全技术，装配工安全技术，锅炉压力容器安全技术，“电、气、焊”安全技术，起重运输安全技术，防火防爆安全技术，高处作业安全技术等。

（3）工业卫生技术知识包括防油气中毒技术、振动噪声控制技术和高温作业技术。

5. 安全生产技能教育

安全生产技能是指员工安全完成作业的技巧和能力。安全生产技能训练是指对作业人员所进行的安全作业实践能力的训练。作业技能主要是熟练掌握作业安全装置(设施)的操作技能，在应急情况下进行妥善处理的技能。通过具体的操作演练，掌握安全操作的技术，提高安全工作能力和水平。作业现场的安全只靠操作人员现有的安全知识和技能是不够的，应不断进行安全生产技能教育。

6. 安全生产意识教育

主要通过制造“安全第一”氛围，潜移默化地去影响职工，使之成为自觉的行动，树立“我要安全”的思想。常用的方式有举办展览、发放挂图、悬挂安全标志警告牌等。

7. 事故案例教育

通过实际事故案例分析和介绍，了解事故发生的条件、过程和后果，对认识事故发生规律、总结经验、吸取教训、防止同类事故的反复发生起着不可或缺的作用。

实践证明，运用典型事例进行安全教育是一种有效的形式，“讨论会”型的安全教育，选好讨论主题(如着火爆炸、油罐溢油、油罐吸瘪的原因)、注意鼓励职工的参与(鼓励职工自愿参加、与会人员毫无保留地提出各自的看法并热烈讨论)和沟通(鼓励职工在会上进行咨询并由管理人员进行答复)，也能收到很好的效果。

8. 在选择安全教育内容时应注意的事项

(1) 安全生产技术、知识教育，不仅是缺乏安全生产知识的人需要，而且对具有一定安全生产技术知识和经验的人也是完全必要的。这是由于知识是无止境的，需要不断地学习和提高，防止片面性和局限性。事实上有许多伤亡事故就是只凭“经验”、麻痹大意、违章作业造成的。所以，对具有实际知识和一定经验的人，具备一定安全生产技术知识的人，也需要学习、深化安全生产知识，把局部知识、经验上升到理论，使其知识更全面。

(2) 随着社会生产事业的不断发展，新的机器设备、新的原材料、新的技术、新的工艺(简称四新)不断出现，需要有与之相适应的安全生产技术，否则就不能满足生产发展的要求。因此，对生产技术的学习和钻研就显得更为重要。只有掌握了安全方面的知识，才能安全操作，学会如何保护自己和他人，做到不伤害自己、不伤害他人、不被他人伤害的“三不伤害”。

(3) 对具体的工种进行书本理论知识的教育，是每一位职工安全素质的基本需要。不同的行业、不同的工种教育的内容也不相同。安全生产技术知识教育，采取分层次、分岗位(专业)集体教育的方法比较合适。对油库来说，特别要坚持“干什么学什么，缺什么学什么”的原则。根据一段时间内发生的事故特点，找出共性的东西，集中生产骨干进行短期培训。

(二) 油库普通员工安全教育的目标

21世纪是科学的世纪，对油库职工提高出了更高的要求，油库的职工将是“知识型”人才。从安全文化素质方面，油库职工通过安全教育应该具有较高的安全文化素质。其主要目标是安全需求、安全意识、安全知识、安全技能、遵纪守法、应急能力等方面能适应工作需要。

(1) 在安全需求方面有较高的个人安全需求，珍惜生命，爱护健康，能主动离开非常危险的场所。

(2) 在安全意识方面有较强的安全生产意识，拥护“安全第一，预防为主”方针，如从事易燃易爆、有毒有害作业，能谨慎操作，不麻痹大意。

(3) 在安全知识方面有较为全面的安全技术知识和安全操作规程。

(4) 在安全技能方面有较熟练的安全操作技能，通过刻苦训练，提高可靠率，避免失误。

(5) 在遵章守纪方面能自觉遵守有关的安全生产法规制度和劳动纪律，并长期坚持。

(6) 在应急能力方面若遇到异常情况，不临阵脱逃，而能果断地采取应急措施，把事故消灭在萌芽状态或杜绝事故扩大。

(三) 油库普通员工安全教育的方法

对油库普通职工的安全教育通常可以采用讲授法、谈话法、访问法、练习法、复习法等。随着安全管理的不断深化，职工安全教育体系已初步形成，主要包括三级安全教育，入岗前教育，转岗、变换工种和“四新”教育，复工教育，特殊工种教育、复训教育，全员安全教育，日常教育及其他教育等。

1. 职工的三级安全教育

三级安全教育是指新入厂职员、工人的厂级安全教育、车间级安全教育和岗位(工段、班组)安全教育。职工三级安全教育是企业(油库)长期以来一直采用的安全教育形式。三级教育相互之间既有联系又有区别，在时间和内容上可以交叉进行，重点在基层单位、班组岗位教育。由于三级教育的内容不易变动，应该根据各油库实际编写比较标准的三级教育教材。可将油库安全生产历史、事故案例等拍摄成电视片，各种安全制度和安全警句、安全谚语编辑成安全小册子。三级教育考试合格后，油库应填写《三级安全教育卡》。

目前存在的问题是这种教育的功能和作用，由于形式不科学，执行不严格，而不能真正发挥其作用。加强三级教育的科学合理化管理，并严格其过程、程序，是提高三级教育效果的当务之急。

2. 职工进入岗位前教育

通常采用“以老带新”“师徒包教包学”的方法，由班组长或班组安全员负责进行，只有教育合格后方能持证上岗。

3. 转岗、变换工种和“四新”安全教育

随着市场经济体制的不断完善和发展，油库内部的改革，优化组合、工艺更新，必然会有岗位、工种的改变。必须进行转岗、变换工种和“四新”(新工艺、新材料、新设备、新产品）安全教育。教育的内容和方法与基层单位、班组教育基本一样。转岗、变换工种和“四新”安全教育考试合格后，应填写《“四新”和变换工种人员教育登记表》。

4. 复工教育

复工教育指职工离岗三个月以上的（包括三个月）和工伤后上岗前的安全教育。教育内容及方法和基层单位、班组教育相同。复工教育后要填写《复工安全教育登记表》。

5. 特殊工种教育

特殊工种指对操作者本人和周围设施的安全有重大危害因素的工种。特殊工种大致包括电工作业、锅炉司炉、压力容器操作、起重机械作业、金属焊接（气割）作业、机动车辆驾驶、机动船舶驾驶、轮机操作、登高架设作业、有限空间作业等。对从事特种作业的人员，必须进行脱产或半脱产的专门培训。培训内容主要包括本工种的专业技术知识、安全技术、安全操作技能三个部分。培训后，经严格的考核，合格后由劳动部门颁发特种作业安全操作许可证，方可独立上岗操作。取得上岗操作证的特种作业人员，要牢固树立“安全第一”的思想意识，及时补充更新本工种的安全技术知识，熟练掌握安全操作技能。劳动部门定期对已取得上岗操作证的特种作业人员进行复审，凡复审合格的将发给复审合格操作证书；复审不合格的，禁止继续从事特殊工种作业。

特殊作业考试合格取得操作证书后，方可从事这种作业，并填写《特种人员安全教育卡》。

6. 复训教育

复训教育的对象是特种作业人员。由于特种作业人员不同于其他一般工种，在生产活动中担负着特殊的任务，危险性较大，容易发生重大事故。一旦发生事故，对整个油库的生产会产生较大的影响，因此必须进行专门的复训教育。按国家规定，每隔两年要进行一次复训，由设备、教育部门编制计划，聘请教员上课，并应填写《特种作业人员复训教育卡》。

7. 全员安全教育

全员教育实际上就是每年对全库职工进行安全生产的再教育。工伤事故统计表明，安全教育隔了一段较长时间后生产工人对安全生产会逐渐淡薄，因此，必须通过全员安全教育，提高职工的安全意识。

油库全员安全教育由安全技术部门组织，基层单位配合，可采用安全报告、演讲会方式；班组安全日常活动可采用职工讨论、学习的方式。由安全技术部门统一时间、学习材料，基层单位组织学习考试。考试后要填写《全员安全教育卡》。

8. 日常教育及其他教育

(1) 油库经常性安全教育。如定期开展“三预活动”(“三预”是预想、预查、预防，库、基层单位、班组都可组织进行)、安全学习、工作检查、工作交接制等教育；不定期的事故分析会、事故现场说教、典型经验宣传教育等；油库应用广播、闭路电视、板报等工具进行的安全宣传教育。

(2) 季节教育。结合不同季节中安全生产的特点，开展有针对性、灵活多样的超前思想教育。

(3) 节日教育。节日教育就是在各种节假日的前后组织的有针对性的安全教育。事故统计表明，节假日前后是各种责任事故的高发时期，甚至可达平时的几倍，其主要原因是因为节假日前后职工的情绪波动大，精力比较分散。

(4) 检修前的安全教育。油库生产装置都要定期进行大、小检修。检修安全工作非常关键。因为检修时，任务紧、人员多、人员杂、交叉作业多、检修项目多。所以应把好检修前的安全教育关。教育的内容包括动火、监火制度，进入有限空间的规定，各种防护用品的穿戴，检修十大禁令，进入检修现场的五项必须遵守等。除此，检修人员、管理人员都要做到有安排、有计划、分工合理、项目清的原则。

9. 选择安全教育方法时应注意事项

(1) 在教育方法上，一定要考虑教育效果，一般安全技术知识教育的效果有一定的限度。对工人具体的安全技术培训，主要由基层管理人员根据不同工种的特点，进行专业安全技术知识教育。在进行安全教育时必须要有针对性，如教育工人了解工伤事故的类型、场所、原因；结合工人本岗位工作，使他了解不安全因素，出现事故征兆，应采取何种安全措施，这样才能取得避免事故发生的良好效果。

(2) 实践表明，仅仅在职工大会上讲安全效果是有局限性的。利用板报、安全读物、幻灯片和电影形式进行安全宣传，能够制造一个良好的氛围，有一定的效果，应长期坚持。但同时也存在一定的缺陷，不能起到“一钥匙开一把锁”的作用，不能具体指出每个工人克服危险因素的关键所在。

(3) 生动讲解安全操作规程，第一次能够引起较大的兴趣，但经若干次枯燥无味的重复，则只会流于形式。由老工人、班组长结合工艺过程包教包学，在提高生产技能的同时，贯彻安全操作方法的内容，往往可收到良好的效果。

(4) 运用典型事例进行安全教育是一种有效的形式。“讨论会”和“讲座会”型安全教育也有较好效果。如能够选好讨论或讲座主题，注意鼓励职工的参与和沟通，会有很好效果的。

(5) 职工安全教育的方法虽然很多，还需要在实践中不断探索，总结出更多、更好、行之有效的方式方法。在具体应用中还应注意“对症下药”，将多种教育方法灵活结合，综合利用，以便起到最佳的教育效果。

五、职工家属的安全教育

对职工家庭宣传教育是安全生产宣传教育的一个重要组成部分，家庭是安全生产的第二道防线，油库安全建设一定要渗透到职工的家属层面。

油库职工家属安全教育是指对职工的家庭(主要包括其父母、丈夫或妻子、子女，以及与职工本人有关的其他亲属)进行安全生产的宣传教育，使其配合油库，通过说服、教育、劝导、阻止等手段提高职工本人的安全意识，避免各类事故发生。

家庭生活是任何人每天都离不开的内容，油库职工也相同。职工劳动或工作的状况与家庭生活有着密切的联系，职工家属的安全建设主要是使家庭为职工的安全生产创造一个良好的生活环境和心理环境。家庭宣传搞得好，职工就可以在上班时自觉遵章守纪，做到安全生产。反之，则会大大增加事故发生的概率。

家属协管安全是利用伦理亲情去促使亲人自觉遵章守纪。家庭宣传的特点是寓教于情，动之以情，以情说理，通过亲情感化职工，达到教育职工做到安全生产的目的。

对职工家属教育的内容主要包括职工的工作性质、工作规律及相关的安全生产常识等。

第三章　油库安全管理体制与管理职责

油库安全管理体制是指油库安全管理组织原则、组织形式及其构成以及相互关系和责任分工。正确的组织原则，合理的组织形式，精干的人员构成，明确的责权关系，是油库安全管理目标实现的重要保证，也是油库生产活动顺利进行的基础。各岗位人员明确岗位职责是确保工作有序开展的重要前提，同时也是企业管理规范化的重要内容。

第一节　油库安全管理体制确立的原则

油库安全管理体制的确立，必须落实“安全第一，预防为主”的安全生产方针，管生产必须管安全，安全促进生产，建立岗位安全责任制，把责、权、利统一起来，达到分工明确，责权统一，机构精干，形成网络，有利协作的目的。因此，在建立油库安全管理体制中，应遵循以下几条原则。

一、责权一致的原则

在油库安全管理体制中，无论哪一级组织、决策层、管理执行层或执行操作层，都应具有相应的责任和权限，这二者是一个有机的统一体。这就是说安全管理者承担多大的责任，就具有相应的权限，按责赋权。各级安全管理责任应规定得明确具体，避免责任不清和遇事互相推诿，同时还应明确相应的奖惩措施，把责任、权力和利益挂钩，最大限度地调动各级人员安全管理的积极性。

二、专群结合的原则

油库安全管理体制应以专业人员为骨干，以广大群众为基础，实行专业人员与群众相结合的管理方式，体现“安全生产、人人有责”的安全管理思想，使油库每一个职工，都必须对自己工作岗位的安全负责，把安全管理工作落实到油库生产的全员、全面和全过程中去。

三、管理层次的原则

油库安全管理体制建设应具有层次性，不同层次，规定不同的职责，这是油库安全管理任务重、工作杂这一特点所决定的。当然，管理层次越多，信息的反馈就越慢，信息的失真就越严重，不利于安全管理工作的开展。而管理层次越少，有利于信息的反馈控制，上情下达和下情上达，有利于及时有效地处理安全管理中的问题，但由于管理人员的精力有限，分工不同，职责不一，管理层次并不是越少越好。因此，油库安全管理体制建设应综合考虑各方面的因素，建立适当的层次为好。

第二节　油库安全管理的组织形式

根据上述原则，结合油库安全管理的实际，各油库安全管理体制的构成有所不同，归纳起来主要有3种组织形式。

一是按行政层次，可分为3个层次：决策层(油库领导)、管理执行层(分库主任、科、股)和操作执行层(各班组)。

二是按非行政常设角度，油库建有安全委员会、工会等与安全管理有关的组织。油库安全委员会主要由油库领导和保卫、仓储、工务等有关部门的负责人及技术人员组成，并吸收财务、人事、工会等部门的有关人员参加，安全委员会主任应由油库主任担任，仓储和保卫部门在安全委员会的领导下，负责日常的业务工作，安全委员会负责涉及油库安全消防以及监督检查工作的组织实施。同时，油库各科(股)、分库设有安全小组，组长由科(股)、分库行政负责人担任。各班(组)设有安全员。

三是按职工参与民主管理的角度，安全生产的重大决策都应通过职工代表大会(职代会)讨论，让职工充分行使其民主权利，参与决策监督。

对于油库临时作业，还应成立临时安全小组或指定安全负责人，负责管理作业现场的安全工作。

此外，油库上级主管部门对于油库的安全管理有指导的责任，公安消防部门、卫生部门、环保部门及劳动部门等对相关业务有监督检查的责任，油库与邻近单位可能还建立了安全协作关系。油库安全管理组织形式如图3-1所示。

油库安全委员会应定期开展安全活动，通常每月组织一次油库全面的安全检查，及时发现问题，每月或每季度召开一次油库安全分析会，分析油库安全管理的现状，总结经验，对存在的问题分析原因，制订整改措施。布置下阶段的安全管理工作，制定下季度(月)的安全工作计划。对于重大隐患，立即加以解决。积极开展油库安全生产教育及安全竞赛活动。按“三不放过”的原则，研究事故处理决定。

各科(股)安全小组应定期分析本部门所辖区域及所管业务范围的不安全因素，及时反映本部门的安全生产情况，对存在的问题，提出整改意见。

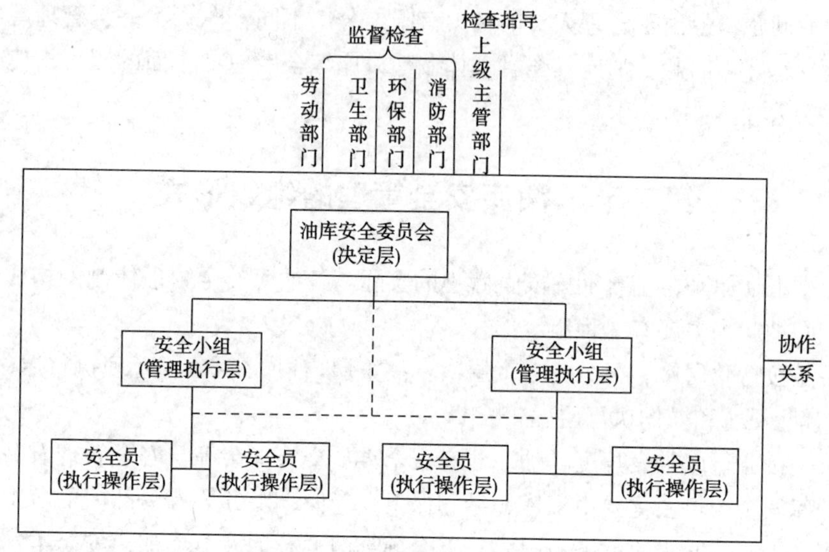

图 3-1　油库安全管理组织形式

第三节　油库安全管理责任制

一、油库安全管理责任制的优点

油库安全管理责任制，就是根据安全生产原则“管生产的必须管安全”，对油库各级领导、职能部门以及有关技术管理人员和职工，在生产中应负的安全责任明确地加以规定的一种安全管理方法。这种管理方法有如下几个优点：

（1）把生产和安全结合起来，从而把“管生产的必须管安全”的原则从制度上固定下来，防止了安全管理与生产管理“两张皮”。使油库安全工作做到了事事有人管，层层抓安全，各部门之间分工协作，为保证油库安全生产而共同努力。

（2）把责任、权限、利益统一起来，并加以明确，防止了安全管理的死角。过去，对专职安全工作人员的职责有明确的规定，而对一般工作人员的职责不明确不具体。因此，不出事故都揽功，出了事故都推过。实行安全管理责任制，各项规定明白具体，谁出问题就处理谁。因此，安全管理责任制充分体现了油库安全管理的群众性特点，使油库每个工作人员能在各自的岗位尽职尽责，重视安全，在自己管辖范围内督促、检查、制止不安全行为，反映不安全的情况，管好设备设施。

(3) 把油库各级领导与安全捆在了一起。油库安全管理责任制同样对油库各级领导规定了相应的安全管理职责，保证了各级领导对安全管理的重视。防止了个别领导不懂装懂，瞎指挥。油库主任是经营管理的决策者，同时也是油库安全管理的负责人，对油库安全负有总的责任。油库其他各级领导，同样在自己分管的业务范围内对油库安全也负有相应责任。

(4) 实行安全管理责任制，极大地调动了油库人员学习安全知识的积极性。油库安全管理工作是一项技术性很强的工作，除了要求安全管理人员熟悉业务知识以外，还需要管理学、机械、电子、生理学等方面的知识，以及敏锐的分辨能力，良好的心理素质，认真踏实的工作作风，一丝不苟的工作态度。因此，促使油库工作人员努力学习，以适应新形势的要求。

二、油库安全管理责任制组织实施

油库安全管理责任制的组织实施，应在上级主管部门的指导下进行。

首先应制订组织实施计划，明确实行油库安全管理责任制的目的意义，任务分工，实施步骤等内容；其次应进行动员，宣传工作，提高全体人员的认识，使其深入人心；再次应组织有关人员制定周密具体的各级各岗位各人的职责和权限；最后应对组织实施过程中反馈的信息及时进行分析论证，以便进行修订，使之更趋完善。在组织实施过程中尤其应注意以下几个问题：

(1) 职责不清，相互推诿。主要是由于各岗位各人员的职责规定不明确、不具体，或各岗位、各人员之间衔接部位的职责重叠或空白，造成无人管。出了事故，相互推卸责任。

(2) 监督不力，流于形式。主要是指对油库安全管理责任制的落实情况，缺乏有力的监督机制，或监督力度不够，而使其流于形式。对于油库安全管理责任制的监督主要有两方面：一是上级对下级的监督，包括油库上级主管部门对油库安全管理责任制落实情况的监督和油库内部上级领导(部门)对下级领导(部门)的监督；二是油库党、工、团、职代会等组织形式，对油库各级部门安全管理责任制落实情况的监督。

(3) 奖惩不严，形同虚设。油库安全管理责任制必须强调严格的奖惩制度，对安全管理责任制落实好的部门或个人，应给予一定物质的或精神的奖励，而对于安全管理责任制落实不好的、事故苗头多的部门或个人，应给予惩罚，以期促进其安全管理水平的提高。如果奖惩不严，最后的结果只能是油库安全管理责任制形同虚设，起不到应有的作用。

第四节　油库各类人员安全管理职责

油库各类人员是油库安全管理工作的主体，对安全管理负有一定的管理责任，同时也拥有一定的管理职权，如何正确地规定其职责范围，对于落实油库安全管理责任制，促进油库安全管理的发展有重要作用。

通常，涉及油库安全管理的各类人员有安全委员会主任、油库专(兼)职安全员、班(组)安全员、安全消防监督人员等，其主要职责介绍如下。

一、油库安全委员会主任的职责

(1) 保证国家和上级安全消防法令、规定、指示和安全管理制度在本单位贯彻执行。把安全消防工作纳入重要议事日程，做到“五同时”。即：计划工作时，同时计划安全工作；布置工作时，同时布置安全工作；检查工作时，同时检查安全工作；总结工作时，同时总结安全工作；评比工作时，同时评比安全工作。

(2) 组织制订本单位安全管理规定、制度、安全技术操作规程和安全技术措施计划实施。

(3) 组织对新工人(包括实习、代培人员)和班、组人员的安全教育。对职工进行经常性的安全思想、安全消防知识、安全技术教育和定期组织考核工作。积极参与每周一次班(组)安全活动日活动，及时解决职工提出的有关安全问题。

(4) 组织每月的安全检查，落实整改，保证安全设备设施、消防器材处于良好状态。

(5) 组织好安全生产和各种无事故活动，总结安全消防工作方面的经验，表彰对安全工作作出成绩的先进班(组)和个人。

(6) 坚持“三不放过”的原则(即事故原因查不清不放过；责任者及全体职工没受到教育不放过；防范措施不落实不放过)，对发生的事故及时报告和处理；对重大事故要保护好现场，查清原因，采取防范措施。对事故和责任者提出的意见，报公司主管经理批准后执行。

(7) 负责对重点部位临时用火履行规定的申请手续和对班(组)报来的非重点部位用火的审查批准。组织好重点部位动火时的防范措施，并应亲临现场指挥和监督工作。

(8) 发动群众，搞好文明生产，保持各作业环节(场地)清洁卫生，无油污、无杂物。

二、油库专(兼)职安全员的职责

(1) 在主管经理(主任)领导下和上级业务部门的指导下，负责所辖范围内的安全消防工作，协助经理或主任贯彻上级有关安全、消防工作的指示、规定。检查督促职能部门对安全消防工作的贯彻执行情况，在业务上直接受安全消防监督部门指导，有权直接向主管安全消防部门或上级有关业务部门汇报工作。

(2) 参与制订、修改有关安全、消防管理制度和安全技术规程，并检查执行情况。

(3) 负责编制所属范围的安全消防措施计划，并检查执行情况。

(4) 搞好职工安全思想、安全技术知识教育和安全消防技术考核工作，具体负责对新工人进行岗位前安全教育，并督促班(组)认真进行岗位安全教育。

(5) 提出所辖单位安全活动日活动的安排意见和防事故演练计划，并监督实施。

(6) 参加所辖范围内扩建、改建工程设计的审查、竣工验收和设备改造、工艺条件变动方案的审查，使之符合安全技术规定、规范的要求。

(7) 检查落实动火防范措施，确保动火安全。

(8) 每日深入现场检查，及时发现隐患，禁止违章作业。对在紧急情况或可能发生事故情况下，对不听劝阻者，有权停止其工作，并立即报告有关领导处理。

(9) 负责所辖范围内的安全设施、灭火器材和抢救设备的管理，并掌握安全隐患，提出改进意见和建议。

(10) 参加事故调查处理，做好事故统计分析上报工作，协助领导落实各项安全措施。

(11) 对班(组)安全员实行业务指导。

三、班(组)安全员的职责

(1) 协助班(组)长做好本班(组)　安全工作，受专职安全员的业务指导。协助班(组)长做好班前安全布置、班中安全检查、班后安全总结。

(2) 组织开展本班(组)的各种安全活动，认真做好安全活动记录，提出安全工作的意见和建议。

(3) 对新工人(包括代培、实习人员)进行岗位安全教育。

(4) 严格执行有关安全、防火的各项规章制度和操作规程，对违章作业有权制止，并及时报告上级领导。

(5) 检查本班(组)人员的各种防护用品和消防器材。

(6) 发生事故要及时了解情况，维护好现场，并向领导报告。

四、安全监督部门的职责

(1) 监督各部门和人员贯彻执行国家和上级有关安全消防方针、政策、制度规定及有关安全指示。

(2) 制定和审查各部门安全消防管理及环境保护的制度、办法和细则，并检查执行情况。

(3) 监督检查对新建、改建、扩建和技术改造项目的有关安全措施“三同时”(即设计时，同时设计安全消防措施；施工时，同时施工安全消防措施；验收时，同时验收安全消防措施)原则的贯彻执行。

(4) 参加油库新建、改建、扩建工程的验收工作。对不符合规范要求的，以及安全消防设施不配套的，不予验收并应提出改进意见。

(5) 按规定组织定期安全检查和临时性专业检查。

(6) 组织所属基层单位的安全消防骨干技术培训及消防演练。

(7) 组织开展安全月活动，负责对安全消防、环保方针、政策、规定和有关知识的宣传教育工作。

(8) 对检查中发现的安全隐患提出整改意见，限期解决，逾期不解决的，除取消其安全管理先进资格外，并给予经济处罚。对安全消防工作有成绩的给予奖励。

(9) 监督安全消防经费的使用，安全消防经费不得挪作他用。

(10) 对发生的等级事故(包括污染事故)要做好调查、统计、上报工作，并对事故责任者及其领导人根据情节给予经济处罚或建议有关部门给予纪律处分。对情节严重的提请司法机关依法处理。

(11) 指导消防组织的业务工作，统一指挥和组织火场及其他事故的扑救和抢救工作。

(12) 对油库选用消防器材的规格和布置提出意见和方案，并实行监督。

(13) 进行消防科研工作。

(14) 与毗邻单位组成治安联防组织。负责与之保持密切联系，定期研究了解社会治安情况，帮助他们搞好安全教育和防火、灭火技术训练，共同保卫安全。

（15）要根据情况做好防洪(汛)、防台风、防胀、防冻、防山火和防地震等“五防”的组织、检查和落实工作。

五、安全消防监督人员的职责

安全消防监督人员在所辖范围内，有权随时进入任何作业场所进行安全检查；有权参加设计、安全措施的审查；有权制止违章作业，并对违章人员提出处理意见；对不安全问题，有权要求在限期内予以解决，如发现有可能造成事故危险时，有权立即停止工作，撤出人员。

第四章　油库安全、环境与健康(HSE)管理体系

第一节　HSE 管理体系概述

一、HSE 管理体系概念

HSE 管理体系是目前国际石油行业通行的一种管理体系，其主要管理思想和理念表现在“注意承诺、以人为本、预防为主、全员参与、持续发展”等五个方面。HSE 组织体系具有整体性、层次性、持久性、适应性四个特性，是全员、全方位和全过程的管理体系。它适用范围比较广泛，建筑、制造、服务等行业都可应用，石油化工等高危行业也广泛应用，在油库建设工程中也得到了应用。

健康(H)是指人身体上没有疾病，在心理上(精神上)保持一种完好的状态。安全(S)是指在劳动生产过程中，努力改善劳动条件、克服不安全因素，使劳动生产在保证劳动者安全、健康、企业财产不受损失的前提下顺利进行。安全生产是企业一切经营活动的根本保证。环境(E)是指与人类密切相关的、影响人类和生产活动的各种自然力量或作用的总和。它不仅包括各种自然因素的组合，还包括人类与自然因素间相互形成的生态关系的组合。

安全、环境与健康的管理在实际工作过程中，有着密不可分的联系，因而把健康(Health)、安全(Safety)、环境(Environment)形成一个整体的管理体系作为现代石油化工企业管理方式的必然选择。

二、开展 HSE 一体化管理的意义

近几年来，国际上先进的石油、石化行业相继采用的 HSE 管理模式，具有系统化、科学化、规范化、制度化的特点，它是企业减少人员伤害、财产损失和环境污染，改善 HSE 业绩有效的管理方法。

实施 HSE 管理体系，是选用现代管理理念对“全员、全过程、全方位、全天候”管理原则的一次提升，对企业、社会都具有深远意义。

（一）建立 HSE 管理体系，是贯彻国家持续发展战略的要求

为了贯彻实施国家的可持续性发展战略，促进石油石化行业的发展，就必须建立和实施符合我国法律、法规和有关安全、劳动卫生、环保标准要求的 HSE 管理体系。

（二）实施 HSE 管理体系，可促进企业进入国际市场

自从国际上一些大的石油公司 HSE 管理以来，国际石油行业对石油石化企业提出 HSE 管理方面的要求，不实行 HSE 管理的企业将在对外合作中受到限制。如国内某石油公司与外国石油公司在加油站项目的合作过程中，外方就提出 HSE 管理体系方面的要求。

（三）实施 HSE 管理体系，可减少企业的成本，节约能源和资源

与以往的安全、工业卫生、环境保护标准及技术规范不同，HSE 管理体系摒弃了传统的事后管理与处理的做法，采取积极的预防措施，将 HSE 管理体系纳入企业总的管理体系之中，才能大大降低事故发生率，减少环境污染、降低能耗。

（四）实施 HSE 管理体系，可减少各类事故的发生

历年来，油库的各类安全事故，污染事故时有发生，例如火灾、爆炸、油罐溢油等事故。大多数事故都是由于管理不严、操作人员疏忽引起的。实施 HSE 管理，将提高管理水平，增强预防事故的能力，尽最大努力避免事故的发生。在事故发生时，通过有组织、有系统的控制和处理，使影响和损失降低到最低限度。

（五）实施 HSE 管理体系，可提高企业管理水平

推行 HSE 管理体系标准，可以帮助企业规范管理体系，加强 HSE 方面的教育培训，引进新的监测、规划、评价等管理技术，使企业在满足安全、环境和工业卫生法规要求、健全管理体制、改进管理质量、提高运营效益等方面建立全新的经营战略和一体化的管理体系。

（六）实施 HSE 管理体系，可改善企业形象，提高综合效益

随着人们生活水平的提高，HSE 意识的不断增强，对清洁生产、优美环境、人身及财产安全的要求日益增高。如果企业接连发生事故，既造成企业的巨大损失，又会造成环境污染，给人们留下技术落后、生产管理水平低劣的印象，以致恶化与当地居民的关系，给企业的活动造成许多困难。

企业实施 HSE 管理，通过提高 HSE 管理质量，减少和预防事故的发生，可以大大减少用于处理事故的开支，提高经济效益，从而满足员工、社会对 HSE

的要求，又能改善企业形象，取得商业利益，增强市场竞争优势，这样就使企业的经济效益、社会效益、环境效益有机地结合在一起。实施 HSE 管理体系与国际接轨，显得非常重要和及时。

三、HSE 管理体系的发展趋势

随着全球经济一体化发展的加速以及信息技术的革命，开展 HSE 管理体系已成为一种时尚。从当前的发展状况来看，未来 HSE 体系有如下几个方面的发展趋向：

(1) 世界各国石油石化公司 HSE 管理的重视程度普遍提高，HSE 管理已成为世界性的潮流与主题，建立和持续改进 HSE 管理体系已成为国际石油石化公司 HSE 管理的大趋势。

(2) 作为管理核心的以人为本的思想得到了充分的体现。HSE 方面的事故主要是由技术和人为因素造成的，其中人为因素所引起的事故占 80%以上，有些错误是操作者明知操作程序而错误操作发生的。世界上许多大石油公司，如壳牌公司、美国杜邦公司和 BP 集团等都在 HSE 管理上推行以人为本的管理模式。以人为本的管理体制可大大减少因人的因素而发生 HSE 方面的事故，保证安全生产，更好地保护人类环境。

(3) HSE 管理体系的审核已向标准化迈进。目前，国际上环境管理体系的认证(ISO 14000 认证)工作正在广泛开展，HSE 管理体系的审核工作也不断向标准化迈进。

(4) 世界各国的环境立法更加系统，环境标准更加严格。

四、HSE 管理方针、目标与依据

(1) HSE 管理方针：HSE 管理方针是安全第一，预防为主；全员动手，综合治理；改善环境，保护健康；科学管理，持续发展。

(2) HSE 管理目标：HSE 管理目标是追求最大限度地不发生事故、不损害人身健康、不破坏环境，创国际一流的 HSE 业绩。

(3) HSE 管理依据：

GB/T 28001—2011《职业健康安全管理体系要求》；

GB/T 19001—2008《质量管理体系要求》；

GB/T 24001—2016《环境管理体系要求及使用指南》；

SY/T 6276—2014《石油天然气工业健康、安全与环境管理体系》。

第二节 HSE管理体系的指导原则和实施要求

一、HSE管理体系的指导原则

（一）继承和发展的原则

HSE管理体系是一套与国际接轨的HSE标准体系，只是对原有的规章制度规范化、程序化和标准化，并且予以完善。建立体系不是最终目的，体系的实施运行及国际一流HSE业绩才是我们的要求。杜绝或减少事故、污染和伤害，使我们在社会、在投资者心目中建立良好企业形象，成为国际一流的企业。

（二）第一责任的原则

HSE管理体系，强调最高管理者的承诺和责任，各级企业的最高管理者是HSE的第一责任人，对HSE应有形成文件的承诺，并确保这些承诺转变为人、财、物等资源的支持。各级企业管理者通过本岗位的HSE表率，树立行为榜样，不断强化和奖励正确的HSE行为。

（三）全员参与的原则

HSE管理体系立足于全员参与，突出以人为本的思想。在体系中规定了各级组织和人员的HSE职责，强调了各级组织和全体员工必须落实HSE职责。公司的每位员工，无论身处何处，都有责任把HSE事务做好，并通过审查考核，不断提高公司的HSE业绩。

（四）重在预防的原则

HSE管理体系，着眼点在于预防事故的发生，并特别强调了企业的高层管理者对HSE必须从设计抓起，初步设计的安全环保篇要有HSE相关部门的会签批复，设计施工图纸应有HSE相关部门审查批准签章。风险评价是一个不间断的过程，是所有HSE要素的基础。HSE标准规定了企业的最高管理者对事故隐患应做到心中有数，并亲自组织隐患治理工作。

（五）强化考核的原则

各个公司应向社会和员工承诺，努力实现不发生事故、不损害人员健康、不破坏环境的HSE目标，突出强调零事故。因此应建立HSE业绩管理及监督考核程序，对公司相关人员HSE业绩进行考核，并与经济责任制相挂钩。

（六）持续改进的原则

HSE管理体系着眼于持续改进，不断完善HSE管理体系。实现HSE管理的动态循环。

（七）以人为本的原则

在体系中强调了所有的生产经营活动都必须满足 HSE 管理的各项要求，并强调人的行为对企业至关重要，建立培训系统并对人员技能和能力进行评价，以保证 HSE 水平的提高。

（八）一体化管理的原则

通过一体化管理，使公司的经济效益、社会效益和环境效益有机地结合在一起。

（九）独立审核的原则

体系要求应按适当的时间间隔对 HSE 进行审核和评审，以确保其持续的适应性和有效性。

二、HSE 管理体系的实施要求

（一）突出各级职责是 HSE 管理核心

企业的经理是 HSE 的最高管理者，也是 HSE 的第一责任人，应做出 HSE 表率。管理者的态度、行为对 HSE 管理体系的成功实施具有决定性的作用，企业的各级领导都应高度重视这项工作，落实 HSE 管理体系的人力、物力、财力的协调工作明确各岗位 HSE 职责，制定 HSE 目标、业绩考核和奖惩制度，鼓励、奖励 HSE 行为。

（二）层层落实的关键是严格考核

国际上各个石油公司落实 HSE 的关键都在于各层次上的严格考核，只有通过严格的、经常性的考核，才能切实查出问题，及时改进提高。各企业要制定好符合自身实际、切实可行的考核办法，在加强 HSE 事项结果考核的同时，加强 HSE 业务技能和行为的考核，强化过程控制。

没有考核就没有管理，只有通过经常性的考核，及时掌握完成情况，才能把握工作方向。各企业的考核办法应因地制宜，不仅要注意事故发生频率等 HSE 结果的考核，更要注重违章次数、HSE 任务完成情况等行为的考核。对于加油站来说主要考核内容应包括 HSE 任务完成与目标实现情况；HSE 职责和“一岗一责”的履行情况；履行 HSE 考核情况；未能履行 HSE 职责或因管理失误和操作失误造成事故者的处理情况；遵守和执行规章制度情况等。

（三）强化风险意识和风险管理

油品销售是一个高风险的行业，几乎所有的进、销、存和维修活动都存在着火灾、爆炸、油品外泄等风险因素，因此必须发动广大员工，充分认识存在的风险，经常性地开展群众性的风险识别、评价活动，找出身边的风险，提高全员风险意识。同时企业还要开展专业风险评估，采取适当的控制措施防范、化解风险。

（四）加强宣传，注重 HSE 技能培训和行为训练

人身是否受到伤害，是否安全与人的行为是相关联的。强化 HSE 技能训练，除了坚持行之有效的“三级”安全教育，开展班组安全活动以外，还要建立再培训制度，定期开展全员安全再培训，更新知识和技能。此外，还要培育鼓励安全行为、惩罚不安全行为的企业文化氛围，消除不安全行为，使规范的安全行为成为干部和员工的自发行为。

第三节　HSE 管理体系的员工培训

一、工作前培训的主要内容

（1）健康、安全与环境基础知识。

（2）有关法律、法规和标准。

（3）公司的健康、安全与环境政策。

（4）相关方对健康、安全与环境表现的要求。

（5）隐患识别技术。

（6）操作技能。

（7）特殊工种技能。

（8）消防知识、救生知识等。

二、应急培训的主要内容

（1）项目事故险情类别、性质和危害特点。

（2）事故先兆的识别和判断知识。

（3）事故报告。

（4）事故抢险。

（5）人员救生。

（6）紧急撤离等。

三、经常性安全教育和培训

（1）利用现场广泛宣传 HSE，使之深入人心，在危险位置设立安全警示标志。

（2）坚持班前安全交底，向员工讲清楚工作注意事项及危害，做到心中有数。

(3) 坚持“四查”。

① 查思想。对照有关的HSE管理方针、政策、法律法规，检查员工的HSE意识。

② 查管理、查制度。包括是否按规定建立健全了HSE管理规章制度；HSE管理规章制度的执行情况；HSE管理体系功能发挥情况；HSE教育和培训、HSE检查、HSE技术措施管理、事故调查处理等规章制度的执行情况；HSE管理基础资料台账、报表的准确及时程度。

③ 查现场、查隐患。即检查现场各种不安全因素，隐患存在情况和操作者的作业情况。

④ 查事故分析、处理与上报。各类事故是否调查、分析、上报准确。是否做到了事故原因不清不放过；事故责任者和群众没有受到教育不放过；没有防范措施不放过。

第五章　油库安全管理技术与方法

油库安全管理技术与方法主要围绕三个方面叙述：一是人因安全管理，在安全作业中的人的行为管理，重点预防不安全行为的措施；二是物因安全管理，其重点是本质安全化的措施；三是环境因素安全管理，其环境因素管理的方法和技术。在实施中，应把系统管理协调，即人、机、环境的管理协调；管理也是技术的实践与认识，安全管理也是门科学。

第一节　油库安全管理手段

油库安全管理手段包括行政、法治、科学、经济、文化等五种，这些手段适应于所有油库。

一、安全管理的行政手段

我国目前正在建立和逐步完善“政府监管与指导、企业实施与保障、员工权益与自律、社会监督与参与、中介支持与服务”的五方运行机制。这种运行机制也是油库安全管理中应遵循的机制。

（一）安全管理应遵循的原则

1. 生产与安全统一的原则

生产与安全统一的原则就是“谁主管、谁负责”的原则；在安全生产管理中要落实“管生产必须管安全”的原则；搞技术必须搞安全的原则。

“管生产必须管安全”原则的具体表现为，安全生产人人有责，管生产的同时必须管好安全，分管生产的人员必须同时管理安全。搞技术必须搞安全的原则主要体现在任何从事工艺和技术工作的工程师和技术人员，必须在自己的业务和技术工作中考虑和解决好相应的安全技术问题。

2.“三同时”原则

生产经营单位，在新建、改建、扩建工程项目中的安全设施，必须与主体工程同时设计、同时施工、同时投入生产和使用。安全设施投资应当纳入建设项目预算。

3.“五同时”原则

“五同时”原则的要求是产生经营单位负责人在计划、布置、检查、总结、评比生产的同时，要把安全生产列为计划、布置、检查、总结、评比的重要内容。

4.“三同步”原则

企业在规划和实施自身生产经营发展、进行机构改革、技术改造时，安全生产方面要相应地与之同步规划、同步组织实施、同步运作投产。

5. 安全否决权原则

安全工作是衡量企业经营管理工作好坏的一项基本内容。安全否决权原则要求，在对企业各项指标考核、评选先进时，必须要首先考虑安全指标的完成情况。安全生产指标具有一票否决的作用。

6. 事故查处的“四不放过原则”

事故发生后，应遵循“事故原因没查清，当事人未受到教育，整改措施未落实，责任人未追究”四不放过原则进行处理。

(二) 实施科学的安全检查

科学的安全检查方法有经常性检查、定期安全检查、专业性安全检查、群众性检查四种。

1. 利用好安全检查表

安全检查表的使用是一种科学的检查方法，它既可以进行定性检查，也可以进行定量检查。安全检查表具有以下四个特点。

(1) 检查项目系统、完整，可以做到较高程度地、全面可靠地处理导致危险的关键因素，因而能保证安全检查的质量。

(2) 可以根据已有的规章制度、标准、规程等检查执行情况，得出准确的评价。

(3) 安全检查表采用提问的方式，有问有答，给人印象深刻，使人知道如何做才是正确的，因而可起到安全教育的作用。

(4) 编制安全检查表的过程本身就是对一个系统安全分析的过程，可使检查人员对系统的认识更深刻，更便于发现危险因素。

2. 搞好“八查八提高活动”

一查指导思想，提高领导的安全意识；二查规章，提高全员遵守纪律、提高克服“三违”的自觉性；三查现场隐患，提高设备设施的本质安全程度；四查易燃易爆危险点，提高危险作业的安全保障水平；五查危险品保管，提高防盗防爆的保障措施；六查防火管理，提高全员消防意识和灭火技能；七查事故处理，提高防范类似事故的能力；八查安全宣传教育和安全培训是否经常化和制度化，提高全员安全意识和自我保护意识。

（三）严格安全管理的规范化、制度化

1. 安全生产责任制

安全生产责任制是生产经营单位岗位责任制的一个组成部分，是企业最基本的安全制度，是安全规章制度的核心。安全生产责任制是以企业法人代表为责任核心的安全生产管理制度。它是安全生产的责任体系、检查考核标准、奖惩制度三个方面的有机统一。安全生产责任制的实质是“安全生产，人人有责”，对安全生产行为具有规范、制约、监督、检查、评价功能。

2. 安全生产委员会制度

每个企业应该建立安全生产委员会（小组），委员会（小组）主任（组长）由法人代表担任，副主任（组长）由分管安全生产的负责人担任，安全、质量、生产、经营、党政工团、人事财务等相关部门负责人参加，并使其名实相符，真正成为实施企业全面安全管理的一种制度，按各部门的功能对安全生产予以重视。

3. 动态的安全审核制

对新建、扩建、改造项目实施“三同时”审核，对现有项目或工程推行动态、定期安全评审制度，以保证安全生产的规范、标准得以相符、落实。

4. 及时的事故报告制

发生事故后，应及时按照规定报告，认真落实好“四不放过原则”，使事故真正成为教育人的反面教材，从而提高全员的安全意识及自觉反“三违”的动力。

5. 安全生产奖惩制度

安全生产奖惩制度的建立，是为了不断提高职工进行安全生产的自觉性，发挥劳动者的积极性和创造性，防止和纠正违反劳动纪律和违法失职行为，以维护正常的生产和工作秩序。只有建立安全生产奖惩制度，做到有赏有罚，赏罚分明，才能鼓励先进，督促后进。

6. 危险作业申请、审批制度

易燃易爆场所的焊接、用火，进入有毒的容器、设备工作，高处、动土作业，以及其他容易发生危险的作业，都必须在工作前制定可靠的安全措施，包括应急后备措施，向安全技术部门或专业机构提出申请，经审查批准方可作业；作业时设专人监护，将危险作业严格控制起来。

二、安全管理的法制手段

（1）建立系统、全面的法规体系。安全法制管理就是利用法制的手段，对企业安全生产的建设、实施、组织，以及目标、过程、结果等进行安全的监督与监察管理。

(2) 实施国家强制的安全生产许可制度。通过立法、监察，建立政府执法机构，实施国家安全监督、监察机制。国家通过行为监察、技术监察等方式，落实国家安全生产法规。

(3) 建立政府监管体制。《安全生产法》明确规定了我国现阶段实行的国家安全生产监管体制，落实国家安全生产综合监管与各级政府有关职能部门(公安消防、公安交通、煤矿监察、建筑、交通运输、质量技术监督、工商行政管理)专项监管相结合的体制。有关部门合理分工、相互协调，表明了我国安全生产的执法主体是国家安全生产综合管理部门和相应的专门监管部门。

(4) 专业人员认证制度。国家对特种作业人员、高危险行业的经理(负责人)和安全生产的专管人员实行许可证制度和职业资格制度。

(5) 职工劳动保护制度。安全生产责任是企业安全卫生规章制度的核心；职业安全卫生设施与劳动防护用品管理制度是企业职业安全卫生“硬件”建设的保证；职业安全卫生教育制度是提高职工素质的关键。职业安全卫生检查制度是在安全生产过程中发现问题进而改进工作的要求。而伤亡事故和职业病调查统计、管理制度，工作时间休息和休假制度，女职工和未成年工特殊保护制度等是企业日常工作，同时又与职工享受的劳动保护权利有关，是政策性很强的工作。

(6) 企业内部监督制。在企业内部实施第二方监督管理体制，即通过设置安全总监和安全检查部门，对特种设备、重大危险源、职业卫生、防护用品、化学危险品、辅助设施、内部运输等政府实施的国家监察项目进行内部监控和管理。

(7) 三负责制。企业各级生产领导在安全生产方面要认真落实“向上级负责，向职工负责，向自己负责”的制度。

三、安全管理的科学手段

(一) 安全科学管理

安全科学管理主要包括事后型和预期型两类。

1. 事后型安全管理

事后型管理模式是一种被动的对策，即在事故或灾难发生后进行整改、采取安全技术措施，以避免同类事故再次发生。这种管理模式遵循的技术步骤是：事故或灾难发生→调查原因→分析主要原因→提出整改对策→实施对策→进行评价→新的对策。

2. 预期型安全管理

预期型管理模式是一种主动、积极地预防事故或灾难发生的对策，是现代安全管理和减灾对策的重要方法和模式。其基本技术步骤是：提出安全或减灾目标→分析存在的问题→找出主要问题→制定实施方案→落实方案→评价→新的目标。

（二）安全科学管理的原则

安全科学管理的原则包括技术性管理原则和系统学管理原则两个方面。

1. 技术性管理原则

工程技术对策是指通过工程项目和技术措施，实现生产的本质安全化，或改善劳动条件提高生产的安全性。如对于火灾的防范，可以采用防火工程、消防技术等技术对策；对于油气、尘毒危害，可以采用通风工程、防毒技术、个体防护等技术对策；对于电气事故，可以采取能量限制、绝缘、释放等技术对策；对于爆炸事故，可以采取改进爆炸器材、改进炸药等技术对策等。在具体的工程技术对策中，可供选择的技术原则有十二项。

（1）消除潜在危险的原则。即在本质上消除事故隐患，是理想的、积极、进步的事故预防措施。其基本的做法是以新的系统、新的技术和工艺代替旧的不安全系统和工艺，从根本上消除发生事故的基础。例如，用不可燃材料代替可燃材料；以导爆管技术代替导火绳起爆方法；改进机器设备，消除人体操作对象和作业环境的危险因素，排除噪声、尘毒对人体的影响等，从本质上实现职业安全健康。

（2）降低潜在危险因素数值的原则。即在系统危险不能根除的情况下，尽量地降低系统的危险程度，使系统一旦发生事故，所造成的后果严重程度最小。如手电钻工具采用双层绝缘措施，利用变压器降低回路电压，在高压容器中安装安全阀、泄压阀抑制危险发生等。

（3）冗余性原则。冗余性原则就是通过多重保险、后援系统等措施，提高系统的安全系数，增加安全余量。如在工业生产中降低额定功率，增加钢丝绳强度，飞机系统的双引擎，系统中增加备用装置或设备等措施。

（4）闭锁原则。在系统中通过一些元器件的机器连锁或电气互锁，作为保证安全的条件。如冲压机械的安全互锁器，金属剪切机室安装出入门互锁装置，电路中的自动保安器等。

（5）能量屏障原则。在人、物与危险之间设置屏障，防止意外能量作用到人体和物体上，以保证人和设备的安全。如建筑高空作业的安全网，反应堆的安全壳等，都起到了屏障作用。

（6）距离防护原则。当危险和有害因素的伤害作用随距离的增加而减弱时，应尽量使人与危险源距离远一些。噪声源、辐射源等危险因素可采用这一原则减小其危害。化工厂建在远离居民区及爆破作业时的危险距离控制，均是这方面的例子。

（7）时间防护原则。时间防护原则是使人暴露于危险、有害因素的时间缩短到安全程度之内。如开采放射性矿物或进行有放射性物质的工作时，缩短工作时间；油气、粉尘、毒气、噪声的安全指标，要求随着工作接触时间的增加而减少。

(8) 薄弱环节原则。即在系统中设置薄弱环节，以最小的、局部的损失换取系统的总体安全。如电路中的保险丝、锅炉的熔栓、煤气发生炉的防爆膜、压力容器的泄压阀等，它们在危险情况出现之前就发生破坏，从而释放或阻断能量，以保证整个系统的安全性。

(9) 坚固性原则。这是与薄弱环节原则相反的一种对策，即通过增加系统强度来保证其安全性。如加大安全系数，提高结构强度等措施。

(10) 个体防护原则。根据不同作业性质和条件配备相应的保护用品及用具。采取被动的措施，以减轻事故和灾害造成的伤害或损失。

(11) 代替作业人员的原则。在不可能消除和控制危险、有害因素的条件下，以机器、机械手、自动控制器或机器人代替人或人体的某些操作，摆脱危险和有害因素对人体的危害。

(12) 警告和禁止信息原则。采用光、声、色或其他标志等作为传递组织和技术信息的目标，以保证安全。如宣传画、安全标志、板报警告等。

这些工程技术对策是治本的重要对策。但是，工程技术对策需要安全技术及经济作为基本前提。因此，在实际工作中，特别是在目前我国安全科学技术和社会经济基础较为薄弱的条件下，这种对策的采用受到一定的限制，应结合具体实际及经济技术条件，有选择的采用工程技术对策。

2. 系统学管理原则

安全生产管理过程中，应遵循以下十项原则。

(1) 系统整体性原则。系统的整体性由六大属性确定，即目标性、边界性、集合性、随机性、层次性、调节性和适应性六大属性。安全管理的整体性应体现出明确的工作目标，综合考虑问题的原因，动态认识安全，落实措施分主次，能适应变化的要求。

(2) 计划性原则。安全对策应有规划和计划，分为近期的、长远的目标，对工作方案、人财物的使用应按规划和计划进行，并有最终的评价，形成闭环管理模式。

(3) 效果性原则。安全对策效果的好坏，要通过最终的成果指标来衡量。由于安全问题的特殊性，安全工作的成果既要考虑经济产出，又要考虑社会效益。正确认识和理解安全的效果性，是落实安全减灾措施的重要前提。

(4) 单项解决的原则。在制定具体危险预防措施时，问题与措施要一一对应，有主次、有轻重缓急，使危险隐患的消除落在实处。对于老大难问题，应逐步地考虑整治，一年一步，不能急于求成。

（5）等同原则。根据控制论原理，对控制系统的复杂性与可靠性不应低于被控制系统。在安全上，安全系统或装置的可靠性必须高于被监控的机器和设备系统，实现安全管理上监察、审查及否决权制度，安全理论、技术方法、安全人员的素质不应低于被管理的对象。

（6）全面管理的原则。企业安全管理，要进行全面管理，即党政工团与职能部门一起抓。只有调动起全员的安全积极性和提高全员的安全意识，事故的防范才可能有更高的保证。

（7）责任制原则。各级管理部门和企业应实行安全责任制。首先管理部门和企业的一把手应负主要责任，所有其他业务部门也同样负有责任，对违反职业安全法规和不负责的人员应追究刑事责任。只有将责任落到实处，安全管理效果才能得到保证。

（8）精神与物质奖励的原则。应用激励理论，对于期望的安全行为给予正强化，即采用精神与物质奖励相结合的办法，激发安全减灾积极性，促进安全减灾。

（9）批评教育和惩罚原则。利用行为科学中的强化理论，对不安全的行为进行负强化，即进行批评教育或经济和职务上的处罚。应用这一方法时，需要注意时效和客观问题。

（10）优化干部素质原则。随着科学的发展，安全科学技术有了很大的发展，传统的技术手段和管理方法已不能适应新的要求。这就需要更新安全队伍的专业素质，懂得技术知识的同时，还需要掌握系统学、心理学、教育学、人机工程、经济学等方面的知识。同时，安全干部的选择应重视德才兼备。

（三）系统管理模式方法

近年来，我国大型企业，应用现代安全管理理论，总结创立了各种各样的安全管理模式，现列举几例。这些管理模式对于油库来说，有借鉴和参考意义。油库可结合自身的实际情况，深化现行的有效做法，参考这些模式总结出自己的安全管理模式。

1. “0457”管理模式

该模式是由扬子石化公司创建，其内涵：“0”代表围绕“事故为零”这一安全目标；“4”代表以全员、全过程、全方位、全天候（“四全”）管理为对策；“5”代表以安全法规系列化、安全管理科学化、教育培训正规化、工艺设备安全化、安全卫生设施现代化这五项安全标准化建设为基础；“7”代表以安全生产责任制落实体系、规章制度体系、教育培训体系、设备维护和整改体系、事故抢救体系、科研防治体系等七大安全管理体系为保护。

2. “01467”管理模式

该模式是燕山石化总结的一种安全管理模式，其内涵：“0”代表重大人身、火灾爆炸、生产、设备、交通事故为零的目标；“1”代表行政一把手是企业安全的第一责任者；“4”代表全员、全过程、全方位、全天候的安全管理和监督；“6”代表安全法规标准系列化、安全管理科学化、安全培训实效化、生产工艺设备安全化、安全卫生设施现代化、监督保证体系化；“7”代表规章制度保证体系、事故抢救保证体系、设备维护和隐患整改保证体系、安全科研与防范保证体系、安全检查监督保证体系、安全生产责任制保证体系、安全教育保证体系。

3. “四全”安全管理模式

“四全”安全管理模式的内涵：“全员”是从企业领导到每个干部、职工(包括合同工、临时工和实习人员)都要管安全；“全面”是从生产、经营、基建、科研到后勤服务的各单位、各部门都要抓安全；“全过程”是每项工作的各个环节都要自始至终地做安全工作；“全天候”是一年365天，一天24h，不管什么天气，不论什么环境，每时每刻都要注意安全。总之，“四全”的基本精神就是人人、处处、事事、时时都要把安全放在首位；在进行全面的安全管理过程中，同时要注意重点环节和对象，如全员管理中什么工种、人员最重要？全面管理中什么车间和部门最重要？全过程管理中哪个环节最重要？全天候管理中哪个时期最重要？对于大型企业或企业集团，由于管理层次相对比较多，一般有决策层、管理层和操作层，且生产范围广，产业分工繁杂，经营立体多元化，实施有效的“四全”管理更彰显其重要性。

(四) 安全科学管理方法

安全科学的方法很多，现列举几种我国企业总结的安全科学管理方法，供油库人员在安全管理中借鉴。

1. 人流、物流定置管理方法

为了保障安全生产，在区域、岗位现场，从平面空间到立体空间，其使用的工具、设备、材料、工件等的位置要规范，应进行科学的物流设计，实现文明管理。

2. 现场“三点控制”强化管理方法

生产现场的危险点、危害点、事故多发点应进行强化管理，实行挂牌制，标明其危险(危害)的性质、类型、定量、注意事项等内容，以警示人员。

3. 现场岗位人为差错预防方法

(1) 双岗制，为控制重要部位和岗位，避免人为差错，保证操作的准确，设置一岗双人的制度。

(2) 岗前报告制，对管理、指挥的对象采取提前报告、超前警示、报告重复(回复)的措施。

(3) 交接班重叠制度，岗位交接班之间执行“接岗提前准备、离岗接续辅助”的办法，以降低交接班差错率。

4. 生产班组安全活动

生产班组每周的安全活动要做到时间、人员、内容“三落实”。采用安全生产必须落实到班组和岗位的原则，企业生产班组对岗位管理、生产装置、工具设备、工作环境、班组活动等方面，进行灵活、严格、有效的安全生产建设。

5. 安全巡检“挂牌制”

在生产装置现场和重点部位，巡检时实行“挂牌制”。操作工定期到现场，按一定巡检路线进行安全检查时，一定要在现场进行挂牌警示，这对于防止他人误操作而引发事故具有重要意义。

6. 防电气误操作的“五步操作法”

防电气误操作的“五步操作法”，是指周密检查、认真填票、实行双监、模拟操作、口令操作。不仅层层把关，堵塞漏洞，消除思想上的误差，更可以开动机器，优势互补，消除行为上的误动。

7. 检修“ABC”管理法

在企业定期大、小检修时，由于检修期间人员多、情况复杂，检修项目多、交叉作业属于常有的情况，使检修作业具有较大危险性。为确保安全检修，利用检修“ABC”法，把上级管理部门控制的大修项目列为A类(重点管理项目)，企业控制项目列为B类(一般管理项目)，中层单位控制项目列为C类(次要管理项目)，实行三级管理控制。A类要制定出每个项目的安全对策表，由项目负责人、安全负责人、上级管理部门安全人员“三把关”；B类要制定出每个项目的安全检查表，由企业安全部门把关；C类要制定出每个项目的安全承包确认书，由中层单位安全人员把关。

8. 无隐患管理法

无隐患管理法的立论是建立在现代事故金字塔认识论基础之上的，即任何事故都是在隐患基础上发展起来的，要控制和消除事故，必须从隐患入手。推行无隐患管理方法，要解决隐患辨识、隐患分类、隐患分级、隐患检验，以及检测、隐患档案和报表，隐患统计分析，隐患控制等技术问题。

9. 行为抽样技术

安全行为抽样技术的目的是对人的行为失误进行研究和控制，主要是应用概率统计、正态分布、大数法则、随机原则的理论和方法，进行行为的抽样研究，从而达到控制人的失误或差错，最终避免人为事故发生的目的。

10. 安全评价技术

对人员安全素质、企业安全管理、生产作业现场、生产设备设施、技术方案等进行安全评价，以达到生产过程、环境、条件符合行业、国家安全标准。

11. 安全人机工程

安全人机工程是研究人、机、环境三者之间的相互关系，探讨如何使机、环境符合人的形态学、生理学、心理学方面的特性，使人、机、环境相互协调，以求达到人的能力与作业活动要求相适应，创造舒适、高效、安全的劳动条件。安全人机工程侧重于人与机的安全，减少差错，缓解疲劳等目的。

12. 危险预知活动

通过作业班组班前、班后会，进行危险作业分析、揭露、警告、自检、互检，对员工危险作业、设备设施危险和隐患、现场环境不良状态等进行有效的控制。

13. 事故判定技术

组织一线专(兼)职安全人员通过座谈会、填表调查，进行可能发生事故的状况分析判定。其方式是预先针对生产危险状况及设备设施故障设计事故、故障或隐患登记卡，对可能发生的事故状况进行超前判定，用以指导预防活动。

14. 科学系统的应急预案

在对危险源进行科学预防的前提下，制定有效的事故应急救援预案，以达到一旦事故、事件发生，使其伤亡、损失最小化。

15. “三群”管理法

在油库内部推行“群策、群力、群管”的全员安全管理战略，使全员都诚心、参与安全生产。

16. “十个一”安全主题活动

在安全活动中，组织员工背一则安全规章、读一本安全生产知识书籍、受一次安全培训教育、忆一次事故教训、查一处事故隐患、提一条安全作业的合理化建议、做一件预防事故实事、当一周安全监督员、献一元安全生产经费、写一篇安全作业感想(汇报)等。

四、安全管理的经济手段

安全管理的经济手段是根据安全经济研究成果，增强安全投资强度，重视和改善安全投资结构，利用现代常用经济手段实施风险转移、经济惩罚与激励。

(一) 合理的安全经济手段

充分、合理地确定安全投资强度，重视安全投资结构的关系，如安全措施费、个人防护用品费从 1：2 过渡到 2：1；安全技术费、工业卫生费从 1.5：1 过渡到 1：1；预防性投入与事后性投入的等价关系为 1：5 的关系，因此要重视预防性投入。

(二) 参与保险

随着社会的进步，保险对策作为一种风险转移的手段，对事故损失风险起到风险分散和化解的作用。如社会保险中的工伤保险，以及商业保险中的财产保险、工程保险、伤亡保险等。

(三) 安全措施项目优选和可行性论证制度

学会合理地应用安全经济机制，如进行安全项目经济技术的可行性论证，推行企业安全设施、设备的专门折旧机制等。

(四) 经济惩罚制度

制定违章、事故罚款制度，并采取连带制、复利制的技巧，即惩罚连带相关人员，惩罚度随次数增加等。

(五) 风险抵押制度

推行安全生产抵押金制度，即在年初或项目之初交纳一定的安全抵押(保证)金，年底或项目完成后进行评估。这项制度可在全员中实行。

(六) 安全经济激励(奖励)制度

采取与工资挂钩，设立承包奖等安全奖励制度，以激励和促进安全生产工作。

(七) 积分制

将各类事故、违章行为等管理的事件，进行分级、分类，并确定一定的分值，年底按照积分进行测评、考核。

五、安全管理的文化手段

利用多种手段和方法进行安全教育和宣传活动，表 5-1 列举了十个方面的安全教育和宣传活动的内容。除表列内容外，还可以组织开展安全知识竞赛、安全在我心中演讲比赛、安全专场晚会、安全生产周(月)、百日安全竞赛、三不伤害活动、班组安全建设“小家”、开办安全警告会、安全汇报会、安全庆功会、安全人生祝贺活动等。

表 5-1　安全管理文化手段举例

名称	内　容	方式	目的	接受人	组织人	备注
“三个第一”	第一个文件是安全生产，第一个大会是安全大会，第一项工作是安全宣传月活动	会议、组织员工学习、广播电视宣传、考试等	突出安全、抓好安全、为全年的安全工作开好头	全员	党政负责人，宣传、公关和安全部门	
“三个一”工程	车间一套挂图，厂区一幅图标，每周一场录像	宣传挂图、标志实物建设	增长知识，强化意识	全员	安全和宣传部门	在单位闭路电视上收看安全录像片
标志建设	禁止标志、警告标志、指令标志	实物建设	警示作用，强化意识	全员	安全、宣传部门专业人员	
宣传墙报	安全知识，事故教训	实物建设	增加知识	全员	安全、宣传部门专业人员	
三级教育	厂级、车间、岗位(班组)安全常识、法规，作业程序、操作规程和操作技能等	课堂学习；实际演练；参观访问；测试和考核等	懂得安全知识，掌握安全技能，树立安全意识	新员工、换岗员工	厂安全部门，车间和班组负责人	重视内容和效果
特殊教育模式	特殊工种、岗位、部门必须进行安全知识和规程教育	学习、演练、考核	培养细化意识、掌握知识和技能	从事特殊工种人员	安全技术部门组织参加国家特种作业人员培训	持证上岗，定期复训
全员教育	安全知识、事故案例、政策规程	组织学习研讨、广播电教	增强观念、扩展知识、提高素质	全员	安全技术各级机构	重视适时、生动、有效
家属教育	厂情、工种和岗位知识	座谈、家访	创造协调的家庭生活背景	结合岗位	安全技术部门、工会	寓教于乐
班(组)读报活动	选择与自己安全生产相关的读报内容，如事故案例分析、安全知识、政策法规等	班组安全活动会	提高认识，增加知识，强化意识	班(组)成员	班组长或班组安全员	注重持之以恒，内容丰富
决策者教育	政策、法规、管理知识	学习、报告、座谈	强化意识、提高决策、管理素质	各级领导及生产管理人员	主管负责人，安全部门	注重针对性与实用性

第二节　人因的安全管理

人为原因事故在各类事故中占有较大比例，是事故的第一大要素。有效控制人为的不安全行为，对保障油库安全作业发挥着重要作用，是油库安全管理的重要方面。

人为原因事故的预防和控制，是在研究人与事故的联系及其运动规律的基础上，认识到人的不安全行为是导致与构成事故的要素。因此，要有效预防、控制人为事故的发生，依据人的安全与管理的需求，运用人为事故规律和预防、控制事故原理，联系实际而产生的一种对作业事故进行超前预防、控制的方法。

一、人因事故的规律及其预防

（一）人因事故的规律

在生产实践活动中，人既是促进生产发展的决定因素，又是生产中安全与事故的决定因素。人既是安全因素，又是事故要素。人的安全行为能保证安全作业，人的异常行为会导致事故。因此，要想有效预防、控制事故的发生，必须做好人的预防性安全管理，强化和提高人的安全行为，改变和抑制人的异常行为，使之达到安全作业的客观要求，以便超前预防、控制事故的发生。为了深入研究人因事故规律，还可利用安全行为科学的理论和方法。表5-2是人因事故的基本规律。

表5-2　人因事故的规律

异常行为原因		内在联系	外延现象
产生异常行为内因	表态始发致因	生理缺陷	耳聋、眼花、各种疾病、反应迟钝、性格孤僻等
		安全技术素质差	缺乏安全思想和安全知识，技术水平低，无应变能力等
		品德不良	意志衰退、目无法纪、自私自利、道德败坏等
	动态续发致因	违背生产规律	有章不循、循章不严、不服管理、冒险蛮干等
		身体疲劳	精神不振、神志不清、力不从心、打盹睡觉等
		需求改变	急于求成、贪图省事、心不在焉、侥幸心理等
产生异常行为外因	外侵引发原因	家庭社会影响	情绪反常、思想散乱、烦恼忧虑、苦闷冲动等
		环境影响	高温、严寒、噪声、异光、异物、风雨雪等
		异常突然侵入	心慌意乱，惊慌和恐惧失措、恐惧胆怯、措手不及等
	管理致发原因	信息不准	指令错误、警报错误等
		设备缺陷	技术性能差、超载运行、无安技设备、无标准等
		异常失控	管理混乱、无章可循、违章不纠等

在掌握了人们异常行为的内在联系及其运行规律后，为加强人的预防性安全管理工作，有效预防、控制人为事故，可从以下四个方面入手。

(1) 从产生异常行为表态始发致因的内在联系及其外延现象中得知，要想有效预防人为事故，必须做好劳动者的表态安全管理。例如，开展安全宣传教育、安全培训，提高人们的安全技术素质，使之达到安全生产的客观要求，从而为有效预防人为事故的发生提供基础保证。

(2) 从产生异常行为动态续发致因的内在联系及其外延现象中得知，要想有效预防、控制人为事故，必须做好劳动者的动态安全管理。例如，建立、健全安全法规，开展各种不同形式的安全检查等，促使人们在作业实践中按规律运动，及时发现并及时改变人们在作业中的异常行为，使之达到安全生产要求，从而预防、控制由于人为事故规律的异常行为而导致事故发生。

(3) 从产生异常行为外侵引发致因的内在联系及其外延现象中得知，要想有效预防、控制人为事故，还要做好劳动环境的安全管理。例如，发现劳动者因受社会或家庭环境影响，思想混乱，有产生异常行为的可能时，要及时进行思想工作，帮助解决存在的问题，消除后顾之忧等，从而预防、控制由于环境影响而导致的人为事故发生。

(4) 从产生异常行为管理致发原因的内在联系及其外延现象中得知，要想有效预防、控制人为事故，还要解决好安全管理中存在的问题。例如，提高管理人员的安全技术素质，消除违章指挥；加强工具、设备管理，消除隐患等，使之达到安全作业要求，从而有效预防、控制由于管理失控而导致的人为事故。

（二）强化人的安全行为

强化人的安全行为，预防事故发生，是指通过开展安全教育，提高人们的安全意识，使其产生安全行为，做到自为预防事故的发生，主要应抓住两个环节：一要开展好安全教育，提高人们预防、控制事故的自为能力；二要抓好人为事故的自我预防。人为事故的自我预防包括以下五点。

(1) 劳动者要自觉接受教育，不断提高安全意识，牢固树立安全思想，为实现安全作业提供支配行为的思想保证。

(2) 要努力学习生产技术和安全技术知识，不断提高安全素质和事故应变能力，为实现安全作业提供支配行为的技术保证。

(3) 必须严格执行安全规律，不能违章作业，冒险蛮干，即只有用安全法规规范自己的作业行为，才能有效预防事故的发生，实现安全生产。

(4) 要做好个人使用的工具、设备和劳动保护用品的日常维护保养，使之保持完好状态，并要做到正确使用。当发现有异常时要及时进行处理，控制事故发生，保证安全作业。

(5) 要服从安全管理，并敢于抵制他人违章指挥，保质保量地完成自己分担的作业任务，遇到问题要及时提出并解决，以确保安全生产。

(三) 改变人的异常行为

改变人的异常行为，是继强化人的表态安全管理之后的动态安全管理。通过强化人的安全行为预防事故的发生，改变人的异常行为控制事故发生，从而达到超前有效预防、控制人为事故的目的。改变人的异常行为，控制事故发生，主要有以下五种方法。

(1) 自我控制是指在认识到人的异常意识具有产生异常行为，导致人为事故的规律之后，为了保证自身在作业实践中的自为改变异常行为，控制事故的发生。自我控制是行为控制的基础，是预防、控制人为事故的关键。例如，劳动者在从事作业实践活动之前或作业之中，当发现自己有产生异常行为的因素存在时，像身体疲劳、需求改变，或因外界影响思想混乱等，能及时认识和加以改变，或终止异常的生产活动，均能控制由于异常行为而导致的事故。又如当发现环境异常出现，工具、设备异常时，或领导违章指挥有产生异常行为的外因时，能及时采取措施，改变物的异常状态，抵制违章指挥，也能有效控制由于异常行为而导致的事故发生。

(2) 跟踪控制是指运用事故预测法，对已知具有产生异常行为因素的人员，做好转化和行为控制工作。例如，对已知的违章人员指定专人负责做好转化工作和行为控制，以防其异常行为的产生和事故的发生。

(3) 安全监护是指对从事危险性较大作业活动的人员，指定专人对其异常行为进行安全提醒和安全监督。例如，电工在停送电作业时，一般要有两人同时进行，一人操作、一人监护，进入有限空间时，应有监护等，防止人为事故发生。

(4) 安全检查是指运用人自身技能，对从事作业实践活动人员的行为，进行各种不同形式的安全检查，从而发现并改变人的异常行为，控制人为事故发生。

(5) 技术控制是指运用安全技术手段控制人的异常行为。例如，绞车安装的过卷装置，能控制由于人的异常行为而导致的绞车过卷事故；变电所安装的连锁装置，能控制人为误操作而导致的事故；高层建筑设置的安全网，能控制人从高处坠落后导致人身伤害的事故发生；进入有限有毒空间时，佩戴呼吸器具以防中毒事故发生等。

二、时间因素导致事故的规律及其预防

时间因素导致的事故一般都与人相关。时间因素导致事故的预防和控制，是在揭示了时间与事故的联系及其运动规律，认识到时间变化是导致事故的一种相关因素之后，为了有效预防、控制由于时间变化导致的事故，依据安全生产与管

理的需求，运用时间因素导致事故的规律和预防、控制事故原理联系实际，而产生的一种对生产事故进行超前预防、控制的方法。

（一）时间因素导致事故的规律

任何生产劳动无不置于一定的时间之内。时间表明生产实践经历的过程。正确运用劳动时间，能保证安全生产，提高劳动效率，促进经济发展。反之异常的劳动时间，则是导致事故的一种相关因素。时间因素导致事故的规律，是指生产实践与时间的异常结合，违反了生产规律而产生的异常运动，是导致事故中的普遍性表现形式，其具体表现如下。

（1）改变时间能导致事故。改变时间能导致事故是指生产实践中，出现了改变原定的时间而导致发生的事故。如火车抢点、晚点中发生的撞车事故；电气作业不能按规定时间按时停送电，发生的触电事故等。

（2）延长的时间能导致事故。延长的时间能导致事故是指在生产实践中，超过了常规时间而导致发生的事故。如职工加班、加点或不能按规定时间休息，由于疲劳而导致的各种事故；设备不能按规定时间检修，由于故障不能及时消除，而导致的与设备相关的事故等。

（3）异变的时间能导致事故。异变的时间能导致事故是指在生产实践中，由于时间变化而导致的事故。如由于季节变化而导致的各种季节性事故；节日前后或下班前后，由于时间变化，人们心慌意乱而导致发生的各种事故等。

（4）非常时间能导致事故。非常时间能导致事故是指在出现非常情况的特殊时间里，而导致发生的事故。如在抢险救灾中发生的与时间相关的事故；在生产中争时间抢任务，而导致发生的各种事故等。

（二）时间因素导致事故的预防

在认识到正常劳动时间能保证安全生产，异常的劳动时间具有导致事故的因素及其运动规律之后，依据安全生产与管理的需求，对时间因素导致事故的预防和控制，主要应抓住两个环节：一要正确运用劳动时间，预防事故发生；二要改变与掌握异常的劳动时间，控制事故发生。

（1）正确运用劳动时间，预防事故发生。正确运用劳动时间预防事故发生，是依据劳动法规定结合本企业安全生产的客观要求，正确处理劳动与时间的关系，合理安排劳动时间，保证必要的休息时间，做到劳逸结合，以此预防事故的发生。

（2）改变与掌握异常的劳动时间，控制事故发生。异常劳动时间，是指在生产过程中，由于时间变化而具有导致事故因素的非正常生产时间。为了控制由于异常劳动时间导致发生的事故，依据安全生产与管理的需求，运用时间导致事故的规律，要做好如下工作。

① 限制加班、加点控制事故发生。职工在法定的节日或公休日从事生产或工作的，称为加班。在正常劳动时间外又延长时间进行生产或工作的，称为加点。加班、加点属于异常的劳动时间，具有导致事故的因素，因此在一般情况下严禁加班、加点，只有在特殊情况下才可以加班、加点，但必须做好在加班、加点中的安全管理。例如，生产设备、交通运输线路、公共设施发生故障，影响生产和公众利益，必须加班、加点及时抢修时，在抢修前要有应急的安全技术措施，抢修中严禁违章蛮干，不要因抢修而扩大事故的发生。

② 抓好季节性事故的预防和控制季节性事故，是指随着季节时间的变化，而导致发生的与气候因素相关的事故。例如，雷害、火灾、风灾、水灾、雪灾，以及中暑、冻伤、冻坏设备等季节性事故。季节性事故的预防和控制，首先要认识与掌握本企业可能发生的季节性事故，根据季节的特点制定安全防范措施，如夏季要做好防雷、防排水、防暑降温的准备工作，冬季做好防寒、防冻的准备工作等。然后还要根据实际变化情况具体做好防范工作。

③ 做好异常劳动时间的安全管理。一是要掌握在异常的劳动时间里导致生产发生异常变化的原因，以及发展变化的动态，如停电作业为什么不能按时停电，及时提出应变措施，如作业前必须检电、接地等，从而控制事故的发生。二是做好在异常劳动时间里的安全宣传教育工作和信息沟通，如在抢险救灾中人们要保持清醒的头脑，做到忙而不乱，有序地完成任务，不能因抢险而扩大事故。三是要及时组织人力、物力，积极有效地排除异常变化中的问题，如抢修线路、排除设备故障、救护人员等，要努力缩短异常变化的时间，控制事故的扩大，减少灾害损失。

三、人的可靠性分析

人的可靠性分析(HRA)是评价人的可靠性的各种方法的总称。人的可靠性是指使系统可靠或正常运转所必需的人的正确活动的概率。人的可靠性分析可作为一种设计方法，是使系统中人为失误的概率减少到可接受的水平。人为失误的严重性是根据可能导致的后果来划分的，如损害系统的功能、降低安全性、增加费用等。在大型的人、机系统中，人的可靠性分析常作为系统概率危险评价的一部分。

(一) 定性分析

人的可靠性分析的定性分析主要是人为失误隐患的辨识。辨识的基本工具是作业分析，这是一个反复分析的过程。通过观察、调查、谈话、失误记录等方式分析确定某一人、机系统中人的行为特性。在系统元素相互作用的过程中，人为失误隐患包括不能执行系统要求的动作，不正确的操作行为(包括时间选择错误)，或者进行损害系统功能的操作。对系统进行的不正确输入可能与一个或多个操作形成因素(PSFS)有关，如设备和工艺的操作不合理、培训不当、通信联络不正确等。不正确的操作形成因素包括可导致错误的感觉、理解、判断、决策，以及控制失误。在上述几种过程中，任何一个过程都能直接或间接地对系统产生不正确的输入。定性分析是人机学专家在设计或改进人、机系统时，为减少人为失误影响使用的基本方法。定性分析是人的可靠性分析方法中定量分析的基础。

(二) 定量分析

人的可靠性分析的定量分析是评价与时间有关或无关的影响系统功能的人为失误概率(HEPS)，评价不同类型失误对系统功能的影响。这类评价是通过使用人的行为统计数据、人的行为模型，以及与人的可靠性分析有关的其他分析方法来完成。对于复杂系统，人的可靠性分析工作最好由一个专家组来完成。专家组中包括有可靠性分析经验的人(机学专家、系统分析专家)、有关工程技术人员，尤其是对分析对象非常熟悉的有关人员，让他们参与人的可靠性分析是非常必要的。

四、人安全行为抽样

定量研究人安全行为的状况和水平，通常采用行为抽样。这是一种高效、省时、经济，又具有一定的定量精确与合理性的行为研究方法。这种方法能定量地研究出工人操作过程中的失误状况和水平，其目的是有效控制人的失误率。进行行为抽样要依据随机性、正态分布概率的统计学理论，以保证调查结果的客观真实性。

行为抽样是一种通过局部作业点或对有限量(时间或空间)的职工行为的抽样调查，从而判定全局或全体的安全行为水平，客观上讲是具有误差的调查方法，但其误差应符合研究的要求。为此，应遵循一定的理论规律，这就是概率理论、正态分布和随机原理。概率理论是研究随机现象的，随机现象具有的特点对单次或个别试验是不确定的，但在大量重复试验中，却呈现出明显的规律性。人的一般行为都具有这样的特点，生产过程中的失误或不安全行为也具有这样的特点。为了使调查的数据是可靠的、准确的，在设计抽样的样本时，应以正态分布理论为基础，其置信度和精确度都以正态分布的参数为依据。行为抽样要求随机地确定观测或调查的时间，随机地确定测定对象，而不能专门地安排和有意识的设计研究或调查的对象、时间和地点，这样随机确定的样本数据才具有客观性、合理性。

安全行为的抽样主要步骤：

(1) 将要调查或研究场所、工种或部门操作的不安全行为定义出来，并列出清单。

(2) 根据已有的抽样结果或通过小量的试验观测，初步确定调查样本的不安全行为比例 P 值。

(3) 确定抽样调查的总观测样本数 N，其样本数取决于不安全行为比例水平，调查分析的精度。

(4) 根据调查对象的工作规律，确定抽样时间，即确定每小时的调查观测次数和观测的具体时间(八小时上班内)。

(5) 根据随机原则，确定观测的对象，即观测哪些职工或生产班组，一般可以根据调查的目的、要求，以及行业生产的特点，采用正规的随机抽样法，或按工种、业务或职工特性使用分层随机抽样法。通过进行所需次数的随机观测，将观测到的生产操作行为结果(安全和不安全行为)进行分类记录；测算出不安全行为的百分比(失误率)；每月第一周重复一次以上步骤的抽样调查。

(6) 根据每次抽样调查获得的不安全行为比例数值，进行控制图管理；通过控制图的技术，分析生产一线员工的安全行为规律，并提出改进安全生产状况、预防失误导致事故的对策、措施和办法。

五、特种作业人员安全管理

对特种作业人员，《劳动法》第五十五条有明确的规定。

(1) 从事特种作业的劳动者必须经过专门培训，并取得特种作业资格。

(2) 凡从事特种作业人员必须年满 18 周岁、初中以上文化程度、身体健康、无妨碍从事本工种作业的疾病和生理缺陷，并经过有资格的培训单位进行培训考核，取得劳动部门核发的操作证。特种作业人员必须持证上岗，严禁无证操作。

(3) 有特种作业人员单位，须建立特种作业人员的管理档案。对违章操作的应视其情节给予相应的处分，并记入管理档案。

(4) 离开特种作业岗位 1 年以上的特种作业人员，需重新进行安全技术考核，合格者方可从事原作业。退休(职)的特种作业人员，由所在单位收缴其操作证，并报发证部门注销。

(5) 由于设备本身存在一定的危险性，如果发生事故，将机毁人亡，不仅对操作者本人，而且对他人和周围设施会造成严重损伤或破坏。因此，对危险性较大的设备(特种设备)应实行特殊管理。对特种设备必须制定安全操作规程、定期检查制度、维修保养管理制度、专人负责管理制度，以及建立设备技术档案。

(6) 特种设备不得长期超负荷带病运行，设备的安全防护装置必须保持完好，并能正确使用。除对特种设备进行严格检测检验，实行安全认证外，应对操作人员进行严格的技能和安全技术培训。

(7) 对特种作业人员必须进行定期的特种设备安全运行教育，增强安全责任心，提高安全意识，做到精心使用、精心操作、精心维护。

六、安全行为“十大禁令”

(1) 安全教育和岗位技术考核不合格者，严禁独立顶岗操作。

(2) 不按规定着装或班前饮酒者，严禁进入生产岗位和施工现场。

(3) 不戴好安全帽者，严禁进入生产装置和检修、施工现场。

(4) 未办理安全作业票及不系安全带者，严禁高处作业。

(5) 未办理安全作业票，严禁进入塔、容器、罐、油舱、反应器、下水井、电缆沟等有毒、有害、缺氧场所作业。

(6) 未办理维修工作票，严禁拆卸停用的与系统联通的管道、机泵等设备。

(7) 未办理电气作业“三票”，严禁电气施工作业。

(8) 未办理施工破土工作票，严禁破土施工。

(9) 机动设备或受压容器的安全附件和防护装置不齐全、不好用的，严禁启动使用。

(10) 机动设备的转动部件，在运转中严禁擦洗或拆卸。

第三节　物因及危险源安全管理

物因及危险源的安全管理必须贯穿于论证评价、立项设计、施工验收、投产使用的全过程。它主要包括设备因素导致事故预防、现场隐患管理、危险源管理、消防安全管理、交通安全管理、现场安全管理六个方面。油库属于危险场所，应特别重视油品及其设备设施的安全管理。

一、设备因素导致事故的预防

设备与设施是油库作业过程的物质基础，是重要的生产要素。为了有效预防、控制设备导致的事故发生，需要运用设备事故规律和预防、控制事故原理联系生产或工艺实际，提出超前预防、控制事故的方法。

在生产实践中，设备是决定生产效能的物质技术基础，没有生产设备特别是现代生产是无法进行的。同时设备的异常状态又是导致与构成事故的重要物质因素。因此，要想超前预防、控制设备事故的发生，必须做好设备的预防性安全管理，强化设备的安全运行，改变设备的异常状态，使之达到安全运行要求，才能有效预防、控制事故的发生。

（一）设备因素与事故的规律

设备事故规律，是指在生产系统中，由于设备的异常状态违背了生产规律，致使生产实践产生了异常而导致事故发生所具有的普遍性表现形式。

1. 设备故障规律

设备故障规律，是指由于设备自身异常而产生故障及导致的事故，在整个寿命周期内的动态变化规律。认识与掌握设备故障规律，是从设备的实际技术状态出发，确定设备检查、试验和修理周期的依据。例如，一台新设备和同样一台长期运行的老、旧设备，由于投运时间和技术状态不同，其检查、试验、检修周期是不应相同的。应按照设备故障变化规律，来确定其各自的检查、试验、检修周期。这样既可以克服单纯以时间周期为基础检查管理的弊端，减少一些不必要的检查、试验、检修的次数，节约一些人力、物力、财力，提高设备安全经济运行的效益，又能提高必要检查、试验、检修的效果，确保设备安全运行。

设备在整个寿命期内的故障变化规律，大致分为三个阶段：第一阶段是设备故障的初发期；第二阶段是设备故障的偶发期；第三阶段是设备故障的频发期。

设备故障初发期是指设备在开始投运的一段时间内，由于人们对设备不够熟悉，使用不当，以及设备自身存在一定的不平衡性，因而故障率较高。这段时间称设备使用的适应期。

设备故障偶发期是指设备在投运后，由于经过一段运行，其适应性开始稳定，除在非常情况偶然发生事故外，一般是很少发生故障的。这段时间较长，称设备使用的有效期。

设备故障频发期是指设备经过了第一阶段、第二阶段的长期运行后，其性能严重衰退，局部已经失去了平衡，因而“故障→修理→使用→故障”的周期逐渐缩短，直至报废为止。这段时间故障率最高，称为设备使用的老化期。

从设备故障变化规律中得知，设备在第一阶段故障初发期，尽管故障率较高，但多半是属于局部的、非实质性故障，因而只需增加安全检查的次数，即检查周期要短，就可预防事故的发生。但到了第三阶段故障频发期时，随着设备故障频率的增高，其定期检查、试验、检修的周期均要相应地缩短，这样才能有效预防、控制事故发生，保证设备安全运行。

2. 与设备相关的事故规律

设备不仅因自身异常能导致事故发生，而且与人、环境的异常结合，也能导致事故发生。因此要想超前预防、控制设备事故的发生，除要认识掌握设备故障规律外，还要认识掌握设备与人、环境相关的事故规律，并相应地采取保护设备安全运行的措施，才能达到全面有效预防、控制设备事故的目的。

1）设备与人相关的事故规律

设备与人相关的事故规律，是指由于人的异常行为与设备结合而产生的物质异常运动，是导致事故中的普遍性表现形式。例如，人们违背操作规程使用设备，超性能使用设备，非法使用设备等，所导致的各种与设备相关的事故，均属于设备与人相关事故规律的表现形式。

2）设备与环境相关的事故规律

设备与环境相关的事故规律，是指由于环境异常与设备结合而产生的物质异常运动，是导致事故中的普遍性表现形式。一种是固定设备与变化的异常环境相结合而导致的设备故障，如由于气温变化，或环境污染导致的设备故障；另一种是移动性设备与异常环境结合而导致的设备事故，如汽车在交通运输中由于路面异常而导致的交通事故等。

（二）设备故障与事故原因分析

导致设备发生事故的原因，从总体上分为内因耗损和外因作用两大原因。内因耗损是检查、维修问题，外因作用是操作使用问题。其具体原因又分为：是设计问题，还是使用问题；是日常维修问题，还是长期失修问题；是技术问题，还是管理问题；是操作问题，还是设备失灵问题等。

设备事故的分析方法，同其他生产事故一样，均要按“四不放过”原则进行，即事故原因分析不清不放过、事故的责任者没有受到处理不放过、整改措施不落实不放过、有关责任人和群众没有受到教育不放过。

通过设备事故的原因分析，针对导致事故的问题，采取相应的防范措施，如建立、健全设备管理制度，改进操作方法，调整检查、试验、检修周期，加强维护保养，以及对老、旧设备进行更新、改造等，从而防止同类事故重复发生。

（三）设备导致事故的预防和控制要点

在现代化生产中，人与设备是不可分割的统一整体，没有人的使用，设备是不会自行投入生产使用的，同样没有设备，人也是难以从事生产实践活动的，只有把人与设备有机地结合起来，才能促进生产的发展。但是人与设备又不是同等的关系，而是主从关系。人是主体，设备是客体，设备不仅是人设计制造的，而且是由人操纵使用的，服从于人，执行人的意志。同时人在预防、控制设备事故中，始终是起着主导支配的作用。

因此，对设备事故的预防和控制，要以人为主导，运用设备事故规律和预防、控制事故原理，按照设备安全与管理的需求，重点做好如下预防性安全管理工作。

（1）首先要根据生产需求和质量标准，做好设备的选购、进厂验收和安装调试，使投产的设备达到安全技术要求，为安全运行打下基础。

(2) 开展安全宣传教育和技术培训，提高人的安全技术素质，使其掌握设备性能和安全使用要求，并要做到专机专用，为设备安全运行提供人的素质保证。

(3) 要为设备安全运行创造良好的条件，如为设备安全运行保持良好的环境，安装必要的防护、保险、防潮、防腐、保暖、降温等设施，以及配备必要的测量、监视装置等。

(4) 配备熟悉设备性能、会操作、懂管理，能达到岗位要求的技术工人。其中危险性设备要做到持证上岗，禁止违章使用。

(5) 按设备的故障规律，定好设备的检查、试验、修理周期，并要按期进行检查、试验、修理，巩固设备安全运行的可靠性。

(6) 要做好设备在运行中的日常维护保养，如该防腐的要防腐，该降温的要降温，该去污的要去污，该注油的要注油，该保暖的要保暖等。

(7) 要做好设备在运行中的安全检查，做到及时发现问题，及时加以解决，使之保持安全运行状态。

(8) 根据需要和可能，有步骤、有重点的对老、旧设备进行更新、改造，使之达到安全运行和发展生产的客观要求。

(9) 建立设备管理档案、台账，做好设备事故调查、讨论分析，制定保证设备安全运行的安全技术措施。

(10) 建立、健全设备使用操作规程和管理制度及责任制，用以指导设备的安全管理，保证设备的安全运行。

二、现场隐患管理

无隐患管理法是根据事故金字塔理论进行立论的，即隐患是事故发生的基础，如果有效地消除或减少了生产过程中的隐患，事故发生的概率就能大大降低。

隐患是可导致事故发生的物的危险状态、人的不安全行为及管理上的缺陷，或者是人—机—环境系统安全品质的缺陷。隐患成因有“三同时”执行不严、上级监察不力、行业管理职责不明、群众监督未发挥作用、企业制度不健全和企业资金不落实等。

(一) 隐患的分类

(1) 按危害程度分类。按危害程度分三类，即一般隐患(危险性较低，事故影响或损失较小的隐患)、重大隐患(危险性较大，事故影响或损失较大的隐患)、特别重大隐患(危险性大，事故影响或损失大的隐患)。

(2) 按危害类型分类。按危害类型分为八类，即火灾隐患、爆炸隐患、危房隐患、坍塌和倒塌隐患、滑坡隐患、交通隐患、泄漏隐患、中毒隐患。

(3) 按表现形式分类。按表现形式分为四类，即人的隐患(认识隐患，行为隐患)、机的状态隐患、环境隐患、管理隐患。

(二) 隐患的管理形式

(1) 政府管理。一般隐患,由县市级劳动部门管理;重大隐患,由市地级劳动部门管理;特别重大隐患,由省市级劳动部门管理。

(2) 行业管理。一般隐患,由厂级管理;重大隐患,由公司管理;特别重大隐患,由总公司管理。

(3) 企业管理。企业应进行隐患分类、建档(台账)、班组报表、统计分析、适时动态监控。

(三) 隐患辨识检验与控制

(1) 隐患辨识检验要求做到结合油库作业特点识别隐患状态及类型,采用仪表检测,运用自动监测技术,进行行为抽样检测。

(2) 隐患控制:一是应用软科学手段,加强教育,强化全员隐患严重性认识;二是明确责任,理顺隐患治理机制;三是坚持标准,搞好隐患治理科学管理;四是广开渠道,保障隐患治理资金;五是严格管理,坚持“三同时”原则;六是落实措施,发挥工会及职工的监督作用。

(3) 隐患治理技术有消除危险能量、降低危险能量、距离弱化技术、时间弱化技术、蔽障防护技术、系统强化技术、危险能量释放技术、本质安全(闭锁)技术、无人化技术、警示信息技术等。同时,还需要有隐患应急技术,如建立应急预案、防范系统、救援系统等。

三、危险源管理

根据《中华人民共和国安全生产法》,重大危险源是指长期或者临时生产、搬运、使用或者储存危险物品,且危险物品的数量等于或者超过临界量的单元(包括场所和设施)。

危险源是事故发生的前提,是事故发生过程中能量与物质释放的主体。因此,有效地控制危险源,特别是重大危险源,对于确保人员在生产过程中的安全和健康,保证生产顺利进行具有十分重要的意义。

(一) 危险源的定义与分类

1. 危险源的定义

危险源是指一个系统中具有潜在能量和物质释放危险的、在一定的触发因素作用下可转化为事故的部位、区域、场所、空间、岗位、设备及其位置。也就是说,危险源是能量、危险物质集中的核心,是能量传出或爆发的地方。危险源存在于确定的系统中,不同的系统范围,危险源的区域也不同。例如,从全国范围来说,对于危险行业(如石油、化工等),具体的一个企业(如油库、炼油厂等)

就是一个危险源。而从一个油库系统来说，危险源有储油容器、装卸设备、输送设备、桶装油品仓库等。从一个单元系统来说，某台设备可能是危险源。因此，分析危险源应按系统的不同层次来进行。

根据危险源的定义，危险源应由三个要素构成，即潜在危险性、存在条件和触发因素。

(1) 危险源的潜在危险性是指一旦触发事故，可能带来的危害程度或损失大小，或者是危险源可能释放的能量强度或危险物质量的大小。

(2) 危险源的存在条件指的是危险源所处的物理状态、化学状态和约束条件状态，例如物质的压力、温度、化学稳定性，盛装容器的坚固性，周围环境障碍物等情况。

(3) 触发因素虽然不属于危险源的固有属性，但它是危险源转化为事故的外因，而且每一类型的危险源都有相应的敏感触发因素，如易燃易爆物质，热能是其敏感的触发因素；压力容器压力升高是其敏感触发因素。因此，一定的危险源总是与相应的触发因素相关联。在触发因素的作用下，危险源转化为危险状态，继而转化为事故。

2. 危险源的分类

危险源是可能导致事故发生的潜在的不安全因素。实际上，生产过程中的危险源，不安全因素种类繁多、非常复杂，它们在导致事故发生、造成人员伤害、财产损失方面所起的作用很不相同。相应地，控制它们的原则、方法也很不相同。

根据危险源在事故发生、发展中的作用，危险源划分为两大类。

(1) 第一类危险一般指的是在生产、生活中使用的物质。如生产设备设施、生产岗位、作业场所等，表 5-3 列出了可能导致各类伤亡事故的第一类危险源。

表 5-3　伤害事故类型与第一类危险源

事故类型	能量源或危险物的生产、储存	能量载体或危险物
物体打击	生产物体或设备落下、抛出、破裂、飞散场所、操作	落下、抛出、破裂、飞散的物体
车辆伤害	车辆，使车辆移动的牵引设备、坡道	运动的车辆
机械伤害	机械的驱动装置	机械运动部分
起重伤害	起重、提升机械	被吊起的重物
触电	电源装置	带电体、高压跨步电压区域
灼烫	热源设备、加热设备、炉、灶、发热体	高温物体、高温物质
火灾	可燃物	火焰、烟气

续表

事故类型	能量源或危险物的生产、储存	能量载体或危险物
高处坠落	高度差大的场所，人员借助升降的设备、装置	人体
坍塌	土石方工程的边坡、料堆、料仓、建筑物、构筑物	边坡土（岩）体、物料、建筑物、构筑物、载荷
放炮、火药	炸药	
瓦斯(油气)爆炸	易(可)燃气体、可燃粉尘	
锅炉爆炸	锅炉	蒸汽
压力容器爆炸	压力容器	内部容纳物或容器碎片
淹溺	江、河、湖、海、池塘、洪水、储水容器	水
中毒窒息	生产、储存、积聚有毒有害物质的装置、容器、场所	有毒有害物质

（2）第二类危险源是指导致约束、限制能量的屏蔽措施失效或破坏的各种不安全因素。它包括人、物、环境三个方面的问题。在生产、生活中，为了利用能量，让能量按照人们的意图在生产过程中流动、转换和做功，就必须采取屏蔽措施约束、限制能量，即必须控制危险源。约束、限制能量的屏蔽应该能够可靠地控制能量，防止能量意外释放。然而在实际生产过程中，绝对可靠的屏蔽措施并不存在。在许多因素的复杂作用下，约束、限制能量的屏蔽措施可能失效，甚至可能被破坏而发生事故。

① 人的因素。在安全工作中涉及人的因素问题时，采用的术语有不安全行为和人失误。不安全行为一般是指明显违反安全操作规程的行为，这种行为往往直接导致事故发生。例如，没有断开电源就带电修理电气设备设施而发生触电事故等。人失误是指人的行为结果偏离了预定的标准。例如，误闭合了电气开关使检修中的线路带电；误开阀门使有害气体泄放等。不安全行为、人失误可能直接破坏对第一类危险源的控制，造成能量或危险物质的意外释放；可能造成物的因素问题，进而导致事故。例如，误开了阀门造成油品流失事故，进而还可能引发着火爆炸事故。

② 物的因素。物的因素问题可以概括为物的不安全状态和物的故障(或失效)。物的不安全状态是指机械设备、物质等明显不符合安全要求的状态。例如没有防护装置的皮带传动、裸露的带电体等。在安全管理实践中，往往把物的不安全状态称作隐患。物的故障(或失效)是指机械设备、零部件等由于性能低下而不能实现预定功能的现象。物的不安全状态和物的故障(或失效)可能直接使

约束、限制能量或危险物质的措施失效而发生事故。例如，绝缘损坏发生漏电，管路破裂使其中的油品泄漏等。有时一种物的故障可能导致另一种物的故障，最终造成能量或危险物质的意外释放。例如，控制油罐内液位装置的故障，可能使油罐溢油；油罐呼吸阀故障，会造成油罐内压力超限，引发瘪陷、翘底、破裂。物的因素问题有时还会诱发人的因素问题，人的因素问题有时会造成物的因素问题，实际情况比较复杂。

③ 环境因素。环境因素主要指系统运行的环境，包括温度、湿度、照明、粉尘、通风换气、噪声和振动等物理环境，以及企业和社会的软环境。不良的物理环境会引起物的因素问题或人的因素问题。例如，潮湿的环境会加速金属腐蚀而降低油罐的强度；工作场所强烈的噪声影响人的情绪，分散人的注意力而发生人失误；油库的管理制度、人际关系或社会环境影响人的心理，可能造成人的不安全行为或人为失误。

(3) 第一类危险源与第二类危险的关系。第二类危险源往往是一些围绕着第一类危险源随机发生的现象，它们出现的情况决定事故发生的可能性。第二类危险源出现越频繁，发生事故的可能性越大。

(二) 危险源控制途径

危险源的控制应按照危险分级管理的原则，实施技术控制、人的行为控制、管理控制三种措施。

1. 危险源点的分级管理

所谓危险源点主要是第一类危险源的生产设备设施、生产岗位、作业场所等。它一般分为特大危险源、严重危险源、一般危险源三类。在安全管理方面，危险源点分级管理重视了对这些危险源点的管理。

危险源点分级管理是系统安全工程中危险辨识、控制与评价，在生产现场安全管理中的具体应用，体现了现代安全管理的特征。与传统的安全管理相比较，危险源点分级管理有以下特点：一是体现“预防为主”；二是体现全面系统的管理；三是突出重点的管理。根据危险源点危险性大小对危险源点进行分级管理，可以突出安全管理的重点，把有限的人力、财力、物力集中起来，解决最为关键的安全问题。抓住了重点，也可以带动一般，推动企业安全管理水平的普遍提高。

2. 技术控制

采用技术措施对固有危险源进行控制，主要技术有消除、控制、防护、隔离、监督、保留和转移等。

3. 人的行为控制

控制人为失误，减少人不正确行为对危险源的触发作用。人为失误的主要表现形式有操作失误、指挥错误、不正确的判断或缺乏判断、粗心大意、厌烦、懒散、疲劳、紧张、疾病或生理缺陷、错误使用防护用品和防护装置等。人行为的控制首先是加强教育培训，做到人的安全化；其次应做到操作安全化。

4. 管理控制

对危险源实施管理控制，主要有六种方法。

(1) 建立健全危险源管理的规章制度。确定危险源后，在对危险源进行系统危险性分析的基础上，建立健全各项规章制度。规章制度包括岗位安全生产责任制、危险源重点控制实施细则、安全操作规程、操作人员培训考核制度、日常管理制度、交接班制度、检查制度、信息反馈制度，危险作业审批制度、异常情况应急措施、考核奖惩制度等。

(2) 明确责任、定期检查。根据各种危险源的等级，分别确定各级的负责人，并明确应负的具体责任。特别是要明确各级危险源的定期检查责任。除了作业人员必须每天自查外，还要规定各级领导定期参加检查。对于重点危险源，应做到上级主管部门领导一年一查，油库每月检查，中层单位每周检查，班组长每日检查。对于低级别的危险源也应制定出详细的检查安排计划。对危险源的检查要对照检查表逐条逐项，按规定的方法和标准进行检查，并作记录。如发现隐患则应按信息反馈制度及时反馈，使其及时得到消除。凡未按要求履行检查职责而导致事故发生者，要依法追究其责任。规定各级领导参加定期检查，有助于增强安全责任感，体现“管生产必须管安全作业”的原则，也有助于重大事故隐患的及时发现和解决。专职安全技术人员要对各级人员实行检查的情况定期检查、监督并严格进行考评，以实现循环封闭管理。

(3) 加强危险源的日常管理。要严格要求作业人员贯彻执行有关危险源日常管理的规章制度，搞好安全值班、交接班，按安全操作规程进行操作，按安全检查表进行日常安全检查，危险作业经过审批等。所有活动均应按要求认真做好记录。领导和安全技术部门定期进行严格检查考核，发现问题，及时给以指导教育，根据检查考核情况进行奖惩。

(4) 抓好信息反馈、及时整改隐患。要建立健全危险源信息反馈系统，制定信息反馈制度并严格贯彻实施。对检查发现的事故隐患，应根据其性质和严重程度，按照规定分级实行信息反馈和整改，作好记录。发现重大隐患应立即向安全技术部门和行政的一把手报告。信息反馈和整改的责任应落实到人。对信息反馈和隐患整改的情况各级领导和安全技术部门要进行定期考核和奖惩。安全技术部门要定期收集、处理信息，及时提供给各级领导研究决策，不断改进危险源的控制管理工作。

(5) 搞好危险源控制管理的基础建设工作。危险源控制管理的基础工作除建立健全各项规章制度外，还应建立健全危险源的安全档案和设置安全标志牌。按安全档案管理的有关内容建立危险源的档案，并指定由专人保管，定期整理。在危险源的显著位置悬挂安全标志牌，标明危险等级，注明负责人员，按照国家标准的安全标志标明主要危险，并扼要注明防范措施。

(6) 搞好危险源控制管理的考核评价和奖惩。对危险源控制管理的各方面工作制定考核标准，并力求量化，划分等级。定期严格考核评价，给予奖惩，并与班组升级和评先进结合起来。逐年提高要求，促使危险源控制管理的水平不断提高。

四、消防安全管理

消防安全管理针对危险行业(含油库)的危险特性，主要采取以下五个方面的措施。

(一) 落实好防火防爆“十大禁令”

在企业(含油库)的消防安全管理中，应落实好多年来消防工作总结的“十大禁令”。

(1) 严禁在库内吸烟，携带火种和易燃、易爆、有毒、易腐蚀物品进入。

(2) 严禁未按规定办理用火手续，在库内进行施工用火或生活用火。

(3) 严禁穿着易产生静电的服装进入危险区工作。

(4) 严禁穿带铁钉的鞋进入危险区及易燃、易爆装置。

(5) 严禁用汽油、易挥发溶剂擦洗设备、衣物、工具与地面等。

(6) 严禁未经批准的各种机动车辆进入罐区及易燃、易爆区。

(7) 严禁就地排放易燃、易爆物料及化学危险品。

(8) 严禁在危险区内用黑色金属或易产生火花的工具敲打、撞击和作业。

(9) 严禁堵塞消防通道及随意挪用或损坏消防设施。

(10) 严禁损坏库内各类防爆设施。

(二) 坚持“五不动火”管理原则

在油库的作业过程中，由于设备设施维修、改造等作业需要动火，如果现场存在有易燃、易爆的气体或物质，必须坚持现场“五不动火”的管理原则，即置换不彻底不动火、分析不合格不动火、管道不加盲板不动火、没有安全部门确认不动火、没有防火器材和“监火人”不动火。

(三) 坚持动火“五信五不信”原则

在油库的易燃、易爆的场所，在进行动火审批时，其审批“火票”应坚持“五信五不信”原则，即相信盲板不相信阀门、相信自己检查不相信别人介绍、相信分析化验数据不相信感觉和嗅觉、相信逐级签字不相信口头同意、相信科学不相信经验主义。

（四）坚持防电气误操作“五步操作法”

防电气误操作“五步操作法”是指周密检查、认真填票、实行双监、模拟操作、口令操作。不仅层层把关，堵塞漏洞，消除思想上的误差，而且要开动机器，优势互补，消除行为上的误差。

（五）落实防止储油罐跑油(料)“十条规定”

对于在油库的储油罐进行作业时，必须认真执行“十条规定”

(1) 按时检尺，定点检查，认真记录。

(2) 油品脱水，不得离人，避免跑油。

(3) 油品进出，核定流程，防止冒串。

(4) 切换油罐，先开后关，防止憋压。

(5) 油罐用后，认真检查，才能投用。

(6) 现场交接，严格认真，避免差错。

(7) 呼吸阀门，定期检查，防止抽瘪。

(8) 重油加温，不得超标，防止突沸。

(9) 管线用完，及时处理，防止冻凝。

(10) 新罐投用，验收签证，方可进油(料)。

五、现场安全管理

现场安全管理除落实好安全科学管理方法外，在几种高危作业中要落实好“作业票制度”。在“作业票”安全措施栏中有执行、检查人员签字，这有利于安全措施落实到人头，做到层层把关，消除安全隐患。“作业票”签发人，特别要重视对安全措施检查核对，有措施应深入现场进行复检。签一个名字，担起了安全责任。

（一）油品输送作业票

根据不同来油形式，制定不同的收发油作业程序，收发油一般采用“三段法”进行。现以铁路油罐车接卸油作业程序为例说明作业程序的内容。

1. 第一阶段——卸油准备阶段

(1) 下达作业任务。

① 制定收油方案。根据每月进油计划，业务部门拟定收油方案，经油库领导批准后，通知有关部门，做好收油准备工作。

② 布置任务。接到车站油罐车到站通知后，油库主要业务的领导应召开有关人员会议，研究确定作业方案并指定现场指挥员，做到任务交代明确、工艺流程详准、组织分工严密、注意事项清楚。连续接收五辆以上铁路油罐车时，油库

领导必须到达收发现场；业务部门根据确定的作业方案，填写《油品输送作业票》(表5-4)，由油库领导签发，送交现场指挥员组织实施作业，作业全过程实行现场指挥员负责制，以保证输送作业全过程不失控。

表5-4　油品输送作业通知单(作业票)

(存根)

发给：　　　　　　　　　　　　　　　　　　　　　　　　　　编号：

作业任务						
采用工艺流程						
油品牌号			作业量	共　　车(船)、　　t		
作业时限						
现场指挥员		通知填写人		批准人		

填写时间：　　　　　　　　　　　　　　　　　　　　　　　年　　月　　日

油品输送作业通知单

(作业证)

发给：　　　　　　　　　　　　　　　　　　　　　　　　　　编号：

作业任务						
采用工艺流程						
油品牌号			作业量	共　　车(船)、　　t		
作业时限						
现场指挥员		通知填写人		批准人		

以下内容由现场值班(指挥)员填写

组织分工	接车(船)人		油罐区负责人	
	计量员		装卸区负责人	
	化验员		管线巡查人	
	司泵员		值班电工	
	现场消防负责人			
			现场值班员	
作业时间：从　　日　　时　　分开始至　　日　　时　　分结束				
作业油罐编号				
作业前油高(mm)				
作业后油高(mm)				

作业纪要：

现场指挥员签名：

年　　月　　日

③ 接车。消防员按照机车入库要求，负责检查、监督机车入库进车。运输人员指挥调车人员将油罐车调到指定货位，核对运输号、车号、车数，检查铅封。如发现铅封破坏，油品被盗，油库应立即与接轨车站做出商务记录，报告上级业务主管部门，并会同运输部门照章处理。

④ 测量、化验。计量员测量接收油罐和放空罐内的存油数量并作好记录，待油罐车液面稳定后，逐车测量油高、油温，填写《量油原始记录》，协助统计助理员计算核对来油数量；化验员按照油品技术管理要求，逐车检查油品外观、水分杂质情况，取样进行接收化验，并与来油化验单进行对照(无来油质量合格证时，应及时与发运单位联系，核对无误后，逐车取样化验)。以上检查、化验结果应当及时报告现场指挥员。如发现来油数量、质量问题，油库应当查明原因，及时上报并协助处理。

(2) 作业动员。

① 现场指挥员根据测量计算结果确定本次作业工艺流程，发放阀门锁钥匙并进行作业动员。动员内容：清点人数，编组分工，下达任务，明确流程，提出安全要求，指定现场值班员负责本次作业的具体调度、协调工作。

② 动员完毕，作业人员立即到达指定岗位，做好作业前各项检查准备。

(3) 作业前检查。现场值班员负责组织完成以下检查：

① 所有作业人员是否到位，是否按规定穿着、使用安全防护、劳动保护用品，严禁携带非防爆通信工具和其他电子设备。

② 各场所通信是否畅通。

③ 是否已测量接收油罐和放空罐的存油数量并作好记录，其品种、牌号与来油是否一致，有无足够安全余量。

④ 供水、供电准备是否到位，作业工艺流程上所有设备是否正常，阀门开关是否正确；加装潜油泵的鹤管，接头处密封是否完好，空压机、潜油泵运转是否正常。

⑤ 消防车和消防器材是否到位，放置是否适当，技术状况是否良好，消防车是否呈战斗状态展开。

⑥ 鹤管进出油口是否插入油罐车集油口，罐口是否用石棉被围盖，静电接地设施是否良好，连接是否可靠。

⑦ 接收油罐的呼吸管路是否畅通，放水阀是否关闭，洞室油罐大呼吸阀门是否已打开。

⑧ 接收黏油时，底部卸油胶管(鹤管)是否接好，需加温时是否接好加温管和回水管。

⑨ 新管、新罐或经修理的管、罐第一次启用，是否经过严格的质量验收，

不用的管道、阀门和支管管头是否用盲板堵死。

上述检查完成后，由各作业小组负责人和现场值班员向现场指挥员报告检查结果。然后现场指挥员必须亲自复核并确认以下情况：罐区作业人员报告的本次接收油罐编号与作业方案一致；司泵员、巡线员报告的输油作业流程及沿途开启阀门与作业方案一致。

2. 第二阶段——收油实施阶段

(1) 开泵输油。准备就绪，经检查无误并完成引油后，由现场指挥员下达开泵卸油命令。司泵员按照操作规程开启油泵；罐区保管员打开接收油罐的进出油阀门，先输送放空罐内油品，尔后输送油罐车内油品。罐区保管员应及时观察、判断，并在预定时间内报告油品是否进入接收油罐，由现场值班员进行核对，判断是否发生跑油、管路不通或输错油罐等问题。

(2) 输油中检查及情况处理。

① 司泵员应严格执行操作规程，密切注意泵、电机的运转情况和真空、压力表的指示情况。

② 栈桥作业人员注意观察油罐车液面下降情况，巡线员、保管员随时巡查管线、阀门、油罐等有无渗漏、破损、变形等异常情况(油罐、管线等设备第一次启用应加大巡查次数)，发现问题，立即报告，及时处理，必要时停泵关阀进行检查。现场值班员应当随时了解油罐车及接收油罐油面变化情况，掌握接收油罐进油量和关阀时间。

③ 油罐车转换操作。当某一油罐车油品快卸完时，适当关小鹤管阀门，同时打开下一油罐车鹤管阀门，观察到前一油罐车鹤管口即将进入空气时，迅速关闭鹤管阀门，同时全部打开下一油罐车鹤管阀门。

④ 接收油罐转换操作。当接收油罐油品装至接近安全高度时，打开下一接收油罐的进出油阀门；待接收油罐装至安全高度时，迅速关闭油罐进出油阀门，随即全部打开下一接收油罐的进出油阀门。

⑤ 输油作业中遇雷雨、风暴天气，必须停止作业，并盖严油罐车人孔，关闭洞库密闭门及有关重要阀门，断开有关设备的电源开关。

⑥ 连续作业时，现场指挥员应严密组织各岗位交接班，认真填写交接记录，明确作业进程、人员分工及设备运转情况等。一般不得中途暂停作业，特殊情况中途停止作业时，必须关闭接收油罐和油泵的进出阀门，断开电源开关，盖好油罐车人孔盖。没有胀油管的输油管线，应将输油管线内的油向放空罐放出一部分，防止因油温升高胀裂管线。

⑦ 因故中途暂时停泵时，必须关闭接收油罐和系统中的进出油阀门，防止因位差或虹吸作用造成跑油。

⑧ 作业人员应坚守岗位，加强联系。现场指挥员随时了解情况，严密组织指挥，注意对油罐(槽车)转换操作及岗位交接班等环节加强督促检查，严防跑、冒、混、漏油品和其他事故发生。现场指挥员因事临时离开岗位时，由现场值班员临时代替指挥作业。

(3) 停输。

① 当最后一辆油罐车油品即将卸完时，现场指挥员下达准备停泵命令。司泵员接到准备停输命令后，严格遵守停泵操作规程，先慢慢关小排出阀，当真空表指针归零时，迅速关闭排出阀，立即停泵。现场指挥员通知罐区保管员关闭油罐进出阀门。

② 抽油罐车底油可在作业过程中分散进行或最后集中进行，真空罐内油品应及时放空。

(4) 放空管线。按照吸入管线、输油管线、泵房(站)管组顺序，依次进行放空。放空时，现场指挥员通知罐区保管员打开管线放空阀。司泵员在确认放空罐内有足够空余容量后，打开放空罐阀门，并密切注意放空罐的油面上升情况，防止溢油。放空完毕，由现场指挥员通知各岗位作业人员关闭所有阀门并上锁。

3. 第三阶段——收油收尾阶段

(1) 待到规定的静置时间后，统计助理员会同计量员测量接收油罐和放空罐的油高、水高、油温，测算油品密度，核算收油数量。

(2) 作业人员填写本岗位各种作业记录和设备运行记录。现场值班员填写《油品输送作业票》(作业证经现场指挥员签字后，交签发部门与作业证存根对粘后存入油库资料室备查)。

(3) 各岗位作业人员负责清理本岗位作业现场，整理归放工具，撤收消防器材，擦拭保养各种设备，清扫现场，切断电源，关锁门窗。

(4) 运输助理员通知车站调走空油罐车。

(5) 现场指挥员进行作业讲评，并向库(分库)领导报告作业完成情况。

(6) 消防员按机车入库要求，监督机车入库挂车。如是专列卸车，业务部门应在24h内上报空车挂出情况。装运喷气燃料的专列，应对槽车逐车施封。

(二) 电气操作工作票

电气操作工作票是准许在电气设备或线路上工作的书面命令，也是执行保证电气安全操作安全技术措施的书面依据。在电气设备或线路附近工作时，一般分为全部停电工作、部分停电工作、带电工作三种。在高压设备上工作，需要全部停电或部分停电；在高压室内的二次回路和照明等回路上工作，须将高压设备停电或采用相应安全措施；在带电作业和在带电设备外壳上工作，在控制盘和低压配电盘、配电箱、电源干线上工作，以及在无需高压设备停电的二次接线回路上工作等，都应使用“工作票”，电气操作工作票见表5-5。

表5-5 电气操作工作票

发令人		时间	年 月 日 时 分
受令人		操作开始时间	年 月 日 时 分
操作终了时间： 年 月 日 时 分			
操作任务			
名称	安全措施	检查人	执行人
操作人		监护人	
备注：			

说明：工作票应预先编号，一式两份，一份必须保存在工作地点，由工作负责人收执，另一份由值班员(工作许可人)收执，接班时应移交。

工作票签发人应由电气负责人、生产领导人以及具有实践经验的、负责技术的人员担任。签发工作票时，签发人应注意检查工作的必要性、工作的安全性、工作票上所填写的安全措施的有效性、工作票划定的停电范围的正确性，有无其他电源反送电的可能性、工作票上指定的工作负责人和工作人员的技术水平能否满足工作的需要，能否在规定的停电时间内完成工作任务，工作票上填写的工作所需的工具材料，以及安全用具是否齐全等内容。

电气操作应实行现场监护制度，现场监护人的职责是保证作业人员在工作中的安全，其监护内容：一是部分停电时，监护所有工作人员的活动范围，使其与带电设备保持规定的安全距离；二是带电作业时，监护所有工作人员的活动范围，使其与接地部分保持安全距离；三是监护所有作业人员的工具使用是否正确，工作位置是否安全，以及操作方法是否正确等；四是监护人因故离开工作现场时，必须另行指定监护人，使其监护不间断；五是监护人发现作业人员有不正确的动作或违反规程的做法时，应及时纠正。

(三) 动火作业票

凡在油库、加油站的爆炸危险区域和火灾危险区域内，使用各种直接或间接明火施工作业的统称油库动火。主要包括：使用电焊、气焊、锡焊、焊割等；使用喷灯、火炉、液化气炉、电炉及明火照明等；烧烤偎管、铸、锻、电钻、砂轮、钢锯作业等；熬(浇)沥青、炒沙子等；机动车辆及畜力车进入罐区和爆炸危险区；使用非防爆的通信电器设备和电动工具等。

1. 油库动火等级划分

凡在非固定火源处进行动火作业时，根据国家《爆炸危险环境电力装置设计规范》(GB 50058)所划定爆炸、火灾危险区域，以及设备(容器、管线)的使用情况，将动火分为三级。

(1) 一级动火。凡在爆炸危险区域(1、2 区)，即甲、乙油品油罐区、桶装油品储存区(库、棚)、灌桶间、油泵房、铁路公路收发油作业栈台、码头、修洗桶间、隔油池及污水处理设施的爆炸危险范围(1、2 区)内的动火，以及虽移出该区但盛装过甲、乙类油品的油罐车罐、油桶、输油管线等的动火。

(2) 二级动火。凡在火灾危险区(21 区)，即储存或装卸丙类油品油罐区和作业区的防火距离范围内的动火，以及虽移出该区但盛装过丙 B 类油品的油罐车罐、油桶、输油管线等的动火。

(3) 三级动火。凡在一般用电区域内对通常设备的动火均为三级动火。

2. 动火前的准备工作

凡进行一、二级动火作业，必须办理“动火作业票”，见表 5-6。三级动火作业，填报用火申请单。

表 5-6　油库动火作业票

<table>
<tr><td>动火地点</td><td></td><td>计划动火时间</td><td></td></tr>
<tr><td colspan="4">动火理由及内容：</td></tr>
<tr><td colspan="2">承担动火任务的单位名称</td><td colspan="2"></td></tr>
<tr><td colspan="4">参加施工人员名单：
负责人签名：　　年　月　日</td></tr>
<tr><td colspan="4">使用设备名称、规格、数量</td></tr>
<tr><td>名称</td><td>型号规格</td><td>数量</td><td>主要操作人</td></tr>
<tr><td></td><td></td><td></td><td></td></tr>
<tr><td></td><td></td><td></td><td></td></tr>
<tr><td></td><td></td><td></td><td></td></tr>
</table>

续表

<table>
<tr><td rowspan="2">审批意见</td><td>审批人：　　　　月　日</td><td colspan="2">审批人：月　日</td></tr>
<tr><td>审批人：　　　　月　日</td><td colspan="2">审批人：　月　日</td></tr>
<tr><td colspan="4">本审批的有效时间：　月　　日至　　月　　日，共　　天</td></tr>
<tr><td colspan="2">主要安全技术措施</td><td>检查人</td><td>执行人</td></tr>
<tr><td>1</td><td>动火前的安全教育是否进行</td><td></td><td></td></tr>
<tr><td>2</td><td>排放油品的启、止时间：</td><td></td><td></td></tr>
<tr><td>3</td><td>盲板隔离或拆除处，工作场所 15m 范围内的下水道、管沟、排水沟等是否封闭、隔绝</td><td></td><td></td></tr>
<tr><td>4</td><td>自然通风时间：　　h，或者水冲洗时间：　　h</td><td></td><td></td></tr>
<tr><td>5</td><td>通入蒸汽时间：　　h，或者水冲洗时间：　　h</td><td></td><td></td></tr>
<tr><td>6</td><td>工作场所 15m 范围内的可燃物是否清除或隔离</td><td></td><td></td></tr>
<tr><td>7</td><td>接地和电气连接是否正确</td><td></td><td></td></tr>
<tr><td>8</td><td>阴极保护线路是否拆除</td><td></td><td></td></tr>
<tr><td>9</td><td>防火和消防措施是否落实</td><td></td><td></td></tr>
<tr><td>10</td><td>电焊机等电器安装位置是否符合要求</td><td></td><td></td></tr>
<tr><td>11</td><td>是否穿戴好防护衣、鞋、手套，是否需要佩戴符合要求的呼吸器具</td><td></td><td></td></tr>
<tr><td>12</td><td>安全消防监护在场人员：</td><td></td><td></td></tr>
<tr><td>13</td><td>实际动火时间：　　　年　月　日　时</td><td></td><td></td></tr>
<tr><td>14</td><td>动火当日的风向：　　，风力：　　级，温度：　　℃</td><td></td><td></td></tr>
<tr><td>15</td><td>动火前复查情况：</td><td></td><td></td></tr>
<tr><td>16</td><td>下达动火命令时间：　　时　　分</td><td></td><td></td></tr>
<tr><td colspan="4">记事：</td></tr>
</table>

注：（1）动火时油气浓度必须低于油品爆炸下限的 20%，风力达到六级以上时不准动火。

（2）动火作业间断 1h 以上，必须重新检测场所油气浓度。

（1）一级动火作业时，“动火作业票”应由直属公司和当地消防主管部门审查，经主管公司主管经理批准，并报省级公司备案。二级动火作业的“动火作业票”应由油库主任审批，报主管公司备案。

(2) 动火作业前，由油库(站)申请动火，施工单位负责办理“动火作业票”，按审批权限逐级上报，分级负责。经批准后，方可进行动火。各级安全部门对审核过的“动火作业票”以档案形式保存一年以上。

3. 油库动火审批程序

(1) 一级动火前，由直属公司主管经理组织油库、施工单位的有关设计、技术、机动、生产、安全和当地公安(消防)人员深入现场调查、协商、制定动火措施。由主管公司储运或安保部门、当地消防部门审核，直属公司主管经理批准。

(2) 二级动火前，由油库(站)主管负责人组织有关人员进行现场调查、协商、制定动火措施，填写动火报告，由直属公司储运或保卫部门审核，由油库(站)的一把手领导批准。

(3) 三级动火前，由班(组)负责人组织有关人员现场调查，制定动火措施，由库(站)主管领导审查批准。

(4) 外来施工单位在库区施工动火，应由工程项目甲方负责部门提出动火申请，由油库(站)填写“动火作业票”，其主管领导会同工程项目甲方主管领导及施工单位主管领导共同落实防火措施，派出监护人员，并按动火等级审批权限报请有关部门批准。

4. 动火人职责

(1) 动火人必须经过培训，具备相应的资质等级，持证上岗。

(2) 按“动火作业票”上签署的任务、地点、时间作业。

(3) 动火前，应确认安全措施是否符合要求。

(4) 按规定摆放动火设备，穿戴劳动防护服装，防护器具。

(5) 熟悉应急预案，掌握应急处理方法。

5. 监护人职责

(1) 监护人必须经过专业培训(由公司安全、消防部门负责)，经考核合格，持证上岗。

(2) 监护人必须有较强的责任心，了解动火区域岗位的生产过程，熟悉工艺操作和设备状况，能熟练使用消防器材及其他救护器具。

(3) 监护人对安全措施落实情况进行检查，监督消防设施到位情况，发现落实不好或安全措施不完善时，有权提出暂停作业。

(4) 监护人要配带明显的标志，并配备专用安全检测仪器，坚守岗位。

(5) 监护人应熟悉应急预案，并能指挥处理异常情况。

(6) 监护人必须携带动火票。

6. 动火基本安全要求

(1) 正常生产的罐区内，凡是可不动火的一律不动，凡是能拆下来的必须拆下来移到安全地方动火。节假日除生产必须外，一律禁止动火。必须动火的，按特殊动火处理。

(2) 一张“动火作业票”只限一处使用。一级动火作业票有效时间不超过 8h，二级动火作业票不超过 3d，三级动火及固定动火点每半年由安全部门组织消防等单位检查认定一次。

(3) 进设备内部动火，必须遵守《关于进入有限空间作业安全管理办法》和《油罐清洗安全技术规程》，高空作业必须符合高空作业安全要求。

(4) 临时用电，电管部门可根据批准的动火票，按照临时用电安全管理有关规定办理用电手续。

(5) 需要动火的油罐，按照《油罐清洗安全技术规程》的要求认真进行清洗、置换和通风，并检测分析，将分析数据和相应的防火措施填入动火报告中。分析单附在动火报告的存根上，以备存查。

(6) 在动火期间，机动车辆进入罐区等易燃易爆危险区作业，车辆所在单位必须提出申请，并落实车辆防火措施，由油库制定行车路线，检查防火措施的落实，并填写“进车票”，经领导审查批准后，方可进入。非防爆电瓶车、机动三轮车、拖拉机、翻斗车等不准进入罐区。

(7) 在管道上动火，应首先切断油品来源，加好盲板，经彻底吹扫、清洗、置换，也可采用黄泥、玻璃腻子与石棉绳掺和堵塞等办法截断管路，并经对动火部位和场所周围的油气浓度检测，当油气浓度在爆炸下限的 20%以下时，方可动火。检验合格后超过 1h 动火，必须再次进行动火检验。

(8) 油库、施工单位共同派出动火现场监护人，油库为主监护人。动火点在距离其他油罐 15m 以内的油罐应停止作业；关油罐顶孔盖，并用淋湿石棉被捂住呼吸阀，或用长胶管与呼吸阀口连接引至远处罐顶处，或者采取砌墙或淋水帆布隔离等隔断油气进入动火点的措施，确认动火措施有效，现场应有监护人。

(9) 动火时，检测油气浓度的仪器必须在检定有效期内。检测时，必须使用相同型号的两台仪器，操作人员应经过训练。

(10) 遇有 6 级以上大风(含 6 级)不准动火。特殊情况必须动火时应进行围隔，并控制火花飞溅。

(11) 动火票是动火依据，不得涂改、代签，应妥善保管。

(12) 动火现场 5m 以内应无易燃物、无积水、无障碍物，便于在紧急情况下施工人员迅速撤离。

(13) 动火现场应按动火安全措施要求，配备消防设备和消防器材，必要时应备消防车保护。

(14) 动火完工后，由监护人对现场进行检查，确认无火种存在时方可离开。

(15) 禁止无“动火作业票”动火，禁止无监护人动火，禁止安全措施不落实动火，禁止与“动火作业票”规定内容不符的动火。

(四) 油罐清洗、除锈、检修、涂装作业票

油罐清洗、除锈、检修、涂装作业简称“清罐作业”。清罐作业是多种作业的综合性作业，存在着极大的危险性。清罐作业的主要危险有着火爆炸、窒息中毒、工(磕、碰、撞)伤、落物砸伤、滑跌、梯(架)上掉落、扭伤，以及使用工具不正确等。为防止人身事故的发生，清罐作业必须严密组织，确保各项作业方案、程序、规程、安全措施及作业证制度的落实。

1. 组织与教育

(1) 由油库领导召集有关部门人员，研究组成清罐作业领导小组，明确作业任务，严密组织分工，安排制定清罐作业(含清洗、除锈、通风、检修、涂装等内容)方案、作业程序、操作规程、安全措施，确定清罐作业领导小组负责人。

(2) 清罐作业领导小组负责人由油库领导担任，现场负责人由业务部门或保管部门、检修部门领导担任。

(3) 作业前，必须对所有参加作业的人员进行安全教育和岗前培训，经考核合格后方可上岗作业。作业期间，应做好班前安全教育，班中安全监督检查，班后安全讲评。

2. 作业程序与手续

(1) 清罐作业必须按照准备工作──→油罐清洗──→除锈──→检修──→涂装作业──→竣工验收的程序进行。

(2) 清罐作业必须实行作业证制度。开工实行“一罐一证制”(表5-7)，班(组)进罐作业实行“一班一证制”(表5-8)。未办理作业证或持无效作业证，不得进行清罐作业。

表5-7 清罐开工作业票

计划作业时间	年 月 日至 年 月 日		
填表人		计划开工时间	年 月 日
油罐编号		公称容量(m^3)	
储存油品		作业任务	
入罐人数		监护人	

续表

序号	安全检查情况	结果	执行人
1	油品排空时间：　　年　月　日		
2	底油清除时间：　　年　月　日		
3	是否按方案对油、气管道进行了隔离		
4	自然通风时间：　　h，或机械通风时间：　　h		
5	通蒸汽时间：　　h，或水冲时间：　　h		
6	可燃气体检测结论：　　%		
7	电器设备安装是否与方案要求相符		
8	接地系统是否与方案要求相符		
9	消防器材及安全措施是否落实		
10	安全防护用品数量、质量是否符合要求		
11	消防人员：　　名，负责人：		
12	现场警语、护栏设置是否与方案相符		
13	安全教育、考核是否符合要求		
14	阴极保护是否拆除		
15	医护及急救品是否符合要求		
16			
17			

安全意见：

签名：　　年　月　日

现场负责人意见：

签名：　　年　月　日

清罐作业负责人意见：

签名：　　年　月　日

表 5-8　班(组)进罐作业票

填表人		填表时间		入罐时间	
油罐编号		容量(m^3)		储存油品	
入罐人数		施工负责人		监护人	
入罐任务					

续表

序号	安全检查情况	结果	执行人
1	通风设备是否完好		
2	可燃气体检测结果：　　　%		
3	防爆电器设备是否完好		
4	消防器材是否与方案相符		
5	呼吸器数量、质量是否符合要求		
6	防护装具数、质量是否符合要求		
7	作业工具、机具是否符合防爆要求		
8	现场消防员人数：　　　名，负责人：		
9	安全、监护人员是否在位		
10	医护人员及急救品是否符合要求		
11			
12			
安全员签名		现场负责人签名	

班(组)入罐作业记录：

班(组)签名：　　　　　月　日

注：作业中罐内、巷道内可燃气体浓度，人员轮换时间，入罐人员姓名，事故隐患，以及事故和检查情况等，都应详细记录备查。

3. 责任与监督

(1) 清罐作业领导小组对清罐作业总负责，指定的现场负责人，监督清罐作业全过程，批准作业方案、安全措施、操作规程，签发班(组)作业证。

(2) 现场负责人必须亲临现场，负责清罐作业的组织协调，指定班(组)长和安全员，填写报批开工作业证，签发班(组)作业证，对重要环节进行监督检查，及时解决危及安全的问题，不得擅离职守。

(3) 班(组)长负责进罐作业证的填写和报批，必须做到班前安全教育、班中安全检查、班后安全总结，清点作业人员，检查工具、器材等。

(4) 安全员负责清罐作业安全检查，督促班(组)落实安全措施，发现险情及时制止，并立即向现场负责人报告。

(5) 作业人员根据分工，按章作业，落实安全措施，有权提出改进安全工作的意见，制止违章作业，拒绝任何人的违章指挥。作业期间作业人员离开和返回施工现场，必须向班(组)长请、销假。

4. 外来施工

(1) 清罐作业承包给外来施工单位时，必须签订施工合同，明确安全责任，严格执行各项要求，遵守《油库外来施工人员安全管理规定》。

(2) 外来施工单位应建立安全组织，制定清罐作业方案、安全措施和操作规程，经油库领导批准后方可进行施工。

(3) 外来施工单位应对施工人员进行安全教育和岗前培训，认真学习《油罐清洗安全技术规程》和《油库外来施工人员管理规定》，以及防火、防爆、防中毒等安全知识。油库应搞好协助，实施监督检查。

(4) 外来施工单位必须按照作业程序组织施工，严格执行作业证制度。开工作业证由油库现场值班干部承办，油库领导审批签发；班(组)作业证由施工单位按要求签发。

(5) 油库必须派出现场值班干部和安全监督员跟班作业，监督检查外来施工单位按清罐作业程序施工，履行作业证制度，遵守各项安全制度和安全措施。

(6) 现场值班干部和安全监督员有权制止外来施工单位的违章作业和不安全行为，出现险情时有权令其停止作业。

(7) 油库有义务为施工单位提供消防、安全监测、医疗等方面的协助。

5. 防中毒

(1) 打开油罐人孔、采光孔时，作业人员宜配戴呼吸护具。

(2) 进罐检测、清洗作业的人员，内应着装棉质长衣裤，外着装整体防护服，对全身(头、臂、手、腿、脚)进行防护。

(3) 当可燃性气体浓度在爆炸下限的4%~40%范围内时，进罐作业人员必须佩戴自给式空气呼吸器；当浓度在爆炸下限的1%~4%范围内时，允许佩戴防毒口罩进罐作业，每一次进罐作业时间不得超过30min，间隔时间不得少于1h；可燃气体浓度在爆炸下限的1%以下时，允许无防护条件下8h工作制进罐作业。

(4) 作业中应适时监测可燃性气体浓度，超过允许值时，作业人员应迅速撤离现场，进行通风，降至允许值以下方可继续作业。

(5) 作业人员佩戴呼吸护具进入罐作业时，应系安全绳，同时进罐人员不得少于2人，罐外必须设专职监护员，且一人只能监护一个作业点。

(6) 呼吸护具必须严格按产品说明书要求使用，保证性能良好，佩戴合适，供气管不应有硬件、拔脱、阻塞、漏气等现象。每次使用前应认真检查和试验，使用中内外表面不被油类、有机涂料等污染，使用后必须清洗消毒，妥善保管。

(7) 使用呼吸护具时，每人的供气量应不小于30L/min，多路供气的总量必须大于30L/min乘以路数之积，供气时间必须保证罐内人员安全出罐。

(8) 作业场所应配备抢救中毒、过敏、工伤用急救箱，并有医护人员值班。

作业现场应备有进入罐抢救使用的呼吸护具。

(9) 作业人员上岗前严禁饮酒。严禁在作业场所饮水或用餐。作业后应在指定地点更衣、洗手洗脸、刷牙漱口。不准穿工作服进入公共场所或回家就餐。

6. 防着火爆炸

(1) 清罐作业期间均为火灾和爆炸危险期，应特别注意安全操作。

(2) 在爆炸危险场所使用的电气设备，必须符合相应场所的防爆要求。

(3) 清罐作业时，相邻油罐不得收发和输送油料作业。

(4) 储存甲、乙类和丙A类油品的洞库油罐进行清罐作业时，必须逐罐进行通风，严禁同时打开其他油罐的孔盖。通风作业应连续进行，必须中断时，应将油罐孔盖封严(包括通风口)，并将风机和风管内的可燃性气体排净，方可停机。禁止敞口自然通风。

(5) 地面、半地下油罐通风、除锈、涂装作业期间，应设昼夜值班员。

(6) 沾有油品、涂料、稀料的棉纱、抹布等，应放入带盖的金属桶内，并及时处理。

(7) 油罐清洗后如需补漏，应尽量采用不动火修补方法进行。确需动火修补时，必须确认可燃性气体浓度在爆炸下限的4%以下，并按《油库用火安全管理规定》组织实施；必须拆断油罐与其他油罐相连的管线等金属连接(包括接地线)。

(8) 当作业场所可燃性气体浓度在爆炸下限的40%以上时，严禁进罐作业。当作业场所可燃性气体浓度达到爆炸下限的20%以上时，禁止使用黑色金属工具，作业人员禁止使用氧气呼吸器。

(9) 严禁将非防爆通信工具(如手机等)带入清罐作业现场；可燃性气体浓度在爆炸下限的4%以上时，严禁使用非防爆检测仪表。

(10) 在油罐检修时，如需要动火作业，必须严格执行油库动火安全管理办法的要求。

7. 防静电危害

(1) 在爆炸危险场所内，必须严格执行油库静电安全规程的规定。

(2) 进行清罐作业时，严禁使用化纤和丝绸材料制成的作业用品。

(3) 当油罐内可燃性气体浓度在爆炸下限的20%以上时，严禁使用压缩空气、高压水枪冲刷罐壁和喷射式注水。

(4) 引入油罐内的作业管道及涂装喷枪等金属部分应与油罐做可靠电气连接。

(5) 清罐作业时，必须使用导静电的胶管、软管、移动式软质风管等制品。

8. 防工伤事故

(1) 进罐作业人员的着装应符合安全要求，严禁赤脚、穿拖鞋作业。

(2) 脚手架(升降机)搭设必须稳固可靠，平台踏板应满足承载要求，铺设稳固。

(3) 作业中洒落在平台和踏板上的铁锈、油污、涂料等应及时清理。高空作业人员应系安全带、戴安全帽、带工具袋。距离地面 2m 以上平台应设 1.2m 高的防护栏杆(挡板)和安全网。

(4) 手动或机械(可移动式吊篮，吊架等)吊运人、物时，设备的构件和吊绳承载力应经强度计算，吊绳承载力应大于荷载的 5 倍，且无断股、毛刺等缺陷。吊运荷载不得超过人力或机械的正常荷载能力。

(5) 作业时，严禁使用抛掷方式传递工具和材料。禁止打闹戏耍，女工发辫应挽在帽内。

9. 可燃性气体检测

(1) 每次进罐作业前，应由技术人员按要求测定作业现场的可燃气体浓度，并将检测结果记录。

(2) 可燃性气体检测仪器必须符合防爆和精度要求，在检定有效期内使用。测定方法应执行说明书要求。

(3) 作业期间应按下列要求对可燃性气体浓度实施监测。

① 每 4h 检测不少于 2 次。可燃性气体浓度变化较大时，应适当增加检测次数。当测定数值在爆炸下限的 40%以上时，须作两台同型号、同规格的可燃气体测定仪进行重复检测。两台仪器测得数据相差较大时，应重新调整再行测定，并按较大的一组数据作为测定结果。

② 可燃性气体检测部位应遵循由外及里的原则，并注意易于积聚可燃性气体的低凹部位。当作业场所外边缘可燃性气体浓度超过允许值时，可不检测作业场所内部区域，立即采取通风措施。

(4) 作业现场动火作业时，应在动火前 30min 内进行检测，动火时复测一次，并使用两台同型号、同规格的可燃气体测定仪进行检测。动火期间检测人员不得离岗，以便随时监测可燃气体浓度。如有必要，动火前可取气样留存备查。如果动火作业中断 30min 以上时，必须重新测定可燃气体浓度，合格后方可继续动火作业。

10. 作业环境、劳保要求

(1) 作业场所应设置安全界限或栅栏，禁止与作业无关人员进入作业现场。各主要作业点应设立安全标志或警语牌。在油罐或油罐室的进出口必须设置“未经许可，严禁入内”的标志。安全标志的制作应按《安全标志及其使用导则》(GB 2894—2008)执行。

(2) 在无照明(含日光、灯光)条件下，禁止任何人进入罐内。

(3) 遇恶劣气候(风力6级以上、浓雾、暴雨等)影响安全作业时，禁止通风和露天高空等作业。

(4) 罐内作业时，油罐人孔口和油罐室出入口处不得放置影响通行的物品。

(5) 作业场所的任何作业点，其空间内空气中的含氧量不得低于18%(体积)，一氧化碳含量不得高于50mg/m^3。

(6) 严禁下列人员从事清罐作业。

① 经期、孕期、哺乳期的妇女。

② 聋、哑、盲、呆傻等严重生理缺陷者。

③ 患有深度近视、癫痛、高血压、哮喘、心脏病，以及有过敏史、严重慢性病和年老体弱者。

④ 外伤、疮口尚未愈合者。

⑤ 16周岁以下的少年。

(五) 进入有限空间作业票

在油库中，进入有限空间作业是指作业人员进入(探入)油罐、油罐车、船舱等容器，以及管沟、隧道、下水道、沟、井、池、涵洞等进出受到限制和约束的封闭、半封闭设备设施和场所的作业。

凡进入有限空间作业，必须按照先检测后作业的原则，在准确测定作业环境中氧气浓度、油气浓度，并做好记录，办理“进入有限空间作业票”(表5-9)的前提下，根据测定结果已采取了相应措施，方可进入作业场所。进入油罐时，按《油罐清洗安全技术规程》所附“进罐安全作业票”执行。进入油槽车容器时可参照上述作业票执行。含油气的其他缺氧场所时，应按“进入有限空间作业票”要求办理。

表5-9 进入有限空间作业票

设备名称			作业单位	
作业人姓名			作业地点	
作业时间		月 日 时 分至 月 日 时 分	作业内容	
编号	安全措施		结果	确认人
1	所有与设备有联系的阀门、管线加盲板断开，进行工艺吹扫、蒸煮			
2	盛装过可燃有害液体、气体的设备，分析其可燃气体，当其爆炸下限>4%时，浓度应<0.5%，爆炸下限<4%时，浓度应<0.2%；含氧19.5%~23.5%为合格，有毒有害物质不超过国家规定的车间空气中有毒有害物质的最高允许浓度指标			

续表

3	设备打开通气孔自然通风 2h 以上，必要时采用强制通风或佩戴呼吸器；但设备内动焊缺氧时，严禁用通氧气方法补氧		
4	使用不产生火花的工具		
5	带搅拌机的设备要切断电源，在开关上挂“有人检修，禁止合闸”标志牌；上锁或设专人监护		
6	所用照明应使用安全电压，电线绝缘良好。特别潮湿场所和金属设备内作业，行灯电压应在 12V 以下。使用手持电动工具应有漏电保护		
7	人进入设备内作业，外面需有专人监护，并规定互相联络方法和信号		
8	设备出入口内外无障碍物，保证畅通无阻		
9	盛装能产生自聚物的设备要求按规定蒸煮和做聚合物试验		
10	严禁使用吊车、卷扬机运送作业人员		
11	作业人员必须穿符合安全规定的劳动保护着装和防护器具		
12	设备外配备一定数量的应急救护用具		
13	设备外配备一定数量的灭火器材		
14	作业前后登记清点人员、工具、材料等，防止遗留在设备内		
15	对进入设备内的作业人员及监护人进行安全应急处理、救护方法等方面的教育，并明确每个人的职责		
16	涉及其他作业的按有关规定办票		
17	补充措施		
……			
气体分析数据			
监护人意见			
安全技术人员意见			
领导审批意见			

注：(1) 此作业票按进设备作业规定手续办理。

(2) 在与本次作业有关的具体措施结果中划“√”号。

(3) 作业票一式三联，第一联由监护人持有，第二联由作业负责人持有，第三联由车间安全技术人员留存备查。

检测应记录包括测定日期、时间，测定地点，测定方法和仪器，测定时的现场条件，测定次数，记录测定结果。

1.“进入有限空间作业票”办理程序

(1) 进入有限空间作业的单位向油库安全保卫部门提出申请，由作业单位安全管理人员负责办理。

(2) 油库安保部门组织落实进入有限空间的安全防护措施，作业单位核实并确认安全措施和有限空间内氧气、可燃气体、有毒有害气体浓度的检验结果。

(3) 油库安保部门指派监护人员，监护人员与作业单位共同检查监护措施、防护设施及应急报警、通信、营救等设施，确认合格后签字认可。

(4) 油库(站)负责人在对上述各点全面复查无误后，签署认可意见，报上级安全技术监督部门审批后，方可进入作业。

(5)“进入有限空间作业票”共设两联，第一联由油库安全技术人员留存备查，第二联在作业前，作业负责人核实安全措施后签字认可，交监护人员持有。作业完毕后将作业票返回油库安全管理人员，与留存备查联一起存档，保存一年以上。

2. 缺氧环境中作业时的主要防护措施

(1) 监测人员必须装备准确可靠的分析仪器，在作业中保持必要的测定次数。

(2) 在已确定为缺氧环境的作业场所，必须采取充分的通风换气措施，使环境空气中氧气的浓度在作业过程中始终保持在18%以上。严禁用纯氧进行通风换气。

(3) 对由于防爆、防氧化不能采用通风换气措施或受作业环境限制不易充分通风换气的场所，作业人员必须配备并使用空气呼吸器或软管面具等隔离式呼吸保护器具。严禁使用过滤式面具。

(4) 当存在因缺氧而有坠落危险时，作业人员必须使用安全带，并在适当位置可靠地安装必要的安全绳网设备。

(5) 在每次作业前，必须仔细检查呼吸器具和安全带。发现异常应立即修补或更换，严禁勉强使用。

(6) 在作业人员进入缺氧环境作业前和离开时应准确清点人数。

(7) 在存在缺氧危险的作业场所，必须配备抢救作业人员。

(8) 发生缺氧危险时，作业人员和抢救人员必须使用隔离式呼吸保护器具。

(9) 对已患缺氧症的作业人员应立即给予急救和医疗处理。

3. 在进入含油气的缺氧场所时的主要防护措施

(1) 监测人员应同时使用两台型号相同，并在检定有效期内的可燃气体测试仪进行检测。

(2) 监测人员应佩戴隔离式呼吸器或消防空气呼吸器，严禁使用氧气呼吸器。

(3) 在采取排除油气的通风措施后，当油气浓度为：

体积浓度(vol%)为爆炸下限的1%时，允许不戴呼吸器进行8h作业。

体积浓度(vol%)为爆炸下限的1%～4%时，允许不戴呼吸器进行30min作业。

体积浓度(vol%)为爆炸下限的4%～20%时，不戴呼吸器不准进入作业。

体积浓度(vol%)为爆炸下限的20%～40%时，不经专门批准不准人员进入。

体积浓度(vol%)为爆炸下限的40%以上，严禁人员进入。

(4) 作业场所的通风，每小时通风量值大于作业场所容积的10倍以上。

4. 进入含有其他有害气体的缺氧场所时其他措施

(1) 当作业场所空气中同时存在有害气体时，必须在测定氧气浓度的同时测定有害气体的浓度，并根据测定结果采取相应的措施。当作业场所的空气质量达到标准后方可作业。

(2) 在进行挖掘隧道等作业时，作业人员有因硫化氢、二氧化碳或甲烷等有害气体逸出而患缺氧中毒综合征的危险，必须进行预测调查。发现有上述气体存在时，应先确定处理方法，调整作业方案，再进行作业。

(3) 在密闭容器内使用氩、二氧化碳或氦气进行焊接作业时，必须在作业进程中通风换气，使氧气浓度保持在18%以上，或者让作业人员使用隔离式呼吸保护器具。

(4) 在通风条件差的作业场所，如地下室、船舱等，配置二氧化碳灭火器时，应将灭火器放置牢固，禁止随便启动，防止二氧化碳意外泄出。在放置灭火器的位置设立明显的标志。

5. 作业监护人的职责

(1) 监护人必须有较强的责任心，熟悉作业区域的环境，工艺情况，及时判断和处理异常情况。

(2) 监护人应对安全措施落实情况进行检查，发现落实不好或安全措施不完善时，有权提出暂不进行作业。

(3) 监护人应和作业人员拟定联络信号。在出入口处与作业人员保持联系，发现异常，应及时制止作业，并立即采取救护措施。

(4) 监护人应熟悉应急预案，配备必要的应急救护设施、报警装置，并坚守岗位。

(5) 监护人要携带“进入有限空间作业票”，并负责保管。

6. 进入有限空间作业的人员应做到的措施

(1) 按“进入有限空间作业票”上签署的任务、地点、时间作业。

（2）作业前应检查安全措施是否符合要求。

（3）按规定穿戴劳动防护服装、防护器具和使用工具。

（4）熟悉应急预案，掌握报警联络方式。

7. 进入有限空间作业的综合安全技术措施

（1）在作业前，油库领导应指定专人对监护人和作业人员进行安全教育，包括作业空间的结构和相关介质，作业中可能遇到的意外和处理、救护方法等。

（2）切实做好作业空间的工艺处理，所有与作业点相连的管道、阀门必须加盲板断开，并对设备进行吹扫、蒸煮、置换。不得以关闭阀门代替盲板，盲板应挂牌标示。

（3）取样分析要有代表性、全面性。有限空间容积较大时要对上、中、下各部位取样分析，应保证有限空间内部任何部位的可燃气体浓度、氧含量、有毒、有害物质浓度符合标准。作业期间应每隔4h取样复查一次（分析结果报出后，样品至少保留4h），也可选用便携式仪器对有限空间进行连续检测，如有一项不合格，应立即停止作业。

（4）在有限空间作业时，必须遵守动火、临时用电、高处作业等有关安全规定，“进入有限空间作业票”不能代替上述各种“作业票”，所涉及的其他作业要按有关规定办理。

（5）有限空间作业出入口内外不得有障碍物，应保证其畅通无阻，以便人员出入和抢救疏散。

（6）进入有限空间作业一般不准使用卷扬机、吊车等运送作业人员，特殊情况需经上级安全监督部门批准。

（7）进入有限空间作业时，应使用安全电压和安全行灯照明，在金属设备内及特别潮湿场所作业，其安全行灯电压应为12V，且绝缘良好。使用手持电动工具应有漏电保护设备。

（8）进入有限空间作业的人员、工具、材料应登记，作业后应清点，防止遗留在作业点内。

（9）作业现场应配备一定数量、符合规定的应急救护器具和灭火器材。

（10）作业人员进入有限空间前，应首先拟定和掌握紧急状况时的外出路线、方法。有限空间内作业人员按规定的时间轮换作业或休息，每次作业时间不宜过长。

（11）有限空间作业可采用自然通风，必要时可再采取强制通风方法（严禁向有限空间通氧气）。

（12）对随时可能产生有害气体或进行内防腐的作业场所应采取可靠措施，作业人员要佩戴安全可靠的防护面具，并由气体防护专业人员进行监护，定时监测。

(13) 发生中毒窒息紧急情况时，抢救人员必须佩戴隔离式防护器具进入作业空间，并至少留一人在外做监护和联络工作。

8. 其他注意事项

(1) 签发“进入有限空间作业票”后，应立刻开始作业，以免操作条件发生变化。如时间超过氧气、可燃气体、有毒有害气体浓度分析化验间隔的有效时限，应重新化验，并记录在“进入有限空间作业票”上。

(2) 进入有限空间作业时，根据设备、场所具体情况搭设安全梯、架台，备有必要的急救器具。

(3) 在作业中碰到的任何问题都必须记录在“进入有限空间作业票”上，以便查实和进行分析。

(4) 在清理有限空间少量可燃物料残渣、沉淀物时，必须使用不产生火花的工具(木、铜质工具)，严禁用铁器敲击、碰撞。

(5) 在进入有限空间内作业期间，严禁同时进行各类与该空间相关的试车、试压、试验及交叉作业。

(6) 如遇置换不合格或无法进行置换等情况，原则上不允许进入作业。确需进入作业时，应按特殊作业处理。特殊作业应将安全措施报上级领导审核批准，上级安全监督部门派专人到现场监护。

(7) 作业人员配戴的防护面具应符合有限空间环境安全要求。

(8) 禁止无“进入有限空间作业票”作业，禁止与“进入有限空间作业票”内容不符的作业，禁止无监护人员的作业，禁止超时作业，禁止在有限空间内用汽油清洗设备和工具，禁止不明情况盲目救护。

(六) 高处作业工作票

为减少高处作业过程中坠落、物体打击等事故的发生，确保职工生命安全，在进行高处作业时，必须严格执行高处作业票制度。高处作业是指在坠落高度基准面2m以上(含2m)，有坠落可能的位置进行的作业。

1. 高处作业分级

高处作业分为四级：高度在2~5m，称为一级高处作业；高度在5~15m，称为二级高处作业；高度在15~30m，称为三级高处作业；高度在30m以上，称为特级高处作业。进行三级、特级高处作业时，必须办理“高处作业票”(表5-10)。高处作业票由作业负责人负责填写，现场主管安全领导或工程技术负责人负责审批，安全管理人员进行监督检查。未办理作业票的，严禁进行三级、特级高处作业。

表 5-10　高处作业工作票

工程名称		施工单位	
开工时间	年　月　日	完工时间	年　月　日
高处作业级别		作业单位负责人	
基层单位批准人		有效时间	天
特殊高处作业审批			
主管部门		安全部门	

编号	高处作业票签发条件	确认人
1	作业人员身体条件符合要求	
2	作业人员符合工作要求	
3	作业人员佩戴安全带	
4	作业人员携带工具袋	
5	作业人员佩戴：A、过滤呼吸器，B、空气呼吸器	
6	现场搭设的脚手架、防护围栏符合安全规程	
7	垂直分层作业中间有隔离设施	
8	梯子或绳梯符合安全规程规定	
9	在石棉瓦等不承重物上作业应搭设并站在固定承重板上	
10	高处作业有充足照明，安装临时灯、防爆灯	
11	特级高处作业配有通信工具	
……		

注：(1)作业票最长有效期限7天，一个施工点一票。

(2)作业负责人将本票向所有涉及作业人员解释，所有作业人员必须在本票上面签名。

(3)此票一式三份，作业负责人随身携带一份；签发人、安全人员各一份，保留一年。

2. 高处作业安全要求

(1) 凡患高血压、心脏病、贫血病、癫痫病，以及其他不适于高处作业的人员，不得从事高处作业。

(2) 高处作业人员必须系好安全带、戴好安全帽，衣着灵便，并且禁止穿硬底和带钉易滑的鞋。

(3) 在邻近地区设有排放有毒、有害气体及粉尘超出允许浓度的烟囱及设备等场合，严禁进行高处作业。如在允许浓度范围内，也应采取有效的防护措施。

(4) 在六级风以上和雷电、暴雨、大雾等恶劣气候条件下，影响施工安全时，禁止进行露天高处作业。

(5) 高处作业要与架空电线保持规定的安全距离。

(6) 在垂直各平面上，一般不得进行上下交叉高处作业，如需进行交叉作业，中间应有隔离措施。

(7) 高处作业严禁上下投掷工具、材料和杂物等。所用材料要堆放平稳，必要时要设安全警戒区，并设专人监护。工具应放入工具套(袋)内，有防止坠落的措施。

(七) 破土作业票

为确保破土作业施工安全，根据国家《建筑地基基础施工质量验收规范》(GB 50202—2002)、《石油化工建设工程施工安全技术规范》(GB 50484—2008)等法规，进行破土作业时，必须执行破土作业票制度。

破土作业是各油库内部的地面开挖、掘进、钻孔、打桩、爆破等各种破土作业。

破土作业票(表5-11)由施工单位填写，施工主管部门根据情况，组织电力、电信、生产、机动、公安、消防、安全等部门，以及破土施工区域所属单位和地下设施的主管单位联合进行现场地下情况交底，根据施工区域地质、水文、地下供排水管线、埋地输油(含液化气)管道、埋地电缆、埋地电信、测量用的永久性标桩、地质和地震部门设置的长期观测孔、不明物等情况向施工单位提出具体要求。施工单位根据工作任务、交底情况及施工要求，制订施工方案，落实安全施工措施，经有关部门确认后签字，报送施工主管部门和施工区域所属单位审批。施工主管部门现场责任人和施工区域所属单位责任人应签署意见。破土作业票的有效期在运行的生产装置、系统界区内最长不超过3天，界区外不超过一周。破土施工单位应明确作业现场安全负责人，对施工过程的安全作业全面负责。

表5-11 破土作业票

工程名称		施工单位	
施工地点		作业形式	
作业开始时间	年 月 日	作业结束时间	年 月 日
施工作业内容			

编号	作业条件确认	确认人
1	电力电缆已确认，保护措施已落实	
2	电信电缆已确认，保护措施已落实	
3	地下供排水管线、工艺管线已确认，保护措施已落实	
4	已按施工方案划线施工	
5	作业现场围栏、警戒线、警告牌、夜间警示灯已按要求设置	
6	已放坡处理，固壁支撑	

续表

<table>
<tr><td>7</td><td colspan="2">道路施工作业已通知交通、消防、调度、安全部门</td><td></td></tr>
<tr><td>8</td><td colspan="2">人员进出口和撤离保护措施已落实：A. 梯子，B. 修坡道</td><td></td></tr>
<tr><td>9</td><td colspan="2">备有可燃气体检测仪、有毒介质检测仪</td><td></td></tr>
<tr><td>10</td><td colspan="2">作业现场夜间有充足照明：A. 普通灯，B. 防爆灯</td><td></td></tr>
<tr><td>11</td><td colspan="2">作业人员必须佩戴防护器具</td><td></td></tr>
<tr><td>12</td><td colspan="2">补充安全措施</td><td></td></tr>
<tr><td>……</td><td colspan="2"></td><td></td></tr>
<tr><td>现场施工负责人签名</td><td></td><td>现场安全负责人签名</td><td></td></tr>
<tr><td colspan="3">审批意见</td><td>签名</td></tr>
<tr><td>施工主管部门现场负责人意见</td><td colspan="2"></td><td></td></tr>
<tr><td>施工区域所属单位负责人意见</td><td colspan="2"></td><td></td></tr>
<tr><td>施工主管单位审批意见</td><td colspan="2"></td><td></td></tr>
<tr><td>施工区域所属单位领导审批意见</td><td colspan="2"></td><td></td></tr>
<tr><td>相关单位领导审批意见</td><td colspan="2"></td><td></td></tr>
<tr><td>厂主管领导审批意见</td><td colspan="2"></td><td></td></tr>
</table>

在油库所属区域内进行破土作业时，也应组织有关管理和技术人员履行技术交底，搞清破土作业区域地下设施的具体情况，采取有效防范措施，确保地下设施安全。

六、现场管理中的“走动式”管理模式

所谓“走动式”管理模式是用严谨的科学方法，求真务实的工作态度，脚踏实地的工作精神，坚持不懈地从油库安全的基础性工作做起，深入到油库作业的第一线，实现“重心下移，关口前移”的管理方法。具体来说就是各级管理者和工作者，要深入到主管的作业现场和岗位，掌握实时信息，及时发现问题，解决好作业中存在的危险隐患和不安全因素。这是一种体察民意，了解实情，与下属打成一片，上下共同努力，共同创业，在走动式中完成安全管理的交流、沟通，并表达对下属关爱的管理方法。

（一）“走动式”管理模式的优点

“走动式”管理模式具有及时掌握信息，完善作业程序、操作规程、注意事项；适时沟通思想，消除安全隐患；纠正习惯性违章，解决“落实难”的问题；增强安全教育的针对性，提高安全教育效果；创新管理技术，提高管理水平等五个方面的优点。

1. 及时掌握信息，完善作业程序、操作规程、注意事项

油库作业能否安全可控，从某种意义来说，取决于作业程序、操作规程、注意事项的完善。这种完善又取决于各级管理者对现场第一手资料的掌握程度。而第一手资料的取得，在于了解现场、观察作业的全过程，获取现场实时、真实、全面的信息，从中发现问题，看到差距。例如，油库设备的解体检查维修，不同的设备和场所有其特定的作业程序、操作规程、安全事项。但在实际作业中时有违反规定和不符合安全要求的现象出现。这种违反规定和不符合安全要求的现象是危险因素转化为事故的前兆。如果管理者采取了“走动式”管理模式，了解掌握了具体情况，纠正偏听偏信，完善作业程序、操作规程、注意事项，就能避免违反要求的事故再次发生。

2. 适时沟通思想，消除安全隐患

安全管理说到底是对人的管理，必须以人为本。对油库1050例事故统计分析得出，约83%的事故是由于人的不安全行为引发的。其主要表现是思想麻痹大意，注意力不集中，违章指导，判断错误等心理因素，以及违反安全作业程序和操作规程造成的。俗话说“心病要用心药治”。“走动式”管理模式是搭设沟通的桥梁，使管理者深入到油库作业第一线，与作业者面对面的交谈，甚至争辩是非，从而达到互相了解，沟通思想，了解作业者的真实想法，找到规章“落实难”的真正原因，找到侥幸心理的根源，然后“对症下药”，消除人的不安全意识和行为。

3. 纠正习惯性违章，解决“落实难”的问题

“走动式”管理模式是看得见的管理，主管者动下属也跟着动。主管者每天到现场走动，下属也只好跟着去走动。这样可以真正做到一级抓一级，形成相互监督机制。通过现场监督管理、管理者示范，确保安全目标不打折扣，防止各级互相推诿，欺上瞒下。例如油库习惯性违章，各种作业记录不全、不规范，内部人员带火种进入危险场所等“顽疾”，单靠哪一个部门或哪一个人讲是难以纠正的。必须层层抓，层层管。“走动式”管理模式有利于齐抓共管，提高违章纠正力度和深度，确保解决“落实难”的问题。

4. 增强安全教育的针对性，提高安全教育效果

实行“走动式”管理模式，各级管理者可以获得大量第一手资料。这些资料大体可归纳为人的不安全意识和行为、规章的不完善、违反规定等三类，又从中可以看出各级安全目标的落实情况，以此为依据，进行有针对性的教育和技能培训，可获得事半功倍的效果；也可以对各级、各岗位进行客观、公正、具体、全面的考核评价，从而克服教育培训和考核的形式主义，促进人员技能的提高和规章制度的落实。

5. 创新管理技术，提高管理水平

综合上述分析说明，“走动式”管理模式不需要什么资金就可以提高安全管理力度和管理水平，还具有克服官僚主义，搞好上下级关系，提高单位凝聚力，调动积极性，创新管理技术等优点，从而提高油库安全管理水平。

（二）“走动式”管理模式的实施

采取“走动式”管理模式主要注意的是领导带头，做到制度化；相互带动，相互制约；主动沟通，形成良好氛围；善于观察，勇于创新四方面要下功夫做好。

1. 领导带头，做到制度化

“走动式”管理模式的实施是一个系统工程，必须各级领导率先垂范，从上而下长期坚持，防止一风吹，具体工作要做到制度化。领导者首先要成为“预防为主，安全第一”的模范，成为名副其实的“油库安全的第一责任者”。领导者的行为能给下属带来信心和力量，用自己的示范作用和良好的表率素质去激励下属的积极性，使“走动式”管理模式的理念深入人心，形成上下沟通的良好氛围。

2. 相互带动，相互制约

实施“走动式”管理模式要形成“联动”机制。所谓“联动”就是单位领导要走动式，部门领导要走动式，各级管理监督人员也要走动式，从而形成相互监督，责任连带的约束机制。如果下属出了偏差受到处罚，单位、部门领导和各级管理人员也要连带受罚。这样就能使各级管理者和工作者在走动式中自然实现“重心下移，关口前移”，从而实现领导（含管理者）、作业人员、领导的闭环监控，落实好安全管理目标。

3. 主动沟通，形成良好氛围

“走动式”管理模式不同于安全监督，也不同于安全检查。“走动式”管理模式应当把沟通作为大事，把收集信息作为主要内容，做到“多听少说，多想少怨，多记少罚，多交流少训诉”。碰到违章现象，不仅要制止，更重要的是多沟通，了解为什么会违章？当事人是怎么想的？采取什么措施来防止。如果一味地严厉处罚，切断了沟通渠道，找不到事情的根源，制止了这次违章，可能在不同地点、不同时间，同类事件还会重演。

4. 善于观察，勇于创新

“走动式”管理模式本身是一种创新。由于油库作业活动多种多样，这就要求各级管理者善于观察，善于发现问题，捕捉到“瞬间闪光”，创造性地工作。只要有利于沟通，有利于安全目标实现的都可以考虑，都可以推广。抓住问题的本质，对症下药，就能取得事半功倍的效果。

（三）实施“走动式”管理模式应处理好的关系

实施“走动式”管理模式应做到“脚勤多走、眼勤多看、鼻勤多嗅、手勤多记、脑勤多想”，处理好以下三方面的关系。

1. 处理好与管理授权的关系

管理授权主要指的是指挥权，“走动式”管理模式主要指的是监督权。所以“走动式”管理模式不能干扰指挥系统，不能越俎代庖，而应当放在收集现场第一手资料，加强与第一线人员的沟通方面。

2. 处理好与安全文化建设的关系

油库作业这个系统工程，涉及的环节多，要达到安全需要综合治理。加强油库安全文化建设，强化安全管理意识，是实现油库安全的重要保证。“走动式”管理模式要深入持久地开展，就必须有安全文化的支撑。同时，“走动式”管理模式对培植和发扬油库安全文化具有很好的促进作用。

3. 处理好与安全检查的关系

“走动式”管理模式与安全检查不同。前者是日常工作，后者是阶段性工作；前者注重收集信息，目的是改进管理方法，后者的重点是查找不足，意在消除缺陷和隐患；前者的侧重点是重于长期效果，后者的侧重点是解决好存在问题。

第四节　环境因素安全管理

一、环境因素导致事故的预防

通过环境揭示环境与事故的联系及其运动规律，认识异常环境是导致事故的一种物质因素，使之能有效地预防、控制异常环境导致事故的发生，并在生产实践中依据环境安全与管理的需求，运用环境导致事故的规律和预防、控制事故原理联系实际，最终对事故进行超前预防、控制的方法，这就是研究环境因素导致事故的目的。

（一）环境与事故规律

环境，是指生产实践活动中占有的空间及其范围内的一切物质状态。其中，又分为固定环境和流动环境两种类别。固定环境是指生产实践活动所占有的固定空间及其范围内的一切物质状态；流动环境是指流动性的生产活动所占有的变动空间及其范围内的一切物质状态。

环境包括的内容，依据其导致事故的危害方式，分为如下五个方面内容。

（1）环境中的生产布局，地形、地物等。

（2）环境中的温度、湿度、光线等。

(3) 环境中的尘、毒、噪声等。

(4) 环境中的山林、河流、海洋等。

(5) 环境中的雨水、冰雪、风云等。

环境是生产实践活动必备的条件，任何生产活动无不置于一定的环境之中，没有环境，生产实践活动是无法进行的。例如，建筑楼房不仅要占用自然环境中的土地，而且施工过程还要人为形成施工环境，否则是无法建筑楼房。又如，船舶须置于江河、湖、海的环境之中才能航行，否则寸步难行。

同时环境又是决定生产安危的一个重要物质因素。其中，良好的环境是保证安全生产的物质因素；异常环境是导致事故的物质因素。例如，在生产过程中，由于环境中的温度变化，高温天气能导致劳动者中暑，严寒能导致劳动者冻伤，也能影响设备安全运行而导致设备事故。又如，生产环境中的各种有害气体能引起爆炸事故和导致劳动者窒息；尘、毒危害能导致劳动者患职业病；以及生产环境中的地形不良、材料堆放混乱，或有其他杂物等，均能导致事故发生。

总之，环境是以其中物质的异常状态与生产相结合而导致事故发生的。其运动规律，是生产实践与环境的异常结合，违反了生产规律而产生的异常运动，是导致事故的普遍性表现形式。

(二) 环境导致事故的预防与控制要点

在认识到良好的环境是安全生产的保证，异常环境是导致事故的物质因素及其运动规律之后，依据环境安全与管理的需求，对环境导致事故的预防和控制，主要应做好如下四个方面的工作。

(1) 运用安全法制手段加强环境管理，预防事故的发生。

(2) 治理尘、毒危害，预防、控制职业病发生。

(3) 应用劳动保护用品，预防、控制环境导致事故的发生。

(4) 运用安全检查手段改变异常环境，控制事故发生。

因此，为了使生产环境的安全管理、尘毒危害治理及劳动保护用品使用，均能达到管理标准的要求，防止其发生异常变化，就要坚持做好生产过程中的安全检查，做到及时发现并及时改变生产的异常环境，使之达到安全要求，同时对不能加以改变的异常环境，如带电作业、危险部位等，还要设置安全标志，从而控制异常环境导致事故的发生。

二、有害作业分级管理

对有害作业实行分级管理是我国于20世纪80年代初提出的。它的理论来源最早产生于1879年意大利经济学家巴雷特的ABC分析法，后在国外演变成ABC分类管理法。这种管理方法突出了重点，抓住了关键，考虑了全面，照顾了一般，使管理工作主次分明。

（一）分级管理的等级

我国的劳动条件分级标准，将作业岗位的危害分为5个等级。即0级危害岗位（安全作业）、1级危害岗位（轻度危害）、2级危害岗位（中度危害）、3级危害岗位（重度危害）、4级危害岗位（极重度危害）。根据不同的危害级别，劳动监察部门实行不同的管理办法。

（二）劳动条件分级标准与卫生标准的区别

劳动条件分级标准，是为劳动监察提供对劳动条件进行定性定量综合评价的一种宏观的管理标准，是劳动工作深化改革的需要，为劳动保护、劳动保险、劳动就业、劳动工资制定政策提供科学数据。

三、建设项目职业安全卫生

（一）建设项目职业安全卫生预评价

建设项目职业安全卫生预评价是根据建设项目可行性研究报告的内容，运用科学的评价方法，分析和预测建设项目存在的职业危险、危害因素的种类，以及危险、危害程度，提出合理可行的职业安全卫生技术和管理对策，作为建设项目初步设计中职业安全卫生设计和建设项目职业安全卫生管理、监察的主要依据。预评价工作应在工程可行性研究阶段进行。

（二）建设项目中的职业安全卫生设施应实行“三同时”

为确保建设项目（工程）符合国家规定的职业安全卫生标准，保障劳动者在生产过程中的安全与健康，企业在进行新建、改建、扩建基本建设项目（工程）、技术改造项目（工程）和引进技术（工程）项目时，项目中的安全卫生设施必须与主体工程实行“三同时”。搞好“三同时”工作，从根本上采取防范措施，把事故和职业危害消灭在萌发之前，这是最为经济、最为可行的生产建设之路。只有这样，才能保证职工的安全与健康，维护国家和人民的长远利益，保障社会生产力的顺利发展。

在建设项目立项和管理工作中必须严格贯彻执行国家的职业安全健康“三同时”规定，以此指导设计、施工、竣工验收三个环节。工程项目立项后，首先组织编写建设项目的可行性报告，报告应有安全卫生的论证内容和专篇。在初步设计审查和竣工验收时，应有安全生产监督管理部门参加，建设单位应提供有关建设项目的文件、资料、设计施工方案图纸等。

（三）建设项目中职业卫生设施投资应列入计划

建设单位对建设项目实施安全卫生“三同时”负全面责任。在编制建设项目投资计划时，应将安全卫生设施所需投资纳入计划，同时编报。引进技术、设备的建设项目，原有的安全卫生设施不能削减，没有安全卫生设施或设施不能满足国家安全卫生标准规定的，应同时编报配套的投资计划，并保证建设项目投产后其安全卫生设施符合国家规定标准。

四、作业环境防止中毒窒息规定

油库行业的作业环境中，在有限空间内作业，由于存在有毒、有害的气体（主要是油气），作业常有中毒窒息事故发生。为了防止这类事故的发生，在作业环境安全管理中应做到以下十条基本的安全规定。

（1）对从事有毒作业、有窒息危险作业人员，必须进行防毒急救安全知识教育。

（2）工作环境（设备、容器、井下、地沟等）氧含量必须达到20%以上，有毒物质浓度符合国家规定时，方能进行工作。

（3）在有毒场所作业时，必须佩戴防护用具，必须有人监护。

（4）进入缺氧或有毒气体设备内作业时，应将与其相通的管道加盲板隔绝。

（5）在有毒或有窒息危险的岗位，要制定防护、抢救措施和设置相应的防护器具。

（6）对有毒有害场所的有害物浓度，要定期检测，使之符合国家标准。

（7）对各类有毒物品和防毒器具必须有专人管理，并定期检查。

（8）涉及和监测有毒物质的设备、仪器要定期检查，保存完好。

（9）发生人员中毒窒息时，处理和救护要及时、正确。

（10）健全有毒物质管理制度，并严格执行。长期达不到规定卫生标准的作业场所，应停止作业。

五、作业环境防止静电危害规定

静电是油库作业过程中不可避免的现象，为了防止静电可能造成的危害，要做到以下十条规定。

（1）严格按规定的流速输送易燃易爆介质，不准用压缩空气调和、搅拌。

（2）易燃、易爆流体在输送停止后，必须按规定静止一定时间，方可进行检尺、测温、采样等作业。

（3）对易燃、易爆流体储罐进行测温、采样，不准使用两种或两种以上材质的器具。

（4）不准从油罐上部收油，油罐车应采用鹤管液下装车，严禁在油罐区灌装油品。

（5）严禁穿着易产生静电的服装进入易燃、易爆区，尤其不得在危险区域穿、脱衣服或用化纤织物擦拭设备。

(6) 容易产生化纤和粉体静电的环境，其湿度必须控制在规定的界限以内。

(7) 易燃易爆区、易产生化纤和粉体静电的装置，必须做好设备防静电接地；混凝土地面、橡胶地板等导电性要符合规定。

(8) 化纤和粉体的输送和包装，必须采取消静电或泄出静电措施，易产上静电的装置设备必须设静电消除器。

(9) 防静电措施和设备，要指定专人定期进行检查并建卡登记归档。

(10) 新产品、设备、工艺和原材料的投用，必须对静电情况做出评价，并采取相应的消除静电措施。

第六章　油库安全评价

第一节　油库安全度评估

一、安全度评估方法、评分标准及评分方法

（一）评测单元和评估系数划分

1. 评测单元的划分

评测单元为基本的评估对象。评测单元的划分以油库设备、设施具有相对独立性为原则。

（1）储油罐评测单元：

① 洞式油库和带巷道的半地下油库储油罐以一条洞为一个评测单元。

② 地面油库以储油罐组为评测单元，即以同一防火堤内所有储油罐为一个评测单元。

③ 独立的覆土立式油罐以4个罐为一个评测单元。按4个储油罐建立评测单元后，余数不足4个罐的，单独建立评测单元。

④ 卧式储油罐组、高位(架)罐、回(放)空罐，以各自独立罐罐组为一个评测单元。

（2）装卸油作业设备设施评测单元：装卸油作业设备设施以每处为一个评测单元。如铁路装卸油作业设施、油船装卸油作业设施、汽车装卸油作业设施、灌桶设施、油泵房等。

2. 评估系统的划分

评估系统由若干个评测单元组成。从油库整体功能和全局安全出发，按照“整体、分类、合并”的原则，评估系统划分为储油系统、装卸油和输油系统、辅助作业系统、消防系统、防护抢救装备、安全管理系统6个评估系统。

（二）安全度评分标准

安全度评估采用三级判分体系。将油库设备、设施安全管理中的不安全因素对人身及油库安全的威胁程度，分为高、中、低三级，0—1—4—8分用于高危险程度，0—1—3—5分用于中危险程度，0—1—2—3分用于低危险程度。在评定过程中，依据规范、标准、规程等安全技术要求，分为不符合要求、有严重缺

陷、基本符合要求、符合要求四种类型分别判分，见表 6-1。如有的安全状况介于相邻两种类型之间，其判分可取相邻类型之间的中间分。

表 6-1 油库安全度评估评分标准

危险程度	类型			
	不符合要求	有严重缺陷	基本符合要求	符合要求
高危险程度	0	1	4	8
中危险程度	0	1	3	5
低危险程度	0	1	2	3

（三）安全度评分方法

（1）采用汇报、查阅核对记录、座谈、考试、测试、实际操作演练等形式，综合应用眼看、耳听、鼻嗅、手触等人体功能，并借助必要的仪表、工具深入现场，根据“安全度评估表”所列评测项目和考评内容逐项评测判分，必要时可进行解体检查、测试。

（2）无项及缺项的处理：

① 凡因油库不承担任务而缺少的项目、评测单元或系统，不进行评测，也不列入统计计算。

② 凡是油库应有而没有的项目，评测时判为“不符合要求”，并列入统计计算。

二、安全度评估计算方法及等级划分

（一）油库安全度评估计算方法

油库安全度评估计算方法，分为基本评估计算方法和综合评估计算方法两种。

1. 油库安全度基本评估计算方法

（1）油库安全度基本评估计算由评测单元、系统、油库三个层次构成。

① 评测单元安全度值计算公式为：

D_i = 评测单元内各项目实得分之和/评测单元内各项目应得分之和

式中 D_i——任意一个评测单元安全度值。

② 评估系统安全度值计算公式为：

X_i = 系统内各评测单元安全度值之和/系统内评测单元数

式中 X_i——任意一个系统安全度值。

③ 油库安全度基本评估值计算公式为：

$$A = 各系统安全度值加权和(\sum Q_iX_i)$$

式中 Q——任意一个系统权重系数。

(2) 系统权重系数。根据事故机率、危险程度等情况，综合确定各评估系统的权重系数值，见表6-2。

表6-2 系统权重系数分配表

系统名称	储油系统	装卸油和输油系统	辅助作业系统	消防系统	防护抢救装备	安全管理系统
权重系数	0.25	0.20	0.15	0.15	0.10	0.15

2. 油库安全度综合评估计算方法

(1) 油库安全度综合评估计算是以油库安全度基本评估计算值为基础，再根据执行油库重要规章制度情况进行修正。计算公式为：

油库安全度综合评估值=油库安全度基本评估值-油库重要规章制度执行情况扣分值

(2) 油库重要规章制度执行情况评估实行百分制，按其执行情况的好坏程度，分为优、良、中、低、差5个等级分别扣分，见表6-3。

表6-3 油库重要规章制度执行情况扣分标准

等级	≥90	≥80~90	≥60~80	≥40~60	<40
	优	良	中	低	差
扣分值	0	0.02	0.05	0.08	0.1

(二) 油库安全度评估等级划分

将油库安全度综合评估值划分为A、B、C、D、E五个等级，分级标准见表6-4。

表6-4 油库安全度分级标准

级别	A级	B级	C级	D级	E级
	优良安全型	安全型	基本安全型	临界安全型	不安全型
安全度综合评估值	≥0.95	≥0.90~0.95	≥0.85~0.90	≥0.80~0.85	<0.80

三、安全度评估结论

(1) 根据油库安全度综合评估计算值，确定油库安全度级别类型。

(2) 对于评测中发现的不安全因素、事故隐患，应列出问题存在的部位、危险程度，并提出解决问题的办法或应取的措施。

（3）对于油库安全度为D级的油库，其整体安全性已达临界状态，应立即采取措施，以保证油库安全运行；对于油库安全度为E级的油库，其潜在危险已相当严重，整体安全性已达到不能安全运行的状态，必须立即采取措施，并进行整顿。必要时应停止收发油作业，进行彻底整顿或改造，以防止灾害事故的发生。

油库安全度评估表，见表6-5~表6-7。

表6-5　油库安全度评估结论表

受评油库		评估时间	
安全度综合评估值		安全类别	
油库安全度评估结论：			
存在问题、部位、危险程度：			
整改意见及需要说明的问题：			

表6-6　油库重要规章制度执行情况评估表

序号	考评内容	扣分标准	标准分	得分	存在的问题
	合计		100		
1	动火作业证制度执行情况	(1)动火作业不办理作业证的，每查出一次扣5分。 (2)作业证上用火等级、审批权限、有效期限与规定要求不符的，每查出一次扣3分。 (3)作业证上不记载安全措施、安全监护等要素，或记载不清楚的，每查出一次扣1分	10		
2	收发作业证制度执行情况	(1)收发作业不办理作业证的，每查出一次扣5分。 (2)作业证不记载工艺流程、作业前后油高、作业纪要，或记载与实际不符的，每查出一次扣3分。 (3)作业证其他要素记载不全的，每查出一次扣1分	10		

续表

序号	考评内容	扣分标准	标准分	得分	存在的问题
3	油罐清洗、除锈、涂装作业证制度执行情况	(1)油罐清洗、除锈、涂装作业不办理作业证的，每查出一次扣5分。 (2)开工作业证、班组作业证和可燃气体测定不按规定要求办理的，每查出一次扣3分。 (3)作业证要素记载不全的，每查出一次扣1分	10		
4	保管员、队领导、库领导查库制度执行情况	(1)例行查库、特殊情况查库不落实的，每查出一次扣5分。 (2)不按规定的查库内容实施查库，或发现问题不及时进行处理的，每查出一次扣3分。 (3)查库记录存在错记、漏记、乱记现象的，每查出一次扣1分。 (4)不按规定要求使用查库到位仪，每查出一次扣1分	10		
5	出入库制度执行情况	(1)外来人员出入库不履行登记手续的，每查出一次扣3分。 (2)出入库登记存在错记、漏记、乱记现象的，每查出一次扣1分	10		
6	检修作业制度执行情况	(1)必须进行检修作业而不予落实的，每查出一次扣5分。 (2)不按规定要求进行检修动火、检修用电、安全试压、人员防护和可燃气体测定的，每查出一次扣3分。 (3)作业记录存在错记、漏记、乱记现象的，每查出一次扣1分	10		
7	呼吸阀检定制度执行情况	(1)呼吸阀技术检查、技术检定不落实的，每查出一次扣5分。 (2)不按技术检查内容和技术检查项目实施检查和检定，或发现问题不及时进行处理的，每查出一次扣3分	10		
8	消防报警装置管理制度执行情况	(1)消防报警装置例行检查制度不落实，或设备技术状况不完好的，每查出一次扣5分。 (2)不按规定要求使用消防报警装置的，每查出一次扣3分。 (3)消防报警和消防报警设备维护不作记录的，每查出一次扣1分	10		

续表

序号	考评内容	扣分标准	标准分	得分	存在的问题
9	消防值班执行情况	(1)必须进行消防值班而不予落实的，每查出一次扣5分。 (2)不按规定要求落实消防值班人员、器材和装备的，每查出一次扣3分。 (3)值班记录不规范，要素不全的，每查出一次扣1分	10		
10	油库测量、质量管理制度执行情况	(1)油料收发作业和日常管理不进行测量的，每查出一次扣5分。 (2)不按规定要求检查化验油料质量，或清洁油料储、运容器的，每查出一次扣5分。 (3)测量记录存在错记、漏记、乱记现象的，每查出一次扣3分	10		

注：(1)考评方法采取查阅资料与现场检查相结合。

(2)对每项制度执行情况实施扣分时，如扣分标准几种情况同时存在，只按最高扣分数扣分，不再叠加；如出现多次扣分，只将标准分扣完为止，不出现负分。

(3)“每查出一次”是以一次作业或业务活动为计数方式的。

表6-7　油库安全度评估汇总表

序号	评测对象	安全度	序号	评测对象	安全度
(一)	储油系统安全度		6	灌桶设施安全度	
1	轻油洞库安全度		7	零发油设施安全度	
2	地面油罐(组)安全度		8	输油管线安全度	
3	半地下油罐(组)安全度		(三)	辅助作业系统安全度	
4	润滑油罐(组)安全度		1	发电房安全度	
5	高位油罐(组)安全度		2	变、配电室安全度	
6	放空油罐(组)安全度		3	输电线路及电缆安全度	
7	房屋内油罐(组)安全度		4	辅助作业场所安全度	
8	桶装油品库、棚、场安全度		(四)	消防系统安全度	
(二)	装卸油和输油系统安全度		1	固定消防设施安全度	
1	轻油泵房安全度		2	移动消防设施安全度	
2	润滑油泵房安全度		(五)	防护抢救装备安全度	
3	铁路油泵房设施安全度		1	基本检测仪表、工具和防护装具安全度	
4	码头装卸油设施安全度		2	应急设备和器材安全度	
5	公路装卸油设施安全度		(六)	安全管理安全度	

第二节　油库安全工作评价

一、安全工作评价指标

（一）油库安全度指标

该指标直接引用《油库安全度评估标准》的考核成绩，反映油库安全基础工作的好坏，在评价标准中占60%，满分为60分。其计算公式为：

$$Y_a = A \times 60$$

式中　Y_a——油库安全度考核成绩；

A——油库安全度综合评估值。

（二）连续无事故时间指标

该指标反映油库安全工作的基本状况和稳定性，在评价标准中占10%，满分为10分，统计期为10年，事故影响逐年递减。其计算公式是：

$$Y_b = L$$

式中　Y_b——连续无事故时间考核成绩；

L——连续无事故年数。

（三）业务主管任期内连续无事故时间指标

该指标反映现任油库主任的安全工作实绩，在评价标准中占10%，满分为10分，统计期为整个任期，事故影响逐年递减。其计算公式是：

$$Y_c = R_w / R \times 10$$

式中　Y_c——业务主管任期内连续无事故时间考核成绩；

R_w——任期内连续无事故年数；

R——已任期年数。

（四）允认事故指标

该指标是指在完成一定任务量的情况下，所发生某些差错的限度。在评价标准中占20%，满分为20分，统计期为二年，即考评年度的前一年和当年。其计算公式是：

$$Y_d = 20 - X$$

式中　Y_d——允认事故考核成绩；

X——发生事故的扣分数，见表6-8。

表 6-8　发生事故的扣分标准表

安全计算容量（$\times 10^4 m^3$）	发生事故等级	扣分数
$Q\leqslant 5$	等级事故	20
$5<Q\leqslant 10$	四等事故	10
	三等事故	20
$10<Q\leqslant 20$	四等事故	0
	三等事故	10
$Q>20$	三、四等事故	0

注：(1) 安全计算容量 Q = 油库公称容量+三年平均收发量。

(2) 发生一、二等事故者，扣 20 分。

(3) 发生两次等级事故及以上者，扣 20 分。

(4) 连续两年发生等级事故者，扣 20 分。

二、安全工作评价标准

(1) 根据油库安全工作各项评价指标的考核结果，计算出油库安全工作成绩。其计算公式是：

$$Y=Y_a+Y_b+Y_c+Y_d$$

(2) 按油库安全工作成绩得分多少，分为 A、B、C、D、E 五个等级，见表 6-9。

表 6-9　油库安全工作成绩分级标准

级别	A 级	B 级	C 级	D 级	E 级
总得分 Y	$\geqslant 95$	$\geqslant 90\sim 95$	$\geqslant 85\sim 90$	$\geqslant 80\sim 85$	<80

注：(1) 如油库隐瞒等级事故，不论总得分多少，都评为 E 级。

(2) 如油库隐瞒等外事故或重大事故苗头，最高只能评为 D 级。

油库安全工作评价结论，见表 6-10。

表 6-10　油库安全工作评价结论表

评价指标	标准值		成绩	备注
	代号	标准		
油库安全度	Y_a			
连续无事故时间	Y_b			
业务主管任期内连续无事故时间	Y_c			
允认事故	Y_d			
总得分	Y			

续表

评价指标	标准值		成绩	备注
	代号	标准		
评语：				
考评结论：				

第三节　油库重要作业风险评价

一、风险评价依据

（一）法律依据

指国家与行业现行相关的安全卫生及危险品管理方面法律、法规、标准、管理办法等，为评价提供安全卫生、劳动保护的依据。如《中华人民共和国安全生产法》《中华人民共和国环境保护法》《中华人民共和国消防法》《危险化学品安全管理条例》《危险化学品生产企业安全生产许可证实施办法》《安全生产许可证条例》《特种设备安全监察条例》《劳动保护用品配备标准》《劳动保护用品监督管理规定》《易燃易爆化学物品消防安全监督管理办法》《建设项目职业病危害分类管理办法》《职业健康监护管理办法》《中华人民共和国职业病防治法》等。

（二）标准依据

指国家与行业现行相关的建设与管理标准、规范，为评价提供技术依据。行业不同所依据的标准及规范也不同，对于油库来说，主要有以下标准、规范：《石油库设计规范》《建筑设计防火规范》《工业企业总平面设计规范》《爆炸危险环境电力装置设计规范》《危险化学品重大危险源辨识》《工业管道的基本识别色、识别符号和安全标识》《建筑物防雷设计规范》《石油化工可燃气体和有毒气体检测报警设计规范》《中华人民共和国劳动部噪声作业分级》《泡沫灭火系统设计规范》《危险有害因素辨识通则》《火灾自动报警系统设计规范》。

（三）油库资料及评价单位资质

油库资料是评价提出的基础；评价单位资质是确认评伤评价单位必须具备的条件。

1．油库资料

具体包括总平面布置图、工艺流程图、设备设施清单、水文及气象资料、岩土工程勘察报告、设备操作规程及主要作业程序、油库行业的技术及管理标准、规程等规章制度、可行性研究报告、工程项目确认书、建设用地预审意见等。

2. 评价单位资质

主要是评价单位营业执照、相应评价资质及评价业绩。

二、风险评价程序

风险评价通常按下列程序进行，如图6-1所示。

(1) 前期准备。主要明确评价对象和评价范围，组建评价组，收集国内相关法律法规、标准、规章、规范，收集并分析评价对象的基础资料、相关事故案例。

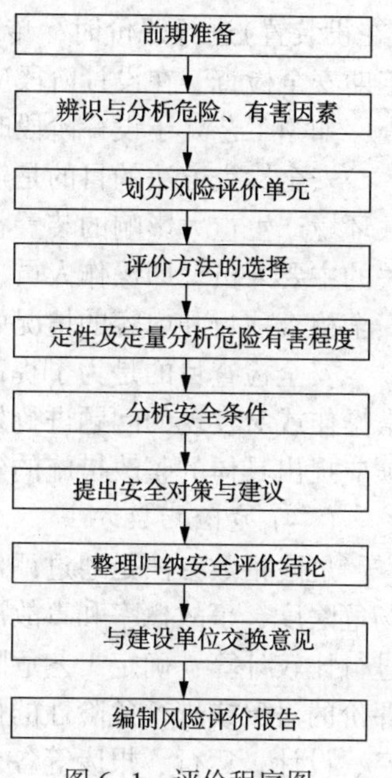

图6-1　评价程序图

(2) 辨识与分析危险、有害因素。主要辨识和分析评价对象可能存在的各种危险、有害因素；分析危险、有害因素发生作用的途径及其变化规律。

(3) 划分风险评价单元。主要根据风险评价项目的特点，以自然条件、基本工艺条件、危险、有害因素分布及状况等，进行评价单元的划分。

(4) 风险评价方法的选择。对于不同的风险评价单元，可根据风险评价的需要和单元特征，选择不同的评价方法。

(5) 定性及定量分析危险有害程度。主要是根据评价的目的、要求和评价对象的特点，工艺、功能或活动分布，选择科学、合理、适用的定性、定量评价方法，对危险、有害因素导致事故发生可能性及其严重程度进行评价。

(6) 分析安全条件。核对安全距离，分析周边情况及自然环境对安全的影响。

(7) 提出安全对策及建议。为保障评价对象建成或实施后能安全运行，应从评价对象的总图布置、功能分布、工艺流程、设施设备、装置等方面提出安全技术对策措施，并从保证评价对象安全运行的需要，提出其他安全对策措施。

(8) 整理归纳安全评价结论。评价结论即评价结果，给出评价对象在评价时的条件下与国家有关法律法规、标准、规章、规范的符合性结论，给出危险、有害因素引发各类事故的可能性及其严重程度的预测性结论，明确评价对象建成或实施后能否安全运行的结论。

(9) 与建设单位交换意见。对整理归纳的评价结论与建设单位交换意见，以确保安全评价所提出的建议和结论既能达到安全评价的目的，又能满足建设单位的要求。

(10) 编制风险评价报告。完成风险评价报告书的编制。

三、风险评价常用方法

（一）安全检查方法

安全检查方法是常用的风险评价方法之一，有时也称为“工艺安全审查”“设计审查”或“损失预防审查”。该方法可以用于建设项目的任何阶段。对现有装置（在役装置）进行评价时，传统的安全检查主要包括巡视检查、日常安全检查或定期安全检查。在设计阶段应用时，可以针对一个工艺或一项要求进行专门的审查，如当工艺处于设计阶段时设计项目小组可以对一套图纸进行审查。

安全检查方法的目的是辨识可能导致事故、引起伤害、重要财产损失或对公共环境产生重大影响的装置状态或操作规程。一般安全检查人员应包括与装置有关的主要人员，即操作人员、维修人员、工程师、管理人员、安全员等，具体视安全检查项目和内容的情况而定。

安全检查目的是为了提高整个装置（系统）的安全可靠程度，而不是干扰正常操作或对发现的问题进行处罚。完成了安全检查后，评价人员对需要改进的事项应提出具体的整改措施的建议。

（二）危险指数方法

危险指数方法是通过评价人员对几种工艺现状及运行的固有属性（以作业现场危险度、事故概率和事故严重度为基础，对不同作业现场的危险性进行鉴别）进行比较计算，确定工艺危险特性、重要性大小，并根据评价结果，确定进一步评价的对象或进行危险性的排序。危险指数方法可以运用在工程项目的可行性研究、设计、运行、报废等各个阶段，作为确定工艺及操作危险性的依据。

（三）预先危险分析方法

预先危险分析方法是一种起源于美国军用标准安全计划的方法。主要用于对危险物质和重要装置的主要区域等进行分析，包括设计、施工和生产前对系统中存在的危险性类别、出现条件、导致事故的后果进行分析，其目的是识别系统中的潜在危险，确定其危险等级，防止危险发展成事故。

预先危险分析可以达到以下四个目的：

（1）大体识别与系统有关的主要风险。

（2）分析产生风险的原因。

（3）预测事故发生对人员和系统的影响。

（4）判别风险等级，提出消除或控制风险的对策措施。

（四）故障假设分析方法

故障假设分析方法是一种对系统工艺过程或操作过程的创造性分析方法。使用该方法的人员应对工艺熟悉，通过故障假设提问的方式来发现可能潜在的事故隐患，即假想系统中一旦发生严重的事故，找出促成事故的潜在因素，分析在最坏的条件下潜在因素导致事故的可能性。与其他方法不同的是，该方法要求评价人员了解基本概念并用于具体的问题中，有关故障假设分析方法及应用的资料甚少，但是它在工程项目发展的各个阶段都可能经常采用。

（五）故障树分析方法

故障树是一种描述事故因果关系的有方向的“树”，故障树分析是系统安全工程中的重要的分析方法之一。该方法能对各种系统的危险性进行识别评价，既适用于定性分析，又能进行定量分析。该方法具有简明、形象化的特点，体现了以系统工程方法研究安全问题的系统性、准确性和预测性。故障树分析作为危险有害因素辨识和事故预测的一种先进的科学方法，已得到国内外的公认，并被广泛采用。

（六）事件树分析方法

事件树分析是用来分析普通设备故障或过程波动导致事故发生的可能性的危险有害因素辨识方法，设备故障和过程波动称为初始事件。事故是设备故障或工艺异常引发的结果。与故障树分析不同，事件树分析是使用归纳法，而不是演绎法，事件树分析可提供记录事故后果的系统性方法，并能确定导致事故后果事件与初始事件的关系。

事件树分析适用于分析那些产生不同后果的初始事件。事件树强调的是事故可能发生的初始原因以及初始事件对事件后果的影响，事件树的每一个分支都表示一个独立的事故序列，对一个初始事件而言，每一独立事故序列都清楚地界定了安全功能之间的功能关系。

（七）人员可靠性分析方法

人员可靠性行为是人机系统成功的必要条件。人的行为受很多因素影响，这些“行为成因要素”与人的内在属性有关，也与外在因素有关。内在属性如紧张、情绪、修养和经验等；外在因素如工作空间和时间、环境、监督者的举动、工艺规程和硬件界面等。影响人员行为的因素数不胜数，尽管有些因素是不能控制的，许多却是可以控制的，可以对一个过程或一项操作的成功或失败产生明显的影响。

在众多评价方法中，也有些评价方法，能够把人为失误考虑进去，但它们还是主要集中于引发事故的硬件方面。当工艺过程中手工操作很多时，或者当人机界面很复杂，难以用标准的风险评价方法评价人为失误时，就需要用特定的方法去评估这些人为因素。一种常用的方法叫做“作业安全分析”，但该方法的重点是作业人员的个人安全，就工艺安全分析而言，人员可靠性分析方法更为有用。该方法分析的是系统、工艺过程和操作人员的特性，识别失误的源头。

不与整个系统的分析相组合而单独使用人员可靠性分析方法，就会突出人的行为，而忽视设备特性的影响。如果上述系统已知是一个易于由人为失误引起事故的系统，这样做就不合适了。所以，在多数情况下，建议将人员可靠性分析方法与其他风险评价方法结合使用。一般来说，人员可靠性分析方法应该在其他评价方法之后使用，识别出具体的、有严重后果的人为失误。

（八）作业条件危险性评价法

该方法是将作业条件的危险性(D)作因变量，事故或危险事件发生的可能性(L)、暴露于危险环境的频率(E)及危险严重程度(C)为自变量，确定它们之间的函数式。然后，根据实际经验，给出三个自变量在各种不同情况的分数值，采取对所评价的对象根据情况进行“打分”的办法，最后根据公式计算出其危险性分数值，再在按经验将危险性分数值划分的危险程度等级表或图上查出其危险程度。由此可以看出，该方法是简单易行的评价作业条件危险性的方法。

（九）油库常用的风险评价方法

油库通常根据储存油品的危险有害特性及工艺过程，结合风险评价方法特点，采取定性、定量相结合的方法进行综合辨识评价。其中，不同单元拟采取不同的风险评价方法，见表6-11。

表6-11　油库不同单元拟采用的风险评价方法

序号	评价单元	评价方法	方法选择说明
1	外部环境评价单元	安全查表法	依据地质资料、水文资料和现场勘察收集的资料，对照《石油库设计规范》，采用安全查表法进行辨识评价，不易漏项，方法简单易行
2	总平面布置评价单元	安全查表法	依据平面布置图，对照《石油库设计规范》，采用安全查表法进行评价，方法简单易行
3	设备设施评价单元	预先危险性分析方法	通过预先危险性分析可以预先分析工艺过程各类型事故发生的部位及发生的详细原因，便于采取有针对性的预防措施
		事故树分析方法	通过事故树分析法对主要事故发生的过程进行详细的分析，确定事故发生的途径和预防的途径，以便有针对性地采取有效合理的预防措施，降低事故发生率
		火灾爆炸指数方法	通过火灾爆炸指数法定量评价储存区发生事故后可能导致的损失大小
4	公用工程评价单元	预先危险性分析方法	通过预先危险性分析可以预先分析公用工程各类型事故发生的部位及其原因，以便针对性的采取预防措施
		事故树分析方法	通过前面预先危险性分析，可确定公用工程的主要事故类型。最后通过事故树分析法对项目主要事故发生的过程进行详细的分析，确定事故发生的途径和预防的途径，以便针对性地采取有效合理的预防措施，降低事故发生率
5	安全管理评价单元	安全查表法	从安全责任制、安全教育、安全技术措施、安全检查、安全规章、安全机构及管理人员、事故统计及分析、危险辨识及整改、应急计划及措施、消防安全管理等方面，采用安全查表法进行评价

四、风险评价常用方法的选择原则

目前风险评价方法有很多种，每种评价方法都有其适用的范围和应用条件，有其自身的优缺点，对具体的评价对象，必须选用合适的方法才能取得良好的评价效果。如果使用了不适用的风险评价方法，不仅浪费工作时间，影响评价工作正常开展，而且可能导致评价结果严重失真，使风险评价失败。因此，在风险评价中，合理选择风险评价方法是十分重要的。风险评价方法的选择原则如下。

（一）充分性原则

充分性是指在选择风险评价方法之前，应该充分分析评价的系统，掌握足够多的风险评价方法，并充分了解各种风险评价方法的优缺点、适应条件和范围，同时为风险评价工作准备充分的资料。也就是说，在选择风险评价方法之前，应准备好充分的资料，供选择时参考和使用。

（二）适应性原则

适应性是指选择的风险评价方法应该适应被评价的系统。被评价的系统可能是由多个子系统构成的复杂系统，各子系统的评价重点可能有所不同，各种风险评价方法都有其适应的条件和范围，应该根据系统和子系统、工艺的性质和状态，选择适应的风险评价方法。

（三）系统性原则

系统性是指风险评价方法与被评价的系统所能提供的风险评价初值和边值条件应形成一个和谐的整体，也就是说，风险评价方法获得的可信的风险评价结果，是必须建立在真实、合理和系统的基础数据之上的，被评价的系统应该能够提供所需的系统化数据和资料。

（四）针对性原则

针对性是指所选择的风险评价方法应该能够提供所需的结果。由于评价的目的不同，需要风险评价提供的结果可能是危险有害因素识别、事故发生的原因、事故发生概率、事故后果、系统的危险性等，风险评价方法能够给出所要求的结果才能被选用。

（五）合理性原则

在满足风险评价目的，能够提供所需的风险评价结果的前提下，应该选择计算过程最简单、所需基础数据最少和最容易获取的风险评价方法，使风险评价工作量和获得的评价结果都是合理的，不要使风险评价出现无用的工作和不必要的麻烦。

第四节　油库重要作业风险辨识与削减措施

依据 HSE 程序文件，在项目施工前，应组织有关人员对施工过程中可能产生的危害进行调查和识别，采用分析讨论会形式，针对施工的各道工序、作业场所、人员健康和环境保护方面进行危害识别。参加辨识的人员是项目部主管 HSE 的副经理、专职 HSE 监督员、技术负责人及各专业技术人员、生产调度和施工班组长、富有经验的班组成员(即员工代表)。必要时，也可报请公司指派有相应技术、有经验的人员参加。

一、主要作业风险因素辨识

油库建设工程中的主要作业风险因素辨识，见表 6-12。

表 6-12　主要作业风险因素辨识

序号	作业项目	施工内容	风险因素
1	动土作业	开挖	坍塌，地下管道、电缆等损坏及次生灾害，文物损坏
2	物料作业	物料堆放	滚垛，电缆等损坏及次生灾害
3	预加工作业	半成品加工	触电、坠物、机械伤害
4	高空作业	作业、搭拆	高空坠落、触电、坠物伤害、损坏设备
5	焊接作业	切割、焊接	高空坠落、触电、着火、爆炸
6	焊缝检测	射线检测	射线伤害
7	试压作业	加压、降压	爆炸、喷射伤害，设备损坏
8	有限空间作业	清洗涂装	中毒、着火、爆炸
9	表面处理	打砂	触电、高空坠落、机械伤害
10	涂装作业	涂装	爆炸、高空坠落、触电
11	厂内运输	物料运输	车辆伤害
12	食堂	食料购买制作	食物中毒

二、风险评估内容及任务分配

(一) 风险评估主要内容

依据油库设备安装工程以往施工事故案例，确定表 6-13 所列为风险评估主要内容。

表 6-13　风险评估主要内容

编号	风险名称	导致风险升级的因素	顶级事件
H-01	食物中毒	饮食不洁净发生细菌性食物中毒	人员患病甚至死亡
H-02	人员患病	(1)居住场所卫生条件不合格。 (2)自然环境恶劣，身体素质差。 (3)传染病、流行病	人员患病甚至死亡
H-03	自然灾害	地震、台风、暴风雨、雷击、泥石流等	人员伤亡、设备损坏、财产损失、环境破坏
H-04	高温中暑	(1)工作场所通风不良。 (2)气温高，防暑降温措施不到位	人员患病甚至死亡
H-05	机械伤害	(1)人员违反操作规程使用设备。 (2)设备安全附件缺损或工作效果不好	人员受伤甚至死亡
H-06	高处坠落	(1)操作平台简陋，作业面狭窄。 (2)安全防护设施不全或不坚固。 (3)人员未佩戴或没有正确使用防护用品。 (4)梯子固定不牢靠	人员受伤或死亡
H-07	起重伤害	(1)起重作业技术方案存在缺陷。 (2)操作人员违反起重作业安全技术操作规程。 (3)作业现场管理不严，人员随意进出	人员受伤、设备损坏、财产损失
H-08	触电	(1)人员违规作业。 (2)电气线路安全保护装置不全或不起作用。 (3)线路材料本身不符合安全要求。 (4)自然环境因素变化(如下雨)	人员受到电击伤或电灼伤甚至死亡
H-09	火灾事故	(1)电气线路短路。 (2)流动火源控制不严。 (3)防火、灭火措施不全，设备设施有缺陷	财产损失、人员伤亡、环境破坏
H-10	滚垛	(1)在装、卸、倒运过程中稍有不慎，容易发生事故，造成人员伤亡和财产损失。 (2)在码垛时由于层数较多，在重力作用下，极易发生滚垛事故	人员受伤、设备损坏、财产损失

(二) 风险削减控制内容及关键任务分配

风险削减控制内容及关键任务分配见表 6-14。

表 6-14　风险削减控制内容及关键任务分配

编号	风险种类	关键任务	控制部门	控制内容
H-01	食物中毒	食品采购 食品加工	办公室	(1)严格控制食物、饮水、采购、加工保管工作。 (2)建立和保持清洁的饮食环境
H-02	人员患病	保持环境卫生、个人卫生、疾病医疗、传染病预防	HSE 部门、办公室	(1)建立符合卫生管理要求的临时营地。 (2)经常打扫环境卫生并保持。 (3)加强传染病、流行病防治工作。对患病人员采取必要的治疗措施。 (4)鼓励和督促员工加强身体锻炼，增强抵抗疾病能力。 (5)建立和实施医疗保健措施，并设专人负责定期检查、预防、治疗工作
H-03	自然灾害	自然灾害包括地震、台风、暴风雨、雷电预报预防	施工部门、HSE 部门	(1)施工作业前必须对所在地的自然环境进行调查，确定自然灾害种类及曾经或可能存在的地区。 (2)施工作业期间，加强与当地主管部门、业主建立联系，及时掌握相关信息。 (3)制定和实施预防控制措施
H-04	高温中暑	浮船(舱)内施工高温环境	施工部门、HSE 部门	(1)加强工作场所的强制性通风、换气措施，并加强作业场所空气质量监测。 (2)坚持巡回检查，保证每个职工正确穿戴劳保用品和使用安全防护用品。 (3)施工作业前，应对人员进行身体检查，严禁有禁忌症人员从事该作业。 (4)高温作业必须采取相应的防范措施，如搭建遮阳棚，发放清凉饮料等
H-05	机械伤害	预制焊接	施工部门、HSE 部门	(1)施工作业前组织操作手进行技术培训，掌握危险点源及危险削减控制措施。 (2)坚持巡回检查，及时制止和纠正各种违章行为。 (3)人员穿着简洁、利落，工作服不能被物件勾挂，工作鞋子应防滑。 (4)安装使用机械设备安全附件，并经常检查、检测，发现问题及时处理，严禁带病运行设备
H-06	高处坠落	组对焊接	施工部门、HSE 部门	(1)施工作业前，应对人员进行身体检查，严禁有禁忌症人员从事该项作业。 (2)坚持巡回检查，及时制止和纠正各种违章行为。 (3)在未设置安全防护栏杆情况下，人员必须使用安全带。 (4)为防止人员坠落必须在作业面边缘有坠落危险处设置防护栏杆，必要时张挂安全网。 (5)必须正确使用合格的梯子，严禁上下跳跃或沿绳索进出作业面。 (6)雨天尽量不要从事高空作业；六级以上大风天气不能从事高空作业

续表

编号	风险种类	关键任务	控制部门	控制内容
H-07	起重伤害	组对焊接	施工部门、HSE 部门	(1)重要起重作业必须制定施工措施，重要数据必须核算验证。 (2)施工作业前必须按照对施工人员进行施工程序交底。所有人员必须掌握危险点源及危险削减控制措施。 (3)起重设备、索具、各类附件必须是由合格厂家提供。 (4)坚持巡回检查，及时制止和纠正各种违章行为。 (5)划定作业区域，设置安全标志，禁止无关人员进入作业范围以内
H-08	触电	营地现场照明焊接	施工部门、HSE 部门	(1)认真执行电气作业安全规定，严禁非电工人员从事电工作业。电气设备必须有有效的接地或接零设置。 (2)坚持巡回检查，及时制止和纠正各种违章行为，发现和处理破损的不安全设施。 (3)所有与用电有关的材料必须是检验合格的
H-09	火灾	临时营地施工现场机械设备	施工部门、HSE 部门	(1)坚持使用符合安全规定的设备、设施、材料。 (2)加强易燃易爆介质的储存、运输、使用控制。 (3)配备必需的消防器械、灭火器材，保证完好有效。 (4)加强对人员的培训教育，促其掌握消防方法。 (5)建立和实施管理制度。 (6)坚持巡回检查，及时制止和纠正各种违章行为
H-10	滚垛	材料运输堆放	采办部门	(1)进行经常性的安全生产教育，树立“安全第一”的思想。 (2)操作人员要严格遵守操作规程，坚持按制度办事。 (3)设备、成品管在装卸、搗运、码垛时要严格遵守“设备、成品管装卸、运输规范”

三、主要施工作业风险削减措施

针对施工风险，编制风险削减措施，施工人员在施工时必须填写《风险削减保证书》，按消减措施全部完成后才可施工。《风险削减保证书》的内容包括施工单位名称，施工负责人，风险因素，风险消减措施等。《风险削减保证书》由保证人，施工单位负责人和 HSE 负责人签字认可后方有效。

主要施工作业削减风险措施见表 6-15。

表 6-15 主要施工作业削减风险措施

工序名称	削减风险措施
禁火动火管理	(1)严格遵守公司用火管理制度，严格执行有关审批权限。 (2)禁止烟火的场所，严禁吸烟和用火。 (3)根据施工现场所处的位置，确定用火区域级别。 (4)根据用火区域级别办理用火手续，防火监护人员必须严格落实安全防火措施，备置可靠的消防器具，做好监护工作，严禁监护人脱离动火现场。 (5)执行“三不动火”的安全规定。用火区域内动火，风力超过 4 级，必须采取防护措施。 (6)动火区域内不得存留易燃、易爆物品。 (7)不了解动火周围的安全状况时不得动火。 (8)按业主要求，动火票由施工单位安全管理人员向甲方安全管理部门申请办理动火手续，并由甲方生产单位派出熟悉情况的看火监护人。 (9)电气开关及导线的载流量要符合用电设备负载要求，避免过热引发火灾。 (10)经常进行防火安全检查，发现火险隐患，由检查者填写《隐患整改通知书》，并有检查者负责跟踪整改
焊接	(1)电焊作业应由培训合格的电焊工担任。禁止非焊接人员动用焊接工具从事焊接作业。 (2)焊接前电焊工应穿戴好工作服、工作鞋。佩戴电焊面罩、手套、围裙等防护用品。 (3)在进行焊接作业前，必须首先检查作业点上方、周围环境，如果存在危险或不安全因素，要立即报告班组长和现场项目部领导，采取必要措施确认安全后，才能作业。 (4)所有电焊设备在使用前都应进行例行检查，有故障的设备应立即停止运行，由专业人员负责修复后方可重新投入使用。 (5)应根据焊接点与焊机距离确定电焊皮线使用长度，多余的皮线应妥善放置在焊机工具箱内。禁止将电焊皮线散落在作业现场，或者将电焊皮线与氧气胶管、乙炔胶管、电线、钢丝绳等混合交叉放在一起。 (6)焊接作业点周围应无可燃易燃物质。 (7)预热施焊作业时，必须用测温笔检测加热温度，严禁用手触摸焊材加热点周围。焊接时，人员应采取隔热措施。 (8)应严格遵守电气安全技术规程、电焊机安全技术操作规程、磨光机安全技术操作规程。焊接维护应由专业人员负责。 (9)严禁使用其他导电体作为焊接回路，链条、钢丝绳、吊车和超重机不能用做输送焊接电流。 (10)雨天应停止焊接，如必须焊接作业，电焊工必须穿雨鞋、戴绝缘手套。在潮湿地方焊接，应采取加干燥木板或绝缘垫板等安全措施。 (11)工作结束后，应关闭焊机，收回焊接用具，清理好施工现场。确认无危险隐患后，方可离开现场。 (12)清除电焊渣时，应配戴防护眼镜，以防焊渣崩进眼睛。 (13)严禁通过电焊皮线提升或固定工具、材料、人员

续表

工序名称	削减风险措施
切割	(1)切割作业应由培训合格的气焊工担任。禁止非气焊人员动用气焊工具，从事切割作业。 (2)切割前，气焊工应穿戴好工作服、工作鞋。佩戴护目镜、手套等防护用品。 (3)在进入作业面之前，必须首先检查作业点上方、周围环境，如果存在危险或事故隐患，要立即报告班组长和现场项目部领导，采取必要措施确认安全后，才能作业。 (4)禁止将氧气胶管、乙炔胶管与电焊皮线、电线、钢丝绳等混合交叉放在一起。 (5)切割作业点周围应无可燃易燃物质。 (6)气瓶运输、保存、使用、维修时应遵守气瓶相关规定要求。 (7)氧气瓶、乙炔气瓶距明火地点10m以外；乙炔瓶和氧气瓶应间隔5m以上。 (8)应以火石型或类似的打火机点燃焊/割把，禁止用香烟打火机(液化气)或火柴点燃。 (9)在点燃焊割把之前，应检查并保证焊枪内畅通无阻，并以足够的气流消除焊割把内任何爆炸性混合物。对不合格的焊枪，在未修好前不准使用。 (10)禁止使用明火或其他热源加热气瓶。 (11)工作结束后，应关闭气瓶阀门，收回气焊皮线和工具，清理好施工现场。确认无危险隐患后，方可离开现场。 (12)严禁通过氧、乙炔气胶管提升或固定工具、材料、人员
射线检测	(1)对从事射线探伤的作业人员应加强射线防护知识教育，自觉遵守有关射线防护的各种标准与规定，有效地进行防护，防止事故发生。 (2)施工单位在现场使用放射源进行拍片前，必须经生产厂家同意，办理放射作业许可证后，并按规定在现场设立明显标记后方可进行。 (3)射线探伤在没有监测仪器监测时，X射线探伤安全防护圈半径不得少于30m。 (4)进行射线探伤作业前，应提前通知邻近施工单位及施工人员，以防止意外事故的发生。 (5)进行射线探伤时，必须将安全防护圈内的人员撤离，经检查确认无人后，才准许进行作业。 (6)安全防护圈必须标志明显，并应有专人值班监护。 (7)进行射线探伤作业时，必须严格按控制照射剂量，并控制在符合国家GB 18871—2002《电离辐射防护与辐射源安全基本标准》的限制要求剂量当量。 (8)从事射线探伤人员，应进行定期体检，严格控制职业禁忌症
有限空间作业	(1)进入有限空间内进行作业，必须按照相关程序办理《有限空间作业许可证》及相关隔离证明。 (2)有限空间作业，必须遵守动火、临时用电、高处作业等有关HSE规定，有限空间作业证不能代替上述各种作业许可证，所涉及的有关作业应按有关规定办理许可证。 (3)有限空间作业的出入口内外不得有障碍物，应保证畅通无阻，便于人员出入和抢救疏散。作业人员应了解从事作业的HSE知识，作业中可能发生的危险及处理、救护办法。 (4)进入有限空间作业前，必须打开封闭、半封闭的盖、口进行强制通风或自然通风。对作业安全措施，每日复查一次，有监护人进行确认。 (5)对于生产装置相连的阀门、管口应加装盲板隔断，并对有限空间的气体进行检测。含氧量18%~23%；有害物质浓度符合安全卫生允许浓度；易燃易爆物质符合安全动火浓度。

续表

工序名称	削减风险措施
有限空间作业	(6)有限空间作业照明应使用安全电压，并高处悬挑，防止人员碰撞。有限空间内使用手持电动工具漏电保护器的漏电动作电流应小于15mA，动作时间为0.1s。 (7)有限空间内进行焊接作业时，电焊机、氧气瓶、乙炔气瓶不准设于有限空间内，焊接完毕后，必须把所有焊具移到作业空间外。 (8)不准携带火种进入密闭空间，不得在密闭空间内吸烟或使用手机。 (9)有限空间作业时间不宜过长，应安排轮换或适当休息。 (10)进入有限空间作业时，出入口应设监护人，监护人未经同意不得擅自离开工作岗位，监护人有权拒绝其他人员进入监护区
用电管理	(1)施工用电必须按规定手续申请临时用电证，非电气作业人员不得从事电气作业。 (2)施工用电严格执行GJ 46—2005《施工现场临时用电安全技术规范》用电线路采用绝缘良好橡皮或塑料绝缘导线，施工现场不得架设裸体导线。 (3)凡与电源连接的电气设备，未经验电，一律视为有电。 (4)线路送电必须通知用电单位，直至班组个人，严禁私自停送电。 (5)线路停电后，用电设备均应拉开电源开关，并挂上“严禁合闸”警告牌，电气设备检修时，应切断电源，线路要有明显切断点，挂上“有人工作，严禁合闸”警告牌。 (6)停电检修应在电源侧方向装设临时接地线，装设临时接地线的顺序是先装接地端，再装导线端，施工完毕拆除接地线的顺序与安装时相反。 (7)配电板上的电源开关应根据电气设备容量而定，实行“一闸一保一机”制，严禁一闸多用(即2台或2台以上电动设备共用一台开关)。 (8)在金属容器内或潮湿地区施工，照明应采用安全行灯，电压不能超过直流24V。 (9)电气设备跳闸后，应仔细查明原因，经检修排除故障后方能合闸送电，严禁盲目合闸。 (10)手持电动工具，应装设漏电保护器，所有用电设备的金属外壳均应有可靠的接地保护。 (11)在临近高压线路施工时，应设置防护遮栏，确保安全距离。 (12)线路架空或电缆埋地铺设应符合要求，电缆过路或有可能载重车辆碾压的地方必须加穿钢管保护
起重	(1)工作前要认真检查，并维护好起重工具、设备，不合格的起重工具、设备，严禁使用。 (2)起重前要认真计算工作物的重量，严禁超负荷使用起重工具、设备。如因工作物形状复杂不易计算时，要多留安全系数，在确保安全的情况下，才能起吊。 (3)各种起重机在工作中必须有专人指挥，明确规定，并熟悉指挥信号，严禁多人指挥和无人指挥。 (4)起吊中，工作物上、吊臂下，不许站人，也不许有人通过或停留。 (5)起吊前，必须检查周围环境，如有障碍物要及时清除，如有输电线路要设法躲开，按规定保持安全距离后，方准起吊。如吊板、管子使用的导向索应有足够的长度，以保证职工在引导钢板时始终处于安全位置。 (6)起重用的各种绳索，必须拴在可靠而又无棱角的物体上，不准拴在电杆上或其他危险设备上。被吊运的物体，要拴绑牢靠。

续表

工序名称	削减风险措施
起重	(7)起重工在工作中要和吊车司机、电气焊等工种联系配合好，以防万一。 (8)六级以上大风、大雷雨禁止起重作业。 (9)吊车司机必须经过专业培训并考试合格，持有操作证，实行定机、定人、定岗，不准擅自换岗
高空作业	(1)高空作业人员必须进行体检。患有高血压、低血糖及其他不适合高空作业疾病者，不能进行高空作业。 (2)高空作业必须系安全带。 (3)上下罐的梯子必须安装牢固，梯子为单行道，只准一人上下，严禁多人同时上下。 (4)挂壁小车制造一定要结实，保证强度、刚度与罐壁配合稳固平稳的要求。 (5)在工作平台及挂壁车上工作时，严禁说笑打闹、蹦跳、摇晃或恫吓他人。 (6)高空作业使用的工具、材料及零部件，严禁乱扔乱放，严禁往下扔东西，以防伤人。 (7)船舱和油罐壁间有250mm间隙，下面是深水，防止掉入物品与卡人。 (8)油罐施工必须设置安全网
高空坠物	(1)作业区域下方围栏警戒区域，禁止区域内有人走动。 (2)现场设专人监护。 (3)作业人员佩戴好安全帽。 (4)施工人员配备工具袋，施工工具和工件有防滑落措施。 (5)采取正确的施工方法，作业人员不存在侥幸心理。 (6)严禁向下抛投杂物
机械操作	(1)施工机械的操作人员应经过培训，考试合格，并持有操作资质合格证。 (2)工作前，操作人员应检查施工机械设备的清洁、紧固、润滑、保护接地等情况，确认合格方可启动。 (3)患有疾病有碍安全的人员，不得驾驶和操作施工机械。 (4)操作人员不得擅自离开工作岗位，严禁把机械交给其他人员驾驶和操作。 (5)施工机械应由经过批准的机组人员或专人负责使用和管理，操作人员应遵守保养规定，认真做好各级保养，保持施工机械经常处于完好状态。每班应填写运转、维护修理情况记录。 (6)操作人员中应按规定时间对机械设备运转部件加注润滑剂，开动前、工作前、工作中、停工后，均应按规定项目对各部位进行检查，并应及时排除故障或提出修理意见。 (7)施工机械在运行中如有异常响声，发热或其他故障，应立即停车切断电源或动力源后，方可进行检修、修理。 (8)施工机械不得“带病”运转或超负荷使用。施工机械的外传动部位，应加设安全防护罩。防护罩应便于停车检查和加注润滑剂。 (9)固定式施工机械应安装在牢固的基础上；移动式施工机械在使用前应将移动轮子用垫块挡住或将底座固定牢靠。 (10)新的施工机械或经过大改装和拆卸后重新组装的机械设备，必须按有关现行标准进行检查、鉴定和试运转。

续表

工序名称	削减风险措施
机械操作	(11)运转中的施工机械，严禁进行维修、保养、润滑、紧固、调整等工作。夜晚或光线不足时，作业区和驾驶室内应有足够的照明。 (12)机械开动前，应先检查地面或基础是否稳定，转动部件是否充分润滑，制动器、离合器是否动作灵活，经检查确认合格方可启动。 (13)除规定座位外，不得在机械的其他部位坐立。运转时，不得用手触摸转动和传动部位，严禁直接调整运转皮带。 (14)施工人员应熟悉施工工具的构造、性能、操作方法和安全要求，施工前应检查所用工具，严禁使用不合格的工具。 (15)电动或风动工具在使用中，不得进行调整和修理。停止使用时将工具放置在机器或设备上。 (16)电动工具的转动部位应保持清洁、润滑，转动灵活，工作中工作人员离开时，应切断电源
油罐充、放水	(1)往罐内注水，必须在油罐与上水线间加一段橡胶管，防止基础沉降扭坏阀门，造成事故。并根据油罐基础要求控制注水速度。 (2)放水时，不要过急，以保证浮船平稳降落；放出的水要妥善安排排泄口
试压	(1)试压作业应符合设计对介质、压力、稳定时间等要求，不得采用危险性的液体或气体。 (2)管道在试压前必须编制试压方案及安全技术措施。 (3)在试压前及试压过程中，应详细检查被试设备、管道的盲板、法兰、压力情况，以及试压过程中的变形情况等，确实具备升压条件时，方可升压。 (4)水压试验时，设备、管道的最高点应安装放空阀，最低点应安装排水阀；充水或放水时，应先打开放空阀，试压合格后应用压缩空气将积水吹扫干净。 (5)试压现场应设围栏和警告牌，管道的输入口应装设安全阀，带设备管道严禁受到强烈的冲撞或气体撞击，升压或降压应缓慢进行。 (6)试验用的压力表应经校验合格，且不得少于两块，法兰、盲板的厚度应符合试压的要求。 (7)在试压过程中，如发现泄漏现象，不得带压紧固螺栓、补焊或修理。检查受压设备和管道时，在法兰、盲板的侧面和对面不得站人。 (8)试压过程中，受压设备管道如异常响声、压力下降、表面油漆剥落等情况，应立即停止试验，查明原因，确保试压安全
车辆管理	(1)车辆驾驶人员必须持证上岗，车辆驾驶人员不准将车辆交给无证人员。 (2)遵守交通规则，在施工作业区应严格执行项目指挥部的车辆运输要求及相关规定。 (3)保持车辆性能完好，不准许车辆带病上路。 (4)车辆起动前要先检查轮胎气是否充足，有无漏油，刹车、离合器及方向盘是否功能完好。 (5)车辆停靠后应将档位放在空档上，点火钥匙拔掉，拉紧手刹。 (6)严禁超载，严禁客货混装。 (7)不用车辆做与其功能不符的工作

续表

工序名称	削减风险措施
食堂管理	(1)食堂工作人员身体健康情况应做定期检查，身体健康无传染病，个人卫生清洁，有高度的责任心。 (2)采购员应采购新鲜食品，腐烂、变质的食品原料不得进行二次加工，更不得让职工食用。 (3)炊事员注意调剂食谱，保证饭菜鲜美，剩余饭菜应低温无菌保存。但保存时间一般不超过24h。 (4)食堂门窗应有隔蚊蝇和防鼠措施，食堂内应采取机械方法灭鼠，不得采用剧毒药物灭鼠。 (5)禁止闲杂人员进入食堂仓库和操作间。 (6)食堂向施工现场送饭应注意保温保洁，饭桶菜盆等容器应加盖

第七章　油库运行安全管理

第一节　油库日常安全管理

一、提高对安全的认识

（一）充分理解“安全第一，预防为主”方针的含义

“安全第一，预防为主”是安全史学总结出来的最基本的安全策略和方法，它辩证地说明了安全与防灾的关系，反映了人们同灾害作斗争的客观规律。正确理解和认真执行这一方针，就必须做好预防工作，力求从根本上预防灾害的发生。

所谓“安全第一”就是组织安排油库作业时，应把安全作为一个前提条件来考虑，落实好作业中的各项安全措施，保证油库人员的安全和健康，以及油库作业的长期和安全运行；“安全第一”就是在油库作业与安全发生矛盾时，作业必须服从安全；“安全第一”对油库领导者来说，应处理好作业与安全的辩证关系，把人员的安全和健康作为一项严肃的政治任务；“安全第一”对油库人员来说，应严格执行规章制度，从事任何工作都应分析研究可能存在的危险因素和应注意的问题，采取预防性措施，避免人身伤害或影响作业的正常安全进行。

预防就是变被动为主动，变事后处理为事前预防，这是符合现代安全科学原理的。以往的安全管理侧重对已经发生的事故进行统计分析和教训的总结，忽略了事故前对各个环节潜在危险的预测和预防。这样做，从总结经验教训、防止事故重演是必要的，但是被动的、滞后的。贯彻“预防为主”，领导者的观念应由“事故追查”转变为“安全预测”，组织、协调、指挥好群体预测和预防，积极开展事故的侦查、预想、预防和预测活动，采取措施防患于未然，不断提高安全管理水平，真正做到防止事故的发生。

（二）学习和掌握油库相关安全知识

如油品储运中的危险性（挥发、燃烧、爆炸、毒害、带电、膨胀、流动、漂浮、渗透、热波等危险特性），油库运行中应预防的不安全因素和事项（防跑油混油、防着火爆炸、防中毒窒息、防静电危害、防设备损坏和失修、防禁区失控、防环境污染、防人的不安全意识和行为、防自然灾害、防人为破坏和失密等措施和方法），以及现代安全科学理论、安全管理原理等安全理论知识，为油库

安全管理打好理论基础，为油库安全管理的正确决策、准确操作、有效管理提供依据和方法。

(三) 营造油库安全文化

营造油库安全文化包括建设安全科学、发展安全教育、强化安全宣传、提倡科学管理、建设安全法制等精神文化领域，同时也涉及优化安全工程技术、提高本质安全化等物质文化方面。因此，建设安全文化是对油库安全手段和对策具有系统性意义的任务。

二、开展安全教育

安全教育对策是安全的三大对策之一，其目的是全面提高油库人员的安全素质。人的安全素质包括两个层面。一个是安全层面，指的是人的安全知识、技能和意识。另一个是人文层面，指的是人的安全观念、态度、品德、伦理、情感等。因此，油库应当充分利用管理信息，将安全教育贯穿于各项工作和作业活动之中，既要传授安全知识和技能，培养人的法治观念和安全行为，又要注重世界观、人生观、价值观的长期培养和养成教育。

搞好油库的安全管理必须经常不断地加强安全重要性教育，传授安全知识，培养安全技能。使之提高认识，增加知识，掌握技能，做到人人重视安全、人人懂得安全，事事讲安全，处处想安全，时时保安全。

三、落实好安全规章

近年来，各级油料部门建立健全了结构比较合理、内容比较科学的油库管理制度，加强了标准化、正规化建设，增强了油库设备设施更新改造的力度(对油库进行整修，设备进行改造，提高了设备的完好率)，油库总体安全水平有了提高，事故发生率明显下降。然而，建于20世纪60年代前后的油库的许多设备现在已经进入了损耗故障期，事故发生率有可能随之增高。因此，必须重视油库油罐和输油管道等主要设备设施的安全管理，预测危险隐患，采取切实可行的工程技术和安全管理措施，控制和消除危险隐患，扎扎实实做好油库安全管理工作。

第二节　油库安全检查

一、油库相关人员安全检查的范围和重点

为进一步加强油库安全管理，贯彻落实“安全第一，预防为主”的方针，建立科学、合理、统一的安全检查重点和范围，用以规范安全的正确实施，充分发

挥安全检查在油库安全管理中的作用，特提出安全检查的范围和重点。本范围和重点也可用于油库“三预”活动。

将现代动态管理、超前管理理论在油库人员管理教育与各项作业活动中的具体应用，是油库安全管理的深化与提高。通过安全检查的有效开展，严密监控和有效消除人、物（主要指油品）、设备设施、规章制度、周围环境等要素中的危险因素和事故隐患，使其在有效监控下正常运行，从而预防事故的发生。

（一）油库决策层安全检查的范围与重点

（1）决策层是指油库领导及高级工程师。

（2）决策层安全的范围是根据油库所承担的储存、供应管理任务，以油库整体安全为目标，以预防跑油和混油、着火爆炸、中毒窒息、静电危害、设备设施失修与损坏、禁区不禁、自然灾害、环境污染、人的不安全意识与行为、人为破坏和失密等业务事故、行政责任事故、自然灾害、刑事案件的发生等为主要内容。

（3）决策层安全检查的重点是以人为本的管理教育，安全技术培训，各项规章制度的完善落实，油库各区域的管理，季节性安全检查，以及发现问题的整改等。

（二）油库中层人员安全检查的范围与重点

（1）中层人员是指油库中层领导、机关管理人员以及工程师。

（2）中层人员安全检查的范围是根据单位、岗位职责和分工，以系统整体安全为目标，以储油、输油、装卸、呼吸、通风、电气、消防、加热、供水、防洪等系统的完好，并发现和消除不安全因素为主要内容。

（3）中层人员安全检查的重点是组织协调油库各项作业活动，注重作业程序和重点环节，落实各项规章与安全技术措施，保证专业系统设备设施技术性能的完好，登记统计的完整与准确，以及单位工作场所和区域的安全，整改措施的制订与落实等。

（三）基层业务技术骨干安全检查的范围与重点

（1）基层业务技术骨干是指基层管理干部、班组长等。

（2）基层业务技术骨干安全检查的范围是根据承担的具体任务、作业程序、操作规程与相关规章，以作业活动的安全为目标，以保证装卸、输转、储油、通风、清洗、高空、动火、动土等作业活动的协调，相关设备设施技术性能完好，并发现和消除异常现象、操作失误等为主要内容。

（3）基层业务技术骨干安全检查的重点是各项作业活动过程中的协调一致，重视作业涉及的关键部位和设备设施，防止油料与油气失控和油气积聚，做到作业程序、操作规程与相关规章落实到位，以及有关技术数据、监控记录和登记统计的准确无误等。

（四）油库岗位操作人员安全检查的范围与重点

（1）岗位操作人员是实施设备设施操作使用的战士和职工，也包括操作使用设备设施的干部。

（2）岗位操作人员安全检查的范围是根据岗位职责、操作规程、维护保养规定，以设备设施安全操作与正常运行为目标，保证相关设备设施的协调运行，安全设备设施技术状况的完好有效，注重设备设施的技术性能、维护保养周期、使用寿命，操作使用中易发生的问题与异常情况，各种监测仪表的指示，周围环境对安全运行的影响，以及仪器仪表有效监控，登记统计数据的准确，并发现与处理异常情况等为主要内容。

（3）岗位操作人员安全检查的重点是保证设备设施的技术状况良好，正确操作使用，各项规章的落实到位，设备设施运行和检修记录填写规范、数据完整有效，及时发现并排除故障等。

二、油库场所、设备设施安全检查范围及内容

（1）储油洞库安全检查范围及内容，见表7-1。

表7-1 储油洞库安全检查范围及内容

项目	检查内容
油罐	(1)油罐及其附件有无锈蚀(应特别注意圈板与丁字焊缝处，半圆形集污坑底部)，基础沥青有无稀释
	(2)油罐罐体有无严重变形、顶板有无瘪凹、底板是否翘边等
	(3)进出油管与排污管阀门压力是否相等，阀门是否上锁，排污阀是否为钢阀
	(4)油罐各部边接螺栓是否齐全坚固，各部有无渗油、漏气现象
呼吸管路	(1)管道式呼吸阀、U形压力计、阻火器等产品是否合格、匹配，安装是否正确，排气口是否距洞口不小于20m；阻火器封口网布与阻火盘是否清洁
	(2)日常检查维护及每年检查是否落实
	(3)排水口、排渣口设置是否合理，定期排渣、排水是否落实
	(4)各部连接螺栓是否齐全紧固，有无漏气现象，锈蚀情况如何
	(5)季度检查维护、年度检定制度是否落实
静电接地	(1)油罐周边接地每30m一处，是否达到不少于两处要求
	(2)洞内接地干线是否设置，洞外是否有两组接地极，两个洞口以上的洞库接地极是否设在不同洞口，干线与支线连接是否牢固可靠；洞外接地极设置是否合理，各部连接是否可靠
	(3)接地电阻值是否≤100Ω

续表

项目	检 查 内 容
油罐测量孔	(1)测量孔功能及其附件是否齐全、完好(测量、取样，挡板、密封圈、导尺槽、测温盒挂钩、接地端子等)
	(2)测量孔是否密封不漏气，并加锁
输油管道	(1)洞内输油管道是否明设
	(2)各部防静电跨接是否齐全、完好
	(3)平行管、交叉管间距≤10cm 时有无跨接(平行管每隔 50m 跨接一次)
	(4)各部连接有无渗漏，阀门是否渗漏
通风管道	(1)通风管道设置是否合理，跨接是否完好、不漏气；罐室通道下部与罐顶测量孔附近有无通风口；通风管道有无锈蚀
	(2)通风机是否符合防爆要求，满足换气次数，并能保证最远点通风要求
	(3)洞外排气口离开洞口不小于 20m 是否符合要求
洞内电器设备	(1)电器设备、配线、安装是否符合防爆要求
	(2)自动化仪表、配线、安装是否符合防爆要求
	(3)通信设备、配线、安装是否符合防爆要求
防火消防	(1)洞内是否有可燃物、堆放物
	(2)洞内油气浓度是否在爆炸下限的 5%以下
	(3)每个测量孔附近是否有一个干粉灭火器和一块石棉被
	(4)是否有供储油洞库消防使用的水源
洞内防雷防静	(1)洞口呼吸管、通风管有无防雷接地(电阻值：防直接雷击≤10Ω，感应雷击≤30Ω)
	(2)引入洞内的电器线路埋地长度是否不小于 50m
	(3)引入洞内的电器线路换线处是否有低压避雷器，接地电阻≤10Ω
洞口配电室	(1)洞口配电室是否符合防爆要求
	(2)引入洞内电器线路是否设置切断设备，洞内无人时是否断开(含电话、自动化线路)
防护隔离	(1)罐室密闭门除操作外，是否常闭
	(2)洞口是否设有防火密闭门与防护门
	(3)管沟是否密封隔断
	(4)排水沟是否设有阻油排水装置
	(5)通风道是否设有防爆隔离蝶阀
	(6)洞口是否有两道门加锁
人体防护设施	油罐及其他部位旋梯、直梯、栏杆、平台、防滑踏步等是否牢固、完好、实用

续表

项目	检 查 内 容
设施维护	(1)罐室、巷道有无裂缝，特别应注意罐室顶部裂缝与巷道纵向裂缝
	(2)罐室渗漏水情况如何，洞库排水是否畅通
	(3)洞口周围排水是否畅通，有无被冲毁的挡墙、护坡、排水渠
各种记录设施	(1)油罐揭示牌各项技术数据是否准确，可变数据是否及时更新，填写是否清晰、整齐
	(2)洞内各种登记是否齐全、有效，填写是否规范、整齐、准确
	(3)移动式防爆电器与电缆是否符合场所防爆要求
	(4)洞口是否有一套维修工具
	(5)操作规程及相关规章是否落实到位

(2)半地下油罐(组)安全检查范围及内容，见表7-2。

表7-2　半地下油罐(组)安全检查范围及内容

项目	检 查 内 容
油罐基础	(1)油罐有无沉降、裂缝，沥青有无稀释现象
	(2)油罐周围排水是否畅通，油罐基础上部与罐底处有无积水
油罐	(1)油罐及其附件是否有锈蚀(注意丁字焊缝和排污管处)，情况如何
	(2)罐体是否倾斜，有无严重变形，顶板有无瘪凹，底板有无翘边，各部有无渗油、漏气
阀门	(1)进出油管、排污管阀门是否合格、压力相同，排污阀门是否为钢阀
	(2)进出油管、排污管阀门处是否为弹簧支座
	(3)阀门连接螺栓是否齐全牢固
	(4)阀门是否渗漏
呼吸阀阻火器	(1)呼吸阀、阻火器产品是否合格、匹配，安装是否正确
	(2)呼吸阀控制压力是否考虑了阻火器的阻力损失
	(3)液压安全阀产品是否合格，安装是否正确，控制压力的液位高度是否准确，液位计或测量尺是否完好，各部有无渗漏
	(4)日常检查维护及年度检定是否落实
	(5)油罐进出油作业时，呼吸阀进出气是否畅通
	(6)检查维护、检定资料是否齐全、有效
油罐测量孔	(1)测量孔功能及附件是否齐全、有效(测量、取样，挡板、密封圈、导尺槽、测温盒挂钩、接地端子等)
	(2)测量孔是否密封不漏气，并加锁

续表

项目	检 查 内 容
罐顶采光孔、人孔	(1)采光孔、人孔是否加盖，螺栓是否紧固
	(2)各孔盖是否有防撞击火花产生的措施
	(3)金属孔盖是否进行了跨接
防雷电静电接地	(1)油罐周边是否每 30m 有一处接地，并不少于两边处，各部跨接是否完好
	(2)每罐防雷接地是否不少于两处(接地电阻值≤10Ω)
	(3)油罐外是否有导静电扶手
防火消防	(1)油罐周围 3m 内有无燃烧物及杂物
	(2)每罐操作间是否有一条石棉被，适当位置是否有灭火器
	(3)罐室油气浓度是否在爆炸下限 5%以下
罐室巷道口密封	(1)罐室和水平巷道口是否封闭或有密闭门
	(2)罐室和水平巷道口密闭门无人时是否关闭
	(3)排水沟是否密封隔断，或设有排水阻油设施
被覆层罐墙	(1)油罐覆土层是否不小于 0.5m，有无流失与鼠洞
	(2)油罐周围排水是否畅通，有无积水
	(3)罐墙有无变形、裂缝，中部以下是否勾缝密封
人体防护设施	旋梯或直梯、扶手、栏杆、防滑踏步等是否牢固、完好、实用
各种记录	(1)油罐揭示牌各项技术数据是否完整、准确，可变数据是否及时更新，填写是否规范、整齐、准确
	(2)各种记录是否齐全、清晰、有效
	(3)相关操作规程规章是否落实到位

(3)地面油罐(组)安全检查范围及内容，见表 7-3。

表 7-3　地面油罐(组)安全检查范围及内容

项目	检 查 内 容
油罐基础	(1)油罐基础有无沉降、裂缝，沥青有无稀释
	(2)油罐周围有无积水，油罐基础上部与油罐底板处排水是否畅通
油罐	(1)油罐及其附件是否锈蚀(注意丁字焊缝和排污管处)，情况如何
	(2)油罐体是否倾斜，有无严重变形，各部有无渗油漏气，罐顶板有无瘪凹，底板有无翘边
	(3)进出油管、排污管阀门压力是否相同，第一道阀门和排污阀是否为铸钢阀，阀门是否上锁

续表

项目	检 查 内 容
浮盘	(1)浮盘各部密封是否良好
	(2)浮盘上下运行有无卡涩现象
	(3)导静电跨接是否完好有效
呼吸阀阻火器	(1)呼吸阀、阻火器产品是否合格、匹配，安装是否正确，控制压力是否考虑了阻火器的阻力损失
	(2)液压安全阀产品是否合格、匹配，安装是否正确，控制压力的液位高度是否准确，液位计或测量尺是否完好，各部有无渗漏
	(3)日常检查及年度检定是否落实
	(4)呼吸阀在油罐进出油作业时，进出气是否畅通
	(5)检查、检定资料是否齐全、有效
测量孔	(1)测量孔功能及其附件是否齐全、完好(测量、取样，挡板、密封圈、导尺槽、测温盒挂钩、接地端子等)
	(2)测量孔是否密封不漏气，并加锁
各种记录	(1)油罐揭示牌各项技术数据是否完整、准确，可变数据是否及时更新，填写是否规范、整齐
	(2)各种记录是否齐全、有效，填写是否规范、整齐、准确
	(3)相关操作规程及规章是否落实到位
防火消防	(1)泡沫发生器技术状况是否良好，内部玻璃挡板有无破损
	(2)冷却水管、泡沫管安装是否正确，竖管有无排渣口，是否定期排渣
	(3)测量孔附近是否有一条石棉被，油罐组附近是否有灭火器
	(4)防火堤内有无易燃物、堆放物
	(5)油罐组消防道路是否符合灭火要求，并畅通
防雷、电静电接地	(1)油罐周边是否每30m有一处接地，并不少于两处
	(2)接地线、接地极设置是否合理，连接是否正确，每罐防雷接地极是否不少于两处，接地电阻值≤10Ω
	(3)油罐组外是否有导静电扶手
防火堤	(1)防火堤是否符合技术要求
	(2)防火堤有无沉降、裂缝、孔洞等损伤
	(3)排水口是否安装有排水阻油器或阀门，阀门平时是否关闭
	(4)通过防火堤的管线等是否设有套管，并密封不渗漏
人体防护设施	旋梯或直梯、栏杆、平台、防滑踏步等是否牢固、完好、实用
自动化仪表	(1)仪表、配线是否符合场所防爆要求
	(2)与油罐连接孔是否渗漏或漏气
	(3)钢管配线是否进行了跨接

(4) 室内油罐(组)安全检查范围及内容，见表7-4。

表7-4　室内油罐(组)安全检查范围及内容

项目	检查内容
房屋结构油罐基础支座	(1)房屋耐火等级是否不低于二级
	(2)房屋有无漏雨，周围排水是否畅通
	(3)房屋有无沉陷、倾斜、严重裂缝
	(4)油罐基础、支座有无沉陷、倾斜、严重变形
	(5)油罐与基础接触部位是否进行了防腐处理
油罐	(1)油罐是否有严重变形，各部有无渗油、漏气现象，有无锈蚀，情况如何
	(2)每个油罐是否单独设进出油控制阀门
	(3)进出油阀是否上锁
油罐测量孔	(1)测量孔功能及其附件是否齐全、有效(测量、取样，挡板、密封圈、导尺槽、测温盒挂钩、接地端子等)
	(2)测量孔是否密封不漏，并加锁
呼吸阀阻火器	(1)呼吸阀、阻火器产品是否合格、匹配，安装是否正确，固定是否牢固
	(2)呼吸阀控制压力是否考虑了阻火器的阻力损失
	(3)油罐进出油时，呼吸阀进出气是否畅通
	(4)日常维护检查及年度检定是否落实
	(5)维护检查、检定资料是否齐全、有效
防火消防	(1)罐室内有无可燃物或堆放物
	(2)每个罐室内(单间)是否超过20座油罐
	(3)通风是否良好，可燃气体浓度是否超过爆炸下限的5%
	(4)罐室内拦油墙高度不得低于地坪0.5m，是否符合要求
	(5)呼吸阀是否引至罐室外部，并高出屋檐2m以上
	(6)罐室地坪0.5m高度范围内的孔洞、管沟是否密封
	(7)罐室每个单间石棉被不少于三块，灭火机不少于三具
防雷电、防静电	(1)静电接地安装是否正确，各部连接是否牢固、可靠，接地电阻值是否≤100Ω
	(2)伸出屋外的呼吸阀是否有防雷接地，接地电阻值是否≤10Ω
	(3)罐室外有无导静电扶手
人体防护设施	旋梯或直梯、扶手、平台、防滑踏步等是否牢固、完好、实用
各种记录	(1)油罐揭示牌各项技术数据是否完整、准确，可变数据是否及时更新，填写是否规范、整齐、准确
	(2)各种记录是否齐全、清晰、有效
	(3)相关操作规程及规章是否落实到位

(5) 润滑油罐(组)安全检查范围及内容，见表7-5。

表7-5 润滑油罐(组)安全检查范围及内容

项目	检查内容
油罐基础	(1)罐基础有无沉降、裂缝，沥青有无稀释
	(2)油罐周围排水是否畅通，有无积水
油罐	(1)油罐及其附件有无锈蚀，情况如何
	(2)油罐有无倾斜，严重变形
	(3)油罐各部是否渗漏
	(4)进出油管、排污管阀门有无渗漏，是否上锁
	(5)通气孔进、排气是否畅通，是否采取了防雨、防尘保护措施
防雷电静电	(1)围护结构内部空间有无可燃物或堆放物
	(2)静电接地是否符合技术要求，接地电阻值是否≤100Ω
	(3)围护结构外部空间的金属物是否有防雷接地，接地电阻值是否≤10Ω
防火消防	(1)油罐或罐组有无密闭阻油措施或防火堤
	(2)防火堤有无沉降、裂缝、鼠洞等损坏，通过防火堤的管线等设施是否密封，其他阻油措施是否有效
	(3)在适当位置是否有灭火器
	(4)管沟是否隔断密封
加热器	(1)加热器、管路有无渗油、漏气现象
	(2)加热器使用后是否及时排放冷凝水
	(3)入冬前是否对加热器和管道进行排水检查，并采取了保温措施，开春后是否对加热系统进行了检查
围护措施	(1)围护设施有无沉降、裂缝等缺陷
	(2)覆土层是否被水冲刷流失，有无鼠洞等缺陷
人体防护设施	旋梯或直梯、扶手、栏杆、平台、防滑踏步等是否牢固、完好、实用
各种记录	(1)油罐揭示牌各项技术数据是否完整、准确，可变数据是否及时更新，填写是否规范、整齐、准确
	(2)各种记录是否齐全、清晰、有效
	(3)相关操作规程及规章制度是否到位

(6) 高位油罐(组)安全检查范围及内容，见表7-6。

表 7-6　高位油罐(组)安全检查范围及内容

项目	检查内容
油罐基础	(1)油罐基础或支座有无沉陷、裂缝，沥青有无稀释
	(2)油罐周围排水是否畅通，有无积水
油罐	(1)油罐及其他附件是否锈蚀，情况如何
	(2)罐体有无严重变形，各部有无渗漏
阀门	(1)进出油管、排污管阀门压力是否相同，排污阀门是否为钢阀
	(2)进出油管、排污管阀门是否设弹簧支座
	(3)阀门连接螺栓是否齐全、紧固
	(4)阀门是否渗漏或内渗、内窜，并上锁
呼吸阀阻火器	(1)呼吸阀、阻火器产品是否合格、匹配，安装是否正确，高出地面是否≥2m，连接是否牢固
	(2)呼吸阀控制压力是否考虑了阻火的阻力损失
	(3)日常维护检查及年度检定是否落实
	(4)油罐进出油时，呼吸阀进出气是否畅通
	(5)维护检查和检定资料是否齐全，有效
油罐测量孔	(1)测量孔功能及其附件是否齐全、有效(测量、取样，挡板、密封圈、导尺槽、测温盒挂钩、接地端子等)
	(2)测量孔是否密封不漏气，并加锁
防火消防	(1)围护结构或拦油堤内是否有可燃物或堆放物
	(2)罐组附近有无消防间
	(3)围护结构内可燃气体浓度是否在爆炸下限的5%以下
	(4)测量孔附近是否有一条石棉被或一具灭火器
拦油堤	(1)油罐周围是否有防跑冒油事故蔓延的拦油堤
	(2)拦油堤有无沉陷、裂缝、鼠洞等损坏
	(3)拦油堤排水口是否有阻油措施或排水阻油器，管线等通过拦油堤时是否密封
人体防护设施	旋梯或直梯、扶手、栏杆、平台、防滑踏步是否牢固、完好、实用
各种记录	(1)油罐揭示牌各项技术数据是否齐全、准确，可变数据更新是否及时，填写是否规范、整齐、准确
	(2)各种记录是否齐全、清晰、有效
	(3)相关操作规程及规章是否落实到位

(7) 放空油罐(组)安全检查范围及内容，见表 7-7。

表 7-7 放空油罐(组)安全检查范围及内容

项目	检查内容
维护设施及油罐	(1)油罐围护结构有无沉陷、裂缝等缺陷
	(2)油罐覆土有无鼠洞，有无被水冲刷流失现象
	(3)油罐周围排水是否畅通，有无积水
	(4)油罐体有无严重变形，各部是否渗漏
呼吸阀阻火器	(1)呼吸阀、阻火器产品是否合格，安装是否正确(高出地坪≥2m)
	(2)油罐进出油时，呼吸阀进出气是否畅通
	(3)日常检查维护及年度检定是否落实
	(4)检查维护和检定资料是否齐全、有效
油罐测量孔	(1)测量孔功能及附件是否齐全、有效(测量、取样，密封圈、导尺槽、测温盒挂钩、接地端子等)
	(2)测量孔是否密封不漏气，并上锁
防火消防	(1)围护结构内或油罐周围是否有可燃物或堆放物
	(2)围护结构内部空间可燃气体浓度是否在爆炸下限的5%以下
	(3)测量孔附近是否有一条石棉被，适当位置有无灭火器
	(4)围护结构、阀井等内部通风是否良好
阀门	(1)阀门压力是否符合技术要求
	(2)阀门连接螺栓是否齐全、坚固
	(3)阀门有无渗漏及内渗、内窜，并上锁
防雷电静电	(1)防静电接地电阻值是否≤100Ω
	(2)呼吸阀等金属部分防雷接地电阻值是否≤10Ω
人体防护设施	旋梯或直梯、扶手、栏杆、平台、防滑踏步是否牢固、完好、实用
各种记录	(1)油罐揭示牌各项技术数据是否齐全、准确，可变数据是否及时更新，填写是否规范、整齐
	(2)各种记录是否齐全、清晰、有效
	(3)相关操作规章是否落实到位

(8) 桶装油品库、棚、场安全检查范围及内容，见表 7-8。

表 7-8 桶装油品库、棚、场安全检查范围及内容

项目	检查内容
库、棚、场	(1)建筑耐火等级是否不低于二级
	(2)库、棚、场有无沉陷、裂缝
	(3)屋面是否渗漏
	(4)库、棚、场周围排水是否畅通，有无积水

续表

项目	检 查 内 容
堆垛情况	(1)布局是否合理，主、辅通道和墙间距离是否符合规定
	(2)堆高是否符合规定，有无倒塌危险，油桶是否渗漏
	(3)甲、乙类油品(含酒精)与丙类油品是否分开存放
电气	(1)进入库、棚的电线是否设置了低压避电器，并接地
	(2)接地电阻是否≤10Ω
	(3)甲、乙类油品库、棚灯具、配线是否满足二级场所的防爆要求
	(4)装卸搬运机械是否符合防爆要求
消防器材	(1)灭火器选型、配备是否满足灭火类型、级别的要求
	(2)消防砂储存量是否符合规定
	(3)消防器材配备位置是否满足规定要求
各种记录	(1)垛堆揭示牌(卡)各项技术数据是否齐全、准确，可变数据是否及时更新，填写是否规范、整齐、准确
	(2)各种记录是否齐全、清晰、有效
	(3)相关操作规程及规章是否落实到位

(9) 轻油泵房(站)安全检查范围及内容，见表7-9。

表7-9 轻油泵房(站)安全检查范围及内容

项目	检 查 内 容
建筑结构	(1)建筑耐火等级是否不低于二级，有无沉陷、裂缝
	(2)屋面是否渗漏，周围排水是否畅通，周围和泵房内有无积水
	(3)门窗是否向外开，有无铁件碰撞
	(4)配电室门窗安全距离是否满足要求
油泵	(1)油泵安装是否符合技术要求，表装是否齐全、完好
	(2)油泵盘根密封是否良好，平时是否渗漏
	(3)联轴器防护装置是否良好
	(4)油泵电机润滑是否良好，温升是否在允许范围之内
设备连接	(1)油、水、气系统有无渗漏(含管道、管件阀门、表装、过滤器、水罐、真空罐)
	(2)常用设备与备用设备之间阀门是否加锁或隔离封堵(应重视阀门的内渗、内窜)
	(3)工艺管道是否有混油段
防静电接地	(1)配管、管件等电气连接是否良好
	(2)防静电接地系统是否用干线引出，接地电阻是否≤100Ω

续表

项目	检 查 内 容
电气	(1)电气设备配线安装是否满足防爆要求
	(2)自动化仪表及配线安装是否满足防爆要求
	(3)通风设备电气和配线安装是否满足防爆要求
	(4)电气设备是否为三相五线制
防雷电接地	(1)泵房排气管(通风管、真空泵排气管)有无防雷电接地，电阻值是否≤10Ω
	(2)架空线路进入泵房终端杆有无低压避雷器，接地电阻值是否≤10Ω
通风	(1)泵房是否设有固定通风系统，技术状况是否良好
	(2)泵房内有无较浓的油气，作业时泵房内油气浓度是否超过爆炸下限的80%
防火消防	(1)灭火器选型是否满足灭火类别、级别的要求
	(2)消防器材配备和存放位置是否符合规定
	(3)检修设备时是否采用了隔离封堵措施，拆卸时管内残存油品处理是否及时
	(4)油泵房内有无易燃物或堆放物
各种记录	(1)工艺流程、表装技术参数是否准确无误，并符合本泵的各种操作和作业技术参数
	(2)各种记录是否齐全、有效，填写是否规范、清晰，有关运行参数是否按月或季统计，并加以积累
	(3)泵房内是否有一套适用的工具
	(4)油泵、管道等色标，涂装是否正确完整
	(5)相关操作规程及规章是否真正落实到位

(10)润滑油泵房安全检查范围及内容，见表7-10。

表7-10 润滑油泵房安全检查范围及内容

项目	检 查 内 容
建筑结构	(1)建筑结构耐火等级是否不低于二级
	(2)建筑有无沉陷、裂缝
	(3)屋面是否渗漏
	(4)周围排水是否畅通无积水，房内有无积水
油泵	(1)油泵安装是否满足技术要求
	(2)盘根密封是否良好，联轴器的防护装置是否完好
	(3)表装是否齐全、完好
	(4)设备温升是否正常，安全阀控制压力是否正常

续表

项目	检 查 内 容
设备连接	(1)油、水气系统有无渗漏(含管道、管件、阀门、表装、过滤器等)
	(2)专用与备用设备间的阀门是否加锁或盲板隔离
	(3)工艺管道是否有混油段
空压机	(1)空压机安装是否满足技术要求
	(2)各部连接是否紧固不漏气
	(3)空压机控制压力是否安全，满足扫线要求
	(4)各部润滑是否良好
	(5)相关操作规程及规章制度是否落实到位
防火消防	(1)灭火器选型是否满足灭火类别，级别的要求
	(2)灭火器配备和存放位置是否符合规定
	(3)泵房内有无易燃物、堆放物
各种记录	(1)工艺流程图、表装技术参数是否准确、无误，并符合本泵房各种操作和作业
	(2)各种记录是否齐全、有效，填写是否规范、清晰，有关运行参数是否按月或季统计，并加以积累
	(3)泵房内是否有一套适用的工具
	(4)油泵、管线色标涂装是否正确、完整

(11) 铁路装卸作业设施安全检查范围及内容，见表7-11。

表7-11 铁路装卸作业设施安全检查范围及内容

项目	检 查 内 容
场所	(1)场所警示标志是否齐全、合理，位置是否明显
	(2)道路是否畅通，车辆进出是否方便
装卸油设备	(1)鹤管、集油管、阀门、真空管等设备是否渗漏，鹤管是否有定位措施
	(2)潜油泵空压装置是否灵活可靠，系统有无渗漏，电机安装是否满足防爆要求
防静电	(1)设备、设施、铁轨、鹤管间电气连接是否牢固、可靠
	(2)导静电接头与夹具连接是否可靠
	(3)接地电阻是否≤100Ω
	(4)抽吸底油的油管静电连接是否完好
	(5)栈桥斜梯处是否有导电扶手
	(6)友邻单位是否有杂散电流影响作业区安全

续表

项目	检 查 内 容
消防	(1)灭火器选型、配备是否满足灭火类别、级别的要求
	(2)每个鹤位是否有一块石棉被
	(3)场所附近是否有消防间
电气化铁路	(1)铁轨高压线是否有隔离开关
	(2)铁轨是否有两道绝缘轨缝
人体防护	栈桥、扶手、栏杆、活动过桥等是否牢固、完好

（12）汽车装卸油作业设施安全检查范围及内容，见表7-12。

表7-12　汽车装卸油作业设施安全检查范围及内容

项目	检 查 内 容
场所	(1)场所警示标志是否齐全、合理，位置是否明显
	(2)道路是否畅通，车辆进出是否方便，有无碰撞危险
装卸油设备	(1)装卸设备是否渗漏
	(2)是否设有密闭卸油接口
	(3)装油是否为潜流式作业
	(4)是否重视外来危险因素对装卸油安全的影响
防静电	(1)设备设施电气连接是否牢固、可靠
	(2)导静电接头与夹具连接是否可靠，接触良好
	(3)接地电阻值是否≤100Ω
	(4)汽车装油时是否实施开始和结束流速不大于1m/s的灌装方式
消防	(1)每个装油鹤位是否有一条石棉被
	(2)灭火器选型、配备是否满足灭火类别、级别的要求
	(3)消防砂的储量是否符合规定
	(4)现场是否有漏洒油品，措施如何
	(5)相关操作规程及规章是否落实到位

（13）零发油设施安全检查范围及内容，见表7-13。

表 7-13　零发油设施安全检查范围及内容

项目	检查内容
场所	(1)场所警示标志设置是否齐全、合理，位置是否明显
	(2)场地有无可燃物或堆放物
	(3)场地排水是否畅通不积水
	(4)发油台通风是否良好，车辆进出是否方便，有无碰撞危险
发油设备	(1)发油鹤管、阀门等设备设施有无渗漏，灌油完后鹤管口是否滴油
	(2)灌油鹤管是否插入油罐车底部，进入油罐车部分是否是有色金属
	(3)自动化仪表和配线安装是否符合防爆要求
	(4)每个鹤位是否设有快速阀门
防静电防爆	(1)设备设施电气连接是否牢固、可靠
	(2)导静电接头与夹具连接是否可靠、接触是否良好
	(3)接地电阻值是否≤100Ω，灌油平台扶梯入口处有无导静电扶手
	(4)照明设备和配线安装是否符合防爆要求
	(5)设备设施间通风是否良好，油气浓度在爆炸下限的5%以下
防火消防	(1)每个鹤位是否有一条石棉被
	(2)消防器材配备、放置是否符合要求
	(3)防火措施是否落实到位
人体防护	发油台扶手、栏杆、活动过桥、梯架是否牢固、完好
各种记录	(1)揭示牌是否明确，位置是否明显
	(2)各种记录是否齐全、清晰、有效
	(3)各种操作规定是否落实
	(4)相关规章是否落实到位

(14) 灌桶设施安全检查范围及内容，见表 7-14。

表 7-14　灌桶设施安全检查范围及内容

项目	检查内容
灌桶间	(1)建筑结构耐火等级是否不低于二级
	(2)灌桶间(棚)有无沉陷、裂缝
	(3)屋面是否渗漏，周围排水是否畅通
	(4)灌桶间是否设有机械通风或可形成良好的自然对流通风

续表

项目	检查内容
灌油设备	(1)灌桶间管道、阀门等设备是否渗漏
	(2)自动灌装、仪表、配线安装是否符合防爆要求
	(3)灌桶嘴活动套管是否采用有色金属制作
防静电	(1)设备设施电气连接是否齐全、牢固
	(2)接地电阻值是否≤100Ω
防火消防	(1)消防器材选型、配备是否符合灭火类别、级别的要求
	(2)消防砂的储量是否符合规定
	(3)灌桶间和场地有无其他可燃物或堆放物
通道	(1)油桶进出灌桶间(棚)是否分别设口
	(2)油桶进出道路是否畅通
	(3)相关操作规程及规章是否落实到位

(15) 电气系统安全检查范围及内容，见表 7-15。

表 7-15　电气系统安全检查范围及内容

项目	检查内容
架空线路	(1)线路有无平面图和电力系统图
	(2)杆塔编号、各相标志及换位杆号是否清楚
	(3)巡视检查是否每月一次，缺陷检查是否一年一次
	(4)是否穿越爆炸危险场所(与爆炸危险场所距离：0 级、1 级场所 30m，2 级场所 1.5 倍杆高)
	(5)杆塔有无倾斜、断裂、腐烂、下陷，横担是否歪斜、弯曲、松动和锈蚀
	(6)混凝土杆有无裂缝和其他缺陷；木质杆腐朽直径是否减至 70%以下
	(7)导线、避雷线是否完好，弧度是否符合规定(误差不超过+6%或-2.5%)
	(8)绞线有无断股(断股不得超过截面的 7%)，各处接头(尤其是铝铝接头和铜铝接头)有无放电氧化、腐蚀或接触不良
	(9)绝缘子有无裂纹、烧蚀，钢脚有无弯曲和严重锈蚀，电阻是否小于 300MΩ
	(10)进户线的穿墙瓷管是否完好
	(11)对地面及建筑物最小距离是否符合安全要求
	(12)对树木距离是否符合安全要求
	(13)是否有不使用的临时接线未拆除
	(14)防雷设施是否完好
	(15)接地装置是否符合规范
	(16)电杆接线和架空零线的重复接地是否良好(接地电阻≤10Ω)

续表

项目	检查内容
电力电缆	(1)电缆选型是否适宜，敷设方式是否正确
	(2)电缆登记清册是否准确、详细，有无线路走向敷设图
	(3)电缆绝缘是否良好(高压电缆不小于400MΩ，低压电缆不小于20MΩ)，每半年是否停电测量一次
	(4)线路是否每月巡视检查一次，钢管布线是否每季度巡查一次，是否每年进行一次缺陷检查
	(5)电缆走向标志是否清楚，有无机械性损伤及蜂蚁鼠害，防护措施是否完善、可靠
	(6)铠装电缆是否每半年测定一次金属外皮的接地电阻(不得大于10Ω)
	(7)电缆运行电压与额定电压是否相符，电缆截面和最高负荷是否匹配，有无超负荷现象
	(8)电缆头有无渗漏油现象，绝缘是否良好，套管是否清洁、完好
	(9)埋地电缆通过路面段是否设有保护套管
	(10)埋地电缆是否有走向标桩，走向标桩是否牢固
	(11)引入洞库内电气线路埋地长度是否符合规定(≥50m)
	(12)防雷、接地设施是否完好
	(13)高压电缆每年是否进行预防性耐压试验
高低配电室	(1)配电室有无明显的警示牌，室内规章制度是否齐全，有无一、二次系统图，是否准确完整
	(2)高压配电室与爆炸危险场所距离是否大于30m
	(3)电缆沟、隧道、地下室盖板是否符合耐火要求，是否清洁无积水
	(4)长度大于7m的配电室是否设两个出入口
	(5)必要的防护遮栅是否齐全
	(6)线路是否整齐、清洁，无障碍物
	(7)相序涂色是否正确(A黄、B绿、C红)，各种警语、标志是否齐全、明显
	(8)室内配电线路有无缺陷，是否每半年检查一次，绝缘电阻是否每年检测一次，接地、接零是否每半年测定一次
	(9)各种安全防护用具是否齐全
	(10)高压配电室是否昼夜值班
	(11)母线、电缆和连接点有无异常情况
	(12)各种油开关、隔离开关、互感器、电容器等的绝缘是否良好
	(13)各种开关、仪表、接触器、互感器、电容器等的额定参数是否满足使用要求
	(14)避雷器瓷外壳有无裂纹及放电痕迹
	(15)隔离开关、刀闸触头是否良好，有无发热而变色或变红，绝缘瓷瓶有无裂纹及放电痕迹处是否完好
	(16)电容是否有鼓胀、漏油现象，示温蜡片是否熔化脱落，瓷瓶有无裂纹及放电痕迹，内部声音有无异常
	(17)防护装具是否齐全，是否定期测试
	(18)各项记录是否完整、准确
	(19)消防器材配备是否正确，摆放是否合理
	(20)配电室房屋是否完好(屋顶不漏，四周排水畅通，清洁，明亮，通风)

续表

项目	检　查　内　容
变压器	(1)运行是否正常，性能是否良好，油位是否正常，上层油温是否不超过85℃
	(2)一、二次接线是否规范，有无发热现象，保护装置是否齐全可靠
	(3)预防性试验每年是否进行一次
	(4)绝缘是否良好，附件是否齐全
	(5)主体是否整洁，结构是否完整
	(6)变压器油是否定期化验
	(7)变压器周围环境是否整洁，通风是否良好，标志、编号是否统一
	(8)技术资料是否齐全、准确，有无设备履历卡，以及运行、检查、试验记录
	(9)变压器运行电压、电流是否正常
	(10)本体有无渗油、漏油，是否清洁
	(11)油枕内和充油套管内的油色(如充油套管构造适于检查时)和油面高度是否正常，油位有无虚假表示
	(12)套管是否清洁，有无破损裂纹、放电痕迹及其他不正常现象
	(13)音响是否加大，有无异常声响
	(14)冷却装置运行是否正常
	(15)变压器油温是否正常
	(16)防爆筒隔膜是否完整
	(17)瓦斯继电器的油面和连接门是否打开
	(18)外壳接地是否牢固、可靠，接地电阻是否符合要求
	(19)油品再生装置和过滤器是否工作正常
	(20)击穿式保险器的状态是否正常
	(21)油枕的集油器内有无积水和杂质
	(22)干燥剂是否已达饱和状态
	(23)油门及其他各处铅封是否完好
	(24)变压器室的门、窗、门闩是否完整，房屋是否漏雨，照明、通风是否适宜，环境是否整洁
	(25)灭火器选型、配备是否符合扑灭电气火灾的要求，摆放位置是否合理
	(26)是否有完好、合格的安全防护
	(27)安全警示标志是否齐全、明显

续表

项目	检查内容
高压开关柜	(1)安装是否符合规定，运行是否正常，技术性能是否良好
	(2)熔断器与插座，闸刀与刀夹接触是否良好，螺丝有无松动，各接点温度有无超过70℃
	(3)仪表和信号是否指示正确，并定期校验
	(4)结构是否无损，绝缘是否良好，有无放电痕迹，预防性试验是否按规定进行
	(5)表面是否清洁，操作机构是否灵活、好用，触头有无严重磨损
	(6)相与相、相与地、主体与建筑物间距是否符合规定
	(7)继电保护装置动作是否可靠，是否定期校验
	(8)带油设备有无渗漏，油质是否合格，油位是否正常
	(9)开关操作是否填写操作业票，并专人操作；防止误操作和反送电等闭锁装置是否齐全、可靠
	(10)铭牌是否清晰，编号、标志是否统一、清楚
	(11)技术资料是否齐全，有无设备履历卡，一、二次接线图、检修试验、运行记录
	(12)各连接点是否牢固、可靠，有无松动、破损、烧蚀等现象
	(13)外壳及其他各处接地是否良好
	(14)各铜排、铝排是否牢固，有无氧化现象
	(15)高压油开关和高压隔离开关之间，备用电源和正常电源之间的联锁装置机构是否良好
	(16)油开关油面是否正常，触头接触点是否良好，有无烧蚀现象
	(17)熔断器、空气开关是否良好，能否起保护作用
	(18)各种仪表工作是否正常，精确度是否符合要求
低压开关柜	(1)技术性能是否满足使用要求
	(2)运行是否正常，各种电器元件的电压、电流是否在规定范围内
	(3)接触器等元件动作是否正常，有无过热和严重烧蚀现象
	(4)仪表、信号指示是否准确，各种保护装置是否完好，并动作可靠
	(5)绝缘有无老化现象，接线、紧固件是否齐全、紧固
	(6)配线是否整齐，接地是否良好，编号、标志是否统一、清楚
	(7)外观是否洁净，油漆是否完好，铭牌是否清晰
	(8)仪表、信号指示是否准确，各种保护装置是否完好，并动作可靠
	(9)技术资料是否齐全，有无设备履历卡、接线图和运行记录

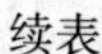

续表

项目	检 查 内 容
发电机	(1)外观是否整洁，有无严重油垢，起动性能是否良好，运转是否正常
	(2)自动恒压装置及电压调整器等温度是否在允许范围内
	(3)各部紧固螺丝是否齐全、紧固，各传动装置是否正常，运行中有无不正常的噪音和振动
	(4)油路、电路、冷却系统工作是否正常，有无渗漏，各部绝缘是否良好，各轴承润滑是否良好
	(5)碳刷、滑环、换向器有无灼伤、磨损和不正常火花
	(6)电气连接是否良好，线缆有无损伤、老化和漏电现象、预防性试验是否符合规定并合格
	(7)仪表、信号是否完好，指示是否正常，接地装置是否连接可靠
	(8)各开关、变压器、自动励磁调节器等二次附属设备是否性能良好
	(9)保险装置、继电保护动作是否可靠灵活
	(10)不经常使用的发电机是否每月运行30~60min，每年是否对发电机内部作一次检查、清洁，柴油机是否定期维护保养
	(11)定子线圈的绝缘电阻与上一次测定结果是否进行了比较，吸收比是否不小于1∶3，转子绕组的绝缘电阻是否不小于0.5MΩ，轴承座与地的绝缘电阻是否不小于1MΩ
	(12)技术资料是否齐全，有无履历卡及安装、运行、检修、试验记录
电动机类	(1)外观是否整洁、油漆是否完好，铭牌是否清晰，编号是否统一
	(2)起动、保护和测量装置是否选型适当、灵活好用
	(3)零附件和接地装置是否齐全，接地接零是否符合电气安全要求
	(4)运转是否平稳，各部振幅及轴向窜动量是否符合规定值
	(5)定子线圈温升是否符合规定值
	(6)滑动轴承的电动机，转子窜动量是否不超过2~3mm
	(7)滑动轴承的温度是否不超过60℃，滚动轴承温度是否不超过75℃
	(8)起动和运行电压、电流是否正常，有无不正常的噪音
	(9)轴承润滑脂有无变质，是否半年检查一次
	(10)运转部分磨损及间隙是否符合规定，并一年检查一次
	(11)机件有无老化、损坏，绝缘电阻在热状态下，是否每千伏不小于1MΩ，并每年检测1~2次
	(12)防爆电机是否符合防爆等级要求
	(13)技术资料是否齐全，有无履历卡及检查、测试记录

续表

项目	检查内容
防爆电气	(1)选型是否符合防爆要求，安装布局是否合理
	(2)爆炸危险场所内电气设备是否符合防潮、防腐、防水、防油浸等要求
	(3)输电是否平衡，零线不平衡电位是否超过规定值
	(4)预埋件、紧固件是否牢固，有无防松装置
	(5)接线盒内接线是否紧固，进线口是否有弹性密封
	(6)多余的进出线口是否加装厚度不小于2mm的金属垫片密封
	(7)运转是否正常，技术性能是否良好
	(8)外表是否整洁、无脱漆、无锈蚀和其他损伤
	(9)编号是否统一，防爆标志是否明显清晰
	(10)有无设备登记及检查、测试记录
	(11)防爆电气设备及其周围环境是否清洁，有无妨障设备安全运行的杂物
	(12)防爆电气设备固定是否可靠，设备外壳是否完整，有无裂纹及明显的锈蚀痕迹，各部螺丝及垫圈是否齐全，有无松动
	(13)防爆电气设备的进线装置是否牢固可靠、密封完好，接线有无松动、脱落现象，多余的进线口是否密封
	(14)防爆电气设备的接地线是否牢固可靠，有无腐蚀、折断现象，铠装电缆的外绕钢带有无断裂，接地是否可靠
	(15)防爆电气设备上的联锁装置是否完整，动作是否可靠
	(16)充油型防爆设备油面是否低于油面线，通风充气型防爆设备气源是否含有爆炸性混合物，风压是否符合要求
	(17)危险场所架设临时线路及安装设备时是否符合防爆要求
	(18)防爆电气设备运行情况是否正常，运行参数(电流、电压、压力、温度等)是否符合规定
	(19)引入洞库的电源线是否采用四联开关，非工作时间是否同时切断电源线和零线
	(20)一般性检查是否按规定进行
	(21)接线盒、进线装置、隔离密封盒、挠性连接管等设备是否符合防爆要求
	(22)电机、电器、仪表以及设备本体的外壳有无腐蚀，程度如何，螺丝防松装置、联锁装置是否完好
	(23)充油型防爆电器的油面指示器、排油装置及气体泄放孔是否完好、畅通、不漏油，安装是否正确(倾斜度≤5°)

续表

项目	检查内容
防爆电气	(24)通风型防爆设备内部各处风压或气压是否满足规定指标，压力继电器报警系统反应是否灵敏
	(25)电缆或钢管有无松动、脱落、损坏、锈蚀等现象
	(26)通信、自动化线路在洞口是否有切断装置
	(27)防爆电气设备接零、接地和重复接地是否符合要求，接地连接是否可靠，接地体设置是否符合规定，有无锈蚀，接地电阻是否合格
	(28)防爆电气安全管理规定是否健全、落实
防雷电防静电	(1)有无接地系统平面布置图
	(2)接地装置是否按规定分类编号，标志是否清楚
	(3)各种接地装置是否按规定设置，并符合要求
	(4)防雷、防静电装置的接地电阻是否符合规定(接地导线30m以下者不得大于10Ω，超过30m者不得大于5Ω)
	(5)单独导静电装置的接地电阻值是否不大于100Ω
	(6)电气设备的接地、接零装置的电阻值是否不大于4Ω
	(7)进入爆炸危险场所的零线重复接地电阻值是否不大于10Ω
	(8)防雷装置的保护范围是否符合规定范围，油罐上安装的避雷针，其尖端是否比呼吸阀顶高出5m
	(9)各连接件是否完整，螺丝是否坚固，系统有无严重锈蚀
	(10)各种移动式接地装置是否符合安全规定
	(11)有无检修、检查、测试记录
电气化铁路专用线	(1)接触网设置是否符合规定，终端距进库第一组鹤管是否不小于10m
	(2)设施对地交流电位是否小于1.2V
	(3)绝缘轨缝绝缘电阻是否大于2MΩ
	(4)均压接地电阻是否小于4Ω
	(5)隔离开关是否灵活好用，专人操作管理，安全用具是否齐全
	(6)是否设置回流装置和绝缘轨缝，技术性能是否可靠
	(7)鹤管区钢轨、鹤管、栈桥等电位是否符合安全要求
	(8)有无操作规程，安全管理措施和检查、测试记录是否齐全、有效

(16) 辅助作业设施安全检查范围及内容，见表 7-16。

表 7-16 辅助作业设备安全检查范围及内容

项 目	检 查 内 容
机修间	(1)机修设备是否符合完好标准
	(2)电气线路是否规范，保护接地、接零是否完好、有效
	(3)电石或乙炔气瓶与氧气瓶是否分别储存
	(4)工具、器材放置是否有序，室内外是否清洁，有无可燃物
	(5)灭火器配备是否符合灭火类别、级别，并完好
洗桶场(厂)	(1)洗桶机、整形机、空压机、除锈机等技术状况是否良好
	(2)油桶残油收集存放是否符合安全要求
	(3)待洗桶、待修桶、洗好桶是否分别堆放，标志是否明显
	(4)电石或乙炔气瓶与氧气瓶是否分别储存
	(5)管路、管件、阀门有无渗漏，有无锈蚀
	(6)洗桶质量是否符合技术要求(返修率 10%、8%、5%、<3%)
	(7)污水处理是否符合排放标准
	(8)洗修桶场(厂)内外，空桶场是否清洁整齐，有无可燃物
	(9)建筑耐火等级是否符合要求，有无沉降、裂缝、渗漏
	(10)灭火器配备是否符合灭火类级、级别，并完好
再生场	(1)废油再生设备技术状况是否完好
	(2)废油储存是否符合防火要求
	(3)电气设备及配线是否符合防爆要求
	(4)再生成品油储存是否符合防火防爆要求
	(5)再生成品油是否符合技术标准
	(6)污水处理是否符合排放标准
	(7)废油再生场(厂)内外是否清洁、整齐，有无可燃物
	(8)建筑耐火等级是否符合要求，有无沉降、裂缝、渗漏
	(9)灭火器配备是否符合灭火类别、级别，并完好
加温锅炉	(1)锅炉与危险区安全距离是否符合规定，是否受风向影响
	(2)锅炉技术状况是否良好，安全保护设备是否齐全、可靠
	(3)软化水设备技术状况是否良好
	(4)消烟除尘设备是否符合环保要求
	(5)泵、风机、电动机技术状况是否完好
	(6)各种仪表(含玻璃液位计)是否齐全、有效

续表

项　　目	检 查 内 容
加温锅炉	(7) 安全阀技术状况是否良好、可靠
	(8) 电气设备及配线、安装是否规范，是否安全，接地是否可靠
	(9) 水或汽管路、管件、阀门技术状况是否良好
	(10) 设备管线保温层是否完好无损
	(11) 管沟有无隔离，是否与危险场所贯通
	(12) 设备检修计划是否落实
	(13) 室内外是否清洁、整齐，有无积水
	(14) 建筑耐火等级是否符合要求，有无沉降、裂缝、渗漏
	(15) 灭火器配备是否符合灭火类别、级别，并完好

(17) 消防设备安全检查范围及内容，见表 7-17。

表 7-17　消防设备安全检查范围及内容

项　　目	检 查 内 容
固定消防设备	(1) 消防水池容量和蓄水或其他水源是否能经常满足灭火需要
	(2) 消防管网及消防栓设置是否符合灭火技术要求
	(3) 消防水池内是否清洁，有无杂物和水草
	(4) 补水时间是否不超过 96h
	(5) 消防管网供水压力和供水量是否满足技术要求；固定消防设施管线接口是否匹配
	(6) 消防栓接口是否完好匹配，1.5m 内有无障碍物
	(7) 消防水泵和消防泡沫泵技术状况是否良好
	(8) 消防栓是否每月出水试验一次
	(9) 泵流量、扬程是否满足灭火需要
	(10) 比例混合器、泡沫发生器、高背压泡沫发生器技术状况是否良好
	(11) 泡沫液储量是否满足灭火需要，有无变质
	(12) 泡沫液是否每年检验一次，并合格
	(13) 发动机泵是否每周发动，半年试验
	(14) 备用电源是否技术状况良好，供电可靠
	(15) 油箱设置是否合理，工具放置是否有序
	(16) 泡沫液储存环境温度是否在 0~45℃ 范围
	(17) 消防设备、管路防腐是否完好，有无渗漏

续表

项　目	检查内容
固定消防设备	(18)消防设备能否在5min内启动作业
	(19)消防设备维护检修计划是否落实
	(20)通信联络是否完好、畅通
	(21)消防道路是否符合技术要求，是否畅通，消防泵房内外是否清洁整齐，有无障碍物
消防车	(1)消防车底盘发动机泵技术状况是否良好，可随时出动，灭火功能是否有效
	(2)水箱和泡沫液箱是否经常保持满装
	(3)消防水带盘卷是否整齐、完好，有无渗漏
	(4)泡沫枪、水枪、钩管等接口、喷嘴、垫圈是否完好
	(5)消防车维护、检查、修理是否落实
	(6)消防车设置位置是否合理，进出是否方便，冬季可否取暖
	(7)通信联络是否畅通
	(8)消防人员是否训练有素，能在规定时间到达现场灭火
	(9)消防人员着装是否齐全、完好，放置是否整齐
移动消防设备	(1)主要场所有无盛装油污物桶，是否带盖，并及时清除
	(2)各场所消防砂、石棉被配备是否符合标准
	(3)储存区、装卸区、库房区、辅助作业区等场所入口处，是否配备符合场所灭火要求的适量消防器材和工具
	(4)危险场所有无沾有油污的破布、棉纱等易燃物

(18) 技术仪表与应急设备安全检查范围及内容，见表7-18。

表7-18　技术仪表与应急设备安全检查范围及内容

项　目	检查内容
仪表、工具	(1)油蒸气浓度检测仪表、查库到位仪、涂层测存仪等技术状况是否完好，使用情况如何
	(2)防爆工具是否齐全，有无损坏、丢失
	(3)射线探伤仪或超声波探伤仪技术状况是否完好，使用情况如何
	(4)有无泵轴校正器及塞规
	(5)有无石油储罐呼吸阀检测装置
	(6)闸阀研磨机是否发挥作用，使用情况如何
	(7)手摇电动鼓风机是否完好

续表

项　目	检查内容
仪表、工具	(8)空气呼吸器是否完好，气瓶是否储气
	(9)有无水准仪及塔尺
	(10)油罐温度计、量油尺是否定期校验，兆欧表、万用表及钳形电流表是否完好
	(11)防护工具、绝缘装具(如高低压电气，绝缘棒、手套、鞋等)是否齐全、完好
	(12)电、气焊设备、工具及其防护装具是否齐全、完好
	(13)拔轮器、棘轮扳手、测力扳手、套筒板手是否齐全、完好
	(14)手工具及尺具有无丢失，质量如何
应急设备	(1)拖车泵及其配套连接件、胶管是否齐全、完好
	(2)轮式发电机(≥3kW)技术状况是否完好
	(3)有无手提式电焊机及电焊工具，是否完好
	(4)有无钢管切断器
	(5)有无应急堵漏器、补漏胶
	(6)油桶叨运车、油桶搬运手推车是否完好
	(7)有无跳板、归轮胎、倒桶架(泵)是否完好
应急方案	(1)“三抢”(抢装、抢卸、抢修)预案是否符合实际，并定期演练，适时修改完善
	(2)有无军、警、民联合消防预案，是否经常联系
	(3)有无灭火作战方案，是否完善，并按要求演练
	(4)有无野战库(站)开设预案
	(5)有无警戒防卫预案

三、油库专项安全检查范围及内容

(1) 金属油罐专项安全检查范围及内容，见表7-19。

表7-19　金属油罐专项安全检查范围及内容

项　目	检查内容
油罐基础	(1)油罐基础是否牢固，有无不均匀下沉
	(2)油罐基础有无裂缝、倾斜，沥青是否稀释流出
	(3)油罐基础周围排水是否畅通
罐体	(1)罐体外壁有无锈蚀，防腐层是否完好，漆层有无脱落
	(2)罐体有无变形或倾斜
	(3)油罐壁板(含底板、顶板)锈蚀深度是否超过标准

续表

项 目	检查内容
罐体	(4)罐体有无渗油漏气现象(应注意焊接部位，顶板、底板与壁板的连接部位，以及气液交界部位)
	(5)罐体有无凹陷、折皱、鼓包等缺陷
	(6)排污管阀门是否为铸钢阀，并加锁
	(7)油罐承受压力是否达到设计要求
	(8)无力矩油罐中心柱是否垂直，有无位移，支柱下有无局部变形，各部连接是否牢固
	(9)无力矩油罐罐顶是否起呼吸作用
	(10)罐顶桁架有无锈蚀、扭曲、位移
	(11)浮顶油罐浮盘各部密封是否良好
	(12)浮盘上下运行有无卡涩现象
	(13)导静电连接是否完好、有效
	(14)自动报警、检测装置是否完好
机械呼吸阀	(1)产品是否合格、匹配，安装是否正确
	(2)阀盘与阀座接触面是否良好
	(3)阀杆上下运行是否灵活，有无卡阻现象，网罩是否破损或堵塞，压盖垫片有无破损、裂缝，密封是否良好
	(4)控制压力是否符合要求
	(5)阀体是否完好，附件是否齐全(阀体无裂缝，防护层无脱落，阀盖螺栓齐全、紧固，网罩无破损)
液压安全阀	(1)产品是否合格、匹配，安装是否正确
	(2)保护网罩是否完好，有无破损或堵塞
	(3)液位高度是否正确
	(4)油品质量是否合格，有无变质
	(5)阀体是否完好，附件是否齐全(阀体无裂缝、无渗漏、防护层无脱落、无油垢，内隔板无穿孔，液位计或量油尺良好、有效，各部螺栓齐全、紧固)
阻火器	(1)产品是否合格、匹配，安装是否正确
	(2)防火网或波形散热片是否清洁、畅通
	(3)垫片有无破损或裂缝，有无漏气现象
	(4)各部螺栓是否齐全、坚固

续表

项　目	检查内容
测量孔	(1)测量孔功能及附件是否齐全、完好(测量、取样，挡板、导尺槽、测温盒挂钩、接地端子等)
	(2)测量孔是否密封不漏气
人孔采光孔	螺栓是否齐全，密封是否完好，有无渗油、漏气
消防泡沫室	(1)护罩是否完好
	(2)玻璃是否破裂，有无油气漏出
	(3)有无锈蚀、积渣
人体防护	(1)直梯、旋梯、扶手、栏杆、踏步、平台等有无锈蚀、损坏、脱落
	(2)踏步、平台是否牢固，间隙是否适当
加热器	(1)阀门有无漏水、漏气
	(2)汽水分离器性能是否良好，排水有无带油现象
	(3)管道接头是否严密
	(4)内部支架有无损坏
防火堤	(1)防火堤构筑是否符合技术要求(高度、宽度、建材、形式，以及与油罐的间距等)
	(2)防火堤有无沉降、裂缝、鼠洞，管道通过防火堤时是否密封
	(3)防火堤排水管有无阀门或排水阻油设施，阀门平时是否关闭
	(4)防火堤内有无可燃物或堆放物
防雷防静电	(1)油罐周边接地是否符合技术要求
	(2)接地线连接是否牢固，有无损伤、断裂、脱落现象
	(3)各部跨接是否完好、紧固
	(4)接地极设置是否符合技术要求，连接是否正确
	(5)罐区外是否有导静电扶手
自动测量仪表	(1)仪表及配线安装是否符合防爆要求
	(2)与油罐连接孔是否漏油、漏气
	(3)跨接线是否安设
洞库呼吸管道	(1)呼吸管道是否锈蚀，支架(吊架)是否完好
	(2)各部连接是否完好，有无漏气现象
	(3)管道式呼吸阀、U形压力计、阻火器是否合格、匹配，安装是否正确
	(4)排气口与洞口的距离是否大于20m
	(5)排水阀、排渣口设置是否合理，是否定期排水、排渣
	(6)管道式呼吸阀控制压力是否正确

(2) 输油管路专项安全检查范围及内容，见表 7-20。

表 7-20　输油管路专项安全检查范围及内容

项　目	检查内容
管路	(1)防护层(漆层、保温层)是否完好，管线有无锈蚀
	(2)管路与周围建(构)筑物之间的距离是否符合规范要求
	(3)管路是否与通信、电力电缆敷设于同一管沟内或埋设在一起
	(4)管线穿越铁路、公路、沟渠等处是否设有套管或管沟
	(5)管路穿越(跨越)河流、重要公路等处是否在两边设有阀门井，设备设施是否符合安全要求
	(6)管路是否设有放空系统，是否适用
	(7)管路有无明显扭曲、位移、变形
	(8)管路与管件连接处，以及焊缝处是否渗漏
	(9)埋地管路是否设置管路走向标桩，标桩是否牢固，有无位移
	(10)管路外表是否有裂纹、缩孔、夹渣、折叠、皱皮等缺陷
	(11)法兰连接是否符合技术要求(法兰面与管线中心线相互垂直，同组法兰不准加双垫片，螺栓紧固、满扣)
	(12)埋地管路防腐层质量是否完好，管线埋设深度是否符合技术要求(0.5m 以下或冻土层以下)
	(13)管路试验压力、工作压力是否符合设计要求
	(14)管路上设置的各种仪器、仪表指示是否正常
管座	(1)管路各种支座(固定、滑动、导向、弹簧支座及管架、吊架、管托等)设置是否合理，有无沉降、倾斜、变形、倒塌的情况
	(2)管体、支座是否锈蚀(注意管体与支座接触部位)
阀门	(1)阀门是否渗漏(阀杆动密封处、法兰静密封处)
	(2)阀门是否按规定进行了严密性试验
	(3)阀体有无损伤或渗漏现象
	(4)阀门开闭是否灵活，开启度指示是否正确
	(5)阀杆有无弯曲、锈蚀，螺纹有无损伤，阀杆、填料、压盖配合是否适合
	(6)阀门部件是否齐全，垫片、填料、螺栓是否完好
	(7)室外阀门有无防护套(罩)
	(8)进出油管、排污管阀门压力是否相等，并为铸钢阀
	(9)阀门安装位置是否合理(禁止倒装，尤其是单向阀、双闸板阀、截止阀、安全阀)，阀门有无安装于受力(因管路热胀、冷缩产生的曲弯应力或自身重力)部位的情况

续表

项　目	检查内容
补偿器	(1)产品质量是否合格，能否满足补偿要求
	(2)安装是否正确，位置是否适当
	(3)补偿器外观质量是否良好，有无扭弯、变形、挤压、破裂等情况
	(4)补偿器是否按要求进行了强度试验，并记录在案
过滤器	(1)外观质量是否良好(内外壁漆层无脱落、无油垢、无锈蚀、无裂纹、无变形等缺陷)
	(2)附件是否齐全、完好(压力表、窥视器、排污阀等)
	(3)过滤器是否在规定试验压力下不渗漏、不变形
	(4)滤网是否完好(无破损、无污染)
	(5)是否附有导静电装置
	(6)各种参数是否满足使用要求(滤网目数、过滤面积、材料、流量等)
	(7)安装是否正确，有无位移、受力的情况

(3) 输油泵专项安全检查范围及内容如下。

① 外观是否良好(漆层无脱落、无锈蚀、壳体无裂纹、无变形等)。

② 安装是否牢固，附件是否齐全、完好。

③ 泵与配套电机联结是否良好，同心度是否符合技术要求，联轴器有无防护装置，是否完好、有效。

④ 各密封点是否严密(盘根、机械密封、表装连接部位、垫片密封部位等)。

⑤ 泵基础是否沉降、开裂或破损。

⑥ 润滑油(脂)是否充足，有无变质。

⑦ 表装工作是否正常、稳定(电流表、电压表、压力表、真空表等)。

⑧ 泵运行中有无不正常的响声、振动。

⑨ 泵填料处和电机轴承温升是否正常。

⑩ 吸入、排出压力是否与实际技术参数相符。

⑪ 润滑、冷却系统是否畅通、不渗漏。

⑫ 往复泵、螺杆泵、齿轮泵有无安全阀，性能是否良好，控制压力是否正常(工作压力的1.1~1.2倍)。

⑬ 电动机及其配线是否符合防爆要求，有无损伤。

⑭ 水环式真空泵及配套部件是否渗漏(水罐、真空罐、泵、阀门、表装及其连接处等)。

⑮ 水环式真空泵水位高度是否适当(应保持在轴位)。

⑯ 泵填料是否磨损，松紧是否适度。

⑰ 齿轮泵弹簧压力是否正常，有无失效。

⑱ 齿轮泵轮齿磨损、锈蚀是否严重。

⑲ 在用与备用泵之间是否采取可靠隔离措施(盲板隔离或阀门加锁，注意阀门内渗、内窜)。

(4) 洞库通风系统专项安全检查范围及内容，见表 7-21。

表 7-21　洞库通风系统专项安全检查范围及内容

项　　目	检 查 内 容
通风机	(1)通风机外观是否整洁，漆层是否脱落，机内有无外来物或积水，铭牌是否清晰
	(2)通风机安装是否正确，地脚螺丝及各部连接螺丝是否齐全、紧固
	(3)外壳和叶轮有无摩擦，运转时有无异常响声和震动，轴的窜动量和振幅是否符合技术要求
	(4)润滑冷却系统是否畅通，润滑油(脂)选用是否适当，轴承温升度是否正常(滚动轴承≤65℃，滑动轴承≤60℃)
	(5)联轴器连接同心度是否符合技术要求
	(6)风叶固定是否牢固，角度是否一致，叶轮是否平衡，间隙是否均匀
	(7)转子晃动量和各部配合、磨损极限是否符合技术要求
	(8)压力计、真空计等附件是否齐全、完好
	(9)进出口阀门、风管、柔性短管等安装是否正确、牢固、严密，阀门开关位置有无明显标志，导静电连接是否良好
	(10)通风机工作参数(输入功率、吸入和排出压力、流量等)是否正常
	(11)通风机配套电机及配线是否符合防爆要求，防爆面有无损伤，进线密封是否良好
通风管路	(1)通风管道外观是否整洁，漆层有无脱落，管道有无锈蚀、变形
	(2)通风管道连接是否牢固、严密，密封垫片是否完好
	(3)通风管道设置是否合理，跨接是否完好
	(4)罐室通道里侧及测量孔附近是否设置通风口
	(5)换气次数是否符合规定要求，能否保证最远点的通风
	(6)各罐室之间是否设置风道切换装置，各通风口有无闸板或蝶阀
	(7)通风管道在洞口是否设置隔离蝶阀
	(8)洞外排气口与洞口间距离是否符合规定要求(≥20m)

续表

项　目	检查内容
通风系统管理	(1)通风系统操作规程和管理制度是否制定
	(2)岗位责任制是否落实，检修、运行记录是否完整
	(3)通风系统技术档案是否建立、健全

(5)铁路油罐车卸油作业专项安全检查范围及内容，见表7-22。

表7-22　铁路油罐车卸油作业专项安全检查范围及内容

项　目	检查内容
准备阶段	(1)是否进行了任务布置、组织分工、安全教育
	(2)通信联络是否畅通
	(3)泵、电机、通风等设备运转是否正常
	(4)输油系统技术状态是否良好
	(5)消防警卫力量是否落实到场
	(6)卸油作业方案是否科学、合理、安全，有无混油、跑油、冒油等不安全因素存在
	(7)栈桥、鹤管、输油管、铁轨等设备是否有可靠电气连接，并接地
	(8)铁轨岔道的绝缘和铁轨接地是否良好
	(9)铁路机车送车时，机车与罐车之间是否加挂不少于2节的隔离车，机车与第一组鹤管距离是否符合规定要求(≥20m)，蒸汽机车是否遵守安全要求(如不添煤、捅炉及装上防火罩)，电气化铁路非作业时间接触网是否送电
	(10)油罐车是否对准货位，有无拆开油罐车挂钩现象
	(11)各种证件是否齐全、无误(到货凭证、化验单、车号、军运号、铅封标志、油料品种、牌号)
	(12)接卸轻质油品罐车时，开罐、计量、取样、插入鹤管等作业，是否按规定静置时间执行
	(13)油品取样时，是否严格遵守进行危险场所的所有规定，取样绳是否符合安全要求(不能用由人造纤维制造的绳索)，金属取样桶是否碰撞时不产生火花，照明工具是否防爆，取样人员是否穿着化纤服装和带钉子的鞋，是否在雷雨、雪雨天进行取样作业，量油尺端是否与油罐(车)可靠跨接
	(14)鹤管卸油短管是否插入槽车底部
	(15)阀门开启是否正确无误(按作业流程检查核对)
	(16)油料是否与到货凭证一致，质量是否合格
	(17)车体技术状况是否完好，有无挤压、变形，有无渗漏油现象

续表

项　目	检查内容
准备阶段	(18)油罐呼吸管路是否畅通(打开呼吸阀阀门，放尽冷凝水)
	(19)接收油罐技术状况是否良好
	(20)油罐、管道、泵、油罐车等设备是否符合清洁度要求
实施阶段	(1)是否有专人负责监视储油罐，是否随时与现场值班员保持联络，并报告情况
	(2)是否有专人负责泵及电机工作状况，是否随时与现场值班员保持联络，并报告情况
	(3)是否有专人负责监视罐车油面，并随时与现场值班员保持联络，并报告情况
	(4)是否有专人负责巡查管线、阀井等关键部位，并随时报告情况
	(5)是否有紧急情况的处置方案，现场作业人员是否熟悉方案
	(6)现场作业人员是否遵守操作规程，并严守工作岗位
	(7)连续作业交接班时，现场作业情况是否交代清楚，接班人员是否全部到位，有没有遗漏的情况
	(8)切换油罐时是否按预定作业方案(核对开启阀门、油罐罐号、油料品种、牌号等)进行
	(9)切换油罐车是否按规定程序作业
	(10)卸油作业中是否进行量油作业
	(11)雷雨、大风天气是否进行卸油作业
	(12)抽吸底油软管静电连接是否完好
结束阶段	(1)是否放空吸入、排出管线和泵内存油
	(2)是否关闭所有阀门
	(3)是否关闭、拧紧油罐车孔盖，并加铅封
	(4)是否切断所有水源、电源
	(5)是否按规定静置时间后才进行测量作业
	(6)胀油管阀门是否打开
	(7)是否按规定记录作业情况及设备运行情况
	(8)是否进行作业讲评

（6）铁路油罐车装油作业专项安全检查范围及内容，见表7-23。

表7-23　铁路油罐车装油作业专项安全检查范围及内容

项　目	检查内容
准备阶段	(1)按收油作业准备阶段有关内容进行
	(2)是否按照“四不发”要求进行了检查(四不发：容器渗漏不发，质量不合格不发，数量不准不发，证件不齐、标记不清不发)
	(3)是否按规定和运输路途核算油罐车安全容量
实施阶段	(1)按收油作业实施阶段有关内容进行
	(2)是否按油罐车安全容量进行装油
	(3)是否按规定控制油流速度(初速控制在1m/s以内，鹤管流速不宜超过4.5m/s)
结束阶段	(1)各种证件是否齐全
	(2)油罐车是否加铅封
	(3)其余同“卸油作业结束阶段”的内容

（7）油罐通风作业专项安全检查范围及内容，见表7-24。

表7-24　油罐通风作业专项安全检查范围及内容

项　目	检查内容
准备阶段	(1)是否制定了详细的通风作业方案，是否进行了安全动员，是否指定了现场安全负责人和安全监督人员
	(2)作业人员是否熟悉作业方案，有无通风作业的经验
	(3)通风机、通风管及其配套的防爆电器是否符合防爆要求及电器安全要求
	(4)临时配电线路安装是否可靠、符合安全要求
	(5)通风管道的连接是否可靠牢固、严密不漏气
	(6)是否进行了油气浓度检测及记录
	(7)消防器材、消防人员、医疗救护、通信联络、吃饭喝水、轮换休息等保障是否有具体的安排
	(8)是否制定了应急方案
	(9)油罐是否已放空、抽净底油，相连管线是否已拆除并采取了可靠的隔断措施
	(10)洞库油罐通风作业时，与其他油罐连通的透气管、通风管是否采取了可靠的隔断措施
	(11)现场作业使用的防毒面具是否良好
	(12)现场作业使用的通风设备是否符合防爆要求，性能是否良好

续表

项　目	检查内容
实施阶段	(1)消防器材、消防人员是否到达作业现场
	(2)医疗救护人员是否到达作业现场
	(3)现场安全负责人及安全监督检查人员是否对作业现场的准备工作进行了认真、细致的检查，是否符合要求
	(4)是否有专人负责定时监测作业场所的油气浓度，并作记录
	(5)是否按作业方案进行作业，是否连续通风
	(6)洞库油罐通风作业，是否有防止油气大量涌入罐室、巷道及操作间内的有效措施，停止通风时是否关闭人孔和采光孔
	(7)直接接触大量油气的现场操作人员是否佩戴防毒面具
	(8)雷雨、大风天气是否停止作业
	(9)是否有专人负责监视电机、风机的工作情况
	(10)排风口设置是否合理(下风方向，离洞口至少20m)
结束阶段	(1)是否切断电源
	(2)临时通风设备、配电是否拆除
	(3)油管线、透气管、通风管、人孔、采光孔等是否复位
	(4)其他作业工具、设备是否清点、撤收
	(5)停止通风后是否按规定监测操作间、罐室通道、巷道及罐内油气浓度，并进行记录
	(6)是否还有其他不安全因素存在

（8）油罐清洗作业专项安全检查范围及内容，见表7-25。

表7-25　油罐清洗作业专项安全检查范围及内容

项　目	检查内容
防中毒	(1)进罐作业前，罐内油气浓度是否在规定范围之内
	(2)进罐作业人员是否佩戴合格的防毒装具和耐油衣、靴，并系好安全绳
	(3)罐外是否有专人监护，并与罐内联络
	(4)每次作业时间是否符合规定(一般不超过30min)，是否及时轮换
	(5)参加清洗作业的人员每天饭前及下班后是否到指定地点更衣洗澡
	(6)每次作业前是否都对防毒装具进行了仔细检查、试验 、清洗、消毒，作业人员器具佩戴是否符合安全要求，风管连接是否牢固、可靠
	(7)清洗作业中，是否定时检测罐内油气浓度，油气浓度过高时是否及时撤出罐内作业人员，并进行通风
	(8)是否落实了医疗救护措施，医务人员是否到达现场

续表

项　目	检查内容
防火防爆	(1)清洗油罐是否使用木质或不产生火花的有色金属工具
	(2)清洗油罐使用的照明灯具及通信器材是否符合防爆要求和防护要求
	(3)是否在爆炸危险场所内进行电气设备的试验、检修
	(4)是否在雷雨天进行清洗作业
	(5)配置的灭火器材是否符合灭火类别、级别，消防人员是否到达现场
	(6)是否用输油管线供水清洗
	(7)进入作业现场人员是否执行爆炸危险场所的安全管理规定
	(8)在洞库清洗作业时，是否能保证洞库所有电气符合防爆要求
	(9)其他油罐是否有可靠的隔离防范措施
防静电	(1)现场作业人员是否穿着化纤衣裤，是否使用化纤绳索
	(2)是否从罐顶喷溅式进水
	(3)是否使用压缩气瓶吹扫
	(4)是否用喷嘴喷射蒸汽
	(5)输送空气、水、蒸汽的管线以及输油管线和软管是否与油罐作可靠的电气连接，并接地
	(6)通风机是否与油罐作电气连接，并接地
劳动保护	(1)是否有防止工具及其他物件落下伤人的措施
	(2)是否有防止从脚手架、斜梯或其他潮湿油腻表面掉下或碰伤的措施
	(3)是否有控制防毒面具通风压力的措施，是否有防止气体中的砂粒伤害使用者的眼睛和面部的措施
	(4)是否执行了禁止下列人员从事油罐清洗作业： ①在经期、孕期、哺乳期的妇女； ②有聋、哑、傻等严重生理缺陷者； ③患有深度近视、癫痫、高血压、过敏性气管炎、哮喘、心脏病和其他严重慢性病，以及年老体弱不适合清罐作业者
管理	(1)是否进行了安全教育和动员，是否建立了现场作业小组，是否进行合理分工，是否指定现场安全负责人和安全监督人员
	(2)是否制定了详细、科学的作业方案，作业人员是否熟悉方案，有无清洗油罐的经验
	(3)是否有安全可靠的通信联络措施
	(4)是否制定了应急方案

续表

项　目	检查内容
污物处理	(1) 是否有治理废气的措施
	(2) 从罐清出的废渣是否按规定进行了处理

(9) 油罐涂装作业专项安全检查范围及内容，见表7-26。

表7-26　油罐涂装作业专项安全检查范围及内容

项　目	检查内容
防火防爆	(1)是否有安全可靠的通风措施
	(2)油罐涂装前是否进行了清洗，清洗质量是否符合要求
	(3)是否定时对罐内外溶剂蒸气浓度进行监测
	(4)罐内作业用工具是否为木质或为不产生火花的有色金属
	(5)作业用照明及通信器材是否符合防爆要求和防护要求
	(6)洞库油罐作业是否有防止溶剂蒸气在洞内扩散的措施
	(7)洞库内所有电气是否符合防爆要求
	(8)是否有在作业现场试验、检修电气设备的不安全行为
	(9)作业现场是否配备了足够的灭火器材和消防人员
	(10)是否在雷雨天气进行涂装作业
	(11)进入作业现场的人员是否遵守爆炸危险场所的安全规定
	(12)浸过油漆以及擦洗油罐的棉纱、破布是否及时清除
	(13)照明行灯安装是否牢固、可靠
	(14)现场作业人员是否带入火种
	(15)现场作业人员是否穿着化纤衣裤和带铁钉的鞋
	(16)是否使用化纤破布擦洗油罐
	(17)设备、管线等是否可靠接地
	(18)其他油罐是否有可靠的安全防护措施
防中毒	(1)是否对作业人员进行了防毒知识教育，作业人员是否了解涂料的毒性和危害，是否知道中毒后的急救措施
	(2)作业人员是否有可靠的防中毒保护措施
	(3)作业中是否有可靠的通风措施，是否定时检测油气浓度
	(4)作业中是否控制了进罐人数，罐外是否有2人进行监护，并与罐内人员保持联系，监护人员是否熟悉急救方法
	(5)每次作业后，工作服是否集中保管，是否及时进行消毒处理

续表

项 目	检查内容
防中毒	(6)防止人员中毒从高空坠落措施是否有效、落实
	(7)是否控制了罐内作业时间，并及时轮换
	(8)医疗救护措施是否落实、有效，医务人员是否到达现场
防工伤	(1)有无防止从高空坠落的安全措施
	(2)高空作业是否采取了防止工具、材料坠落伤人的措施
	(3)风、雨、雾等恶劣天气是否停止涂装作业
	(4)患有高血压、心脏病、精神病、癫痫病及高度近视的人员是否禁止从事涂装作业
	(5)施工用脚手架是否符合安全要求
	(6)作业人员是否穿着必要防护用品，高空作业时是否携带安全绳
管理	(1)安全教育和动员、人员分工、现场安全负责人和安全监督员是否落实
	(2)涂装作业方案是否科学、合理、详细，作业人员是否熟悉涂装方案，有无涂装作业经验
	(3)通信联络措施是否可靠
	(4)是否制订了应急处理方案

(10)防雷电专项安全检查范围及内容，见表7-27。

表7-27 防雷电专项安全检查范围及内容

项 目	检查内容
避雷针(线、网)	(1)每年雷雨季节来临之前检查避雷针是否由于建(构)筑物的变化而保护范围发生变化
	(2)受雷体及其构架有无锈蚀或因机械损伤而发生断裂的情况
	(3)避雷针接闪器是否烧熔或断裂
	(4)避雷引下线有无损坏或断开
	(5)接地卡子是否接触良好
接地装置	(1)接地装置周围土壤有无沉降，接地极是否受损
	(2)接地装置有无因开挖、植树或敷设管道等受到伤害
	(3)是否定期开挖、检测接地装置各部连接与锈蚀情况
	(4)检测接地电阻是否满足技术要求
避雷器	(1)瓷瓶是否完好，表面是否污染，有无裂纹或脱瓷，与法兰连接处的水泥接缝是否开裂，有无烧蚀、闪络痕迹
	(2)避雷器内有无响声

续表

项　　目	检 查 内 容
避雷器	(3)放电记录器是否动作或损坏
	(4)避雷器的绝缘电阻、泄漏电流、工频放电电压是否符合技术规定
半导体消雷器	(1)消雷器各部件是否完整
	(2)塔体接地电阻是否≤10Ω
	(3)检测消雷器半导体针的电阻值是否符合技术要求
	(4)半导体针针数是否完整，金属尖端有无脱落
设备设施	(1)电话、自动化线路洞口有无切断装置
	(2)泵房排气管(通风管、真空泵排气管)有无防雷接地，接地装置是否良好，接地电阻值是否≤10Ω
	(3)架空电气线路引入泵房终点站端杆是否设有避雷器，避雷器性能是否良好，接地电阻值是否≤10Ω
	(4)输电线路及电缆防雷设施是否良好
	(5)室内罐组引至室外的呼吸管是否有防雷接地，接地电阻值是否≤10Ω
	(6)高位罐(组)、放空罐(组)有无防雷接地，接地电阻值是否≤10Ω
	(7)润滑油罐(组)围护结构外的金属物有无防雷接地，接地电阻值是否≤10Ω
	(8)立式油罐周边接地是否符合技术要求(每30m一处，每罐不少于两处)，各部跨接是否良好，防雷接地装置是否完好，接地电阻值是否≤10Ω
	(9)润滑油罐是否设有防感应雷接地，接地电阻值是否≤30Ω
	(10)半地下轻油罐(覆土)的外露金属构件(呼吸阀、量油孔等)是否有防雷接地，各部电气连接是否良好，接地电阻值是否≤10Ω
	(11)油罐浮顶与罐体连接是否可靠(用两条截面不小于25mm²的铜质编织线作电气连接)
	(12)非金属油罐防雷措施是否满足技术要求(设独立避雷针或线，外露金属构件作电气连接并接地，或在油罐顶部敷设网状钢筋，并接地，其尺寸为6m×6m，钢筋直径不小于8mm)
	(13)油泵房、库房、水塔、烟囱等建筑物是否有可靠的防雷接地
其他	雷雨时是否停止油料装卸、通风、清洗、涂装、测量等作业

(11) 防静电专项安全检查范围及内容，见表7-28。

表 7-28 防静电专项安全检查范围及内容

项目	检查内容
储油罐	(1)油罐防静电接地是否符合技术规定(大于 $50m^3$ 油罐接地点不少于两处，周边每30m 接地一次，各点间连接成回路，接极对称设置，不少于两处；已作防雷接地的油罐，可不作防静电接地；防雷接地、防静电接地不得相互串联)
	(2)油罐测量孔有无接地端子，是否规范好用
	(3)油罐内壁是否涂装防腐层，其导电率是否大于油品导电率，厚度是否不大于1.5mm，罐内排静电专用钢带(柱)是否涂漆
	(4)浮顶与罐体间是否设有挠性跨接，跨接线截面是否为小于 $25mm^2$(铜质编织线)
	(5)油罐防静电接地线是否与接地体(接地干线连接)连接，有无相互串联的情况
	(6)装卸油作业是否为慢—快—慢方式(初始和终止速度≤1m/s)，有无喷溅式灌装作业，检尺、测温、采样是否执行规定的静置时间
	(7)油罐测量孔是否设置有色金属护板
	(8)非金属油罐外露金属构件是否作防静电接地
	(9)油罐内有无未接地的金属漂浮物
输油管路	(1)输油管法兰连接处的跨接线是否不少于两处
	(2)间距≤10cm 的平行输油管路是否在支座处跨接，是否每 50m 进行一次跨接
	(3)输油管路的两端、分岔、变径、阀门等处是否有可靠接地
	(4)对于较长的输油管路是否每 200m 接地一次(有阴极保护、牺牲阳极保护的区段不应作静电接地)
	(5)输油管路静电接地是否与接地极或接地干线相连，有无互相串联接地的情况
铁路装卸油设备设施	(1)铁路装卸油设施(道轨、输油管、鹤管、钢质栈桥)之间是否有可靠的电气连接，是否设置两处以上的接地体
	(2)油罐车内是否有不接地有金属漂浮物
	(3)装卸油作业是否符合防静电的技术要求(装卸油鹤管插入油罐车底部，出油口距罐车底部≤20cm；初流速≤1m/s，正常装油速度 $V^2=0.8/D$，D 为鹤管内径(m)
	(4)装卸油作业过程中是否禁止进行检尺、测温、采样作业，装卸油作业结束后，是否静置了规定时间再进行检尺、测温、采样作业
	(5)抽吸底油软管是否满足防静电要求
	(6)导静电线和夹具是否完好，装拆程序是否正确(先接地，后灌装；先静置后拆线)，导静电连接线截面是否为不小于 $10mm^2$ 的铜质软线

续表

项　目	检查内容
公路装卸油设备设施	(1)汽车油罐车罐体是否设置了接地端子，挠性接地带是否为导电橡胶拖地带
	(2)装卸油时是否将罐车、灌油鹤管与接地极相互连接并接地，导静电线、夹具连接是否可靠
	(3)接地线装拆程序是否正确(先接线后灌油，先静置后拆线)
	(4)装卸油鹤管是否插入罐车底部，出油口距罐车底部是否不大于10cm
	(5)装卸油过程中是否禁止采样、测温、检尺作业
	(6)灌油流速是否满足慢—快—慢的要求，灌油速度是否符合 $V^2=0.5/D$ 的技术要求，D 为灌油鹤管内径(m)
	(7)接线截面是否为不小于6mm²的铜质软绞线
	(8)加油站工艺设备是否满足防静电技术要求
码头装卸油设备设施	(1)码头作业区所有输油管、相关联的金属设备设施是否作电气连接，并接地
	(2)码头引桥、趸船之间是否采用截面不小于35mm²的多股软质铜绞线连接，并接地
	(3)装卸码头是否设有接地干线和接地体，码头(船趸)上是否设有与接地干线和接地体连接的端子板，接地体是否至少有一组设置在陆地上
	(4)油船(驳)装卸油作业前，是否与码头至少有两处连接，其电缆截面是否不小于16mm²(通常选用35mm²电缆)，装拆程序是否正确(先接电缆，后接软管；先拆软管，后拆电缆)
	(5)两艘油船(驳)靠帮作业时，船与船之间是否有挠性线连接，且留有足够长的伸缩余量
	(6)与油船(驳)相连接的输油胶管的屏蔽线、螺旋胶管的钢丝、铜质编织网(带)是否与连接接头相连，并与管线一同接地
	(7)灌装轻质油品时是否有从舱口喷溅式灌注的情况
	(8)船(驳)装卸油速度是否满足技术要求(一般初流速不超过4m/s)
	(9)装卸油结束后是否有用压缩空气吹扫管路的情况
轻质油灌装设备设施	(1)计量用台秤、地衡等设备是否可靠接地
	(2)灌油前，油桶、灌油嘴、加油枪是否可靠接地
	(3)灌桶间内的设备设施是否与接地体或接地干线连接，有无串联的情况，灌桶速度是否适当(200L油桶应大于1min)
	(4)自动化灌装设备的防静电联锁装置是否可靠、完好

续表

项　目	检查内容
检尺测温取样	(1)轻质油品进罐后是否经过了规定静置时间，才进行测温、检尺、取样作业
	(2)作业器具和操作是否符合安全要求(绳索具有导电性，并与罐体连接；下放上提紧贴护板，测尺紧贴导尺槽，不能猛提猛放)
	(3)作业人员是否穿着防静电服、鞋，上罐前是否触摸导静电扶手
	(4)作业时是否使用化纤布擦拭工具
机械通风设备	(1)通风管路连接处是否进行了跨接
	(2)通风管路是否与接地干线多处连接
	(3)风机进出口柔性管是否采用防静电织物，两端是否进行了跨接
	(4)离心式风机是否采用导静电三角皮带
	(5)临时通风软管是否采用导静电制品(表面喷涂抗静电剂)，是否严密不漏气
	(6)未更新的塑料通风管上的金属构件是否接地
自动计量设备	(1)油罐上安装的部件是否牢固、可靠，是否与罐体作电气连接
	(2)罐顶开孔处是否密封良好
	(3)罐内安装的部件是否可靠接地
	(4)罐内安装漂浮体是否接地，有无导向装置限定漂浮位置
	(5)电缆配管是否跨接，并与罐体作电气连接
设备清洗	(1)是否采用压缩空气吹扫油罐
	(2)是否使用化纤、丝绸拖把、抹布
	(3)是否从罐顶喷溅式灌水清洗
	(4)是否采用喷射蒸汽的方法清洗
	(5)是否在同一容器内采用人工、机械两种方法进行清洗
人体与着装	(1)在爆炸危险场所的入口处是否设置了导静电扶手，作业人员进入危险场所是否按规定触摸导静电扶手
	(2)在1级、2级爆炸危险场所作业时，人员穿着是否符合规定
	(3)在爆炸危险场所内，作业人员使用的工具和防护用品是否符合安全要求，有无穿脱衣服、用工具敲击的现象
	(4)防静电服的质量是否良好
	(5)在1级、2级爆炸危险场所地面是否涂刷油漆，有无铺设橡胶板、塑料板、地毯等

续表

项　目	检查内容
接地装置	(1)接地极、接地干线和支线是否良好，有无损伤、折断、严重锈蚀等情况
	(2)接地极与接地干线间的螺栓连接是否紧固、可靠，接触是否良好，接触部位有无锈蚀、松动
	(3)接地系统的选材、制作、安装是否符合技术规定
	(4)每条接地干线是否有两处与接地极相连
	(5)接地电阻是否符合技术规定(防静电接地电阻值≤100Ω；防静电和防雷电共同接地，接地电阻值≤10Ω)
管理	(1)是否绘制了油库防静电接地分布图，是否对防静电接地系统接地极的材质、形状、数量，以及位置和埋设情况有详尽记载，并在现场设有标桩
	(2)是否定期(春、秋)对接地系统进行检查、检测，并建立了技术档案
	(3)静电测试仪表是否良好
	(4)测试方法是否正确
	(5)油库人员有无防静电的基本知识

(12) 散装油品保管专项安全检查范围及内容如下。

① 油罐技术状况是否良好(观感检查罐体有无变形、漆层是否脱落、各部是否渗漏、罐基有无沉降或裂缝等情况)。

② 装油前油罐是否清洗干净，罐内有无残油、锈蚀或异物。

③ 油罐是否按规定安全容量装油，有无超过安全容量装油的情况(立式拱顶油罐为罐顶拱角处，安装泡沫发生器的油罐为发生器出口下边缘，准球顶油罐为球顶矢高2/3处，非金属油罐为设计装油高度)。

④ 呼吸阀控制压力是否与油罐允许压力一致，U形压力计显示的正负压是否超过规定值。

⑤ 呼吸阀、阻火器、油气管、放水阀、防尘帽等附属设备是否锈蚀、堵塞、冻结。

⑥ 罐、管、阀及其连接部位、焊缝有无渗漏。

⑦ 油罐周围有无渗水、积水现象。

⑧ 油罐周围有无油迹，罐底沥青是否稀释，各部有无渗漏油现象。

⑨ 定期检查罐内有无水杂。

⑩ 是否定期取样检查油料质量。

⑪ 罐室、巷道内油气浓度是否超过规定。

⑫ 洞库和防火堤内是否有易燃物或堆放物。

⑬ 进洞库作业时是否两人同行。

⑭ 是否按规定测量油罐储油量，并与上次测量情况比较分析。

⑮ 油罐围护结构是否完好(罐室、巷道被覆层有无裂缝、塌落；覆土层有无被水冲刷、鼠洞；防火堤有无沉降、裂缝、鼠洞，防火堤排水阀是否经常关闭)。

(13) 加温锅炉专项安全检查范围及内容，见表 7-29。

表 7-29　加温锅炉专项安全检查范围及内容

项　目	检查内容
压力表	(1)锅炉是否装有与锅筒蒸汽空间直接相通的压力表，在给水管的调节阀前、可分式省煤器出口、过热器出口和主汽阀之间是否装有压力表
	(2)压力表精度是否符合要求(工作压力<2.47MPa，压力表精度不低于 2.5 级；工作压力≥2.47MPa，压力表精度不低于 1.5 级)
	(3)压力表盘刻度最大值是否为工作压力的 1.5~3 倍
	(4)压力表显示锅炉最高压力的红线是否正确、清晰
	(5)压力表的校验、维护是否符合国家计量部门的规定，铅封是否完好(压力表安装前应校验，安装后每半年校验一次，校验后应铅封)
	(6)压力表安装位置是否正确，是否受高温、震动、冰冻的影响
	(7)压力表连接管是否漏水、漏气
	(8)压力表连接管是否有挤压变形、弯折等现象
	(9)压力表指示是否在正常范围内
	(10)表内是否漏气，指针是否跳动，能否回位
	(11)表面玻璃是否破碎，刻度是否清晰
安全阀	(1)蒸发量>0.5t/h 的锅炉是否安装两只安全阀，蒸发量≤0.5t/h 是否至少安装一只安全阀(不包括省煤器出口处，可分式省煤器进口或出口处，蒸汽过热器出口处应安装的安全阀)
	(2)安全阀是否铅封
	(3)安全阀零部件是否齐全、良好
	(4)安全阀是否灵活、可靠
	(5)安全阀动作是否按规定进行了调整、校验
	(6)安全阀是否定期进行放水或排汽试验
水位计	(1)水位计最高、最低液位指示标志是否明显，指示是否清楚，旋塞有无渗漏
	(2)玻璃管式水位计是否有安全防护装置
	(3)水位计外表是否清洁、明亮，有无漏水、漏气
	(4)水位计指示是否正常，两计指示是否一致
	(5)水位计是否定期检查，及时冲洗

续表

项　目	检查内容
排污阀	(1)排污阀是否漏水、漏气
	(2)排污是否畅通(排污阀公称直径应为20~65mm)
	(3)排污操作是否正确
	(4)蒸发量≥10t/h或工作压力≥0.69MPa的锅炉是否安装有两只串联排污阀
水处理	(1)锅炉蒸发量≤2t/h时是否采用炉内加药处理措施，其给水和炉水质量是否符合“火管锅炉的水质标准”
	(2)锅炉蒸发量≥10t/h时是否采取除氧措施
管理	(1)锅炉是否有当地劳动部门颁发的“使用许可证”
	(2)有无锅炉运行操作规程
	(3)司炉工有无当地劳动部门颁发的操作证
	(4)岗位责任制和交接班制是否建立，落实情况如何
	(5)锅炉是否年检，各项记录是否齐全
其他	(1)炉体、阀门是否漏水、漏气或变形、烧红
	(2)射水器给水是否正常
	(3)炉墙、炉拱有无损坏，钢架有无变形
	(4)锅炉房通道是否畅通
	(5)楼梯、走道、栏杆有无损坏
	(6)水泵房是否积水，电气是否符合安全要求

四、油库安全检查的实施

油库安全检查的实施应按照以下内容进行。

(1) 安全检查通常与查库相结合进行，即按库部每季，中层单位每月，班组每周，岗位每天的规定进行。

(2) 安全检查应与安全教育，安全技术培训，典型和常见事故分析，安全技术讲座，业务学习，以及各级查库、设备设施技术检查和鉴定结合进行，也可单独组织。

(3) 安全检查应有完整、统一的记录，对发现问题的整改应落实到单位、人头，并规定完成时限。

(4) 安全检查应结合油库实际制订年度计划，每次进行前应检查上次安全检查中发现问题的整改情况。

(5) 安全检查的方法是采用查阅核对记录，座谈讨论，测试考核，实际操作，综合应用眼看、耳听、鼻嗅、手触等人体功能，并借助仪表、工具深入现场，根据安全检查表规定的内容进行检查，必要时解体检查、测试。

（6）油库应根据实施办法，结合油库实际，认真搞好安全检查，并将实施中发现的问题，特别是带有普遍性和倾向性的及时向上反映，以便为更新改造、制定安全技术措施提供依据。

总之，安全检查和消除危险分为三个阶段。一是发现问题阶段。它贯穿于各项作业与管理活动中，即事前想一想参加人员、涉及规章、油品性能、设备设施、周围环境，以及程序步骤、关键环节、安全措施等方面是否满足要求，还存在什么问题及其危险程度；二是确认危险阶段。它是在预想、感观与仪表检查的基础上，进一步查实存在的危险因素和问题，并确认其原因；三是解决危险阶段。它是在确认危险的基础上，进行综合与系统分析，有针对性地采取工程技术、人员素质、安全管理等方面的措施，即落实各项规章、完善作业程序和操作规程，筹组设备设施的检修与更新，以及加强人员安全教育与技术培训等安全技术措施。

第三节　安全色、安全标志与警语

一、安全色

安全色是表达安全信息的颜色，规定红色、蓝色、黄色、绿色四种颜色为安全色，表示禁止、警告、指令、提示等。表 7-30 是其含义和用途。

表 7-30　安全色的含义与用途

颜色	含义	用途举例
红色	禁止、停止	禁止标志是停止信号。如机器、车辆上的紧急停止手柄，以及禁止人们触动部位
	防火	红色也表示防火
蓝色	指令、必须遵守的规定	指令标志是指示信号。如必须佩戴个人防护用具，道路上指引车辆和行人行驶方向的地方
黄色	警告、注意	警告标志是警戒信号。如厂内危险机械和坑池周边的警戒线、行车中心线，机械齿轮箱内部，安全帽
绿色	提示、安全状态、通行	提示标志是车间安全道路、行人和车辆通行标志，消防设备和其他安全防护设备的位置等

注：(1)安全色不包括灯光、荧光颜色和航空、航海、内河航运所用颜色。

(2)蓝色只有与几何图形同时使用时，才表示指令。

(3)为不与道路两旁的树相混淆，道路上的提示标志用蓝色。

二、禁止标志

为清楚地表达含义，禁止标志使用时，一般采用基本图形标志和补充标志组成。禁止标志的图形和名称及设置范围和地点，见表 7-31。

表 7-31　禁止标志图形和名称及范围和地点

图形和名称	设置范围和地点	图形和名称	设置范围和地点
禁止吸烟	有丙类火灾危险物质的场所，如木工、油漆、沥青、纺织、印染厂等	禁止烟火	有乙类危险火灾物质的场所，如面粉、煤粉、焦化厂和施工工地等
禁止带火种	有甲类火灾危险物质及其他禁止带火种的各种危险场所，如炼油厂、油库站、乙炔站、液化石油气站、煤矿井、林区、草原等	禁止用水灭火	生产、储运、使用中有不准用水灭火物质的场所，如变压器、乙炔站、化工药品库、各种油库站等
禁止放易燃物	具有明火设备或高温的作业场所，如动火作业区、各种焊接、切割、锻造、浇注等场所	禁止启动	暂停使用设备附近，如设备检修、更换零件等
禁止合同	设备或线路检修时，相应开关附近	禁止转动	检修或专人定时操作的设备附近

续表

图形和名称	设置范围和地点	图形和名称	设置范围和地点
禁止触摸	禁止触摸的设备或物体附近，如裸露的带电体、炽热物体、有毒性或腐蚀性物体等处	禁止跨越	不宜跨越的危险地段，如专用的运输道、皮带运输和其他作业流水线，作业现场的沟、坎、坑等
禁止攀登	不允许攀爬的危险地点，如有坍塌危险的建筑物、构筑物、设备等	禁止跳下	不允许跳下的危险地点，如深沟、深池、车站站台及盛装过有毒物质、易产生窒息气体的罐车、储罐、地窖等处
禁止入内	易造成事故或对人员有伤害的场所，如高压设备室、各种污染源等入口处	禁止停留	对人员具有直接危害的场所，如粉碎地、危险路口、桥口等处
禁止通过	有危险的作业区，如起重、爆破现场，道路施工工地等	禁止靠近	不允许靠近的危险区域，如高压试验区、高压线、输变电设备的附近
禁止乘人	乘人易造成伤害的设备，如室外运输吊篮、外操作载货电梯框架等	禁止堆放	消防器材存放处、消防通道及车间主通道等

续表

图形和名称	设置范围和地点	图形和名称	设置范围和地点
禁止抛物	抛物易伤人的地点，如高处作业现场、深沟(坑)等	禁止戴手套	戴手套易造成手部伤害的作业地点，如旋转的机械加工设备附近
禁止穿化纤衣服	有静电火花会导致灾害或有炽热物质的作业场所，如冶炼、焊接及有易燃易爆物质的场所等	禁止穿带钉鞋	有静电火花会导致灾害或触电危险的作业场所，如有易燃易爆气体或粉尘的场所及带电作业场所
禁止饮用	不宜饮用水的开关，如循环水、工业用水、污染水等		

三、警告标志

（1）警告标志的基本含义是提醒人们对周围环境引起注意，以避免能发生危险的图形标志。

（2）警告标志的基本型式图形是正三角形边框，见图 7-1。

（3）警告标志的组成及其名称。为清楚地表达含义，警告标志使用时，一般采用基本图形标志和补充标志组成。警告标志的图形和名称及设置范围和地点，见表 7-32。

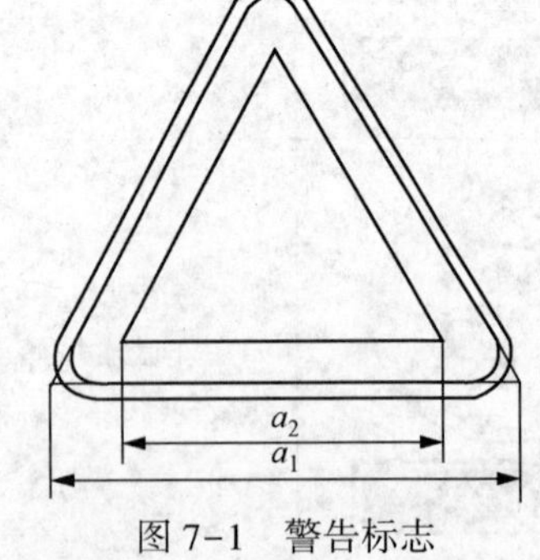

图 7-1　警告标志

表 7-32 警告标志图形和名称及设置范围和地点

图形和名称	设置范围和地点	图形和名称	设置范围和地点
注意安全	警告标志中没有规定的易造成人员伤害的场所及设备等	当心火灾	易发生火灾的危险场所，如可燃性物质的生产、储运、使用等地点
当心爆炸	易发生爆炸危险的场所，如易燃易爆物质的生产、储运、使用或受压容器等地点	当心腐蚀	有腐蚀性物质（GB 12268 中第二类所规定的物质）的作业地点
当心中毒	剧毒品及有毒物质（GB 12268—2015 中规定的物质）的生产、储运及使用场所	当心感染	易产生感染的场所，如医院传染病区，有害生物制品的生产、储运、使用等地点
当心触电	有可能发生触电危险的电器设备和线路，如配电室、开关等	当心电缆	在暴露的电缆或地面下有电缆处施工的地点
当心吊物	有吊装设备作业的场所，如施工工地、港口、码头、仓库、车间等	当心伤手	易造成手部伤害的作业地点，如玻璃制品、木制加工、机械加工车间等

续表

图形和名称	设置范围和地点	图形和名称	设置范围和地点
当心扎脚	易造成脚部伤害的作业地点，如铸造、木工车间，施工工地及有尖角散料等处	当心机械伤人	易发生机械卷入、轧压碾压、剪切等机械伤害的作业地点
当心坠落	易发生坠落事故的作业地点，如脚手架、高处平台、地面的深沟(池、槽)等	当心落物	易发生落物危险的地点，如高处作业、立体交叉作业的下方等
当心坑洞	具有坑洞容易造成伤害的作业地点，如构件的预留孔洞及各种深坑的上方等	当心烫伤	具有热源易造成伤害的作业地点，如冶炼、锻造、铸造、热处理车间等
当心弧光	由于弧光造成眼部伤害的各种焊接作业场所	当心塌方	有塌方危险的地段、地区，如堤坝及土方作业深坑、深槽等
当心冒顶	具有冒顶危险的作业场所，如矿井、隧道等	当心瓦斯	有瓦斯爆炸危险的作业场所，如煤矿井下、煤气车间等

续表

图形和名称	设置范围和地点	图形和名称	设置范围和地点
当心电离辐射	能产生电离辐射危害的作业场所，如生产、储运、使用 GB 12268 规定的第 7 类物质的作业区	当心裂变物质	具有裂变物质的作业场所，如其使用车间、储运仓库、容器等
当心激光	具有激光设备或激光仪器的作业场所	当心微波	凡微波场强超过 GB 10436 规定的作业场所
当心车辆	厂内车人混合行走的路段，道路的拐角处、平交路口，车辆出入较多的厂房、车库等出入口处	当心火车	厂内铁路与道路平交路口，铁路进入厂内的地点
当心滑跌	地面有易造成伤害的滑跌地点，如地面有油、水、冰等物质及滑坡处	当心绊倒	地面有障碍物，绊倒易造成伤害的地点

四、指令标志

（1）指令标志的含义是强制人们做出某种动作或采取防范措施的图形标志，即必须要遵守的意思。

（2）指令标志的基本型式是圆形边框，见图 7-2。

（3）指令标志基本型式的参数：

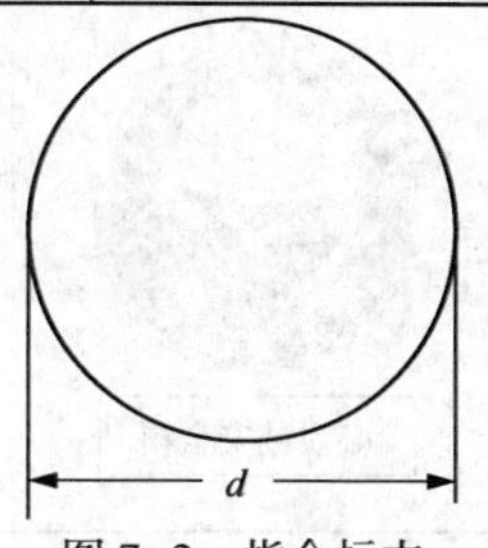

图 7-2　指令标志

直径 $d=0.025L$（L 为观察距离，m）。

（4）指令标志图形颜色，见表 7-33。

表 7-33 指令标志图形颜色

部位	颜色
背景	蓝色
图形符号	白色

（5）指令标志的组成及其名称。为清楚地表达含义，指令标志使用时，一般采用基本图形标志和补充标志组成。指令标志的图形和名称及设置范围和地点，见表 7-34。

表 7-34 指令标志图形和名称及设置范围和地点

图形和名称	设置范围和地点	图形和名称	设置范围和地点
必须戴防护眼镜	对眼睛有伤害的作业场所，如加工、各种焊接等	必须戴防毒面具	具有对人体有害的气体、气溶胶、烟尘等作业场所，如有毒物散发的地点或处理有毒物造成的事故现场
必须戴防尘口罩	具有粉尘的作业场所，如纺织清花、粉状物料场所及矿山、石料粉碎等处	必须戴护耳器	噪声超过 85dB 的作业场所，如铆接、织布、射击、工程爆破、affix动掘进等处
必须戴安全帽	头部易受外力伤害的作业场所，如矿山、建筑工地、伐木场、造船厂及起重吊装处等	必须戴防护帽	易造成人体碾绕伤害或有粉尘污染头部的作业场所，如纺织、石棉、玻璃纤维，以及具有旋转设备的机加工车间等

续表

图形和名称	设置范围和地点	图形和名称	设置范围和地点
必须戴防护手套	易伤害手部的作业场所，如具有腐蚀、污染、灼烫、冰冻及触电危险的作业等地点	必须穿防护鞋	易伤害脚部的作业场所，如具有腐蚀、灼烫、触电、砸(刺)伤等危险作业地点
必须系安全带	易发生坠落危险作业场所，如高处建筑、修理、安装等地点	必须穿救生衣	易发生溺水的作业场所，如船舶、海上工程结构物等
必须穿防护服	具有放射、微波、高温及其他需要穿防服的作业场所	必须加锁	剧毒品、危险品库房等地点

五、提示标志

（1）提示标志的含义是向人们提供某信息(如标明安全设施或场所等)的图形标志，即示意目标的方向。

（2）提示标志的基本型式是长方形，按长短边的比例不同，分一般提示标志和消防设备提示标志，见图 7-3。

（3）提示标志的参数：

一般提示标志，短边 $b_1=0.01414L$；长边 $l_1=2.500b_1$；L 为观察距离，m。

消防提示标志，短边 $b_2=0.01768L$；长边 $l_2=1.600b_2$；L 为观察距离，m。

（4）提示标志图形颜色，见表 7-35。

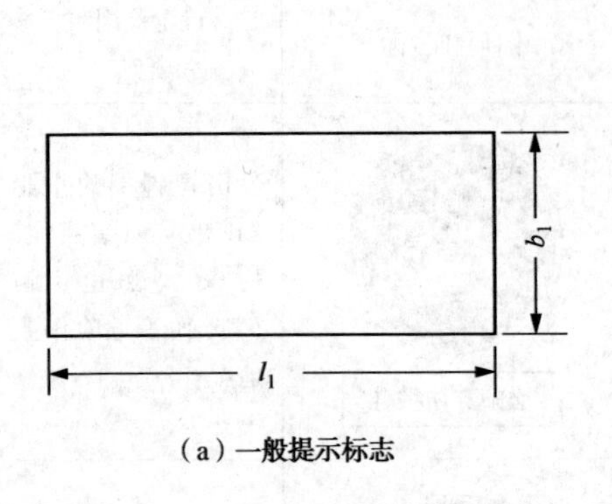

（a）一般提示标志

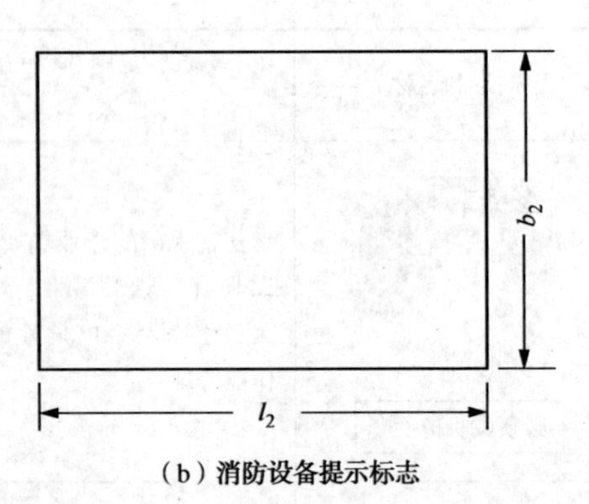

（b）消防设备提示标志

图 7-3　提示标志

表 7-35　提示标志图形颜色

部位	颜色
背景	绿色
图形符号及文字	白色

（5）提示标志的基本图形。提示标志有 4 种基本图形，见表 7-36。

表 7-36　提示标志的基本图形与设置范围和地点

基本图形	设置范围和地点	基本图形	设置范围和地点
	左向便于安全疏散的紧急出口处，与方向箭头结合设在紧急出口的通道、楼梯等处		右向便于安全疏散的紧急出口处，与方向箭头结合设在紧急出口的通道、楼梯等处
	经有关部门划定的可使用明火的地点		铁路桥、公路桥、矿井及隧道内躲避危险的地点

在实际中，提示标志在提示目标位置时，要加方向辅助标志。按实际需要指示左向或下向时，辅助标志应放在图形标志的左方，如指示右向时，则应放在图形标志的右方。一般提示标志有4种，消防提示标志有7种，其图形和含义，见表7-37。

表7-37　提示标志的图形与含义

六、油库各场所安全标志与警语

安全标志是由安全色、几何图形和图形符号构成的，用以表达特定的安全信息的标志。安全标志分为禁止标志、警告标志、指令标志和提示标志四类。

（一）大门（入口处）应设置的安全标志

油库大门口一般有六种安全标志。

（1）入库（站）须知告示牌。

（2）禁带火种标志。

（3）禁止烟火标志。

（4）火警电话标志。

（5）发声警报器（警铃）标志。

（6）机动车戴防火罩标志等。

（二）油罐区应设置的安全标志

油罐区一般有八种安全标志。

（1）禁止入内标志。

（2）禁止穿着铁钉鞋标志。

（3）禁止穿着化纤服装标志。

（4）消防水带标志。

（5）消火栓标志。

（6）要害部位标志。

（7）当心滑跌标志。

（8）您进行了复核了吗？

（三）油泵房应设置的安全标志

油泵房一般有四种安全标志。

（1）要害部位标志。

（2）禁止入内标志。

（3）您进行了复核了吗？

（4）灭火器标志。

（四）铁路卸油栈桥应设置的安全标志

油库铁路装卸油栈桥一般应设置六种安全标志。

（1）禁止穿着化纤衣服标志。

（2）禁止穿着带铁钉鞋标志。

（3）当心跌落标志。

（4）灭火器标志。

(5) 要害部位标志。

(6) 注意安全标志。

(五) 汽车零发油区应设置的安全标志

油库汽车零发油区一般应设置六种安全标志。

(1) 机动车戴防火罩标志。

(2) 禁止穿着化纤衣服标志。

(3) 禁止穿着带铁钉鞋标志。

(4) 加油车熄火、体接地标志。

(5) 灭火器标志。

(6) 发油场地禁止修车标志。

(六) 桶装油品储存区应设置的安全标志

油库桶装油储存区一般应设置三种安全标志。

(1) 禁止入内标志。

(2) 要害部位标志。

(3) 灭火器标志。

(七) 变(配)电间应设置安全标志

油库变(配)间一般应设置四种安全标志。

(1) 要害部位标志。

(2) 禁止入内标志。

(3) 当心触电标志。

(4) 灭火器标志。

(八) 消防泵设置的安全标志

油库消防泵房一般应设置三种安全标志。

(1) 要害部位标志。

(2) 禁止入内标志。

(3) 消防警铃标志。

(九) 油品化验室应设置的安全标志

油库化验室一般应设置两种安全标志。

(1) 禁止入内标志。

(2) 当心有毒标志。

(十) 锅炉房应设置的安全标志

油库锅炉房一般应设置四种安全标志。

(1) 要害部位标志。

(2) 禁止存放易燃品标志。

(3) 禁止入内标志。

(4) 灭火器标志。

(十一) 机修间应设置的安全标志

油库机修房一般应设置四种安全标志。

(1) 注意安全标志。

(2) 灭火器标志。

(3) 机械伤人标志。

(4) 当心触电标志。

第八章　油库施工安全管理

第一节　施工招标阶段的安全管理

一、对施工单位的资质审查

对施工单位的资质审查的重点是审查其合法性、适应性、可靠性、技术资质水平和安全保障条件。具体应进行“三确认”和“四审查”。

（1）“三确认”：确认施工单位的营业能力和营业范围；确认施工单位的管理能力和队伍素质；确认施工单位的安全保证体系和安全措施。

（2）“四审查”：审查施工单位的施工和安全经历；审查施工单位的安全负责人和现场安全管理人员所持的上岗证；审查施工单位的特种作业人员所持的特殊作业证件，如焊工证、电工证、车辆驾驶证、架子工证等；审查转包单位的资质转包合同。

二、施工合同中应包括的安全条款

确定施工单位后，应按《合同法》与施工单位签订施工合同。在合同书中，必须有安全条款或安全作业协议书。其内容可概括为“一明确、二遵守、三承担”。

（1）“一明确”：合同中应明确施工单位对施工作业中及整个施工期间所发生的事故负责，包括转包施工单位所承担的责任。

（2）“二遵守”：施工单位应遵守国家及行业总部的有关规范、规程、制度、规定，服从油库业务管理部门的安全监督管理；施工单位还应遵守油库日常有关管理规定，如出入库制度、环保卫生制度等。

（3）“三承担”：施工单位承担施工工作人员使用的必要的功能安全完好的施工机械、工具、设备；承担对施工人员的安全培训和日常管理；承担施工人员必备的符合标准要求的劳保护具。

三、审查施工计划、安全措施、应急预案，建立健全安全组织

（1）中标单位确定后，应及时责成施工单位在施工前及时制定施工的具体方

案，安全措施和应急方案，经认真审查后，方可对施工单位和施工人员签发“施工许可证”，施工人员“入库证”和有关作业证。

（2）成立安全机构，设专职安全人员。建设单位应在施工现场派出安全监护员，实施安全监督，具有安全否决权。做到“三落实”“三监督”。

①“三落实”为安全组织落实、安全规章落实、安全措施落实。

②“三监督”为监督施工单位办理入库作业证和各项施工作业票；监督施工单位严格执行各项安全管理规定和纪律；监督边实施油料保障作业边施工作业的安全管理。

③施工单位在施工现场应设有安全员，负责施工作业中各项安全工作，做到证件齐全、教育充分、纪律严明、方案可行、着装正确。所谓证件齐全，安全员负责检查施工人员的各种证件是否办妥、有效。如入库证、各种作业证。教育充分系指施工前对施工人员进行的安全教育、保密教育、业务技术培训等认真充分。纪律严明系指整个施工队伍能严格遵守有关的各项纪律。方案可行系指施工方案、安全措施、应急方案达到定程序、定人员、定任务、定责任、切实可行。着装正确系指进入施工现场的人员都按规定着装，佩戴适当的劳动护具，如胸佩工作证、头戴安全帽。

第二节　施工准备阶段的安全管理

一、施工现场准备

（1）施工单位在正式开工之前，应对施工现场进行清理、平整，按施工方案在现场周围设立围挡，内部划分区域，设立明显的标志和警示牌。

（2）组织施工机具和施工材料进场，要求摆放整齐有序，不得堵塞消防通道和影响油库业务作业、巡检等。

（3）标明施工机械车辆在库内和施工现场的行驶路线和停放场地。办理特别通行证，并应有明确的时效性。要求其机械车辆做到安全阻火，设施齐全完好，符合国家标准，必须按指定路线限速行驶，按指定位置停放。

（4）办理施工临时用水、用电、用风手续，严禁用消火栓给施工供水。

二、施工临时用电线路设备的安装

油库施工一般都离不开用电，往往需架设临时用电线路，安装临时用电设备。由于临时线路和设备不符合要求而酿成事故的屡见不鲜，对此必须严加管理。

安装临时用电线路必须由正式电工操作，严禁擅自接用电源。应按供电电压等级正确选用，所用电气元件必须符合国家规范标准要求，其施工、安装也必须严格执行电气施工安装规范。这方面应特别注意以下几点：

（1）在防爆场所使用的临时用电电源，电气元件和线路要达到相应的防爆等级要求，并采取相应的防爆安全措施。

（2）临时用电的单相和混用线路应采用五线制。

（3）临时用电线路架空时，不能采用裸线，装置内(如油罐内)净空高度不得低于2.5m，穿越道路时净空高度不得低于5.0m，且要有可靠的保护措施，严禁在树上或脚手架上设临时用电线路。

（4）采用暗管埋设时及地下电缆线路，必须设有"走向标志"及安全警示标志。电缆埋深不得小于0.7m，穿越公路若有可能受到机械伤害地区应设保护套管、盖板等保护措施。

（5）临时用电设施必须安装符合规范要求的漏电保护器，移动工具、手持式电动工具应"一机、一闸、一保护"。

（6）临时供电执行部门送电前，应对临时用电线路、电气元件进行检查，确认满足送电要求后方可送电。而且，每天必须进行巡回检查，确保临时用电设备完好。

（7）临时移动照明和危险场所临时照明可参照相关安全用电要求执行：行灯电压不得超过36V；在特别潮湿的场所或油罐内作业，装设的临时照明行灯电压不得超过12V。

第三节 施工阶段的安全管理

一、施工现场管理要求

（1）执行建筑部《建设工程施工现场管理规定》及业主有关要求。

（2）严格按照施工总平面图布置各项临时设施，不得侵占场内道路和安全设施。

（3）施工现场设置明显标牌，包括工程总平面布置图、项目管理机构图等。

（4）施工现场按规定配备灭火器材。

（5）进入施工现场的所有人员，必须戴安全帽，按规定劳保着装，并佩戴胸卡。

（6）保证施工现场道路畅通，施工生产根据生产进度合理安排进场设备和原材料，做到有序摆放。

(7) 及时清理施工、生产废弃物，保持场貌场容整洁、卫生，保证施工有序进行。

(8) 临时占道必须经批准并设置警示牌。

二、施工设备管理要求

(1) 经安全检查合格的施工机具，方能进场使用。

(2) 所有设备要实行“三定”，非操作手不准使用。

(3) 所有机械的传动部位应加防护装置。

三、施工用电管理要求

(1) 施工现场用电在合同授予后，按照国家规范进行安装、使用。夜间施工必须设区域照明。

(2) 各种电力电缆尽可能埋地敷设，经过道路或经常有设备通过的区域要加穿钢套管保护。

(3) 各种配电箱、控制柜要设警示牌，箱、柜前要垫绝缘物以防触电。

(4) 电工要持证上岗，非电工不准进行电气安装或维修工作。

(5) 所有用电设备必须可靠接地。

(6) 手动、移动用电设备必须安装漏电保护。

(7) 所有供电线路及用电设施要有防雨和防潮措施，以防漏电伤人。

四、防火安全管理要求

(1) 对施工人员进行消防培训，使其掌握防火知识、灭火器材的使用及灭火技能。

(2) 营地或施工现场按规定配备消防器材，固定专人保管并挂牌明示。

(3) 严格可燃物、点火源管理，制定防火预案。

五、防暴风雨管理要求

(1) 加强与当地气象主管部门联系，及时掌握暴风雨的气象信息，以便调整、安排施工。

(2) 当气象部门预报有暴风雨来临时，暴风雨期间严禁施工；对现场人员进行清点，组织撤离现场；组织人员对现场的设施、设备、器材进行加固；暴风雨期间严禁人员私自外出，请销假制度必须严格执行。

(3) 如正在施工时暴风雨突然来临：以作业班组为单位迅速组织自救；严禁往低处跑，以防暴雨成灾、积水成潭，发生淹溺事件；就近抱住基础牢固的地面突出物，如电杆、立柱，以防被大风刮走；组织向地方求援。

六、防雷击管理要求

(1) 施工现场、办公室必须按规定建立防御系统，而且必须经当地有关部门验收合格。

(2) 防雷系统必须由有专门资质的队伍安装。

(3) 雷雨天气严禁打铁骨伞在空旷地面行走，严禁站在孤立的大树下、金属构件旁躲雨，防止遭雷击。

(4) 及时收听气象部门的预报。

(5) 雷雨天关闭电视、电脑等用电设备。

(6) 每天收工要关闭工地的用电设施。

七、治安保卫管理要求

(1) 营地及施工现场配备专职保卫人员，24h 值班。

(2) 项目部与当地公安机关取得联系，争取当地公安机关的支持和帮助，共同搞好治安保卫工作。

第九章　油库自然灾害及预防对策

油库处于不同的自然环境之中，油库人员的活动及油库安全受着环境的约制和影响，油库安全受着自然灾害的威胁。例如，1981 年 8 月，秦岭地区连降暴雨，洪水成灾，山体滑坡，某油库的储输油工艺设备、附属工程和道路、生活设施等遭受巨大破坏，直接损失近千万元。

油库的建设和管理需要一个和谐、安全的环境。因此，油库应积极参加减灾活动，采取“避防”与保护性措施，增强减灾能力，同时要做到加强减灾的宣传教育，提高对减轻自然灾害重大意义的认识。减灾活动是一项系统工程，涉及方方面面，需将油库建设与减灾紧密结合，动员各方力量，有计划、有组织地进行；减轻自然灾害要贯彻“预防为主，防救结合”的方针，加强防灾设施建设，防患于未然。做好应付重大自然灾害的预案，以便及时做出有效反应，减轻自然灾害造成的损失；减轻自然灾害，一定要靠科学技术，加强灾害科学研究，大力推广和应用已有的科学成果。

对油库来说，可能造成影响的自然灾害主要有洪涝灾害、地震灾害、地质灾害、台风灾害、雷电灾害等，其中雷电灾害在本书“第七章 第二节 油库安全检查”中已有叙述，这里不再重复。

第一节　自然灾害的概念和分类

一、自然灾害的概念

（1）灾害。凡是危害人类生命财产及生存条件的各类事件通称为灾害。灾害又分为“天灾”和“人祸”。“天灾”是指自然灾害；“人祸”是指人为灾害。

（2）自然灾害。通常把以自然变异为主要原因产生的灾害，并表现为自然态的灾害称为自然灾害。如地震、风暴潮等。

（3）人为灾害。通常将以人为影响为主要原因产生的灾害，而且表现为人为态的灾害称为人为灾害。如由人的行为引起的火灾和交通事故等。

（4）自然人为态灾害。自然变异所引起的灾害，但却表现为人为态的灾害称为自然人为态灾害。如太阳活动年发生的传染病流行等。

(5) 人为自然态灾害。由人为影响而产生的灾害，但却表现为自然态的灾害称为人为自然态灾害。如过量采伐森林引起的水土流失，大量开采地下水引起的地面沉陷等。

(6) 突发性自然灾害。一般来说，容易使人类猝不及防，由此常能造成死亡事件和重大经济损失的灾害称为突发性自然灾害。如地震、洪水、飓风、风暴潮、冰雹等。

(7) 缓慢性自然灾害。一般来说，影响面大，持续时间长，虽发展比较缓慢，但防治不及时，同样也能造成十分巨大的经济损失的灾害称为缓慢性自然灾害。如旱灾、农作物和森林的病虫害等。

(8) 灾害群发性。自然灾害的发生往往不是孤立的，常常在某一时间或某一地区同一灾害或多种灾害相对集中出现，形成"众灾"丛生的局面，这种现象称为灾害群发性。1959 年至 1961 年我国连续三年的全国性大旱。

(9) 灾害链。许多自然灾害，特别是等级高、强度大的自然灾害发生后，常常诱发出一连串的次生灾害，这种现象称为灾害链或灾害连发性。如地震—滑坡—洪水，地震—海啸—水灾；又如太阳活动高潮期的旱灾、洪涝、地震、矿井突水或突瓦斯等接连发生的自然灾害。

(10) 原生、次生、衍生灾害。在灾害链中，最早发生的起主导作用的灾害称为原发灾害。而由原发灾害所诱导出来的灾害称为次生灾害。自然灾害的发生，破坏了人类生存的和谐条件，还可导致一系列其他灾害的发生，这些灾害泛称为衍生灾害。如地震—滑坡—洪水中，地震为原生灾害，滑坡、洪水为次生灾害。而由于地震的发生使社会秩序混乱，出现烧、杀、抢等犯罪行为，使人民生命财产再度遭受损失的现象称为衍生灾害。

(11) 直接经济损失。所谓直接经济损失，是指在同一灾害过程中原生灾害和紧密相连的次生灾害所造成的经济损失的总和。如地震造成的房屋、工厂倒塌以及田园、道路的破坏，还有由此引起的断水、断电、断气、失火和交通堵塞等造成的损失都可算作灾害直接经济损失。

(12) 间接经济损失。所谓间接经济损失，是指一次灾害过程基本结束，由于这次灾害所造成的工矿流程、商贸金融、社会公益和管理等方面的停顿、减缓、失调等造成的损失。一般与衍生灾害损失相当。

(13) 减灾。减灾顾名思义就是减少或减轻灾害损失。在观念上是尽人类所能去减少灾情，而不是"人定胜天"控制自然灾害的发生。因为有许多导致自然灾害的灾害源，灾害载体的能量是人类能力及现代科学技术发展水平无法消除和控制的。

二、自然灾害的分类

自然灾害的分类是一个很复杂的问题，按照不同的因素和要求，可以有多种分类方法。在我国按自然灾害特点、灾害管理、减灾系统的不同归纳为七类，每类又包括若干灾种。如果从人类生存的地球表面的石圈、水圈、气圈、生物圈受太阳对地球辐射能的变化，地球运动状态的变化，地球各圈层物质运动、变异，以及人类和生物的活动等因素影响和作用的原因划分，自然灾害分为五类。表9-1为自然灾害两种不同划分方法比较表。需要说明的是，太阳和其他天体的影响，地球的运动和变化，各圈层活动等成灾诸因素彼此间是互相作用、互相影响的。因此，分类中所指灾害成因是起主导作用的因素。

表 9-1　自然灾害两种分类内容比较

<table>
<tr><th colspan="2">按灾害特点、管理、减灾分类</th><th colspan="2">按灾害成因分类</th></tr>
<tr><th>灾害类</th><th>灾种</th><th>灾害类</th><th>成因</th></tr>
<tr><td>气象灾害</td><td>热带风暴、龙卷风、雷暴大风、干热风、干风、黑风、暴风雪、暴雨、寒潮、冷害、霜冻、雹灾、旱灾等</td><td rowspan="2">气象灾害和洪水</td><td rowspan="2">大气圈变异活动引起</td></tr>
<tr><td>洪水灾害</td><td>洪涝灾害、江河泛滥等</td></tr>
<tr><td>海洋灾害</td><td>风暴潮、海啸、潮灾、海浪、赤潮海冰、海水入侵、海平面上升、海水回灌等</td><td>海洋灾害与海岸带灾害</td><td>水圈变异活动引起</td></tr>
<tr><td>地质灾害</td><td>崩塌、滑坡、泥石流、地裂缝、塌陷火山、矿井突瓦斯、冻融、地面沉降、土地沙漠化、水土流失、土地盐碱化等</td><td rowspan="2">地质灾害与地震</td><td rowspan="2">岩石圈变异活动引起</td></tr>
<tr><td>地震灾害</td><td>由地震引起和诱发的各灾害，如沙土液化、喷沙冒水、城市大火、河流和水库决堤等</td></tr>
<tr><td>农作物灾害</td><td>农作物病虫害、鼠害、农业气象灾害、农业环境灾害等</td><td rowspan="2">农、林病虫、草、鼠害</td><td rowspan="2">生物圈变异活动引起</td></tr>
<tr><td>森林灾害</td><td>森林病虫害、鼠害、森林火灾等</td></tr>
<tr><td colspan="2">各类灾害中都可能有由人类活动引起的自然灾害</td><td>人为自然灾害</td><td>人类活动引起</td></tr>
</table>

第二节　我国主要自然灾害及空间分布

一、我国各地区主要自然灾害

由于我国东北、华北、西北、华东、中南、西南六个地区，以及长江、黄河两河流域和东南沿海的地理位置、气候条件、地质构造的不同，其主要自然灾害也不同。六区、两河、一带主要自然灾害见表9-2。

表9-2　六区、两河、一带主要自然灾害

区域	灾　种
东北地区	地震、农业气象灾害、农作物病虫害、森林病虫害、森林火灾，另外还有旱涝、夏季冻害、冰霜、恶性杂草等
华北地区	洪涝、干旱、地震、盐碱、农作物病虫害等
西北地区	旱灾、水土流失、暴雨、滑坡、地裂缝、病虫、鼠害、地震、风沙、雪灾、冰雹、冬春高原冷雪害等
华东地区	洪涝、干旱、台风、风暴潮、地震、海啸，另外还有冻害、盐碱化、蝗虫害，以及地面下沉和海面上升构成的威胁等
中南地区	洪涝、台风、风暴潮、水土流失、干旱，以及地震、冻害、寒露风危害等
西南地区	山地地质灾害、地震、干旱、洪涝、水土流失，以及冰川、雪崩、暴风、冻害、恶性杂草、森林火灾等
长江流域	地震、山地地质灾害、洪涝、干旱、风暴潮，以及泥沙淤积、河床提高、江心滩、河道变窄等威胁
黄河流域	泥沙、干旱、凌汛、地震、污染，以及中游的水土流失造成下游的“悬河”问题等
东南沿海带	18000km的海岸带，以长江口为界分为南北两段；南段是台风、暴雨、洪涝、风暴潮、地震等；北段洪水、寒潮大风、潮灾、地震等

二、我国自然灾害空间分布

由于我国幅员辽阔，人口众多，环境条件复杂，致灾因素和灾种较多，所以，我国是世界自然灾害最严重的少数国家之一。我国自然灾害的空间分布具有东西分区、南北分带、亚带成网的特点。

（一）东西分区

我国自然灾害的分布大体以贺兰山—龙门山—横断山，以及大兴安岭—太行山—大别山—武夷山—十万大山为界分三大区。西区是高原山地，地壳变动强烈，地震、冻融、雪灾、冻灾、雹灾、泥石流、沙漠化、旱灾、森林灾害较为严重；中区是高原、平原的过渡带，以山地地质灾害、水土流失、旱灾、洪灾、雹灾、森林灾害为主；东区是平原和漫长的海岸线，以海洋和海岸带灾害、平原地质灾害、旱灾、洪灾、涝灾、农作物病虫害最为严重，其中某些地带也是强震易发地区。

（二）南北分带

阴山—天山、秦岭—昆仑山、南岭—喜马拉雅山等巨大山系横贯我国大陆，沿着这些山系，山地地质灾害、水土流失、森林灾害严重。我国从北向南纵贯寒带、温带、热带，气象条件复杂，山系两侧诸大江河流域气象灾害严重，致使这些地带是我国水、旱、涝、平原地质灾害、土壤沙化、农作物病虫害最为严重的地带。由于我国东部地壳南北差异较大，地震活动差别也很大，华北和东南沿海是强地震区。

（三）亚带成网

以上诸区、带中，各种自然灾害的分布均可进一步分出若干亚区或亚带。由于它们的空间分布直接或间接受气候带、地质构造、山系、水系方向的控制，所以亦具有一定的方向性。主要是东南、西北、东北、西南向，有时交织在一起形成网状分布。

第三节　减灾系统工程及对策

一、减灾系统工程

从自然灾害的成因讲，自然灾害的形成涉及地球的地、海、水、气、生各圈层的同步运动和变化，所以各种自然灾害都不是孤立存在的，而是相互联系的自然灾害系统。因此，减轻自然灾害，必须研究地球整体系统的运动和变化规律，才能认识自然灾害发生与发展规律，对自然灾害的发展趋势作出正确的预报。其次，减轻自然灾害是涉及国民经济的发展及人民的利益，是全民的事业，要由社会全体人民一起协调行动，才能发挥更大的减灾效益。再次，减轻自然灾害是由监测、预报、抗灾、防灾、救灾、灾后援建诸多内容组成。而这些内容又互相衔接，互相依存，密不可分，必须统筹安排。另外，许多自然灾害都是由人类活动引起或诱发，如不系统研究减灾措施就可能导致避防某种灾害的措施，导致其他灾害的发生。基于上述原因，减轻自然灾害工作必须当作一个系统工程来做，才可能获得最大的效益。

减轻自然灾害系统工程是由多种减灾措施组成的有机整体，如图 9-1 所示。这一系统工程的每一项子系统，又由层次更低的工作系统组成。如监测系统是卫星遥感遥测、航空探测、地面遥感探测、地面观察、地球物理测量、海洋和水下探测、病虫害监测等一系列的次一级系统组成；救灾系统是由通信和报警、航空和地面援救、救灾指挥、灾害评估等次一级系统组成。

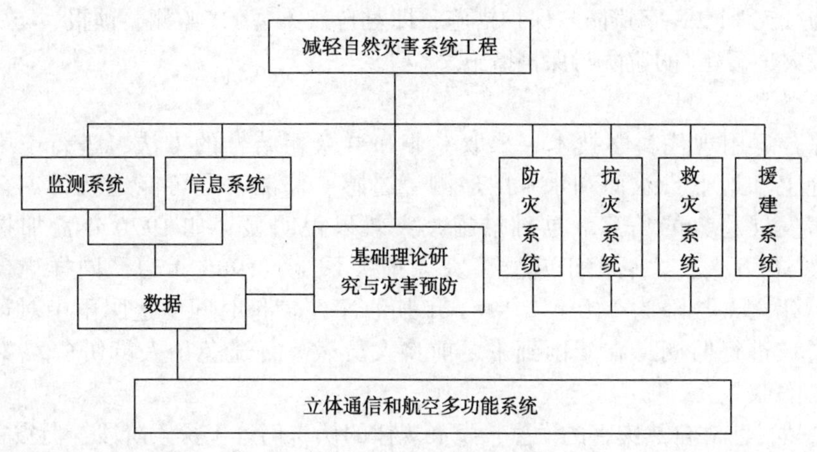

图 9-1　减轻自然灾害系统工程框图

这里需要指出的是，自然变异在导致自然灾害的同时，有时还会产生有利的方面。如台风可使沿海地带遭灾，但对缓解干旱地区的旱情也很有利。又如为了防止黄土地区的水土流失和干旱，而进行造林灌溉，有时可能引起滑坡。所以，对各种自然灾害的防治措施必须综合考虑。

二、减轻自然灾害的对策

自然灾害的形成有三个重要条件，即灾害源、灾害载体、灾害承受体。因此，减轻自然灾害的损失，必须改善三个条件。

（一）消除灾害源或降低灾害源的强度

在目前人类能力和科学技术现有的水平下，这一措施只对减轻人为自然灾害有效。如限止过量开采地下水，控制地面下沉和海水回灌；控制烟尘和二氧化碳排放量，防止全球气温上升；禁止滥伐森林，绿化造林，减少或防止水土流失等。而由于自然变异导致的自然灾害，特别是强度很大的自然灾害，如地震、海啸、飓风、暴雨等，人类尚无力减轻灾害源的强度，更没有办法消除灾害载体。

（二）改变灾害载体的能量和流通渠道

人类在与灾害长期斗争的实践中，总结积累了不少经验，如我国人民采取人工放炮“打龙头，斩龙腰”的方法减小雹灾；用分洪滞洪的方法减少洪水流量和改变流向以减轻洪灾；山林用设置防火隔离带的方法减少山火蔓延等。但是，在现代科学发展的水平下，人类对巨大的灾害载体仍然无能为力。

（三）对受灾体采用避防及保护措施

这是目前为减轻自然灾害损失的主要措施，也是减灾效果很显著的措施。可归纳为减灾“十二”字避防与保护措施，即对自然灾害的“监测、预报、防灾、抗灾、救灾、援建”的避防与保护措施。

1. 监测

综合运用现代科学技术，采取专业和群众相结合的方法，进行空中和地面、地上和地下、水面和水下的遥测、遥感、监测，尽可能地获得灾害前兆及灾害发展趋势的信息。这种措施减灾效果很明显，如 1970 年孟加拉风暴潮死亡 50 万人，之后由于建立了大风报警系统，1985 年遭受同样规模的风暴潮，死亡人数降为 1 万人。1981 年某油库在较长时间的连阴雨中对可能发生的滑坡进行监测，在暴雨到来之前将人员撤离，避免了人员伤亡。

2. 预报

虽然目前对自然灾害的发生、发展规律的认识仍处于探索阶段，但灾害预报仍然是一项极其重要的减灾措施。如 1975 年我国成功地预报了海城地震，挽救了数万人的生命，减少数十亿元损失。在灾害预报中，台风、风暴潮、洪水等预报准确率较高，可达 50%～60%，甚至更高；地震预报准确率只有 20%～30%，甚至更低。

3. 防灾

防灾就是对自然灾害采取避防措施，这是代价低成效显著的减灾措施。防灾的内容是在制订设计规划和工程选址时，尽量避开灾害危险区；在灾害发生前将人员和可移动资产撤离灾区；工业流程在灾害发生时，对某些重要环节采取自控或人为的减灾技术。

4. 抗灾

抗灾是指对自然灾害所采取的工程性措施。如我国修建的 80000 多个水库，数十万公里堤坝，对减轻洪灾起了巨大的作用。油库排洪防洪措施，挡墙护坡等，对减轻灾害损失发挥了应有的作用。

5. 救灾

救灾是灾情已经开始或遭灾之后最紧迫的减灾措施。制订有效的救灾预案且常备不懈，可取得明显的减灾效果。救灾工作是一项复杂的准军事社会行动，实际上是动员全社会力量对自然灾害的斗争，从指挥运筹到队伍组织，从抢救到医疗，从生活到公安，从物资供应到维持生命线工程，构成了一个严密的系统，需要周密计划，严密组织。油库的各种应急方案皆属此性质且小范围的救灾预案。

6. 援建

援建就是灾后重建。它是对灾区生产和社会生活的恢复，也是减灾的重要措施之一。灾后重建必须综合考虑区划，既要防止灾害重复发生，又要预防其他自然灾害；既要注重生命线工程、高技术中心的抗灾能力，又要设计避防灾害场地、通道和救灾措施。恢复生产应在灾害全面调查的基础上，运筹规划，统一组织，要坚持先急后缓，先重点后一般，先易后难的原则进行。

第四节　洪涝灾害及预防对策

洪灾是地球上最具破坏力、最频繁、导致损失最惨重的自然灾害。而且洪涝灾害几乎每年都有发生。所以，洪涝灾害是威胁油库安全和正常运行最严重的自然灾害之一。

一、雨季和雨带

(一) 雨季

由于我国是一个季风气候明显的国家，降水的季节分配差异较大。雨季就是每年降水比较集中的湿润多雨季节。在此季节常常出现大雨和暴雨，其降水量占全年总量的70%左右，易造成洪涝灾害。就全国南北两大范围而言，一般南方雨季为4~9月，北方雨季为6~9月，相差2~3个月；雨季结束，北方早，南方迟，相差20天左右。

(二) 雨带

在逐日天气图上，降水区大多呈带状，并有从西向东、从北向南的移动(也有相反的情况)。由于在冷暖空气势均力敌的地区，降水持续时间长，降雨量较大。所以，在气候图上常表现为东—西向或东北—西南向的带状，通常称为雨带。我国雨带在南北推移过程中有三次跃进和三次停滞。在第一次雨带北移的过程中，华南又出现第二次停滞的雨带，进入盛夏台风汛期。跃进和停滞时间和地域见表9-3。

表9-3　雨带三次停滞和三次跃进

项　目		时　间	地　域
三次停滞	第一次	5月中下旬到6月上旬	南岭以南摆动，华南前汛期雨季
	第二次	6月中下旬到7月上旬	长江中下游，梅雨季节
	第三次	7月中下旬到8月中旬	华北北部，东北南部，北方雨季

续表

项目		时间	地域
三次跃进	第一次	6月中旬前后	从华南跳到长江中下游地区
	第二次	7月中旬前后	从江淮移到黄河中下游，北跳到华北北部
	第三次	8月中旬到9月初	雨带南撤：8月底移过黄河中下游，9月初移到华南沿海

二、暴雨和暴雨洪水

（一）暴雨

暴雨是降水强度很大的雨。我国气象上规定，24h降水量为50mm以上的雨称为暴雨。按降水量大小又分为三个等级。即24h降水量为50~99.9mm称为暴雨；降水量为100~200mm称为大暴雨；降水量为200mm以上称为特大暴雨。暴雨的形成过程相当复杂，一般从宏观物理条件来说，有充沛的水汽，对流层下部有较厚的饱和层，且有源源不断的水汽供应；有强烈的上升气流；降水持续时间长。引起我国暴雨天气系统有低涡、切变线、气旋、热带气旋、锋面、东风波、飑线等。我国是多暴雨国家，几乎各省(区)、市都出现。其分布特点是南方多，北方少；沿海多，内陆少；迎风坡多，背风坡少。

我国地跨热、温、寒三个气候带，南北暴雨的特点明显不同。

(1) 暴雨频数南多北少。暴雨北方多在1~4天，甚至更少；南方是北方的2~4倍或更多；24h降水量大于200mm的北方占26%，南方占74%。

(2) 暴雨强度北方大于南方。大陆上历时5min到7天的最大降水量均出现在北方，北方1~12h降水量最大值都接近世界纪录。

(3) 暴雨时间北方比南方集中。华北、东北等地暴雨80%集中出现在7~8月。这两个月降水量占全年降水量总和的70%左右。北方严重洪涝灾害多在7月下旬到8月上旬。

(4) 北方暴雨年际变化大。一般北方最大降水量可占该地多年平均值的40%，京津冀地区占40%以上，有的可达数倍。如新疆若羌1981年7月5日出现10h降水73.5mm，相当于该地多年平均的4倍多。北方大部分地区年降水量变化比南方大。

(5) 北方暴雨历时短，范围小。除华北、东北平原外，其他干旱和半干旱地区常常在2~6h内出现降水200~600mm的情况，且局部性强。

(二)暴雨洪水

由于暴雨造成山洪暴发，江河泛滥，大面积积水称为暴雨洪水，它是洪涝的一种。暴雨洪水来势迅猛，常常冲毁堤坝、道路、桥梁、房屋等，淹没农田，冲刷土壤，还可以引起泥石流和山体滑坡等灾害，严重危害国计民生，对油库的危害极大。暴雨洪水有明显的季节性。我国出现的时间基本上与气候雨带南北推移时间相吻合。华南多发生在4~6月及8~9月；江淮多在6~7月；北方多在7~8月。

三、洪涝灾害的地理分布特点

我国幅员辽阔，地形复杂，季节气候显著，洪涝分布有明显的地域性。我国按洪涝区分布特征大体分为：多涝区、次多涝区、少涝区、最少涝区四种类型，见表9-4。概括来说，洪涝分布特点是，东部多西部少，沿海多内陆少，平原多高原山地少。

表9-4　四种类型洪涝灾害地理分布

类　型	地　　域	频　　次
多涝区	两广大部、闽南地区和台湾省	平均3年出现1~2次。广东沿海的汕尾、深圳、阳江及桂北地区为两个多涝中心
	湘赣北部	
	江浙沿海和闽北	
	淮河流域	平均2~3年出现1次
	海河流域	平均3年出现1次
次多涝区	湘赣南部和闽西北	平均3~5年出现1次
	汉水流域、长江中下游、川东地区	
	黄河下游地区	
	辽河地区	
少涝区	云贵高原	平均15~16年出现1~2次；有的地区平均6年出现1次
	黄河中游地区	
	东北平原	
最少涝区	西北大部	极少出现，即使出现洪涝，也是局部的
	青藏高原	
	内蒙古大部	
	大小兴安岭地区	

另外，汛期预示着洪涝的可能。由于地理位置、天气系统等的差异，我国七大江河的汛期迟早不一，分为春汛、夏汛、秋汛和凌汛。其中夏汛和秋汛最大，可能造成的危害也大，表9-5是根据降雨、洪水发生规律和气象成因分析，我国七大江河汛期的大致划分。

表 9-5　我国七大江河汛期划分

江河名	汛期(月)	主汛期(月)
珠　江	4~9	5~7
长　江	5~10	6~9
淮　河	6~9	6~8
黄　河	6~10	7~9
海　河	6~9	7~8
辽　河	6~9	7~8
松花江	6~9	7~8

四、洪涝灾害对油库的危害及预防对策

在洪涝灾害中对油库危害最大的是洪水。洪水是由于暴雨、急骤冰雪融化和水库垮坝等引起。暴雨在山区溪沟中发生暴涨暴落的洪水称为山洪；山地溪沟包含大量泥沙、石块的突发性洪水称为泥石流；大坝或其他挡水物瞬时溃决，发生水体突泄的洪水称为溃坝洪水；高纬度地区或高山积雪受气象影响急速融化形成的洪水称为融雪洪水；由于气温变化江河(如黄河和松花江)封冻和解冻初期，冰凌活动形成冰坝或冰塞而造成的洪水称为冰凌洪水。这些不同形式的洪水都对油库有极大的威胁。

(一) 洪水对油库主要危害

洪水对油库的危害主要表现在如下七个方面。

(1) 威胁油库工作者的人身安全，破坏油库办公、生活设施及和谐的工作和生活秩序。

(2) 毁坏储油设备、设施，一旦大量跑油可能引起无法估量的次生灾害(如火灾等)。

(3) 冲毁铁路、公路、桥梁、供电系统、通信系统、给水系统等，使油库无法正常运行和生活。

(4) 破坏附属工程，如围墙、道路、挡墙、护坡及排洪系统。

(5) 经济损失巨大，重建恢复工作繁重而艰巨，困难而危险。

(6) 给油库工作者造成恐惧心理，影响安心工作，建设油库。

(7) 汛期雷电可能造成供电中断，控制仪表损坏，甚至引起着火爆炸。

(二) 对洪水危害的预防对策

油库减少或避免洪水危害应从油库选址、设计、施工就予以重视，并贯穿于油库投入运行后的工作之中。其主要对策有工程措施、非工程措施、抢险避难措

施等。

1. 工程措施

工程措施主要有如下五个方面。

(1) 油库定址设计应按《石油库设计规范》(GB 50074—2014)“库址选择”的要求进行。

(2) 重视排洪系统配套设计和施工质量，应特别注意设施强度和过水断面的核算。

(3) 修筑防洪堤坝，整治河道，增建排洪沟渠、桥涵、挡墙、护坡等。

(4) 经常维修清障、清淤，保证排洪系统的畅通完好和泄洪能力。

(5) 积极种草植树，增强土壤的蓄水能力，防止水土流失。

2. 非工程措施

非工程措施主要有如下四个方面。

(1) 洪水发生之前，通过技术、法律、政策等手段，尽量缩小可能发生灾害的措施，如洪水预报、洪水警报、洪水保险、洪水救济等。

(2) 建设、管理、运用好库内小气象站，建立与气象部门和防汛部门的定期联系，及时掌握情况，预定对策。

(3) 制定周密细致、符合实际的防汛方案，做好物资器材准备。

(4) 搞好宣传教育，了解和掌握有关知识，增强油库工作者防洪减灾意识。

3. 抢险避灾措施

抢险避灾措施主要有如下五方面。

(1) 贯彻“以防为主，防重于抢”的方针，要求发现险情及时，判断险情准确，处理险情果断，抢险措施正确。

(2) 抗洪抢险要掌握“守岸护滩，固基防冲，控制河势，稳定全局”的原则。

(3) 当堤防工程出现漫溢、散浸、漏洞、脱坡、坍塌、裂缝等险情时，应掌握“迎水坡阻水入堤，背水坡导水出堤，降低浸润线，稳定堤身”。切忌在堤背后采用阻水压渗、堵漏等导致险情恶化的方法。

(4) 采用抢筑子堤防漫溢；临河截流、背河导渗、抢护散浸；临河堵进水口抢护漏洞；迎坡抢护脱坡；回填抢护裂缝，以及挂柳防风浪等抢险措施。

(5) 根据“人往高处走，水往低处流”的名言实施避难。如预选高地和撤离道路；构筑房屋台、防水台、围堰等；采用木家具做救生排，临时上大树等避灾方法。

(三) 抢险避灾预案

1. 防洪防汛组织管理

为了保证防汛工作的顺利进行，油库内部还应组织成立防洪防汛领导小组，明确各单位各部门的职责分工，并统一协调指挥。同时组建专门的防洪防汛队伍，一般应包括防汛抢险队、设备抢修队、后勤保障队等，并设立汛期24h值班室和值班电话。油库防洪抗灾领导小组主要职责应包括：

（1）汛前做好防汛抗灾准备，汛期做好安全渡汛和抢险救灾，汛后做好善后工作。

（2）积极开展防汛抗灾知识的宣传、教育。

（3）对下水井实行24h巡查制度，发现问题及时汇报处理，对防洪防污染的重点部位的疏通情况要有记录。

（4）编制生产与抗洪应急预案，组织有关人员学习演练。

（5）污水场、隔油池尽量提前将油收尽，降低调节水池(罐)的水位，作为下大雨时的缓冲池备用。

（6）下雨时要对全库下水系统进行巡检，如有异常情况立即向上级汇报，及时处理。

（7）大雨时，防洪突击队成员必须全部自动到现场巡查，待命处理可能出现的问题。其他人员接到防汛应急电话应及时到达指定地点投入防汛，统一指挥，分工协作。

（8）油库内部防汛力量和物质除了保障自身抗洪防污染外，还要服从政府防汛部门的统一指挥，分担支援当地的抗洪抢险任务。

（9）推广和应用防汛抗灾的先进经验和科学技术，提高油库防汛抗灾科学技术水平。

2. 防洪规划

根据所在地区防洪治涝规划，油库规划应达到当地设防标准和防大汛、抗大灾的防御目标。规划内容包括：

（1）防洪治涝工程现状和问题。

（2）根据所在地区出现超标准水位时，排洪治涝对策和措施。

（3）在同时遭遇其他(台风、龙卷风、风暴潮、雷电、塌方、滑坡、泥石流等)灾害时的应急措施。

（4）完成地方政府分配的防洪治涝工程项目。

（5）落实实现规划的经费和时间。

编制防汛抗灾规划应与所在地区防洪治涝和城市建设规划相结合；与本油库发展规划相结合；与油库安全生产和其他抗灾防灾相结合；实行工程措施与非工程措施相结合，特别应处理好外洪与内涝的关系，不断提高油库防汛抗灾能力。规划应征得所在地水利行政主管部门同意后组织实施，防汛抗灾组织应定期检查规划实施情况。当油库在所地的规划变更、油库发展、实践验证和防灾科学进步时，应组织修改规划，并经当地水利行政主管部门同意。

3. 防汛应急准备

油库内部的防汛工作，同样重在预防。为此，除了提前做好各项防汛工程、准备好防汛队伍外，还要储备足够的防汛物资和设备，主要包括：

(1) 设备：小货车、叉车、救护车、潜水泵等。

(2) 工具：铁镐、铁锨、管钳、雨衣、雨鞋等。

(3) 材料：编织袋、草帘、麻绳、铁丝、消防带、胶管、管件及细砂和砖石等。

(4) 照明：应急灯、手电筒等。

(5) 通信：对讲机等。

以上器材属于防洪防汛专用，任何人不得擅自挪用。

(四) 汛前预防措施

防汛检查是搞好防汛工作的重要环节。通过检查可以促进防汛工作的开展，可以及早发现一些问题，及时解决。这是多年防汛实践摸索出的成功经验之一，已收到了显著的效果。为贯彻“预防为主”的原则，油库的各有关部门和单位，每年汛前要进行防汛检查，检查的重点是：

(1) 雨水排放系统，泄洪排涝设施，堤防围堰工程，雨水分流围堰。

(2) 排水管渠、溢洪道。各种排水管渠是排洪疏水的基本设施，主要检查管渠内有无卡堵现象，特别是下水井、汇水沟渠污泥杂物等障碍清理情况等，检查清障任务是否完成；检查沟渠有无破损现象。

(3) 污水处理场。污水处理场是正常生产时污水汇集处理的设施，汛期最容易受到雨水的冲击。重点检查进水量调蓄罐池。洪水分流设施是否完好备用，水量水位监测控制系统是否正常。

(4) 蓄滞洪区。要组织检查所管辖的蓄(滞)洪区的通信、预报警报、避洪、转移道路等安全设施以及紧急救生、人员转移安置的准备工作是否稳妥等。

(5) 山洪、泥石流多发地区。在雨季到来之前组织有关单位对山洪、泥石流易发地区进行检查和治理，加强监测、预报，落实防御措施。

(6) 风暴潮易发地区的海堤、防汛墙、闸坝、防汛门、码头设施、排水泵站、高压电线。

(7) 地下和半地下设施防护。

(8) 建(构)筑物防汛抗灾能力及潜在隐患。

(9) 排洪沟及有关涵洞的疏通。

(10) 作业要害部位、关键设备、生命线工程及各种物资储库防护。

(11) 通信设备、紧急报警系统畅通。

(12) 抢险救灾物资储备检查和管理。

(13) 人员避洪、紧急撤退道路、救生、疏散地的准备。

(14) 医疗卫生防疫工作的准备。

(15) 安全保卫工作准备。

(16) 辖区范围内的道路、交通运输机具。

对油库所辖范围内阻碍排洪排涝的临时建(构)筑物、工料棚舍、陈旧危房和设施，一律限期拆除。汛前应认真组织防汛抗灾抢险演习，搞好宣传教育，使每个职工、家属明确防汛抗灾的重要意义和在防汛抗灾工作中的责任和义务。

(五) 汛期抢险救灾

油库防汛抗灾组织应根据当地政府发布的汛期范围，确定本油库汛期的起止日期，并根据所在地设防水位、洪涝汛情、风暴潮和暴雨情况，下达进入防汛紧急状态令，启动“防汛抗灾应急预案”。在紧急防汛期，防汛抗灾指挥成员应全部到岗，各司其职，各负其责，防汛部门管理干部和防汛救灾抢险人员，必须坚守岗位，尽职尽责。

(1) 在汛情紧急情况下，防汛组织有权在其管辖范围内，调用防汛抗灾急需物资、设备、交通运输机具和人力，保证安全生产的应急措施的实施，确保生产、建设系统顺利进行。

(2) 遭受洪涝灾害时，防汛抗灾组织应即刻将灾情向上级政府和单位报告。同时，向全体职工、家属紧急动员，发布有关安全禁令。所有单位、个人必须听从防汛抗灾组织统一领导。

(3) 灾害现场指挥人员和生产调度部门必须随时向防汛抗灾指挥部汇报生产系统遭灾情况，协调和指挥抢险救灾工作。防汛抗灾指挥部要做好险区群众撤离，安排好生活、医疗卫生和巡逻保卫等事宜。

(4) 对要害部位、关键设备、生命线工程、化学危险品库区和储罐加强检查、监护。由于自然灾害造成危险化学品溢出和泄漏，应立即上报有关部门。同时，应采取积极抢护措施。任何单位、个人若发现新的险情应及时主动报告，防汛抗灾指挥部有关人员应及时到现场实地察看，并采取相应措施。

(5) 遭灾时，生产岗位工人在没有接到停止生产指令情况下，应坚守生产岗位。根据灾情，采取相应的自救措施。灾情严重，抢险救灾力量有限时，应及时向当地政府、驻军、武警部队和兄弟单位求援。

(六) 善后工作

灾后，油库防汛抗灾指挥部应做好受灾职工、家属的生活供给及住房安置，医疗防疫及伤亡人员处理，恢复生产，做好设备、设施的修复工作。油库应按国家统计部门和上级单位关于洪涝灾害统计报表的要求，会同当地水利行政部门、保险公司和上级单位保险部门统计、核实洪涝灾情并及时上报。

第五节　地质灾害及预防对策

地质灾害是由于自然变异和人为的作用导致地质环境或地质体发生变化，当变化达到一定程度，其产生的后果给人类社会造成危害。诸如崩塌、滑坡、泥石流、地裂缝、地面沉降、地面塌陷、岩爆、坑道突水、突泥、突瓦斯、煤层自燃、黄土湿陷、岩土膨胀、砂土液化、土地融冻、水土流失、土地沙漠化、沼泽化、盐碱化，以及火山、地热害和地震等都属于地质灾害。各种地质灾害都可对油库造成威胁或危害。本节仅对滑坡、泥石流、崩塌等油库常见的地质灾害概述其危害及对策。地震灾害将在本章第六节阐述。

一、滑坡的危害及预防对策

(一) 滑坡的形成条件及其诱因

所谓滑坡是斜坡上的岩土体由于种种原因在重力的作用下，沿一定的软弱面(带)整体向下滑动的现象。滑坡形成的条件包括地质和地貌条件以及内外力和人为作用。

1. 地质和地貌条件

(1) 岩土类型。凡是结构松软、抗剪强度和抗风化能力低，在水的作用下其性质易发生变化的岩、土，易发生滑坡。如松散覆盖层、黄土、红黏土、页岩、泥岩、煤系地层、凝灰岩、片岩、板岩、千枚岩等。

(2) 地质构造。凡是斜坡岩、土被各种节理、裂隙、层理面、岩性界面、断层发育等切割成不连续状态，且构造面又为降雨等进入斜坡提供了通道时，易发生滑坡。特别是当平行和垂直斜面的陡倾构造面及顺坡缓倾的构造面发育时，最易发生滑坡。

(3) 地形地貌。一般江、河、湖(水库)、海、沟的岸坡，前缘开阔的山坡，铁路、公路和建筑工程边坡等，都是易发生滑坡的地貌。坡度大于10°，小于45°，下陡中缓上陡，上部成环状的坡形是易产生滑坡的地形。

(4) 水文地质。地下水活动在滑坡形成中起着重要的作用。其主要作用是：软化岩、土，降低强度；产生动水压力和孔隙水压力；潜蚀岩、土，增加容重；对透水岩层产生的浮力；对滑面(带)起软化、降强、润滑作用。

2. 内外力作用的影响

(1) 地壳自身的运动，如地震使岩、土体产生裂缝等。

(2) 降雨和融雪，增强了水对岩、土的作用。

(3) 江河湖海等地表水体对坡脚的不断冲刷。

(4) 海啸、风暴潮、融冻等对岩、土体的作用。地震、特大暴雨所诱发的滑坡多为规模较大的高速滑坡。

3. 人为作用的影响

人类违背自然规律的建筑工程活动是破坏斜坡稳定条件诱发滑坡的重要因素。

(1) 开挖坡脚。这是人类建筑工程活动中经常发生的事。开挖坡脚会使坡体下部失去支撑而发生下滑。特别是在工程建设时，大力爆破，强行开挖，其边坡多发生滑坡危害。

(2) 蓄水、排水。水渠和水池的漫溢和漏水，工业用水和废水的排放，农业灌溉等，均可使水流渗入坡体，加大了水体对坡体的作用，从而促进或诱发滑坡。水库水位的上下急剧变动，加大了动水压力，也可诱发滑坡。

(3) 填方加载。在斜坡上大量兴建楼房、工厂等工程设施；在斜坡上大量填土、石、矿渣等，都会使斜坡支撑不了过大的重量，失去平衡而沿软弱面下滑。尤其是矿厂废渣不合理堆放，常触发滑坡。

(4) 劈山放炮。大力爆破可使斜坡岩体受震动而破碎，产生滑坡。

(5) 开荒滥伐。在山坡上开荒种地，滥伐森林，坡体表面失去保护，有利于雨水等水体的渗入而诱发滑坡。

(二) 滑坡的活动规律和空间分布

滑坡的活动主要与诱因相关，滑坡的空间分布主要与地质因素和气候因素相关。

1. 滑坡活动规律

(1) 同时性。有些滑坡在诱发因素的作用下，立即活动。如强烈地震、大暴雨、海啸、风暴潮，以及人类活动的开挖、爆破等为诱因的滑坡，大都立即发生。

(2) 滞后性。有些滑坡的发生晚于诱因的作用时间。如降雨、融雪、海啸及人类活动等为诱因的滑坡。滞后性的规律，降雨诱发的滑坡最为明显。该类滑坡多发生与暴雨、大雨和长时间的连续降雨有关。滞后时间长短与滑体的岩性、结构，以及降雨大小有关。滑体松散、裂隙发育、降雨量大，滞后时间短，否则滞后时间长。人类活动为诱因的滑坡滞后时间与人类活动强度的大小，滑体的稳定程度有关。人类活动强度大，滑体稳定程度低，滞后时间短，否则滞后时间长。

2. 滑坡空间分布

(1) 江、河、湖(水库)、海、沟的岸坡地带；地形高差大的山谷地区；山区铁路、公路、建筑工程的边坡地段等。

（2）地质构造带中的断裂、地震带等。在地震大于7度地区中，坡度大于25°的坡体地震中易发生滑坡；在断裂带中，岩体破碎，裂隙发育有利于形成滑坡。

（3）易滑岩、土是形成滑坡的物质基础，如松散覆盖层、黄土、泥岩、页岩、煤系地层、凝灰岩、片岩、板岩、千枚岩、红黏土等地区（带）。

（4）暴雨多发或异常强降雨地区。暴雨多发或异常强降雨是滑坡的主要诱因。

（三）滑坡前兆及滑坡稳定与否的识别

不同类型，不同性质，不同特点的滑坡，在滑动前均会表现出不同的异常现象，显示出滑动的预兆。从宏观角度观察滑坡的外表迹象和特征，可粗略地判断其是否稳定。

1. 滑坡的前兆

（1）滑坡前缘坡脚处，堵塞多年的泉水复活，或出现泉水（含水井）突然干枯、水位突变等异常现象。

（2）滑坡体中、前部出现纵横向放射状裂缝，说明滑体向前推挤受阻，已进入临滑状态。

（3）滑坡体前缘脚处出现上隆（凸）现象，这是滑体向前推挤的明显迹象。

（4）临滑前，滑体四周岩体、土体会出现坍塌和松动现象。

（5）大滑前，有的岩体会发生开裂或被剪切挤压的声响，这种迹象系深部变形与破裂。动物对此十分敏感，有异常反应。

（6）如在滑体上有长期位移观察设施，大滑前，水平与垂直位移量，均会出现加速变化的趋势，这是明显的临滑前的迹象。

（7）滑坡体后缘的裂缝急剧扩张，并从裂缝中冒出热气或冷风。

（8）动物异常、植物变态，如猪、狗、牛等惊恐不宁，老鼠乱窜，树木枯萎或歪斜等。

2. 滑坡稳定与否的识别

从表9-6所列各条内容可大致判断滑坡是否稳定，如需较为准确地判断尚需作进一步的观察和研究。

表9-6 滑坡稳定与否宏观识别

稳定堆积层、老滑体特征	不稳定滑体的迹象
后壁较高，长满树木，找不到擦痕，且十分稳定	滑体表面总体坡度较陡，且延伸较长，坡面高低不一
滑坡平台宽大，且已夷平，土体密实无沉陷现象	有滑坡平台，面积不大，且有向下缓倾和未夷平现象

续表

稳定堆积层、老滑体特征	不稳定滑体的迹象
滑体前缘的斜坡较缓，土体密实，长满树木，无松散坍塌现象；前缘迎河部分有被冲刷迹象	滑体前缘土石松散，小型坍塌时有发生，临河面冲刷严重
河水已远离滑体的舌部，甚至在舌部外已有漫滩，阶地分布	滑体表面有泉水、湿地，且有新的冲沟
滑体两侧的自然冲沟切割很深，甚至已达基岩	滑体表面有不均匀沉陷的局部平台，且参差不齐
滑体舌部的坡脚有清晰的泉水流出等	滑体上无巨大直立树

(四) 防治滑坡的主要工程措施

防治滑坡的工程措施很多，归纳起来分三类，即消除或减轻水害；改变滑体外形，设置抗滑构筑物；改善滑动带土石性质。

1. 消除或减轻水害

(1) 排除地表水。其目的在于拦截、旁引滑体外的地表水，避免地表水流入滑坡区；将滑坡区内的雨水、泉水引出，防止渗入滑体内。主要工程措施是在滑体外设截水沟，滑体上设排水沟，引泉工程，做好滑坡区绿化工作等。

(2) 排除地下水。对于地下水只可疏而不可堵。主要工程措施是修建截水盲沟，用于拦截和旁引滑体外围地下水；构筑支撑盲沟，兼有排水和支撑作用；钻设仰斜孔群，近于水平钻孔，把地下水引出。另外，还有盲洞、渗管、渗井、垂直钻孔等排除滑体内地下水的工程措施。

(3) 防止河水、水库水对滑体坡脚的冲刷。主要工程措施是在严重冲刷段上游修筑“J”形坝，以改变主流方向；在滑体前缘抛石、铺设石笼、筑钢筋混凝土块，以使坡脚土体免受冲刷。

2. 改变滑体外形，设置抗滑构筑物

(1) 削坡减重。常用于治理“头重脚轻”，而无可靠抗滑地段的滑体。通过改善滑体外形，降低其重心，提高滑体稳定性。

(2) 修筑支挡工程。多用于失去支撑而引起滑动的滑坡，或者滑床较陡、滑动速度较快的滑坡。其目的在于增加滑体重力平衡条件，使滑体迅速稳定。支挡工程主要有抗滑片石垛、抗滑桩、抗滑挡墙等。

3. 改善滑动带土石性质

一般采用焙烧、钻孔和爆破灌浆法等物理化学方法对滑体进行整治。

由于滑坡成因复杂，影响因素多，因此常需同时使用上述方法，进行综合治理，才能达到目的。

二、泥石流的危害及预防对策

(一) 泥石流形成的条件及诱因

所谓泥石流是山区沟谷中，由于暴雨、冰雪融水等水源的激发，形成含有大量泥沙的特殊洪流。其特征是突然暴发，浊流前推后拥，奔腾咆哮，地面为之震动，山谷犹如雷鸣，在很短时间内"浑流"将大量泥沙冲出沟外，横冲直撞，漫流堆积，造成生命财产的极大损失。泥石流形成的条件是陡峻的便于集水、集物的地形地貌，丰富的松散物质，短时间内有大量水源。

1. 地形地貌条件

(1) 在地形上具备山高沟深、地势陡峻、沟床纵坡降大、流域形状便于水流汇集。

(2) 在地貌上泥石流一般可分为形成区、流通区、堆积区三部分。

(3) 形成区的上游多为三面环山，瓢状或漏斗形的出口；地形较为开阔，周围山高坡陡，山体破碎，植被生长不良，有利于碎屑物质和水的集中。

(4) 流通区的中游多为狭窄、陡深的峡谷，谷床纵坡降大，使泥石流能够迅速直泻。

(5) 堆积区的下游地形为开阔平坦的山前平原或河谷阶地，成为碎屑物堆积场所。

2. 松散物质来源

(1) 泥石流常发生于地质构造复杂，断裂褶皱发育，新构造活动强烈，地震烈度较高的地区。

(2) 地表岩层破碎，滑坡、崩塌、错落等不良地质现象发育。

(3) 岩石结构疏松软弱，易于风化，节理发育，或软硬相间成层的地区。

(4) 滥伐森林造成水土流失；开山采矿，采石弃渣等。

(5) 人类工程经济活动中，不合理的开挖、弃废，滥伐乱垦，以及地震、水文气象都是泥石流的诱发因素。

以上所述都可为泥石流提供大量物质来源。

3. 水源条件

水既是泥石流的组成部分，又是泥石流激发的重要条件和搬运介质。泥石流的水源主要有暴雨、冰雪融水和水库(池)溃决水体等。在我国泥石流的水源主要是暴雨、长时间的连续降雨等。

(二) 泥石流发生规律及分布特点

泥石流发生规律主要由降雨决定，其分布特点明显受地形、地质和降水条件的控制。

1. 泥石流发生规律

(1) 季节性。泥石流暴发主要受连续降雨、暴雨，尤其是特大暴雨的激发。因此，泥石流发生时间规律与集中降雨时间规律相一致，具有明显的季节性。

(2) 周期性。泥石流的发生受雨洪、地震的影响，而雨洪、地震总是周期性地出现。因此，泥石流的发生和发展具有与雨洪、地震活动周期大体相一致的周期性。当雨洪、地震两者活动周期相迭加时，常常形成一个泥石流活动的高潮。

(3) 泥石流通常发生于一次降雨高峰期，或在连续降雨稍后。

2. 泥石流分布特点

(1) 泥石流集中分布于两带。即青藏高原与次一级高原和盆地之间的接触带；上述高原、盆地与东部的低山、丘陵或平原过渡带。

(2) 在上述两带中，又集中分布于一些沿大断裂、深大断裂发育的河流沟谷两侧。这是我国泥石流密度最大，活动最频繁，危害最严重的地带。

(3) 在各构造带中，往往集中于板岩、片岩、片麻岩、混合花岗岩、千枚岩等变质岩系，以及泥岩、页岩、泥灰岩、煤系等软弱岩系和第四系堆积物分布区。

(4) 泥石流的分布还与大气降水、冰雪融化的特征密切相关。即高频泥石流主要分布在气候干湿季较明显、较温湿、局部暴雨强大、冰雪融化快的地区。

(三) 减轻和避免泥石流的工程措施

防治泥石流的工程措施主要有跨越、穿过、排导、防护、拦挡等。采用多种措施相结合比单一措施更有效。

1. 跨越工程

从泥石流上方修建桥梁、涵洞，泥石流从其下方排泄，用以避防泥石流。这是铁路、公路常用措施。

2. 穿过工程

从泥石流下方修建隧道、明洞和渡槽，泥石流从其上方排泄。这是铁路、公路通过泥石流地区又一工程措施，灌溉水渠也有用此法的。

3. 排导工程

排导工程是利用导流堤、急流槽、束流堤等工程来改善泥石流流势，增大桥梁等工程的泄洪能力，使泥石流按设计意图顺利排泄。

4. 防护工程

采用修建护坡、挡墙、顺坝、丁坝等工程设施，抵御或消除泥石流对建筑工程的冲刷、冲击、侧蚀、淤埋等危害的工程措施。

5. 拦挡工程

采用拦渣坝、储淤场、支挡工程、截洪工程等，控制泥石流的固体物质和雨洪径流，削弱泥石流的流量、下泄总量和能量，以减少泥石流对下游建筑的冲刷、撞击、淤埋等危害的工程措施。

三、崩塌的危害及预防对策

崩塌同滑坡、泥石流一样是山区主要自然灾害之一。常常给工农业生产及人民的生命财产造成巨大的损失，甚至是毁灭性灾难。

(一) 崩塌形成的条件及诱因

所谓崩塌是较陡斜坡上的岩土体在重力作用下，突然脱离母体崩落、滚动、堆积在坡脚、沟谷的地质现象。产生于土体中的称为土崩；产生于岩体中的称为岩崩；规模巨大，涉及山体的称为山崩。崩塌由地质条件及外部因素诱发而形成。

1. 形成崩塌的地质条件

(1) 岩土类型。岩土是形成崩塌的物质条件。通常岩性坚硬的各类岩浆岩、变质岩、沉积岩及结构密实的黄土等形成规模较大的崩塌；页岩、泥灰岩等岩石及松散土层等往往以小型坠落和削落为主。

(2) 地质构造。各种构造中的裂缝、岩层界面、断层等是坡体切割、分离、脱离母体的边界条件。坡体中裂缝发育，易产生崩塌；与坡体延伸方向近于平行的陡倾构造面，利于崩塌的形成。

(3) 地形地貌。江、河、湖(水库)、沟的岩坡及各种山坡，公路、铁路、工程建筑边坡，以及各类人工边坡都是利于产生崩塌的地貌位置。坡度大于45°的高陡斜坡，孤立山嘴或凹形陡坡均为形成崩塌的有利地形。

以上三条是形成崩塌的基本条件。

2. 诱发崩塌的外部因素

(1) 地震。地震引起坡体晃动，破坏坡体平衡，而诱发崩塌。

(2) 降雨融雪。特别是大雨、暴雨和长时间连续降雨，地表水渗入坡体，软化岩土及其软弱面，产生孔隙水压力等，诱发崩塌。

(3) 地表水冲刷、浸泡。江河等地表水不断冲刷、浸泡坡脚，削弱坡体支撑；或者软化岩、土，降低坡体强度，诱发崩塌。

(4) 不合理的人类活动，如开挖坡脚、地下采空、水库蓄水、泄水等改变坡体平衡状态的人类活动，都会诱发崩塌。诱发崩塌的因素很多，其他还有冰胀、昼夜温差变化等都会诱发崩塌。

(二) 崩塌发生规律及分布特点

1. 崩塌发生的时间与其诱因关系极为密切

(1) 降雨过程中或稍微滞后是发生崩塌最多的时间。这里所说的降雨是指特大暴雨、大暴雨、较长时间连续降雨。

(2) 强烈地震过程中常出现崩塌，地震主要指 6 级以上山区强震的震中区。

(3) 开挖坡脚过程中或滞后一段时间常发生小型崩塌。较多的崩塌发生在施工之后一段时间里。

(4) 水库蓄水初期及江河洪峰期，容易使上部岩土体失稳而崩塌。

(5) 强烈的机械振动及大爆破之后会引起崩塌。

2. 崩塌分布特点可以从地形地貌的特征识别

(1) 坡度大于 45°且高差大的坡体，或者坡体成孤立山嘴、凹形陡坡。

(2) 坡体内裂隙发育，尤其是垂直和水平斜坡延伸方向的陡裂缝发育、顺坡裂隙发育、软弱带发育；坡体上部已有拉张裂缝发育，并切割坡体的裂缝、裂隙可能贯通，使之与母体分离。

(3) 坡体前部存在临空空间，并有崩塌物发育等。这些特点可从宏观上识别可能出现的崩塌。

(三) 防治崩塌的工程措施

(1) 遮挡。采用修建明洞、棚洞等工程遮挡斜坡上部崩塌落石，常用于防治中、小型崩塌和人工边坡崩塌。

(2) 拦截。设置落石平台和落石槽以停积崩塌物；修建挡石墙以拦坠石；利用废旧钢轨、钢钎及钢丝等编制栅栏挡截落石。这些措施多用于仅在雨季才有坠石、剥落和小型崩塌地段。

(3) 支挡。修建支柱、支挡墙防治突出的岩石或不稳定的大块孤石。

(4) 护墙、护坡。修建护墙、护坡防治易风化剥落地段的崩塌，水泥砂浆抹面对缓坡进行防护。

(5) 镶补勾缝。采用片石填补，水泥砂浆勾缝的方法防止裂隙、缝、洞的进一步发展。

(6) 刷(削)坡。采用切削减缓边坡的方法防止危石、突出孤石、坡体风化破碎地段的崩塌。

(7) 排水。布置修建排水构筑物的方法拦截、疏导水源，消除水体对坡体的影响，达到预防崩塌的目的。

四、滑坡、泥石流、崩塌的地区分布

滑坡、泥石流、崩塌的分布具有明显的地区性特点。地区分布及其特征见表9-7 和表9-8。

表 9-7　滑坡、崩塌地区分布及特征

地　区	特　征
西南地区，含云南、四川、贵州、西藏	滑坡、崩塌类型多，规模大，发生频繁，分布广泛，危害严重
西北黄土高原	面积达 60 多万平方公里，以黄土滑坡、崩塌广泛分布为特征
东南、中南的山地和丘陵地区	滑坡、崩塌较多，规模较小；以岩质、堆积岩、风化带破碎岩石滑坡、崩塌为主
西藏、青海、黑龙江北部冻土地区	与冻融有关，以规模较小的冻融堆积层滑坡、崩塌为主
秦岭—大巴山地区	堆积层滑坡大量出现，变质岩、页岩区易发生岩石顺层滑坡，尤以宝成铁路滑坡、崩塌严重

表 9-8　泥石流地区分布及特征

地　区	特　征
滇西北、东北地区	分布广，暴发频繁。1979 年滇西北怒江州有 40 多条沟爆发泥石流；1985 年滇东北东川市小江中游有 20 多条沟暴发规模巨大的黏性泥石流
川西地区	分布广，规模大。1981 年该区 50 个县 1000 多条沟谷暴发泥石流，其中甘洛县利子依达沟大型黏性泥石流成为铁路营运史上泥石流灾害之冠
陕南秦岭—大巴山区	分布广，规模大。1981 年该区洛阳至汉中都发生较大的泥石流，其中凤州、略阳一带铁路沿线 134 条沟谷暴发泥石流
西藏喜马拉雅山地、辽东南山地、甘南及白龙江流域	其中武都地区泥石流最为严重

五、滑坡、泥石流、崩塌的关系

滑坡、泥石流、崩塌三者既互相区别，又互相联系，具有密不可分、互相转化的关系。

滑坡和崩塌如同孪生姐妹，甚至无法分割，常常相伴而生。其形成的地质和地层岩性构造相同，而且有相同的诱因，容易产生滑坡的地区，也是崩塌的多发区。崩塌、滑坡可互相转化，互相诱发。长期不断发生崩塌，积累大量崩塌堆积物，在一定的触发条件下便形成滑坡；崩塌也可在运动过程中直接转化为滑坡运动，这种转化也较常见。岩土体的重力运动形式介于崩塌式与滑坡式运动之间，使之难以区别，形成崩塌式滑坡或滑坡式崩塌。崩塌体击落在老滑体或松散不稳定的堆积体上，有时在重力冲击下使老滑体复活，或产生新的滑坡。滑坡体运动过程中，若地形突然变陡，滑体就会由滑动转为坠落，成为崩塌。滑坡后缘产生许多裂缝的条件，滑坡发生后其高陡的后壁，有时会不断地发生崩塌。另外，滑坡和崩塌有相同的次生灾害和相似的发生前兆。

滑坡、崩塌、泥石流三者关系也十分密切，三者易在同一地区发生，泥石流只多一项必不可少的水源条件。滑坡和崩塌的物质是泥石流重要的固体物质来源，滑坡和崩塌还常常在运动过程中直接转化为泥石流，或者滞后一段时间，在水源条件下生成泥石流。泥石流是滑坡和崩塌的次生灾害。另外，三者有许多相同的促发因素。

滑坡、崩塌、泥石流三者对人类和社会有基本相同的危害。一是三者能掩埋摧毁农田、房舍及工厂、机关、学校、医院等单位，危害人的安全；二是三者能掩埋、摧毁工厂、矿山、仓库的工艺设备和设施，造成停工停产，甚至报废；三是三者能危害铁路、公路及水利、水电设施，造成交通切断及停电停产的损失；四是三者引发多种次生灾害，甚至进一步发生衍生灾害，出现毁灭性的灾难。

诸如地质灾害中的地裂缝、地面沉降、黄土湿陷；海洋灾害中的风暴潮、巨浪、大风、海啸，还有火山(含森林火)等自然灾害都会构成对油库的威胁，或灾难性的危害，也应引起油库工作者的重视，研究防治措施。

第六节　地震灾害及预防对策

地震是一种极为普遍的自然现象，对人类的危害极大。地震灾害及其次生灾害带来的损失惨重。

一、地震基本概念及地震分类

地震是人们通过感觉和仪器察觉到的地面振动现象的总称。地球上每天都有上万次地震发生，只是绝大多数构不成对人类的危害。所谓地震灾害是由于强烈的地面振动，造成直接和间接地破坏，使人类蒙受损失的现象。

(一)地震基本概念

地震基本概念，见图9-2和表9-9。

表9-9　地震名词及含义

地震名词	含义
震源	地球内部发生地震的地方称为震源
震中	震源在地面上的投影位置称为震中
震中距	地面上任何一个地方或观测点到震中的直线距离称为震中距

续表

地震名词	含义
震中区	震中附近的地区称为震中区。强烈地震时，破坏严重的地区称为极震区
震源深度	从震中到震源的垂直距离称为震源深度
地震波	地震引起的振动以波的形式从震源向各方向传播，这种振动波称为地震波。地震波根据波动位置和形式又分为体波和面波。体波是通过地球内传播的地震波，又分为纵波和横波
纵波(亦称压力波)	质点振动方向与震波前进方向(发射线)一致，靠介质的扩张与收缩传递，其传播速度约5~6km/s，摧毁力较小
横波(亦称剪力波)	质点振动方向垂直于纵波的传播方向，各质点间发生周期性的剪切振动，其传播速度约3~4km/s，摧毁力较强
面波	是沿地球表面传播的地震波。面波传播速度最小，3km/s，振幅大，对地面破坏最大。面波又分为瑞雷波和乐夫波。瑞雷波传播是质点在波的传播方向和地球表面方向组成的平面内作椭圆运动，而与该平面垂直的水平方向没有振动，如同在地面滚动。乐夫波传播是质点在与传播方向相垂直的水平方向运动，即地面水平运动或在地面成蛇形运动
地震震级	地震震级是表示地震本身强度大小的等级；它是地震震源释放能量大小的一种量度。其定义是在距震中100km处，用标准地震仪(周期0.8s，阻尼系数0.8，放大倍数2800)实测最大水平地动位移的对数值来确定的。如测得振幅为10mm，即10000μm，对数值为4，地震即定为4级
地震强度	地震强度是地震对地球表面和地面建筑物的影响和破坏强烈程度，通常称为地震强度

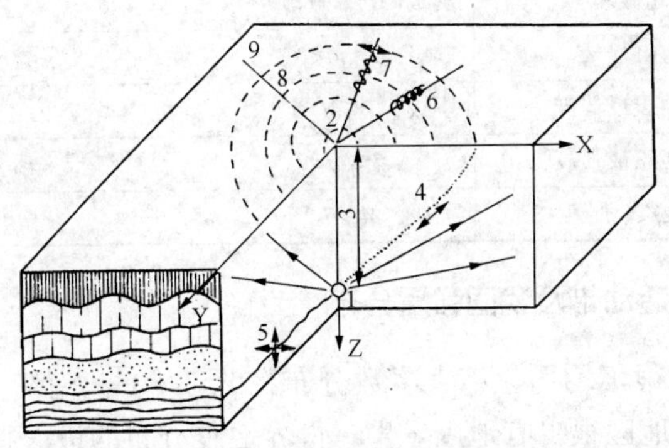

图9-2　地震名词和地震波

1—震源；2—震中；3—震源深度；4—纵波；
5—横波；6—瑞雷波；7—乐夫波；8—震中距；9—观察站

（二）地震分类

地震分类通常有三种方法，即按成因、震源深度、震级大小分类，见表9-10。

表9-10　地震的类型及划分

类别	震型		含义
地震原因	天然地震	构造地震	主要由地壳断裂构造运动引起，是最普通和最主要的一类地震，其影响强烈、范围广，约占地震总数的90%
		火山地震	火山喷发时岩浆或气体对围岩冲击引起，其影响范围小，为数极少，约占地震总数的7%
		塌陷地震	由于地壳陷落或大块岩石坠落引起的地震，多为石灰岩溶洞陷落，其数量少，影响小
	诱发地震		由于水库蓄水或向地下大量灌水，在水荷载和浸水润滑共同作用下，使断层或构造破碎带复活而诱发的地震等
	人工地震		由于地下核爆炸或大爆破，巨大的爆破力对地下产生强烈冲击，促使地壳中构造应力释放而诱发
地震源深度	浅源地震		震源深度小于0~70km的地震
	中源地震		震源深度在70~300km的地震
	深源地震		震源深度在300km以上的地震
震中距	远震		震中距大于1000km的地震
	近震		震中距在100~1000km内的地震
	地方震		震中距在100km内的地震
震级大小	超微震		震级（M），$M<1$
	弱（微）震		震级，$1\leq M<3$
	小地震或弱震		震级，$3\leq M<5$
	中地震或强震		震级，$5\leq M<7$
	大地震（强震）		震级，$M\geq 7$

二、世界地震活动带及我国强震分布

世界地震分布很不均匀，绝大多数分布在北纬60°和南纬60°之间的广大地区，在南极和北极地区很少有地震发生。世界地震分布的最大特点具有全球规模的带状分布现象，全球有四条巨大地震带。

（一）世界地震活动带

1. 环太平洋地震活动带

该带在东太平洋主要沿北美、南美大陆西海岸分布；在太平洋和大西洋主要沿岛屿外侧分布。该带的地震活动最强烈，约浅源地震的 80%，中源地震的 90%，深源地震几乎都集中在该带。其释放的地震能量约占全球地震能量的 80%。

2. 地中海—喜马拉雅山地震活动带

该带横贯欧亚大陆，大体呈东西向分布，全带总长 1.5×10^4km。该带西起大西洋亚速尔群岛，穿地中海，经伊朗高原，进入喜马拉雅山，从喜马拉雅山东端向南拐弯经缅甸西部、安达曼群岛、苏门答腊岛、爪哇岛至班达海附近与西太平洋地震带相连。该带地震活动仅次于环太平洋地震带。环太平洋地震带以外的几乎所有深源、中源地震和大多数浅源地震都发生在这个带上。其释放的地震能量约占全球地震能量的 15%。

3. 大洋中脊地震活动带

该带蜿蜒于各大洋中间，几乎彼此相连。总长约 6.5×10^4km，宽约 $0.1\sim0.7\times10^4$km。该带地震活动较弱，均为浅源地震，尚未发生过特大破坏性地震。

4. 大陆裂谷地震活动带

该带与上述三个地震带相比较，规模小，不连续，分布于大陆内。在地貌上常表现为深水湖。如东非裂谷、红海裂谷、贝加尔裂谷、亚丁湾裂谷等。该带地震活动也较强，均属浅源地震。

（二）我国强震分布

除浙江、贵州两省外，其余各省都有 6 级以上地震发生。地震在空间分布上表现为不均一性，往往呈带状分布。我国主要的地震带，东部：郯城—庐江、河北平原、汾渭、燕山—渤海、东南沿海等地震带；西部：北天山、南天山、祁连山、昆仑山、喜马拉雅山等地震带；中部：南北地震带贯穿；台湾地震带属西太平洋地震带的一部分。

我国地震最重要和最普遍的特点是地震活动的周期性和重复性。地震活动周期分为平静期和活跃期两个阶段。由于各地区构造活动性的差异，地震活动周期长短不同。我国东部除台湾外，地震活动周期普遍比西部长。东部一个周期为 300 年左右，西部为 100~200 年，台湾为几十年。地震重复性是指地震原地重复发生的现象。一般来说地震越大，重复时间越长；震级越小，重复时间越短。据统计 6 级地震的重复时间从几十年到几百年，7 级地震的重复时间多在千年以上，乃至几千年。

三、地震灾害的危害

地震灾害包括直接灾害、次生灾害和衍生灾害。地震会造成建筑工程、设备设施等的破坏，江河水库决口、山体滑坡崩塌等灾害，称为直接灾害；由于建筑工程倒塌而引起的水灾、火灾、煤气和有毒气体泄漏等对生命财产的威胁称次生灾害；由于地震和次生灾害发生，以及抗震防灾体制、人们防灾意识、指挥系统等问题引发社会恐慌动乱称为衍生灾害。次生灾害的危害尤为突出，国内外历次大地震都有不同程度的表现。

（一）地震破坏特点

1. 建筑工程破坏

地震对建筑工程有较大的破坏作用。未设防的建筑工程遭受破坏较大，设防建筑工程遭受破坏较小。破坏主要表现是建筑工程出现倒塌、沉降、裂缝、倾斜、折断等。

2. 地裂

地裂是地震区主要的现象，一般在极震区地面出现构造地裂、沉降地裂较多。如 1976 年 7 月 28 日唐山大地震，处于断层带的路段，地面开裂、位移、错落，裂缝长达 9km，最大裂缝宽 1100mm，路面侧移 1. 1 m 至 1. 8m，路面高低差达 35~40cm。

3. 滑坡

滑坡是地震引发较多的次生灾害，尤其是黄土地区更为严重。在我国历史上由于地震引起的最大滑坡发生在 1920 年 12 月 16 日宁夏海原的 8. 5 级地震所造成的滑坡。极震区的海原、固原、西吉县因滑坡数量大无法统计。仅西吉县夏家大路至兴平间 65km 范围内，滑坡面积达 $31km^2$；在会宁、静宁、隆德、靖远四县发生滑坡 503 处；固原县的石碑塬一带发生长达 5. 5km 的滑坡体；会宁县清江驿响河上游滑坡体将 2. 5km 的响河堵塞。

4. 地面下沉

地面下沉是地震常见的现象。仍以唐山地震丰南县一带地面下沉为例，公路旁土地下降 0. 5m，宜庄乡武装部门前地面下沉 1m；宜庄食品商店地面下沉 1m，附近 20m 处的水塔下沉 0. 6m。

5. 喷沙冒水

喷沙冒水使地下砂层中的孔隙水和砂粒移到地面而使地面沉陷，地基失效。从而使地面建筑、道路、河岸、桥梁等遭受破坏，农田、农作物毁坏。唐山地震仅天津毛条厂喷沙口有 2000 多处，天津工程机械厂有喷沙口 250 多个，地面堆积的最大砂堆直径 8m，高出地面 0. 3m；唐山某人防地道震后水流量达 $0.51m^3/s$。

6. 管路断裂、脱口

由于各管路安装工艺不同，破坏情况也不同。刚性承插接口比柔性承插接口破坏较重；小口径比大口径破坏较重；离建筑物近的比离建筑物远的破坏较重；室内管路大多因建筑物倒塌而砸坏。破坏形式多表现为脱口、错位、断裂。

7. 烟囱、水塔类构筑物

强地震中由于砖烟囱长径比大，多数断裂散倒，且多在高度的1/2至1/3处断裂，也有顶部裂断散落的；钢筋混凝土裂缝的多，断裂倒塌的少。水塔由于塔架不同而不同，钢筋混凝土塔架倒塌少；砖筒壁水塔裂缝严重，有的筒壁倒塌，塔体落地；电杆类倾斜者甚多。

8. 铁路公路

铁路公路破坏多为填方部位路基下沉；有的铁路钢轨弯曲，有的公路路面开裂、错落；路面开裂多纵向裂缝，路身向侧边倾倒，原因是遇断裂带，或靠近河岸、水库、水池，还因滑坡、地沉等因素而加重。

9. 桥梁涵洞

涵洞凡不在地面下沉、地裂处的皆破坏不大；桥梁的破坏多由于地基下沉、地裂、滑坡等引起。其表现为桥墩倾斜、卧倒，桥面断裂、下坠，也有桥梁位移的情况。

10. 设备及设备基础

设备的破坏大多由于建筑设施倒塌所致，还有因地面下沉、地裂、喷砂冒水，以及在地震力作用下，使设备的螺栓松动、拔脱、断裂、错扣等情况发生。设备损坏本身较少，特别是露天设备遭受破坏少。

11. 地下设施

地下设施除因地质条件影响遭受破坏外，一般受破坏较轻。

上述地震破坏特点都会对油库建筑物和构筑物、设备和设施产生不同程度的破坏或危害。

（二）地震对油库设备的危害

地震对油库设备的破坏或危害，从唐山地震来看，油泵房、配电室(间)、发油亭等建筑物和构筑物破坏严重，设备相对较轻；建筑物和构筑物内的设备较露天设备破坏严重；地面设备较地下设备破坏严重；立式钢油罐损坏较少。

1. 设备移位

油库设备移位是由于地震横纵向力的综合作用，或者地面出现地裂、沉降、错位，倒塌的建筑物冲击和气浪作用下发生的。设备移位多发生于体积小、重量轻的设备。设备移位还会使其薄弱部位破坏，内存物泄漏引发次生灾害。

2. 设备倾倒

油库设备倾倒主要发生于重心较高的设备，如高架罐、水塔等，多由于支承构件失效所致。

3. 地脚螺栓失效

设备地脚螺栓失效主要是由于地基遭受破坏而松动、拔脱，在地震力及其引发的其他力的作用下被折断。

4. 油罐损坏变形

油罐的损坏变形是由于地裂、基础下沉，地震纵、横向两种力的冲击，以及与油罐相连的管线等的作用，使油罐倾倒，油罐附件弯曲、折断，罐板褶皱、凹瘪、裂缝、起鼓等损坏现象。

5. 油泵损坏

油泵损坏除被倒塌建筑物砸毁外，主要是相连管路振动、挠曲所致。

6. 输油管损坏

输油管的损坏一般是管线折断、弯曲、移位，阀门砸坏，进而引起与其相连设备的损坏。

7. 次生灾害

对于油库来说，最主要、最严重的次生灾害是由于地震引发的油品失控造成的火灾危害。

四、预防地震灾害的对策

地震危害主要包括地震造成的直接破坏及其对人类和社会造成影响两大方面。

(一) 地震的监测和预报

地震监测和预报是地震部门和政府机关承担的任务，油库有责任、有义务开展自然现象反常观察和地震信息的收集。如发现动物异常、地下水异常，及时向有关部门反映，为减震作出应有的贡献。

(二) 工程抗震

对建筑物、构筑物及设备抗震能力，应以“小震不坏，中震可修，大震不倒”原则设计、施工、加固。其核心是合理解决抗震安全与经济间的矛盾。油库对新建工程按抗震设防标准建设，建筑密度适当放宽；已建设工程低于抗震设防标准的进行加固。对于油库设备来说，根据地震破坏特点及对油库设备的危害采取相应措施。设备基础和地脚螺栓增加其强度；尽量避免建设高架设备，建设时应按基本烈度验算抗剪强度，并采取结构措施；油泵和工艺配管应考虑足够的挠曲度和可靠的支承结构，切忌在设备、工艺管路连接口设置支承点；油罐与其相连的工艺配管应采取柔性连接，设置内部关闭装置；较大容量($1000m^3$以上)的油罐宜考虑抗震圈梁，必要时按基本烈度验算满罐时动水压力的作用；油罐区应设置抗震性能良好的防火堤，洞室油罐应设置密闭装置，无法设置防火堤的应有事故排油设施。

(三) 普及地震知识

人们只有了解了地震知识，才会认识地震监测、预报的艰巨性和复杂性，也才会清楚震前、震中自己的责任及应做的工作。由于掌握了地震知识，人们就会及时认识宏观异常而报告，增强地震监测能力和抗御地震的自觉性；增强对地震谣言、误传的识别能力，减少无震损失。同时还可以在震前做好思想、组织、物资等方面的准备，可实施迅速的救灾及避灾，减少地震损失。

(四) 救灾、重建和平息恐慌

减灾、重建及平息恐惧等方面的措施及实施方案，也属于减少地震危害的对策。如减少次生、衍生灾害发生的组织和技术的紧急措施，确定重建的方针，恢复生命线工程，对地震谣传、误传引起恐慌的紧急平息及平时预防的方针、措施等，都可以起到减灾的作用。

(五) 油库抗震减灾预案

我国综合防震减灾工作主要包括四个环节(地震监测预报、震灾预防、地震应急和救灾与重建)和八个方面(地震监测预报、地震工程与工程抗灾、地震灾害预测、地震对策、宣传教育、震后灾害评估、地震保险、救灾与重建)。在遭遇油库设防烈度范围内的突发性地震时，工程基本不被破坏，不发生严重的次生灾害，能维持或很快恢复生产、职工生活基本正常。

抗震减灾的指导思想是坚持贯彻“预防为主、平震结合、常抓不懈”的方针，从实际出发，不断增强企业综合抗震减灾能力。

综合抗震能力是指从一个油库整体出发，用系统科学的观点，采取多种对策和措施，防、抗、救相结合，综合地解决油库的抗震问题，达到全面减轻地震灾害的目的，主要包括抗震鉴定、设计、加固，场地选择，防止地震时的次生灾害，保障生命线工程的安全。为此，大中型油库应认真编制并实施抗震减灾规划，以提高油库自身的综合抗震能力。抗震减灾预案，主要包括以下六个方面的内容：

(1) 指导思想、编制原则及规划总体目标。

(2) 油库抗震减灾工作体系建设。

(3) 新建、改建、扩建工程的抗震设防和地震灾害预测。

(4) 地震灾害的应急及救援工作体系建设。

(5) 次生灾害的防范和震后救灾措施

(6) 日常抗震减灾的宣传教育等。

(六) 震前和震时的应急措施

震前和震时的应急措施包括以下七个方面的内容。

(1) 建立组织机构。

(2) 配备通信器材和交通车辆，临震前，机动车辆不准进库房，应备足油料，驾驶员坚守岗位，车辆停放在规定地点待命。

(3) 储备抗震救援物资。

(4) 拆除危险建筑物、装饰性建筑物及悬挂物。

(5) 注意地震前兆，预感地震发生时，应从容不迫，果断地采取应急措施。

(6) 紧急撤离时，要相互照顾，有秩序、迅速地按抗震防灾应急预案进行。

(7) 临震时，一旦确感地震即将发生，应立即关闭供水、供暖、供气系统的阀门和切断电源，消灭一切火源。

(七) 人员的自救互救

(1) 遇震时，应保持冷静，避免慌乱，正确利用身边的避险环境，进行自我保护，要求避震和防护行动果断，力戒犹豫。

(2) 通常地震发生至房屋倒塌间隔时间有十几秒钟。因此，可以充分利用这个时间差，采取果断的措施就近躲避。此外，在紧急避险后，为了防止更大的地震余震的袭击，人们要立即撤离现场，疏散到指定的安全地方，直到震情解除。

(3) 遇震时，应关闭易燃、易爆、有毒气体阀门和运转设备，降低高温、高压管道的温度和压力。周围房屋密集，人多时不应乱跑，应就近躲在车、机床及较高大的设备下。震后，大部分人员可撤离现场，在有安全防护的前提下，留少部分人员监视现场，处理意外事件，防止次生灾害蔓延。

(八) 震后恢复

地震后，应集中力量尽快恢复正常的生产、生活秩序，为全面恢复生产、重建家园做好各项工作。安排好职工家属的生活，立即对所有生产装置进行普查，分清受灾严重和较轻的装置，组织列出修复和复工计划，以最快的速度为恢复生产创造条件；经过检修后在油库的统一指挥下，尽快组织开工生产；同时还要搞好灾害评估、卫生防疫、社会治安、生活保障、重建家园等一系列工作。

(九) 油库抗震工程

油库除了制定有效的抗震减灾规划外，还要进行工程抗震。

1. 按地震烈度设防

(1) 凡处在高烈度区的炼油油库，根据对未来(50 年或 100 年)地震强度的概率预测，按照抗震设防标准、国家颁布的有关抗震标准规范对新建工程项目进行抗震设计，对已有的建(构)筑物和各类设备进行抗震鉴定及加固，以达到“大震不倒、中震可修、小震不坏”的水平。在概率的基础上，不同建(构)筑物和工程设备用不同概率标准设防，以达到经济安全的目的。

(2) 为了对现有的建筑工程的抗震能力做出判断，必须进行抗震鉴定，以达到有目的的加固。其鉴定方法，一是确定鉴定项目和所采用的地震烈度，根据建筑物的重要性和抗震设防的要求，以及技术经济条件的可能性确定鉴定项目。在明确建筑物所在地地震基本烈度的基础上，依据拟定建筑的重要性确定抗震鉴定所应采用的地震烈度。二是查明建筑物的现状，在判定建筑物是否需要进行抗震鉴定时，需查阅原有设计与施工资料、使用经历、破损程度以及材料的实际强度，必要时采用现场测定或非破损检测手段以获得资料。此外，在查阅建筑档案时，要查明是否经过抗震设计，采用哪年、哪本规范，以便了解设计时采用的设防标准。设计时未考虑设防或设防烈度低于现行标准的，均需进行抗震鉴定。三是抗震分析评定，对原来未设防或设防烈度不足的建(构)筑物和各类设备，要进行抗震强度或变形能力的验算。四是抗震构造评定，指出应加固的部位和采取的加固措施。

(3) 设备抗震加固有其特殊性和复杂性，一般各部门、各系统根据专业性质不同，单独制定工业设备抗震加固的程序和内容。对所需要抗震鉴定的设备逐个进行普查，查清设备的外观结构、尺寸、壁厚、焊缝饱和程度，有无开焊腐蚀或渗漏现象，基础有无不均匀沉降，依据有关的抗震鉴定标准和规定进行抗震验算。对结构形式较复杂的主要设备动力特性应进行现场测试，以验证抗震验算的结果是否正确。在查明情况的基础上，采取抗震措施，明确加固目标。凡是不符合抗震要求的设备，都必须进行抗震加固、制定设备抗震加固规划，并纳入本油库的抗震减灾和抗震加固年度计划。可结合油库的维修、大修、技术更新改造措施统筹安排。经过普查或者抗震验算不符合抗震要求的设备，选用合适的加固措施，按有关指标、规定进行设备的抗震加固设计。

(4) 油库各类建筑工程需要加固时，应明确重点，分清轻重缓急，列出抗震计划，如油库生命线工程系统中的关键设施；油库主要关键设备、储罐，尤其是易发生次生灾害的设施和设备应优先安排加固。油库民用住宅建筑，应先加固抗震能力较差的住宅。对危房和没有加固价值的房屋，不再进行加固应列入拆除计划。对一时不能重建而又有危险性的地区，应采取抗震措施，以保障人民生命财产的安全。在确定加固项目后，应按抗震鉴定、加固设计、设计审批、组织施工、竣工验收、工程建档的程序进行。验收时应对抗震鉴定报告、设计施工图、竣工图、验收报告、工程决算、抗震加固总结及其有关附件，逐项认真进行，严把质量关，以确保建筑物在抗震加固后，发挥抗震减灾的功效。验收后所有文件按科技资料归档。

2. 提高要害部位的设防

油库的建(构)筑物和各种装置设备，地震烈度在六度以上地区有可能产生严重次生灾害的要害部位，要提高抗震设防标准进行设计和加固，或专门作出震害危险性分析，按不同概率水准确定自然变异参数，进行特殊设计。对于油库抗震薄弱环节，必须采取切实可靠的应急对策。

(1) 抗震重点：

① 地震加速度直接损害设备装置主体，使设备基础、地脚螺栓受到破坏。

② 振动共振会造成烟囱等细高设备基础折断。

③ 振动位移和复杂振动会造成管线折损或管线接头处泄漏。

④ 地裂、地滑、地表移动产生的断层变位，是造成次生灾害最主要的原因，特别是回填地区易发生这种现象。

⑤ 共振摇晃可能会造成罐内液体溢出或浮顶油罐的浮盘撞击罐壁破坏。

(2) 抗震设计及抗震加固的重点：

① 储油罐：主要是基础工程加固，同时要防止因地面不均匀下沉而造成管线断裂，液体摇晃(共振摇晃)造成溢出及罐壁破损。

② 泵：泵类的基础坚固不至崩坏，但可能产生密封部位的泄漏。泵进出口的接管部位也是薄弱环节。

③ 输油管线：管架上的管道因其本身有挠曲性而一般不至断裂，但一旦发生共振，可能产生管架从根基处折断，另外要注意防止管线从管架上脱落。

④ 仪表：强烈地震时测量仪表有可能损坏，所以控制系统不能完全依靠仪表指示。

⑤ 公用设施：地震时正是这些设备发挥重要作用的时候，因此在设计中应提高其抗震强度。如水泵、管接头等使用铸铁产品或脆性材料易破损，高压电瓶也要经常检查。

⑥ 烟囱：对此类设备的抗震性能需要进行动力学核算。尤其应考虑到地震时各个系统同时进行紧急排放的不利因素。

⑦ 防火堤：防止储罐破裂后油漫流的重要设施，在地震中它也是防止火灾发生或扩大的重要因素，因此必须对它进行加固。

此外重点检查危险品、易燃易爆物品的库房，防止因危险品倒落、泄漏而造成物料混合爆炸、着火、污染等事故。

3. 按油库作业特点设防

结合油库作业性质和工艺流程特点，应该加强岗位操作人员的培训，平时注重意外事故的处理与操作，提高应变能力，降低地震灾害带来的损失。

(十) 普及地震知识，提高职工抗震减灾能力

炼油油库多年来抗震减灾工作的经验表明，搞好地震知识的宣传是一项长期而艰巨的工作。普及地震知识，对提高职工抗震减灾能力至关重要。

1. 增加对地震前兆的观察能力

掌握地震知识的职工，可以通过感觉器官直接感知某些宏观前兆现象，并将其及时地报告给上级主管部门，这样不仅自己可以提前预防，又给临震预报的决断提供依据。

2. 增加人们防御地震的能力

职工懂得地震知识，可以增强防御地震的自觉性。在油库的生产建设过程中，人们因地制宜采取合理的抗震措施，处理生产过程中的异常现象和意外事故，防止次生灾害的发生，震时保持镇定，采取正确的避险措施，震后采取自救互救行动，这样可减少人员的伤亡。

3. 增强对地震谣言和误传的识别能力

地震谣言和误传之所以容易在社会上流传、蔓延，是因为人们缺乏地震知识，了解了目前地震预报的水平和现状，知道地震预报发布的权限规定，地震谣言和误传就没有市场了。

4. 增强救灾的能力

震区救灾有组织和无组织大不一样，有准备和无准备也不一样，油库领导懂得地震的危害，就会采取相应的措施；职工有了抗震的意识，地震时就能按照应急预案操作，做到震时不慌，达到减轻震害的目的。

5. 加强地震知识普及

地震知识可以在油库不同文化层次的人中普及，专业人员要加大宣传力度，特别是要为各级领导、管理人员、岗位人员提供简便易懂、易操作的书籍，将趣味性与实用性结合在一起，以达到普及地震知识的效果。

第七节　台风灾害与预防对策

气象学中所说的台风，是发生在热带大洋上的一种具有暖气流中心结构的强气旋性涡旋，总是伴有狂风暴雨，常给其所影响的地区，带来强烈的天气过程。

台风的横断面，即典型的水平截面，就像画在水平面上的一个大圆。这个大圆的周围，是呈逆时针旋转的气流。这个大圆的直径一般为 600 ~1000km，在它的中心可以看到一个小圆圈，它的立体结构就是一个圆柱，叫做台风眼。在台风眼区的周围，有一圈宽约几十公里的眼壁，它是环抱着台风眼区的一座高耸的云墙。这种环形的眼壁，是台风中天气最为恶劣的地区，那里风力极大，强对流作用形成了高耸如塔的积雨云，带来很大的降水，而且多为特大暴雨。

在我国，台风发生的月份和地域分布的一般规律是：1 月至 5 月，台风一般在广东登陆；6 月和 10 月，可在广东、福建、台湾、浙江登陆；7 月至 9 月，一般在从广西到辽宁的各沿海省(市、自治区)登陆。

一、台风的危害

一般情况下，台风直径为600~1000km。如果以800km作为台风的平均直径，经计算，它释放出来的能量就是735×10^{10}kW。一个成熟的台风，它在一天之中降下来的雨，折合水量为200×10^{8}t，水汽凝结所释放出来的热量就相当于50×10^{4}颗1945年炸广岛的原子弹的能量。也就是说，台风降雨每秒钟释放出来的能量就相当于6颗普通原子弹的能量。还可以用电能作一个比较，一个成熟的台风，在一天的时间内所释放的热能，如果转变成电能，可供美国全国用电6个月。

台风的威胁，源于它释放能量的三种方式，即兴风、作浪、降水。

台风带来的大风(兴风)和风暴潮(作浪)会造成沿海地区洪水泛滥、海滨受侵蚀、损失土壤肥力、建筑物被破坏、电力和通信中断、人的死亡和受伤、火灾、农业损失(农作物或温室被毁、树林被毁、鱼塘受损、牲畜伤亡)；台风带来的降水除造成农业损失外，还会造成水质污染、陆地下陷、内陆洪水爆发(水库垮坝、山洪暴发)。虽然一次台风从发生到消亡，最多不过八九天，但其遗患至少几十年。这种遗患主要指台风对生态环境，尤其是对森林和土地的破坏作用。

台风对炼油行业的危害，除了风力对一般的房屋破坏人员伤亡外，往往造成设备损坏、电杆折断、运输中断、停电停产，给生产和生活造成很大困难和严重的经济损失；台风带来的频繁降水造成山洪暴发，使防洪防汛工作困难重重。

二、台风的预防

台风是自然界的产物，其力量之猛，依据目前人们所掌握的科学技术，还没有有效的办法去引导和控制它为人们更好的服务，台风具有不可抗拒性。实践证明，建立坚强的防台风组织机构和制定严格的责任制度，制定防台风预案，开展防台风预案的演练，是做好防台风和抢险工作的有力保证。

(一) 防台风方针

当前我们制定的防台风工作的方针是“安全第一，预防为主，常备不懈，全力抢险”，对出现的台风，要本着“有限保证，无限负责”的精神，积极防守，力争把灾害减少到最低限度。

(二) 防台风任务

防台风的主要任务是采取积极和有效的防御措施，把台风灾害的影响和损失减少到最低限度，以保障经济建设的顺利发展和人民生命财产的安全。

为完成上述任务，防台风工作主要内容如下：

(1) 有组织、有计划地协同有关部门开展防台风工作。

(2) 大力宣传，提高广大群众防台风的意识。

(3) 完善防台风工程措施和建立防台风防御体系。

(4) 密切掌握台风规律和信息。

(5) 制定防台风预案。

(6) 台风过后总结当年防台风工作的经验教训，并提出下一年防台风工作重点。

三、防台风抗灾

油库防台风抗灾指挥部应随时与水文、气象部门保持联系，掌握热带风暴(台风)的动态，当达到或超过油库所在地风暴潮的设防标准时，油库防台风抗灾指挥部应启动“防台风抗灾应急预案”，组织抢险。

油库遭受台风袭击，应及时向上级单位和当地政府主管部门报告受灾、抢险和损失情况。在防台风期间，对关键装置要害部位应加强检查，并采取积极的防范措施。若抢险力量不足时，应及时向当地政府、驻军、武警部队和兄弟队伍求援。

台风到来时，要对工程进行检查，制定切实可行的检查制度，具体规定检查的时间、部位、内容和要求，并确定巡回检查路线和检查顺序、组织有经验的技术人员负责进行巡回检查。

四、防台风抗灾的善后处理

油库应及时对受灾情况进行统计，核实灾情，并及时上报。不应虚报、瞒报。因受灾造成减产、部分停工、停产的单位，应做好恢复生产工作，减少灾害的损失。做好对受灾职工、家属的生活住房安置、防疫和伤亡人员处理工作。

遵照《中华人民共和国防洪法》和《中华人民共和国防汛条例》，对防台风抗灾中有功的单位和个人应给予表彰和奖励；对在防台风抗灾中玩忽职守、临阵脱逃、挪用、盗窃、贪污防台风抗灾物资钱款，危害防台风抗灾工作的个人给予处罚，触犯法律构成犯罪的移交司法机关依法追究刑事责任。

油库要组织台风过后的检查，主要内容包括：

(1) 工程损坏修复的计划。

(2) 台风的特征分析。

(3) 防台风物资的使用情况。

(4) 防台风的经验教训。

第十章　油库事故分析与管控

第一节　油库事故典型案例分析及教训

事故案例教育是油库安全教育的一种实用而有效的方法，运用别人的经验教训来提高职工的安全意识，指导职工的安全行为，对油库安全管理具有极其重要的意义。

一、人员伤亡事故典型案例分析及教训

[**案例 1**]　油库爆炸造成 9 人死亡。

2000 年 1 月 27 日 13：40 左右，某市城区的 500m 长的公路下水道，因某石油公司地下输油管道断裂汽油泄漏引发爆炸，9 人当场死亡，1 人失踪，16 人受伤，公路严重毁坏。据了解，泄漏汽油渗透到下水道，形成爆炸性气体，被人误点火而引发。

1. 事故经过

某石油公司从第一油库通过地下管道输送汽油至第二油库，地下输油管道有 600m 经过某市政府旁边的公路。当日 8：00 左右，某市政府旁边商店 1 名值班职员打开店门后，发现门前下水道排水口正往外冒汽油，职员马上打 119、110 报警，市消防支队接警后立即出动 3 台消防车和 3 辆指挥车。消防官兵到现场后，迅速查明泄漏的汽油是某市石油公司第一油库向第二油库输油的管道出了问题。当时冒出到地面汽油的有近 20cm 深，汽油正流入四周的下水道。消防支队长一边叫赶到现场的官兵用泥土堵住泄出的汽油，一边指挥附近的群众疏散。消防中队队长则用电话通知某石油公司停止输油，关闭输油管，又叫供电部门停止向该区域送电。在 10min 内，巡警、交警和某石油公司的职工赶来了。市领导赶到现场后，立即组成现场临时抢险指挥部，有消防、交警、巡警和石油公司的现场负责人参加。

抢险指挥部根据现场的空气中汽油含量很高，随时可能发生爆炸，立即命令：交警封锁道路，严禁任何车辆、行人入内，巡警负责疏散现场附近的单位和街道人员，并通知周围群众严禁用火；消防人员和石油公司的职工把主要人力投入抽取油品和清除地面的汽油。抽取油品不允许使用电动泵，石油公司只好用手

摇泵抽取油品，但速度很慢。部队某油库闻知险情后，迅速调来了防爆油泵，抽取油品的速度加快了。

消防技术人员用可燃气体检测仪测出，沿公路的下水道内形成了爆炸性气体，抢险指挥部马上又组织人力将沿线的地下水井盖打开，用消防喷雾水枪在现场喷雾，以增加空气湿度。

13：00 时，泄漏于下水道中的汽油基本上抽完，地面的泄漏油也被石油公司的职工用棉被吸取干净。但有部分汽油由下水道流入了一条明沟，明沟中的汽油未能及时处理，13：40 左右引起明沟及其周围着火爆炸，后引燃下水道中的残余汽油，下水道中也发生了着火爆炸。

2. 事故原因

(1) 泄漏原因：据初步调查，漏油原因是某施工单位在挖掘中损毁地下输油管道，正在输送的汽油外流；油库在输送汽油时，失于监视运行，未能及时从仪表显示中发现漏油。

(2) 爆炸原因：漏油现场的西侧约 8.5km 处是某市工商银行在建商住小区，商住小区公路旁有一条明沟通往池塘。池塘在一间小屋处有一个泄水口。13：40 左右，农民黄某来到小屋背面，他看到泄水口的水面有油，就想试着点一下，谁知他打了一下打火机，“嘭”的一声燃了起来，明沟里的汽油立即爆燃，火柱高达 10 余米。顷刻间又响起了一连串沉闷的爆炸声，泄油现场周围的下水道盖板被炸开，一块下水道铁盖“嘭”地跳了 10 多米高。明沟中的大火引燃了沟边民工搭起的工棚。由于工棚都是竹子和油毡搭盖，瞬间即起了大火，烟火高达 10 余米，消防人员调动所有的 5 台消防车投入救火，大火直到 16：00 才扑灭。

3. 事故损失与教训分析

(1) 事故损失：

① 事故造成 9 人死亡，1 人失踪、16 人受伤，其中 3 人重伤，13 人轻伤。

② 爆毁(掀翻)3 部汽车、10 辆摩托车和数辆自行车。

③ 2km 长的排水道被炸坏，100 多米下水道被炸开，厚约 40cm 的钢筋混凝土路面被炸开 3 处。

(2) 事故教训：这是一起因施工单位挖掘机碰撞输油管线引发的外方责任事故。其教训是：在油库外部埋设在地下的输油管线应有明显标志，在输油时应沿线巡查，经常注意意外情况对输油管线的影响，制订处置意外情况的方案。

[案例 2] 阀门井中油气中毒身亡。

1998 年 5 月 15 日 11：40 左右，某油库发现保管员王某在半地下覆土式 2# 油罐阀门井内油气中毒，经抢救无效，于 13：10 死亡。

1. 中毒经过

1998 年 5 月 15 日是油库正常发油时间。10：05 某部到油库拉 90 号汽油，现场值班员谭某带保管员王某、刘某、姚某进行发油作业。按分工王某、刘某到 2#油罐进行例行检查，王某进入 2#油罐阀门井中检查设备设施，刘某沿输油管进行巡查。11：36 发油作业结束。

按照规定王某进入 2#油罐阀门井开关阀门时，刘某应在阀门井口监护。但刘某巡查返回时未见到王某，经查找于 11：40 左右，发现王某躺在阀门井内，刘某下去救人。刘某下到井中想把王某拉起来，但拉不动。这时刘某感到呼吸困难、无力，立即顺井壁爬梯爬出阀门井，并跑向铁路作业区求救。阀门井结构和工艺管线如图 10-1 所示。

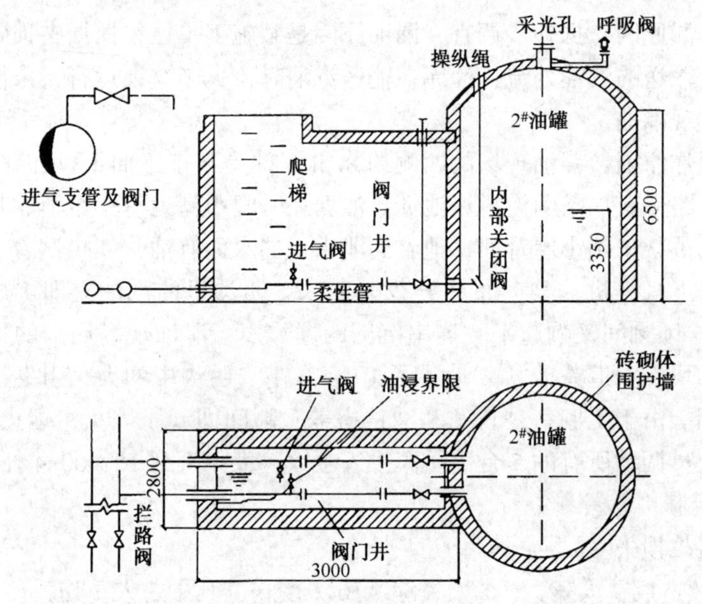

图 10-1　阀门井结构和工艺管线示意图

下班号响后，现场值班员谭某见王某、刘某尚未到达，便与姚某向储油区走去。与此同时，保管队代理队长杜某，叫队部值班员何某和保管班长郑某去看发油是否结束。何某、郑某走到铁路附近时，看到刘某从储油区跑来。迎上后，刘某向何某和郑某说了王某中毒的事，何某、郑某即向 2#油罐跑去；刘某又迎上谭某和姚某说了王某中毒事，谭某、姚某、刘某三人也向 2#油罐跑去。

何某、郑某到达 2#油罐后，何某带上安全绳（收发油作业时现场备有安全绳）下到阀门井中，将安全绳携结在王某双臂下胸部处。何某爬出阀门井时，谭某、姚某、刘某三人也赶到，大家把王某从阀门井中吊出来，用库区拉土的拖拉机送油库卫生所，经初步治疗后送医院抢救，12∶30 到达医院，经抢救无效，13∶10 死亡。

2. 事故原因和教训分析

这是一起由于违章造成的责任事故。

(1) 阀门井内输油管进气管阀门关闭不严。通过对阀门井内设备设施检查，以及按照发油作业程序给输油管充油检验，设备设施技术状况良好。但事故发生后，从阀门井内清出 90#汽油约 30kg。在阀门井内只有输油管进气管与大气相通。根据有关数据测算，DN20 阀门开启 2 圈，在 16min(实际作业时间为 16min) 内流出汽油约 30kg。故确认是输油管进气管阀门关闭不严，造成油品外流并积聚大量油气。

(2) 保管员违反进入通风不良空间作业应 2 人以上的规定。王某在刘某不在现场监护的情况下进入阀门井，致使发生中毒未能及时发现，延误了抢救时间。

(3) 作业前检查工作不细。据查阅 2#油罐收发作业、检修、日常检查记录，1997 年 12 月 24 日发油至今，该油罐未进行收发作业；1998 年 4 月 24 日曾因 2#油罐进出油阀门渗漏进行检修。这次发油曾对阀门井进行过检查，未发现异常。但发油后，井内有汽油约 30kg，说明本次作业前检查不细，未能发现进气管阀门关闭不严，造成油品外流、中毒亡人事故。

(4) 从这起事故看出，规章制度不到位是造成事故的基本原因。其表现：一是进入通风不良空间作业时，没有落实应有人监护的规定，王某在无人监护的条件下进入阀门井；二是作业前必须认真检查设备设施的规定没有到位，漏掉了输油管进气管阀门关闭不严这个隐患。

(5) 阀门井深 6.5m，且阀门是油库易发生渗漏的设备之一，进气管与大气相通也易散发油气。这样阀门井成为极易积聚油气的场所，加之进出不便，通风不良，成为发生事故的隐患。因此，应对阀门井加以研究和改进。如将阀门井直爬梯改为斜通道，将进气管伸延至地面，并加装进气阻液阀。

[案例 3] 换垫片油气中毒，抢救不力 3 人死亡。

1. 事故概况

某年 5 月 31 日 10∶00 左右，某石油公司油库更换 4#油罐进出短管法兰垫片时发生中毒事故。

5 月，1000^3的 6 座油罐，除 4#油罐储有少量油品外，其余都储满了汽油。计划安排 4#油罐 5 月底进一批汽油，但 4#油罐进出油短管法兰垫片老化渗油，必须在进油前将垫片更换。

5 月 28 日，将 4#油罐阀门打开，排放罐内残余油料。这天共放出 18 桶(每桶 200L）汽油。经测量罐内液位 10cm（油罐中心部位），但油库再没有油桶或其他容器能装油品。随后储运科长徐某决定，不再排放罐内底油，拆除螺栓更换垫片，并组织 7 名工人分 3 班轮流下到罐室拆卸法兰螺栓。因罐室内油气很浓，每次下去只能停留 1min 左右。28 日一直工作到 20：00 多才卸了 7 个螺栓，最后 1 个螺栓再也卸不下来。在拆卸螺栓时，法兰下面放了一个盘子接油，盘子满了再倒入油盆，这样罐室油气愈来愈浓，无法继续工作，于是撤出罐室停止工作。参加罐室工作的工人都感到头昏，吃不下饭，29 日和 30 日都没有上班。

31 日储运科长徐某又组织 7 人拆卸最后一个螺栓。徐从附近化验室拿来一条毛巾捂在嘴上，下罐室检查。为监护徐某的安全，张某从罐顶人孔观察徐某的情况，看到徐某端着盘子向小桶方向走时昏倒（约 10：00 左右）。随即周某和李某下罐室抢救，背起徐某向旋梯方向刚走了几步就昏倒了。第二次谢某下去抢救，昏倒在旋梯边。第三次李某和张某下去将谢救出。第四次李某和张某下去，拖着徐某和周某往旋梯方向走，感到浑身无力，就急速向旋梯方向跑，李某昏倒在旋梯第六踏步上，张某昏倒在旋梯平台上。这时在岗楼值班的张某跑来，同文某下去将李某和张某救出。随后公司领导赶来，向附近的驻军求援。解放军带着防毒面具前来参加抢救（近 12：00），才将徐某、周某、李某 3 人救出。但因中毒时间太长，3 人经抢救无效死亡，其他几位经治疗恢复了健康。

2. 事故原因

（1）由于 4#油罐无水平通道，罐室内形不成自然通风，法兰连接处渗油，油蒸气积聚在罐室环形通道。28 日工人头昏，吃不下饭，就是中毒现象，但未引起重视。

（2）28 日又拆除了 7 个法兰螺栓，油品流出挥发，加大了罐室油气浓度。经过 2 天到 31 日，罐室油气会更浓，不通风就进入罐室，肯定会发生油气中毒，在这样的环境中工作，不中毒是不可能的。徐某进入罐室不久中毒倒下，就是证据。

3. 事故教训

（1）进入地下或半地下罐室工作前，应先通风。工作场所油气允许浓度应在爆炸下限的 4%。如果通风无法达到规定的要求，必须有必要的防护措施，比如人员应佩戴符合规定的防毒面具，系安全绳等。这次中毒事故是由于组织者盲目决定，参加者不懂得油气危害，不采取安全措施，在大量积聚油气的罐室内蛮干所造成，是一起责任事故。

（2）覆土式油罐是将油罐安装于地下或半地下罐室内，通风条件较差，若无水平通道，通风条件就更差。油蒸气密度又大于空气，沉积于罐室下部，无法排出，成为安全隐患。另外，这种形式的罐室内较为潮湿，油罐及其附件防腐层易受到破坏而严重锈蚀。今后不宜再建这类油罐。这种形式的油罐，还有一定数量。如果没有水平通道，应拟改建水平通道，并设密闭门作为防护(罐室与水平通道的密闭门形成防火堤)，以利于操作和通风。

(3) 油罐进出油管阀门不应采用铸铁阀。

[案例4]　带电检修，灾祸临头。

1. 事故概况

1989年8月26日17：00，山东省某县石油公司加油站电工在修理汽油加油机时，可燃气体瞬时发生爆炸，爆炸引起的火焰窜入管沟及地下罐室，炸毁90#汽油罐1个，同时引爆一辆正在卸汽油的东风油罐车，并有3个油罐遭到不同程度的破坏。事故发生后，经过40min激战方将大火扑灭。据初步统计，这起油罐大火造成直接经济损失10余万元，事后，事故责任者于8月30日被依法逮捕。

2. 事故原因

(1) 修理加油机时，无视安全操作规程，在没有将电源切断的情况下便进行检查修理工作，致使防爆接触器产生火花引燃油蒸气。

(2) 管道沟未用干沙填实是造成油蒸气积聚和火焰传播的主要原因。

(3) 罐室储油，在罐室内油蒸气浓度很大，而管沟又与罐室相通是造成油罐爆炸、火灾扩大的直接原因。

3. 事故教训

加油机是加油站经营的主要设备，它的维修和保养显得尤为重要，但必须牢记“安全第一”，严格按照操作规程进行检修，否则产生火花将带来不可估量的恶性后果。对于这次事故电工负有不可推卸的责任，但加油站的设施存在诸多隐患也是造成事故进一步扩大的主要原因。加油站设计规范上明确规定管沟必须用沙子填实，严禁罐室储油，以防止油蒸气的积聚。

[案例5]　设备带病运行，招惹大火上身。

1. 事故概况

某年8月25日，某油库清洗过滤器时，有1只螺母拧不动，未及时处理。27日作业前没有检查，用发动机泵向加油车灌装航空汽油，启动约7min后发现过滤器垫片处漏油，司泵员在未停机的情况下，用扳手紧定螺栓，造成过滤器喷油，洒落在发动机泵上着火，大火迅速蔓延整个发动机泵。油罐车司机将车开离现场，但输油管将发动机泵拖出6m时，被10只装航空汽油的油桶拌住，又引燃了油桶，造成火灾面积扩大，烧伤2人，烧毁发动机泵1台及部分油料装备，烧损航空汽油0.5t。

2. 事故原因

这是一起因检修设备造成遗留隐患引发的责任事故。事故原因是：

(1) 检修设备中发现的问题没有及时处理，检修未完成，留下事故隐患。

(2) 发动机泵运转中，进行检修作业，导致事故发生。

3. 事故教训

(1) 要及时对设施设备进行检查、维护、修理，发现问题必须及时处理。检修未完成时应告知相关人员，并挂警示牌。

(2) 作业前必须对设备进行检查，设备不可以带故障作业。

(3) 作业中发生设备故障，应及时停机，并按照规定进行检查修理。

(4) 加强人员的事故处理训练。在这起事故中，因为相关人员在发生事故后不冷静，忙中出乱，造成了事故扩大。

[**案例 6**] 未通风进罐作业，造成中毒身亡。

1. 事故概况

某年 7 月，某机场油库 1 名助理员带领 5 名油料员清洗 70#汽油罐。作业前没有进行安全教育，没有检查防毒用具，没有事先打开人孔通风。助理员下罐 5min 后因面具漏气中毒，晃了几下便倒在梯子背后，监护的油料员用力拉安全带，但因安全带被梯子拌住，提不上来。1 名油料员未戴防毒用具下罐将助理员救出。这名油料员爬到罐口时晕倒，被卡在油罐和混凝土支架的夹缝里面，因未能及时救出而中毒身亡。

2. 事故原因

这是一次因清洗油罐作业方案不周，准备工作不充分而造成的责任事故。

3. 事故教训

清罐作业方案必须详细周全；清罐前必须进行通风和安全教育，使作业人员明确清罐作业的危险性；防毒用具必须技术性能良好；进罐前必须检测油气浓度，在爆炸下限的 40%以下，才允许佩戴防毒用具进罐。再是应有备用的防毒用具和安全带，以便紧急情况下使用。

[**案例 7**] 气焊切割管线蛮干致爆炸人亡。

1. 事故概况

1998 年 1 月 15 日，某油库一干部带领外来 6 名人员清理已报废的加油站时，使用气焊切割加油站室内输油管线，引起爆炸燃烧，造成 5 人被烧死。

2. 事故原因

使用气焊切割管线时，管线内残存油料及油气受热急剧膨胀，遇明火产生爆炸燃烧，由于门窗均为内开式，无法打开逃生，造成人员伤亡。

3. 事故教训

（1）作业人员安全知识缺乏，安全意识淡薄。参加作业的没有专业人员，而是不懂业务的外来员工。在未确定被拆除管线内是否留有残油的情况下，盲目蛮干，使用气焊切割管线。“带油、带压容器和管线，一般不允许动火，确需动火时，必须采取严格防范措施，作为特殊动火处理”。

（2）该库领导对安全工作存在着认识误区，安全管理还存在死角，对库区内潜在的危险估计不足，对废弃加油站储、输油设备的拆除，思想麻痹，计划不周，动火作业没有履行上报审批手续，擅自决定动火。“油库用火必须对动火现场进行认真检查，制定动火方案和防火、防爆措施，向上级呈报用火书面申请”。油库领导没有全程跟班作业，擅离职守，致使作业人员在切割最后一根管线时发生爆炸。

（3）作业前没有采取任何防范措施。管线残留油料遇火爆炸燃烧后，巨大气浪将门窗顶死，作业人员失去了逃生机会，使本来可以避免的亡人事故，扩大为烧死5人的惨祸。

二、着火爆炸事故典型案例分析及教训

[案例8]　拖拉机排出火星引燃空间油气爆炸起火。

1993年10月21日18：15，某石化公司炼油厂油品分厂半成品车间无铅汽油罐区发生空间爆炸，引起罐区的地面、310#油罐着火，操作工人、拖拉机驾驶员被烧伤，先后死亡。参加灭火作战的有156辆消防车，1323人参加，经参战人员奋力扑救，310#油罐大火在10月22日23：15被扑灭，持续17h。

1. 基本概况

该炼油厂始建于20世纪50年代中期，生产设备陈旧老化，而且多是高温高压下作业，原料和产品易燃易爆，油品储罐林立，输油管线纵横交错，火灾危险性极大，是一级重点防火单位。310#油罐坐落在炼油厂1#油罐区，该罐区占地面积$12\times10^4m^2$，310#油罐周围有4座$10000m^3$和1个$3000m^3$的汽油罐，3座$10000m^3$的原油罐，东邻炼油厂2#油罐区，北邻长江5000m，西邻2座$10000m^3$的原油罐和炼油厂催化生产区，南邻炼油厂加氢裂化生产区。310#油罐始建于1979年，1989年改造，是高19m，直径28m的外浮顶油罐，距该罐区的309#、308#、311#3座$10000m^3$汽油罐40m。310#油罐座落位置的地面高于生产区的标高差为8m，1#罐区四周消防通道少且狭窄，距离油罐为75m，有地上消防栓18只，地下管网的管径为300mm，常年水压为3MPa，罐区北侧200m有1个$153m^3$的生活水塘。

2. 事故经过

(1) 1993年10月19日4:00，按照厂调度室布置，310#油罐开始收贮催化裂化重油产出的90#汽油。

(2) 10月21日13:00，310#油罐进完汽油，液位高14.26m，总量6428t。

(3) 15:00，310#油罐加抗氧化剂和钝化剂后，开始进行油品循环调和。此时操作工误开了311#罐的发油阀门，这样就导致了311#罐内的汽油通过泵打入310#油罐内。

(4) 15:41，310#油罐液位高14.30m，高液位开始报警。操作工听到报警后，便误认为是仪表误报警，一直没去油罐区检查，声、光报警一直持续到事故发生。在此期间，汽油从310#油罐顶上大量外溢，在罐区挥发扩散，并从油罐区流入200多米长的排水明沟，经测量爆炸发生的面积为23437.6m^2，平均高5m，空间体积117187.5m^3，在1.5km以外可以听到爆炸声。此时在空气中汽油蒸发的体积含量至少在2.22%左右，与空气混合的汽油爆炸极限为1.0%~6.0%，恰好在爆炸范围内。在爆炸空间按照2.22%的汽油蒸汽浓度计算，汽油蒸发量为2608.56m^3，合计为18.15t。

(5) 18:15，一民工开着拖拉机从北向南进入离310#油罐65.6m处的马路时发生爆炸，经试验证明驶入爆炸区域的手扶拖拉机排出火花是这次爆炸火灾事故的点火源。紧接着的回火引燃到310#油罐顶，并形成稳定燃烧。

3. 事故分析

经事故调查组和技术专家的技术论证，认为这起事故是由于310#油罐汽油外溢，蒸发形成混合爆炸气体，在点火源的作用下，首先发生空间爆炸，继而引起油罐燃烧的重大火灾事故。

(1) 直接原因：

① 10月21日15:15左右，白班操作工对310#油罐进行加剂循环调，作业时误操作引起的。阀门误操作见图10-2。其工艺流程是打开310#油罐副出线主控阀门A和主进线主控阀门C，即汽油从310#→阀门A→管线F→油泵→管线E→阀门C→310#完成一个循环。实际却错开了311#油罐的副出线主控阀B，导致流程变为311#→阀门B→管线F→油泵→管线E→阀门C→310#油罐，这样不是循环而是输入，造成310#油罐汽油外溢，在罐区内外大面积扩散，形成爆炸性气体，成为这次事故的直接原因。

② 进入爆炸区的拖拉机排气的火星是这次事故的点火源。

(2) 间接原因：

① 纪律松弛，管理滑坡，各项规章制度执行不严。操作人员责任心不强，

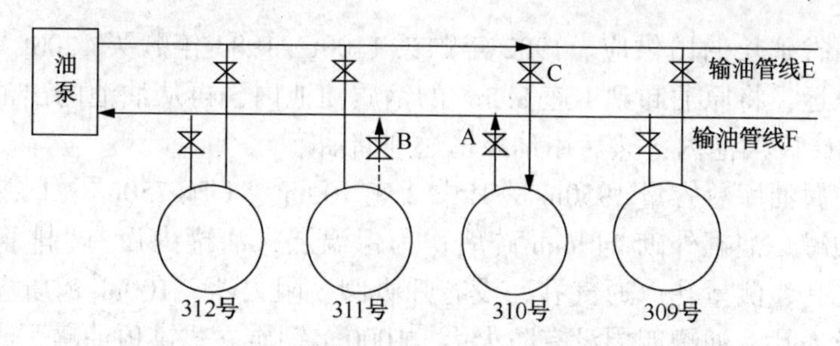

图 10-2　阀门误操作工艺示意图

严重违反操作规程，对 310#油罐从 15：41 起高液位报警，一直到着火均无人发现。五道操作关口均没有把住：一是没有认真交接班；二是两个小时要到油罐区巡回检查挂牌一次，没有去检查，牌已锈蚀；三是按规定流程必须现场核对而没有核对；四是油罐满后必须关闭所有阀门而是全开；五是规定车间干部下去分片包查没有执行。有效的制度规定形同虚设，使安全生产失去了基础和保证。

② 管理有严重的漏洞，厂区秩序混乱。一级防火防爆区，机动车辆不准进入，严重违反有关罐区的安全规定。发生事故的拖拉机的通行证已超期。两死者身上均有火柴和香烟，严重违反公司防火、防爆“十大禁令”。禁令的第一条就是严禁在厂内吸烟和携带火种入厂。

③ 消防的设计、审查、施工、验收管理混乱，有些隐患长期得不到整改，严重的是半固定的泡沫灭火管线底阀门未装，延误了火灾扑救。

(3) 事故责任：这是一起由于管理不善，违章操作和严重不负责任所造成的重大责任事故。对这起事故各级和有关部门都负有不可推卸的责任。

4. 火灾损失与教训

除造成两人死亡以外，损失和烧掉的 90#汽油 182.4t；310#油罐的浮船、罐壁、浮梯的局部烧坏，周围部分管线保温、罐区控制动力电缆、照明、通信线路被烧损，事故造成的直接经济损失为 38.96 万元。

310#油罐火灾事故，是建国以来万吨级轻质浮顶油罐的第一起重大火灾，扑救过程长达 17h，直接经济损失 38.96 万元，造成 2 人死亡，两个生产装置停产的巨大损失。

[案例 9]　将齿轮泵吊装进油罐输油时发生爆炸起火。

1983 年 5 月 6 日 16：10，某医疗仪器厂附属油库油罐发生爆炸起火事故。

1. 火灾前油库概况

该厂主要生产体温表和平板玻璃。玻璃熔炉原来用煤焦油或重油作为燃料。后因油源不足，于 1983 年 5 月改烧原油，国家物资总局每年批给 2000t 原油指标，由陕西省延长油田供应。1982 年购买 1100t，1983 年购买 1200t。原油用汽车油罐车拉运，将原油卸到 1 座 8.5m^3的钢质油池内，再从油池的出油管自流到地下 4m^3的砖砌油池内，然后用油泵输送到储油罐。

该厂附属油库总容量 1950m^3，其中 2 座 100m^3、1 座 750m^3、1 座 1000m^3的立式拱顶油罐。油罐外砌 240mm 砖墙作为保温层，油罐内设有“排管加热器”，罐顶有采光孔、测量孔、通气孔，没有呼吸阀、阻火器。100m^3钢质立式拱顶油罐壁板未设人孔。油罐四周没有防火堤，1000m^3钢质立式拱顶油罐距离居民平房约 8.0m，距离发电房 8.5m，距离油泵房 3m，距离地下油池仅有 0.5m。

油泵房内设 7 台齿轮泵，电动机为 JO2 型，不防爆；电灯、开关等所有电器装置都不防爆。

2. 事故发生经过

1983 年 4 月 13 日至 21 日，发现从油罐到车间的输油管道有逐渐被堵塞现象。因油罐从未清洗过，怀疑是油罐下部的沉积物堵了出管口。22 日 3：00 管道全部堵死，熔炉温度下降，不能正常生产。3：20 值班调度孙某向车间副主任宋某作了汇报，宋、孙二人检查了管道。5：30 孙某给厂党委书记李某打电话（厂长外出）报告了情况，李某没有到现场，同意加临时管道从地下小油池供油，同时对输油管道进行清理。8：00 又向厂长杨某作了汇报，同意处理方案。4 月 23 日，玻璃车间副主任宋某向厂长杨某提出将电动（不防爆型）齿轮泵吊入油罐内抽油的方案（将电动齿轮泵固定在铁架上，用 3 根绳子从油罐顶部采光孔吊入罐内）。经请示厂长同意后，24 日开始从 100m^3油罐内抽油，26 日 100m^3油罐内油品抽完。27 日开始从 1000m^3油罐内抽油，5 月 5 日上午停止抽油。5 月 6 日 14：00 左右，5 人到现场工作，2 人上 1000m^3油罐顶部人孔将油泵向下放一些，2 人在油泵房工作，1 人去取油泵垫片，约 15：30 左右，取垫片的工人走到距离油罐 15m 左右时，听到罐顶的人喊：“小唐开泵试一下，为什么不开泵？”接着听到一声巨响，1000m^3油罐起火，黑烟呈蘑菇状，高达几十米。

爆炸后仅 5min，工厂所在县武警中队 23 名干部、战士和县公安局长带 13 名消防员、3 辆消防车首先赶到现场，接着周围 7 个县、市的消防车也陆续赶到。当时集中了 50 多辆消防车和 20 多台机械设备，300 多人参加了灭火和抢救疏散工作。经过三个多小时的奋战，到 19：00 大火基本被扑灭。

3. 事故原因与破坏情况

（1）事故原因：经有关专家现场调查和县检察院全面调查，对油品性质化验分析，原油闭杯闪点 22.8℃，燃点 55.8℃；对燃烧后（电机接出线有裸露部分）的电源线接头鉴定认为，铜线头有熔化痕迹，是电线短路造成。这样排除了其他点火源点燃的可能，认定点火源是电源线短路产生的电火花。另外，原油挥发性较强，油品正在加热，加速了轻质馏分蒸发，油罐内气体空间形成爆炸性油气混合气体。这样电火花点燃了油气混合气体，导致爆炸起火事故的发生。

（2）破坏情况：1000m^{3}油罐爆炸后，罐壁板和底板相连的焊缝全部撕开，整个罐壁和底脱离，油罐顶板和壁板一起向上升起，向东北方向偏离10m左右，砸在发电机房上。因无防火堤，油品向四周流散，油流到哪里，火就烧到哪里。油罐附近的油泵房、发电机房、配电室、(墙外)4户民房被烧毁，火焰也威胁到玻璃车间和其他房屋，燃烧面积约5000m^2，受灾面积约12000m^2。当时在油罐上工作的2名工人和在油泵房工作的2名工人被烧死；发电机房工作的1名工人被烧成重伤；2户居民9人被烧死(1户6人，1户3人)。1000m^{3}油罐被烧成一堆废铁；500多吨原油全部烧掉；油泵房内的油泵、管线及其配件全部被烧毁，发电机房、配电室的部分设备被烧坏；停在现场的一辆车被烧毁；4户居民全部房屋和家产被烧掉；2座100m^{3}油罐和1座750m^{3}油罐的保温墙被烧酥，直接经济损失近80万元。

4. 经验教训

这是一起严重违反操作规程的重大责任事故。

（1）油库设计必须满足GB 50074—2014《石油库设计规范》及相关的规定、标准的技术要求。该油库建设没有遵循正规的设计、施工程序，未经有关部门审批。该油库选址不当，很多地方不符合《石油库设计规范》的要求，如没有防火堤，油罐附件不全，油罐与各建成筑物间的防火间距不符合规范要求，爆炸危险场所使用的电气设备不防爆，无消防设备和设施，无消防道路，等等。

（2）要完善操作规程和有关规定并严格执行。该油库基本没有操作规程，没有人知道油库应有哪些操作规程和有关规定。由烧重油变为烧原油，油品性质变了，本应制订相应的安全技术措施和规定，但没有采取任何措施，也没有提出应有的要求。

（3）厂领导无视安全防火工作。该油库没有安全管理制度和岗位责任制，许多工作冒险蛮干。这起事故发生之前，曾发生过2次重大事故苗头。第一次是4月24日，气焊切割地下油池的管线，引起着火，幸好扑救及时，未造成大的火灾。第二次是工人从油罐顶采光孔进入油罐安装管线，中毒窒息，经抢救脱险，未造成亡人事故。但车间某副主任不相信是油气中毒，便亲自进入油罐进行试验，结果也发生了中毒现象。发生了这2起严重事故苗头之后，仍然用不防爆电机吊到油罐内抽油。

（4）油库工人应经培训，考核合格后才能参加操作和管理。该厂和所属油库没有1人懂得油品性质，也无1人经过油库操作培训，油罐设计人员也不懂得油罐与周围建筑应保持一定的安全距离。如果有人经过专业培训，懂得油品性质，知道操作规程，就不会这么冒险蛮干，也不会发生这么大的事故。

(5) 油罐焊接质量差，没有按照“弱顶”连接要求设计、施工。从爆炸后现场检查发现，油罐周长 113m 只有 37m 是撕裂的，占 32.7%，其余都是拉脱的，罐底边平整没有变形。其因是罐壁与罐底的环形焊缝多数焊接未熔化透。如果是“弱顶”设计、施工，焊接质量好，油罐爆炸后壁板与底板连接完好，油品就流不出来，火灾就不会蔓延扩大，伤亡和经济损失就会大大减少。

[**案例 10**] 防爆灯落地引起爆炸。

2002 年 12 月 18 日 9：12，某油库 22#半地下油罐在准备通风清洗时发生爆炸，造成 1 名油库干部、1 名地方施工队人员死亡，油罐和油罐间报废。

1. 事故概况

某油库共有半地下油罐 6 座，编号为 18#至 23#，容量均为 2000m³，储存 95#航空汽油、90#车用汽油。11 月 8 日，油库与某公司签订了对 6 座油罐进行内防腐施工的协议书。11 月 21 日至 12 月 15 日，将 21#油罐改造完毕，拟于 12 月 16 日对 22#油罐进行改造。22#油罐为立式拱顶金属油罐，油罐间下部有水平通道，通道长 8.2m，宽 8.25m，高 2.45m；通道口设有向内开防护门，油罐间安装向外开钢质密闭门，储存 90#车用汽油。

12 月 17 日 16：00，22#油罐内油品倒空。根据油库工作安排，18 日上午做油罐防腐施工前的通风。8：00 某公司施工人员黄某、陆某和油库现场安全监督员蒋某将通风机安装于 22#油罐掩体顶部的采光孔。试机正常后，将通风机留在掩体外顶部(未通电)。

8：35 左右，黄、陆、蒋三人一同走进油罐水平通道，陆某在通道墙壁上(距油罐下部人孔口水平距离 4.1m、距地面高 2.2m 处)钉上水泥钉子(钉长 9cm、直径 0.8cm)，黄某将接通了电源重 2.5kg 的防爆灯挂到钉子上。然后黄、陆两人将油罐人孔盖打开，由陆某移至通道口外。约 8：50 黄、陆、蒋三人在油罐间人孔口一起观察了罐内情况，油罐底周围有少量残油。

据幸存者陆某回忆说，约 9：12 我们一行三人在离开油罐间的水平通道时(陆某在前，黄某在中，蒋某在后)，听到蒋某对黄某说把防爆灯带出去，随后就听到防爆灯坠地的破碎声，同时感到身后有热浪，出于本能意识向门口奔去，就在左脚跨出门的同时，感到被一股更大的热浪推出门外，身后的大门也迅速关闭，蒋某和黄某被关在里边而无法出来。约 5min 后，又听到沉闷的响声，同时有砖块飞出。油罐爆炸后相对位置见图 10-3。

此时，前去检查准备工作的副主任孟某发现出事立即报警，并召集现场附近收发油作业的干部、战士前去救援。部队收到警报后，迅速赶到现场进行抢救。

约 9：25 市消防大队赶到，迅速实施抢救，用破碎机打开防护门，在防护门内侧救出 2 人，黄某已经当场死亡，蒋某在送往医院途中死亡。9：35 事态得到控制。

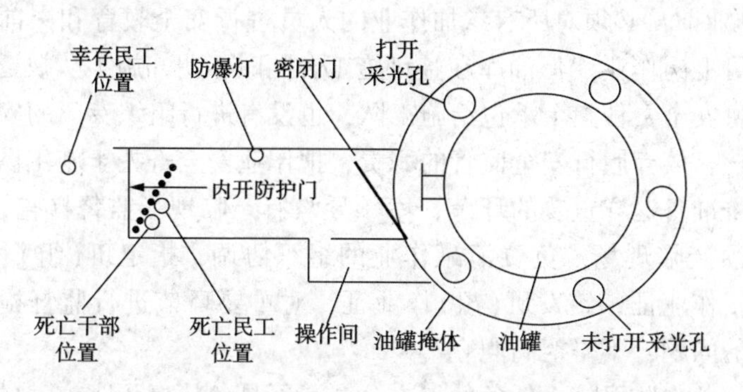

图 10-3　油罐爆炸后相对位置示意图

2. 事故原因分析

陆、黄和蒋三人拆卸开油罐底部人孔时，油罐内的油气向油罐间及水平通道扩散，在油罐间及水平通道内形成爆炸性混合气体。防爆灯意外坠落到地上，防爆玻璃罩及灯泡破碎，炽热的灯丝点火源引爆水平通道内的爆炸性混合气体，爆炸从水平通道迅速向油罐间及油罐内传播，产生高温和巨大爆炸压力，将局部罐体及混凝土拱顶损坏，并将水平通道内开防护门关死。此时油罐内剩余残油在高温下急剧蒸发，外部空气从油罐间第一次爆炸产生的裂口处以及采光孔等处进入，持续混合 4～5min 后形成新的爆炸性混合气体，被第一次爆炸后产生的高温、余火点燃发生爆炸。这次爆炸使整个油罐顶板和油罐壁板全部分离，油罐彻底损坏，并把近 2/5 钢筋混凝土拱顶完全掀开。

3. 经验教训分析

这是一起因违反“清罐”作业程序和操作规程引发的外方责任事故。其教训是：

（1）这次“清罐”作业组织很不严密，各项准备手续不全，没有按《油库油罐清洗、除锈、涂装作业安全规程》规定的程序办事。如没有“清罐”作业领导小组负责人，没有办理开工作业证，没有要求施工单位提交“清罐”作业方案、安全措施和操作规程，并按规定审批。

（2）油罐清洗、除锈、涂装作业安全相关规程对作业程序有明确要求，必须先清除底油→排除可燃气体→测定可燃气体浓度达到安全要求→办理开工作业证→实施具体作业。但此次的“清罐”作业方案，将上述作业程序要求完全颠倒了，当作业人员打开油罐人孔，发现有残油时，没有清除残油，没有立即封闭人孔，造成油气外逸，使水平通道、油罐间空间内充满爆炸性混合气体。

(3) 对外来施工队伍在油库进行施工作业，“必须服从油库的统一安全管理，油库对安全工作负总责”也有明确要求。油罐清洗、除锈、涂装作业安全相关规程规定，“作业前，必须对所有参加作业的人员进行安全教育和岗前培训，经考核合格后方可上岗作业。”但油库在签订施工合同时，明知施工队缺乏油罐清洗工作经验，仍将安全责任整个承包给施工队，也没有进行组织专门的安全教育培训和相应的考核，放弃履行安全监管的职责，把作业安全寄托于施工队。同时，对油罐通风清洗准备这样重要的环节，库领导没有亲临现场监督检查，违反了“现场负责人必须亲临现场，负责清罐作业的组织协调，指定班(组)长和安全员，填写报批开工作业证，签发班(组)作业证，对重要环节进行监督检查，及时解决危及安全的问题，不得擅离职守”。

(4) 承担此次防腐施工任务的地方公司，不具备从事防腐施工的资质，油库在选用时没能把好关，违反了《油库外来施工人员安全管理规定》中“油库招请外来施工队时，必须验证施工队营业执照及经营范围，考察施工队技术、管理能力和安全施工保证体系”。两名施工人员，没有进行防爆电气方面的专业培训，在油罐人孔敞开，油气外溢(此时属 0 级场所)的情况下，没有进行测定可燃气体浓度，就盲目作业，违反了《油库爆炸危险场所电气安全规程》中“0 级场所不得使用任何电器设备”的规定。同时，油罐间顶部的采光孔没有全部打开(5 个只开了 1 个)，造成油罐间通风、采光不良。将固定安装的防爆灯具当作防爆手提灯具使用，造成防爆灯具落地，灯罩和灯泡摔碎，形成点火源。

(5) 出事油罐安全设施存在诸多安全隐患，如油罐透气管工艺不合理、排水沟没有作封围处理，测量口没有引到油罐间外，油罐间密闭门、水平通道防护门开向设置错误等。这些严重的安全隐患，长期未作整治，导致事发时通道内的 2 人因防护门开向错误而无法逃离，最终致死。

(6) 事故大部分是在作业时发生的。“清罐”作业包含多种危险因素，相应的预防和应急措施必不可少，但油库事先没有建立预案。事发后，2 人被困在通道内，油库却无破门工具错失了救人的最佳时机。最后，依靠地方消防力量用破碎机打开防护门，救出 2 人，但为时已晚。

[**案例 11**] 管沟积聚油气发生严重爆炸事故。

1985 年 7 月 26 日 9：57，某石油公司油库收发作业区发生爆炸事故。

1. 油库作业区概况

油库总容量 17610m^3，属二级油库。轻油泵房原设 3 台电动离心泵和 1 台 SZ-2 型真空泵，后增设了 1 台自吸式电动离心泵，1985 年 5 月又安装了 1 台 SZ-3 型真空泵。卸车时 2 台真空泵全开，卸车过程中一直在运行，工人连续向真空泵灌自来水，真空泵中不断向外排水。水是通过分离器上面的排气管向外排放的。因此排气管排出的气中既含有水又含有油，使泵房的墙壁和管道污染，到处是油迹及黏附在油迹上的尘埃。为解决这个问题，将排气管增设三通，向上的管线排气，向下的管线排水，并将排水管引至泵房东北角的渗水井。1985 年 7 月 18 日，将真空泵分离器的排水通到渗水井，这样真空泵排出的含油污水和油气也就排入了渗水井。其排水工艺见图 10-4。

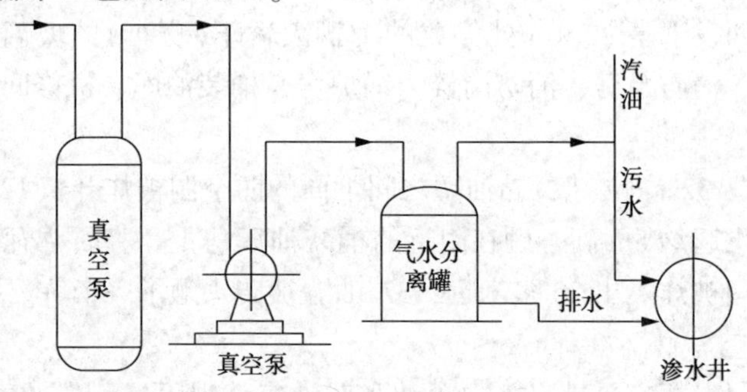

图 10-4　油泵房真空系统排水工艺示意图

渗水井内有一根陶瓷管与全库暖气管沟相通，暖气沟又与轻油泵房、消防泵房、消防岗楼、汽车库和值班室、空压机房、轻油发油亭、黏油灌桶间、洗修油桶间等相通，并直通锅炉房。锅炉房门口 2.5m 处有一茶炉房。从高位(架)油罐至发油亭暖气管沟内敷设有汽油、煤油、柴油 3 根输油管。且这些相互连通的管沟中间没有一处隔断墙。

2. 事故发生经过

从 1985 年 7 月 18 日将真空系统排水接入渗水井开始，到 7 月 26 日的 8 天内接卸过 2 次共 8 辆油罐车汽油，没有出问题。26 日 3 时开始接卸专列，共 29 辆汽油罐车。烧茶炉的临时工于 7：00 开火烧水，当时就嗅到有汽油味，到 9：00 汽油味更大了，因其不懂得油气的危险性，没有报告就到休息室去了。9：57 该临时工听到一声爆炸，跑出休息室去看茶炉，管沟口在燃烧，不久火就自已熄灭了。该处的房顶开了一个口子(约 $0.8m^2$)，瓦片飞出 5m 多远。办公室的人员正在开会，听到爆炸声都跑出，十几秒钟后又听到第二次爆炸声(也有人说听到了第三次爆炸声)，西发油亭爆炸起火，现场 3 名女工、1 名油罐车司机，当场被砸死或烧死。

3. 事故造成的破坏情况

(1) 西发油亭爆炸后，二层平台炸开一个洞，2 名女工掉下去，整个钢筋混凝土圆顶落下，将 2 名女工压在里面；汽油管线被砸破裂，油品流出，引起燃烧；正在装油的汽车油罐车被烧毁；亭内的设备和仪表全部烧毁；东发油亭的门窗被烧坏，其他基本完好。

(2) 汽车库值班室旁边管沟被炸开长 8.6m，宽 8.2m 的口子；汽车库到压缩机房之间的管沟，厚 0.12m 的钢筋混凝土盖板掀翻 29.8m；轻油泵房内管沟被炸开一个口子；消防岗楼处的管沟被炸开，岗楼东侧裂开长 6m，宽 4cm 的裂缝；南墙被炸倾斜 27cm。

(3) 距离西发油亭 22.1m 处停放的 1 辆大轿车(班车)的玻璃被震碎；办公室、轻油泵房、消防泵房、消防岗楼、锅炉房、桶装油库、机修间等建筑物的玻璃大部分震碎。

(4) 在 28#~32#高位(架)黏油罐之间下面的防空洞被炸开长 12.1m，宽 2.0m 的口子；砖头飞起约 8m 高，砸在附近的桶装油库房上，将石棉瓦砸碎落入库房内；防空洞木门被炸飞出 30 多米远；32#油罐被砖头砸了一个坑。

4. 事故原因与教训分析

这是一起因对真空泵排出水中含油和对油气认识不足引发的责任技术事故。其原因和教训是：

(1) 爆炸的原因是将真空系统的含油污水和油气(水中也溶有油气)排入渗水井，在 8 天的时间里，污水中油品不断蒸发，油气不断逸出、扩散，窜入相互连通的管沟积聚，形成爆炸性油气混合气体，扩散到锅炉房和茶炉房，被茶水炉的火焰引燃，火焰顺管沟传播，造成多次爆炸。

(2) 在油库内管沟是易于积聚油气的地方，一般不宜采用。若要建造管沟，应按设计规范要求，在进入建筑物处设隔断墙，管沟长时，应在适当部位设置隔断墙。如果该油库管沟设置了隔断墙，油气就不会窜到茶炉房，也不会由茶炉明火引发这起爆炸事故。

(3) 真空泵不能经常灌水与排水，分离器应保持一定水位，并用管线与真空泵吸入口相连，将水循环使用，更不应将含油污水和油气排入与管沟连通的渗水井内。该库真空泵排到渗水井中的水冒出像白烟似的油气，经事后取样化验，油气浓度达 75%。如果不把真空系统的水和油气排入渗水井，也不会发生这次爆炸事故。

[案例 12] 黄岛油库“8.12”特大火灾事故。

1. 事故概况

1989 年 8 月 12 日凌晨 2：00 起，青岛黄岛油库用老罐区 5#油罐接收码头来的原油。5#油罐是储量为 $2.3\times10^4 m^3$ 的混凝土原油罐。9：55 时，正在输油的 5#油罐遭雷击，突然爆炸起火。

到14：35，青岛地区刮起西北风，风力增至4级以上，几百米高的火焰向东南方向倾斜。燃烧了4h后，5#罐里的原油随着轻油馏分的蒸发燃烧，形成速度大约1.5m/h、温度为150~300℃的热波向油层下部传递。当热波传至油罐底部的水层时，罐底部的积水、原油中的乳化水发生汽化，使原油猛烈沸溢，喷向空中，撒落到四周地面。15：00左右，喷溅的油火点燃了位于东南方向相距5#油罐37m处的结构相同的4#油罐顶部的泄漏油气，引起爆炸。炸飞的4#罐顶混凝土碎块将相邻30m处的1#、2#和3#金属油罐顶部震裂，造成油气外漏。约1min后，5#罐喷溅的油火又先后点燃了3#、2#和1#油罐的外漏油气，引起爆燃，整个老罐区陷入一片火海。失控的外溢原油像火山喷发出的岩浆，在地面上四处流淌。大火分成三股，一部分油火翻过5#罐北侧1m高的矮墙，进入储油规模为$30\times10^4m^3$全套引进日本工艺装备的新罐区的1#、2#、6#浮顶式金属罐的四周。烈焰和浓烟烧黑3#罐壁，其中2#罐壁隔热钢板很快被烧红。另一部分油火沿着地下管沟流淌，汇同输油管网外溢原油形成地下火网。还有一部分油火向北，从生产区的消防泵房一直烧到车库、化验室和锅炉房，向东从变电站一直引烧到装船泵房、计量站、加热炉。火海席卷着整个生产区，东路、北路的两路油火汇合成一路，烧过油库1#大门，沿着新港公路向位于低处的黄岛油港烧去。大火殃及青岛化工进出口黄岛分公司、航务二公司四处、黄岛商检局、管道局仓库和建港指挥部仓库等单位。18：00左右，部分外溢原油沿着地面管沟、低洼路面流入胶州湾。大约600t油水在胶州湾海面形成几条十几海里长，几百米宽的污染带，造成胶州湾有史以来最严重的海洋污染。大火前后共燃烧104h，烧掉原油$4\times10^4m^3$，占地250亩的老罐区和生产区的设施全部烧毁，这起事故造成直接经济损失3540万元。在灭火抢险中，10辆消防车被烧毁，19人牺牲，100多人受伤。其中公安消防人员牺牲14人，负伤85人。

2. 事故原因

事故发生后，4#、5#两座半地下混凝土石壁油罐烧塌，1#、2#、3#拱顶金属油罐烧塌，给现场勘察，分析事故原因带来很大困难。在排除人为破坏、明火作业、静电引爆等因素和实测避雷针接地良好的基础上，根据气象情况(当时青岛地区为雷雨天气)和有关人员的证词，经过深入调查和科学论证，事故原因的焦点集中在雷击的形式上。

混凝土油罐遭受雷击引爆的形式主要有六种：一是球雷雷击；二是直击避雷针感应电压产生火花；三是雷电直接燃爆油气；四是空中雷放电引起感应电压产生火花；五是绕击雷直击；六是罐区周围对地雷击感应电压产生火花。经过对以上雷击形式的勘察取证、综合分析，排除了前四种雷击形式；第5种雷击形成可能性极小，理由是：绕击雷绕击率在平地是0.4%、山地是1%，概率很小；绕击雷的特征是小雷绕击，避雷针越高绕击的可能性越大。当时青岛地区的雷电强度属中等强度，5#罐的避雷针高度为30m，属较低的，故绕击的可能性不大；经现场发掘和清查，罐体上未找到雷击痕迹。因此绕击雷也可以排除。

专家认定黄岛油库特大火灾事故的原因极大可能是由于该库区遭受对地雷击产生感应火花而引爆油气。其根据是：

(1) 8月12日9：55左右，有6人从不同地点目击，5#油罐起火前，在该区域有对地雷击。

(2) 中国科学院空间中心测得，当时该地区曾有过二三次落地雷，最大一次电流104A。

(3) 5#油罐的罐体结构及罐顶设施随着使用年限的延长，预制板裂缝和保护层脱落，使钢筋外露。罐顶部防感应雷屏蔽网连接处均用铁卡压固。油品取样孔采用九层铁丝网覆盖。5#罐体中钢筋及金属部件的电气连接不可靠的地方颇多，均有因感应电压而产生火花放电的可能性。

(4) 根据电气原理，50~60m以外的天空或地面雷感应，可使电气设施100~200mm的间隙放电。从5#油罐的金属间隙看，在周围几百米内有对地的雷击时，只要有几百伏的感应电压就可以产生火花放电。

(5) 5#油罐自8月12日凌晨2：00起到9：55起火时，一直在进油，共输入$1.5\times10^4m^3$原油。与此同时，必然向罐顶周围排放同等体积的油气，会使罐外顶部形成一层达到爆炸极限范围的油气层。此外，根据油气分层原理，罐内大部分空间的油气虽处于爆炸上限，但由于油气分布不均匀，通气孔及罐体裂缝处的油气浓度较低，仍处于爆炸极限范围。

除上述直接原因之外，必须从更深层次进行分析。此次火灾之所以造成如此巨大损失，是由以下因素直接导致的：

(1) 黄岛油库区储油规模过大，生产布局不合理。黄岛面积仅$5.33\times10^4m^3$，却有黄岛油库和青岛港务局油港两家油库区分布在不到$1.5\times10^4m^3$的坡地上。早在1975年就形成了$34.1\times10^4m^3$的储油规模。但自1983年以来，国家有关部门先后下达指标并进行投资，使黄岛储油规模达到出事前的$76\times10^4m^3$，从而形成油库区相连、罐群密集的布局。黄岛油库老罐区5座油罐建在半山坡上，输油生产区建在近邻的山脚下。这种设计只考虑利用自然高度差输油节省电力，而忽视了消防安全要求，影响对油罐的观察巡视。而且一旦发生爆炸火灾，首先会殃及生产区，其必遭灭顶之灾。这不仅给黄岛油库区的自身安全留下长期隐患，还对胶州湾的安全构成了永久性的威胁。

(2) 混凝土油罐先天不足，固有缺陷不易整改。黄岛油库 4#、5#混凝土油罐始建于 1973 年。当时我国缺乏钢材，是在战备思想指导下，边设计、边施工、边投产的产物。这种混凝土油罐内部钢筋错综复杂，透光孔、油气呼吸孔、消防管线等金属部件布满罐顶。在使用一定年限以后，混凝土保护层脱落，钢筋外露。在钢筋的捆绑处、间断处易受雷电感应，极易产生放电火花。如遇周围油气在爆炸极限内，则会引起爆炸。混凝土油罐体极不严密，随着使用年限的延长，罐顶预制拱板产生裂缝，形成纵横交错的油气外泄孔隙。混凝土油罐多为常压油罐，罐顶因受承压能力的限制，需设通气孔泄压，通气孔直通大气，在罐顶周围经常散发油气，形成油气层，是一种潜在的危险因素。

(3) 混凝土油罐只重储油功能，大多数因陋就简，忽视消防安全和防雷避雷设计，安全系数低，极易遭雷击。1985 年 7 月 15 日，黄岛油库 4#混凝土油罐遭雷击起火后，为了吸取教训，分别在 4#、5#混凝土油罐四周各架了 4 座 30m 高的避雷针，罐顶部装设了防感应雷屏蔽网，因油罐正处在使用状态，网格连接处无法进行焊接，均用铁卡压接。这次勘察发现，大多数压固点锈蚀严重。经测量一个大火烧过的压固点，电阻值高达 1.56Ω，远远大于 0.03Ω 规定值。

(4) 消防设计错误，设施落后，力量不足，管理工作跟不上。黄岛油库是消防重点保卫单位，实施了以油罐上装设固式消防设施为主，以 2 辆泡沫消防车、1 辆水罐车为辅的消防备战体系。5#混凝土油罐的消防系统，为一台每小时流量 900t、压力 800kPa 的泡沫泵和装在罐顶上的 4 排共计 20 个泡沫自动发生器。这次事故发生时，油库消防队冲到罐边，用了不到 10min。刚刚爆燃的原油火势不大，淡蓝色的火焰在油上跳跃，这是及时组织灭火施救的好时机。然而装设在罐顶上的消防设施因平时检查维护困难，不能定期做性能喷射试验，事到临头时不能使用。油库自身的泡沫消防车救急不救火，开上去的一辆泡沫消防车面对不太大的火势，也是杯水车薪，无济于事。库区油罐间的消防通道是路面狭窄、坎坷不平的山坡道，且不是环形道路，消防车没有掉头回旋余地，失去了集中优势使用消防车抢险灭火的可能性。油库原有 35 名消防队员，其中 24 人为农民临时合同工，由于缺乏必要的培训，技术素质差，在 7 月 12 日有 12 人自行离库返乡，致使油库消防人员严重缺编。

(5) 油库安全生产管理存在不少漏洞。此次事故发生前，该库已发生雷击、跑油、着火事故多起，幸亏发现及时，才未酿成严重后果。原石油部于 1988 年 3 月 5 日发布了《石油与天然气钻井、开发、储运防火防爆安全管理规定》。而黄岛油库上级主管单位胜利输油公司安全科没有将该规定下发给黄岛油库。这次事故发生前的几小时雷雨期间，油库一直在输油，外泄的油气加剧了雷击起火的危险性。油库1#、2#、3#金属油罐设计时，是5000m^3，而在施工阶段，仅凭胜利油田一位领导的个人意志，就在原设计罐址上改建成1×10^4m^3的罐。这样，实际罐间距只有11.3m，远远小于安全防火规定间距33m。青岛市公安局十几年来曾4次下达火险隐患通知书，要求限期整改，停用中间的2#罐。但直到这次事故发生时，始终没有停用2#罐。此外，对职工要求不严格，工人劳动纪律松弛，违纪现象时有发生。8月12日上午雷雨时，值班消防人员无人在岗位上巡查，而是在室内打扑克、看电视。事故发生时，自救能力差，配合协助公安消防灭火不得力。

3. 事故教训

对于这场特大火灾事故，时任国务院总理的李鹏指示："需要认真总结经验教训，要实事求是，举一反三，以这次事故作为改进油库区安全生产的可以借鉴的反面教材"。应从以下几方面采取措施：

(1) 各类油品企业及其上级部门必须认真贯彻"安全第一、预防为主"的方针，各级领导在指导思想、工作安排和资金使用上要把防雷、防爆、防火工作放在头等重要位置，要建立健全针对性强、防范措施可行、确实解决问题的规章制度。

(2) 对油品储、运建设工程项目进行决策时，应当对包括社会环境、安全消防在内的各种因素进行全面论证和评价，要坚决实行安全、卫生设施与主体工程同时设计、同时施工，同时投产的制度。切不可只顾生产，不要安全。

(3) 充实和完善《石油库设计规范》和《石油天然气钻井、开发、储运防火防爆安全生产技术规程》，严格保证工程质量，把隐患消灭在投产之前。

(4) 逐步淘汰非金属油罐，今后不再建造此类油罐。对尚在使用的非金属油罐，研究和采取较可靠的防范措施。提高对感应雷电的屏蔽能力，减少油气泄漏。同时，组织力量对其进行技术鉴定，明确规定大修周期和报废年限，划分危险等级，分期分批停用报废。

(5) 研究改进现有油库区防雷、防火、防地震、防污染系统；采用新技术、高技术，建立自动检测报警联防网络，提高油库自防自救能力。

(6) 强化职工安全意识，克服麻痹思想。对随时可能发生的重大爆炸火灾事故，增强应变能力，制订必要的消防、抢救、疏散、撤离的安全预案，提高事故应急能力。

三、油料流失事故典型案例分析及教训

[**案例13**] 阀门断裂造成重大泄漏事故。

1981年12月9日至10日，某石油公司某油库阀门断裂损失汽油1560多吨，

因地处戈壁滩，泄漏油品全部渗入地下。

1. 基本情况

油库与石油化工厂相距2.9km，中间以两条DN200埋设地下的管线相连，穿越两条公路。公路两端分别设有平地盖板式阀门井一个。1981年12月9日，油库同炼油厂签订了输油手续，以炼油厂油罐计量为准交接。负责输油的仓储股长从油泵房抽了两名青工巡视管线，布置两名电话员看电话；计量班长布置了计量工作。9：00至19：00分两班作业。第一班9：00至15：00。12：00开始输油(油温为-4.7℃)，油罐进油前的油高277mm，13：45液位高607mm，升高330mm；14：40液位高1204mm，升高597mm。15：00第二班接班，15：50液位高1626mm，升高422mm，16：45液位高1964mm，升高338mm。进油速度从15：00以后开始下降。油库领导听到输油不正常的情况反映后，指示仓储股长检查，股长说“知道了”，实际没有检查。后为私事离开岗位，直到23：00才回来。12月10日15：00股长和一名计量员到炼油厂测量，发现了问题，这时才安排2名青工巡查管线。当巡查到距油库500m处第二条公路时，发现阀门井内的阀门断裂了3cm，油从这里跑出渗入地下。

2. 原因教训分析

这是一起属于阀门断裂机械事故(属技术事故)，实质来讲是一次严重责任事故。其主要教训：

(1) 阀门质量差。出事阀门的阀门体，4条加强筋中有3处裂缝，均垂直于拉力方向。铸铁阀门，按国家技术标准规定，应能承受337t破坏拉力，阀门螺栓(M20×12)应能承受229t破坏拉力，管线(DN219)应能承受201t破坏拉力。即在破坏拉力作用下，首先拉断的应该是钢管，其次是12只螺栓，再次是阀门。经对这批阀门抗拉强度试验(一组三根试棒)，分别为8.0、8.5、8.5kg/cm^2，小于国家规定的20kg/cm^2。经取样化验分析，硫、碳含量超过规定，硅、锰含量小于规定，致使抗拉强度降低。事故后，油库经对70只DN200阀门检查，其中有12只阀门体的加强筋都有裂纹；油泵房38只阀门中有8只阀门体有裂缝；库外输油管线的8只阀门中有5只阀体加强筋存在裂纹。阀门质量差是这次事故的主要原因。

(2) 设计问题。从管理角度出发，设计应从中吸取一些有益教训。如油库外埋设在地下管线，设计覆土深度为85cm，未考虑低洼不平因素。工程竣工后，有的地段覆土深度不足85cm。油罐进出油阀门和阀门井内的阀门应为铸钢中高压阀门，实际设计的均为铸铁低压阀门。阀门井是平地盖板式，没有检查室和踏步，实际作业时难以检查阀门情况；在阀门井内，如能采取一些补偿措施，即使阀门质量差，也不一定断裂；即使断裂，也不致断裂3cm宽的裂缝。

(3) 施工问题。施工中存在的问题较多。如油库外管线，未按设计要求作细软土垫层和覆盖，而是用推土机回填，带入大量戈壁石块，回填没有夯实。埋设深度未达到设计要求，大部分在冰冻线以上，减弱了管线与土壤间的摩擦力，对管线出土端伸缩有直接影响。管沟出现6处反坡，最大处为45cm，致使管线产生弯曲应力。

(4) 无章可循，管理混乱，人员素质低。按工程建设规定，油库在建设阶段，就要培训职工，特别要培训油库作业中的主要工种，并着手建立必要的规章制度。这两点油库都没有做到。在当时，油库管理工作尚未完全走向正规。工作责任心不强，是使这次事故扩大的原因之一。前面提到的那位股长就是例证。另外，从12月9日12：00输油，到10日15：50结束，前后历时27h，中间没有进行过一次巡线，有15h未进行计量。人员素质低，主要表现在已经发现事故苗头，但未引起重视和采取必要措施。如9日22：00至24：00警卫连查哨时，嗅到汽油味很大后，只是检查了罐区，没发现问题便作罢。10日10：00，油高7207mm，计量员对流速产生怀疑，向储运股长作了汇报，只说加强计量，注意观测。14：00，输油已近尾声，油库书记知道了输油不正常后，告诉经理检查一下，并亲自到油罐区检查，亦未发现问题。这么多的人知道异常，但谁也没想到库外阀门，谁也没检查库外阀门。

[**案例14**]　某油库地下输油管线腐蚀穿孔油品泄漏。

1997年7月底至8月初，某油库报告航空煤油轮换后，经反复测量、统计、核对发现缺少超标较多。

1. 航空煤油收发情况

7月28、29日和8月3日，油库分三批接卸、发出航空煤油24辆铁路油罐车，接卸1063t，发出1084t。三次收发作业前后没有发现操作程序和设备的异常情况。

9月9日，对油库所有航空油品和地面油品进行了测量、统计，对油品收发油凭证、账目、作业场所有关记录进行了核对，发现航空煤油确实缺少19.2t。

2. 加压检验开挖寻找漏点

为查明泄漏原因，消除隐患，对储油和输油设备设施进行了检查、测试。对埋设在地下的输油管线进行了整体和分段静压检验，在分段检验中发现2#油泵至3#油泵之间约400m的管段有泄漏现象。该管线段地面多为林带、道路和建筑物，地貌和地形复杂，地面变化较大，与施工图无法核对，管线走向标志找不到，难以确定管线走向。根据分析，组织油库官兵开挖一条南北向的沟，确定了管线实际走向。为尽快找到泄漏点，调2个步兵连从中部向两边开挖。18日10：00左右，在某商店门前，埋深8.22m处发现输油管上部有一个不规则的椭圆形锈蚀孔，面积 8. 3cm^2。

为查清有无其他泄漏点，以发现的泄漏点为加压点，分两段进行静压试验，充压 0. 8MPa，稳压 30min，未发现其他泄漏点。

3. 事故原因与经验教训分析

(1) 事故原因。从开挖管线锈蚀程度和泄漏点所处位置分析，造成锈蚀穿孔的原因主要有两点。

① 输油管线敷设安装不符合技术要求，埋下了隐患。输油管线防腐质量较差，开挖部分多处已无防腐层；管线周围几乎都是戈壁石和卵石，还有数百公斤的大石头直接压在管线上；据知情者讲，当时是用推土机直接回填的，大小石头、杂物和泥土一起推下管沟，根本不符合图纸要求。这种情况损伤了防腐层，使管线本体也受到损伤，埋下了事故隐患。

② 地貌环境复杂和污水常流加速了管线腐蚀。锈蚀穿孔管段穿越某企业厂区，沿途地面为林带、道路和建筑物，泄漏点附近地面是 5cm 厚的混凝土，旁边是道路和排水沟。沟内是发电厂排出的污水，常年不断。这些因素加速了管线的腐蚀。

(2) 经验教训。这是一起因施工隐患和环境影响造成的技术事故。其教训是埋设在地下的输油管线应当建立和完善走向永久性标志，根据管线和环境情况(如转弯、分支、低洼、电气化铁路等)定期、分段开挖检查；在适当部位增设压力表，适时以最高工作压力的 8. 15~8. 25 倍进行静压检验(可利用所输介质)，以便及时发现和解决问题。

[案例 15]　油罐装油超过安全高度发生溢油。

1985 年 1 月 3 日 7：00，某石油公司油库储油区 17#油罐装油超过安全容量发生溢油事故。

1. 事故发生经过

油库为某石油公司直属中转油库，总容量 100000m^3，半地下储油罐。发生事故的油罐为 17#计量罐，容量为 2000m^3，是 1984 年新建的，同年 12 月 22 日开始装油。

1985 年 1 月 1 日下午，进来一艘大庆 412#油船，装载 70#汽油 5002. 579t。17：35 开始向 15#油罐(10000m^3)卸油，卸入一部分后停止卸油。1 月 2 日 22：20 开始向 17#油罐卸油。该罐储油高度 2. 878m，1 月 3 日 5：15 停止卸油，连续作业时间为 6h 55min。6：30 值班员发现油品流失，从排水管流到距离油罐约 1km 的地方，在油罐的环行通道上能听到油的流动声。经检查，呼吸阀顶盖的压杆断裂，测量孔开启，呼吸阀接合管升高约 13cm，油罐液位 11. 019m(罐壁高 11. 19m)，罐顶采光孔盖板变形，油罐损坏情况见图 10-5。

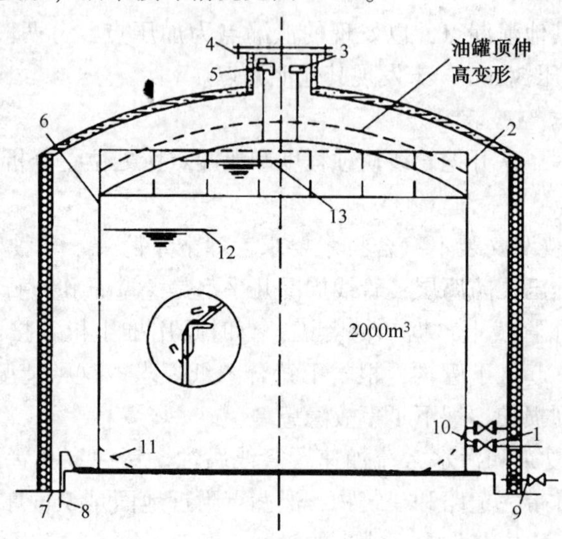

图 10-5　油罐损坏情况示意图

1—进出油管和阀门；2—罐顶栏杆；3—量油孔；4—操作孔；5—呼吸阀；
6—包边角钢；7—排水沟；8—接地扁钢；9—排水管阀门；10—损坏法兰；
11—罐底板上升；12—安全油位；13—超高油位

2. 事故损失

(1) 经测量计算，跑出 70#汽油 199.09t，回收 85t，损失 114.09t。

(2) 经现场检查测量，罐顶与包边角钢变形、拉裂 8 处，最大拉裂长度 0.8m，裂口宽 0.1m(油品从其中 3 处泄漏)，罐顶板和壁板上部有不同程度的破坏和变形。罐顶栏杆也有几处被拉坏变形。罐顶板整个被抬高 0.13m，罐底板周围上翘 2~10cm，接地扁钢被拉起 10~13cm，油罐进出油管法兰被拉坏，呼吸阀顶盖的压杆被顶断，采光孔盖变形，这些损坏可进行修复。

(3) 因油流出库外，污染农田 58.74 亩，其中污染严重的 38.38 亩，污染轻微的 20.36 亩。另外，还污染水塘和两条水渠约 3 亩，被污染的农田需要赔偿损失。

3. 事故原因与教训简析

这是一起因油罐超过安全容量装油引发的责任事故。

(1) 17#油罐存油 380t，从油船向油罐内连续输油接近 7 小时，3 名值班人员既没有计算油罐是否能容纳卸入的油品，又没有按规定进行计量和巡回检查，甚至有的值班人员还去睡觉，造成油罐因超安全容量装油而破坏，油品大量流出。

(2) 从现场检查和油罐破坏情况分析，油罐装满之后，油品继续进入油罐，液位不断上升。当油品进入罐顶部时，削球体油罐顶产生向上的举力，罐壁产生向外张力，油罐在这种内压力的作用下，趋向球形，罐底板边缘翘起，罐顶板升高。因油罐顶板升高，罐顶呼吸阀顶住操作井盖板，将呼吸阀顶盖压杆损坏；因油罐底板边缘上翘，将与油罐底板相连的接地扁钢拉起，进出油管随之抬高，法兰连接受到破坏，造成漏油。这个上举力和油罐壁的向外张力企图将罐顶板与壁板连接处拉开，造成罐顶板与壁板结合处被撕裂 8 处，同时油罐顶部的防护栏杆受到损坏。当油品泄漏之后，液位下降，罐顶上的举力和壁板的向外张力减小，油罐部分复原，罐顶下降。这种分析与接地的扁钢升高及呼吸阀连接管穿过油罐间顶部混凝土处的位移痕迹是相符的。

(3) 严格执行管理规章和操作规程是保证安全的关键。由于油库执行规章和操作规程不严，事前不计量，卸油作业中不检查，造成油罐超过安全高度而溢油。如果严格执行规定，就不会造成这起跑油事故。环形道路地面排水管上阀门，按规定应当"常关"，以防止油品失控时从排水管流出，但该库排水管上阀门长期不关，油品就从排水管流到库外。如果排水管上阀门关闭，就不会造成这么大的损失。

(4) 油罐设计必须将罐顶板与壁板结合处的强度设计成低于罐壁板与底板任何部位的强度，以保证罐内压力增大时，首先从此处撕开，确保油罐内储油不会大量流出。该库油罐的设计是正确的，在罐内压力增大时，罐顶板与壁板结合部位首先撕毁，从而保存了罐内大部分油品，减少了油品的损失，也减少了可能产生的次生灾害。

[案例 16] 储油罐油品短少。

某油库 14#2000m³油罐，自 1985 年 9 月储存汽油后就没有收发过，却逐月短少，短少量之大，是罕见的。

1. 检查分析

在采取了一些措施后，油品仍继续短少。至 1988 年 9 月的 3 年中共短少油品 8069kg。面对这去无踪、查无原的油品短少，考虑到油罐使用已久，把怀疑点转移到可能会出现的罐底渗漏上。

1988 年 9 月，14#油罐腾空检查，没有发现渗漏点，只发现测量口正下方罐底有部分锈蚀物堆积(可引起较小的测量误差)。因担心可能有肉眼不易发现的渗漏点，又用磁探伤仪对罐底焊缝逐一检查，仍未发现渗漏点。为保险起见，对 14#油罐内部涂刷了弹性聚氨酯涂料，罐底涂刷了 6 道。

经过处理后，1989 年 7 月开始重新装入 70#汽油，可是仍在逐月短少，至 1990 年 3 月，又短少了，见表 10-1。此间，在排除罐底渗漏的可能后，又在油罐进出油管线上加了盲板，两个月后拆盲板检查，阀门至盲板 7m 管路内没发现几滴油，排除了从阀门渗漏的疑点。

表 10-1　14#罐储油短少情况

项目	1989 年						1990 年		
	7 月 21 日	8 月 21 日	9 月 22 日	10 月 23 日	11 月 23 日	12 月 23 日	1 月 23 日	2 月 23 日	3 月 23 日
油温(℃)	20.3	18.4	17.1	16.9	16.6	16.5	16.0	16.0	16.0
油高(mm)	12324	12294	12270	12259	12246	12238	12227	12220	12212
短少数(kg)		-276	-597	-921	-1000	-751	-446	-804	-914

为查清油品短少的原因，对测量、统计数据和发油量进行了分析，发现 14#油罐短少数量与相邻油罐发油量有关。相邻油罐发出多，14#油罐短少也多，发出少，短少也少。与相邻多个罐发油量有关，见表 10-2 和图 10-6。此时，才发现呼吸系统可能出了问题。经对呼吸系统检查，发现管道式呼吸阀的压力阀片和阀座接触不良，失去控制作用。

表 10-2　相邻罐发油与 14#罐短少关系

项目	1989 年				1990 年		
	9 月 22 日	10 月 23 日	11 月 23 日	12 月 22 日	1 月 23 日	2 月 23 日	3 月 23 日
相邻油罐发油量(t)	92	443	490	411	79	159	155
14#油罐短少量(kg)	-597	-921	-1000	-751	-446	-804	-914

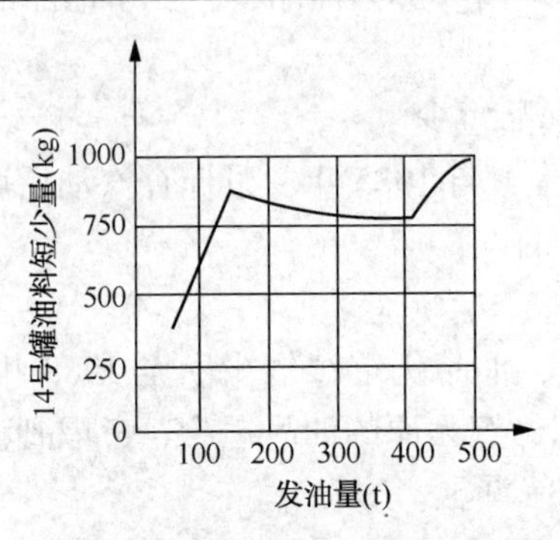

图 10-6　发油量与 14#罐油品短少的关系曲线

当相邻油罐发出油时，罐内补气有两部分，一部分补充气体是大气，即大气→阻火器→呼吸管道→发油罐，另一部分补充气体是 14#油罐内的油气，即 4#油罐内油气→管道式呼吸阀→呼吸管道→发油罐。由于 14#油罐排出气体，加速了油罐内油品的蒸发。这点从 14#油罐内油品质量指标变化趋势也得到了验证。即 14#油罐内油品的 10%馏出温度增高和实际胶质增加，大于同期其他油罐内的同种油品。

2. 经验教训分析

这是一起因管道式呼吸系统没有定期检定检修造成的责任技术事故。技术原因是呼吸阀存在质量问题。责任原因是呼吸系统在安装时没有检定，在运行中没有落实机械式呼吸阀检定检修规定。其教训有如下三点。

（1）油库呼吸阀和液压安全阀的检定检修普遍存在不落实的问题，必须予以重视。

（2）在安全检查、异常现象查找原因时，必须认真细致，考虑到相关方面，重视细节问题。

（3）油库的巷道式油罐，不能共用呼吸管道，从这起事故得到证明。如有汽油、柴油共用呼吸管路必须加以改造。

四、油品变质事故典型案例分析及教训

[**案例 17**] 接卸不核对不化验，造成混油。

1. 事故概况

某年 9 月 3 日，某油库上午接卸 240t 航空煤油，装入 8#罐。下午 11 辆铁路罐车的汽油到达接卸点。现场值班员没有核实证件和化验单，主观认为还是航空煤油。化验员取样化验后，也只是报告化验质量合格，没有说明油品类型。保管员测量密度时，发现密度小，但主观认为是天气热密度变小。17：20 开始卸油，油被卸人入航空煤油罐。17：55 化验员到油罐上看化验单是 66#汽油，才报告值班员停泵，造成 51t 汽油混入 242t 航空煤油中，混油 293t。

某年 6 月，某供应站接卸 10 辆铁路罐车的专用柴油时，未进行检查核对与化验，就认为是轻柴油，卸入轻柴油罐。当卸油到第 3 车时，车站又通知接收 6 个铁路罐车的轻柴油，才发现错了，但已混油 1000t。

2. 事故原因

在第一起混油事故中，一是值班员违章，不核对、不检查；二是化验员应填写化验单交值班员，但化验单未报油品类型；三是保管员测量密度不进行对比。

第二起混油事故则是在接收油料时，根本就没有进行检查核对与化验造成的。

3. 事故教训

这两起混油事故之所以发生是在多个环节上出现了问题，说明这两个油库参与作业的各类人员工作责任心都很差，也反映了油库落实安全制度不到位。如不加以改变，可能还会发生事故。单凭主观臆断作决策、办事情，出错是必然的，不出错是偶然。

［案例 18］ 疏忽大意造成混油。

1. 事故概况

某年 8 月，某油库接卸 6 辆铁路罐车的航空煤油。当卸完前 5 车，第 6 车卸了约 10t 时，通知车站将未卸完的油罐车调往装卸台，拟于次日继续卸。第二天司泵员看到装卸台已停了 1 辆油罐车，便认为是车站调好了。班长也不检查，就准备卸油；保管员对油罐车已卸油约 10t，但对这辆油罐车是满装有怀疑，也没有向有关部门反映。结果将调出的 32. 4t 工业汽油卸入装有 50. 7t 航空煤油的 3 座油罐内，当车站货运员发现时，油已卸完，造成混油 83. 1t。

2. 事故原因

这是一起责任事故。其原因是参加作业人员几乎全凭主观臆断对待卸油作业，在发现是满罐有疑问时也不反映，失掉了预防事故的机会；同时车站和油库之间缺乏必要的协调是事故发生的另一原因。

3. 事故教训

规章制度再健全，也必须由人来落实，因此作业人员的责任心强不强，工作是否到位，对油库的安全管理工作极为重要。在这起事故中，如果作业人员按规定先检查、化验，或者保管员及时反映发现的问题，事故就可能不发生了。加强车站与油库的联系，有事及时通报，这起事故也是可能避免的。

［案例 19］ 道听途说造成混油。

1. 事故概况

某年 2 月 12 日，某机场油库派运油车拉车用汽油，交代司机运回后卸入汽车连加油站。司机修车时，听到保管员对排长说：地油没有了，下次来拉航煤。司机误听为自己拉的是航煤，故拉到消耗油库。接卸保管员没有检查就放油，将 2t 多汽油混入 22. 8t 航煤中，造成混油 25t。

2. 事故原因及教训

这是一起凭主观想象与违反规定造成的责任事故。就司机来说没有按交代将车开到加油站，而是按没有听清的道听途说，将油卸到消耗油库；接卸油保管员没有按规定放油检查。这些情况说明油库落实制度尚有差距，组织协调方面也存在问题，手续制度尚待健全。

［案例 20］ 错记罐号造成混油。

1. 事故概况

某年 9 月 8 日，某油库接卸 1 辆铁路罐车的 26#通用齿轮油。作业前，值班员问保管员，油装入那个罐？保管员答：装人 10#油罐。到现场后，保管副班长打电话，也告诉值班员装 10#油罐。当值班员下令开泵卸油 26min 后，保管副班长怀疑记错了罐号，翻阅测量记录本，才发现进错了油罐。经查，26#通用齿轮油应卸入11#油罐，10#油罐储通用齿轮油64.6t，混入26#通用齿轮油16.4t，混油81t。

2. 事故原因及教训

保管人员心中无数，盲目决定进油罐号是造成这起事故的主要原因，属责任事故。从中也看出，作业制度的落实到位是有差距的，人员的业务不熟练，应加以解决。

[案例21] 工作不细造成多次混油。

1. 事故概况

1981年10月24日，某油库同时接卸两种油料，12辆铁路油罐车。其中汽油3车，停二股道；航空煤油9车，停一股道3车，二股道6车。在接卸油过程中，误将一股道的3车航空煤油当汽油输入洞库的6#油罐；误将二股道的3车汽油当成航空煤油输入油库的1#油罐。10月30日又将航空煤油放空存油和洞库1#罐超高部分输入洞库3#油罐。结果，洞库1#油罐航空煤油476t混入汽油528t，混油1004t；洞库3#罐汽油929t混入混合油（汽油与航空煤油相混）293t，混油1222t；洞库6#罐汽油1434t混入航空煤油50.8t，混油1484.8t。总共混油3710.8t。

2. 事故原因

这是一起多次混油的责任事故。从混油过程看，24日混油属组织分工与作业方案不细造成。30日混油则为有意，工作人员为掩盖工作失误，故意混油，造成了更大损失。

3. 事故教训

这起事故说明油库管理松懈，各项规章没有落到实处。其教训是：

（1）油库在不同地点、接收两种以上不同油料时，应制定细致的作业方案，严密分工，各负其责，严格执行规章。在对油罐车进行必要检查、化验、情况核实后，正确操作才能做好收油工作。

（2）此次事故中，工作人员为掩盖工作失误，故意混油，说明工作人员素质差，必须进一步加强人员的思想教育，应对有关人员进行必要的处罚，以杜绝这种推卸责任的事情再次发生。

[案例22] 擅自做主造成混油跑油。

1. 事故概况

某年6月12日晨，由炼油厂向某石油分公司油库输送-10#柴油。7：30司泵工与一名学徒工接班，当时-10#柴油向302#油罐输送。9：10司泵工接到某石油公司要求输送 0#柴油通知后，便立即到油罐区将 0#柴油的 306#油罐阀门打开，同时又叫学徒工打开 302#油罐与 306#油罐连通的阀门，徒工又擅自将正在输进 -10#柴油的 302#油罐阀门关闭。结果从炼油厂输送来的-10#柴油全部流进了 306#油罐，造成了先混油后跑油的事故。混油 1652t，跑油 2.7t。

2. 事故原因及教训

从炼油厂到石油分公司油库油罐与泵房只有一条输油管线，不能同时输送两种油料。司泵工应当知道工艺无法输转两种油料，而学徒工擅自关闭 306#油罐阀门是造成事故扩大的原因。

五、油库设备损坏事故典型案例分析及教训

[**案例 23**]　管道式呼吸阀法兰连接部位喷油罐顶凹陷。

1994 年某月，某油库 207#油罐输入航空煤油时，因对罐内储油数量心中无数，导致多进油 1h 多，油从操作间呼吸管道上的 U 形压力计管口和管道呼吸阀法兰连接处喷出，油罐顶部严重凹陷。

1. 基本情况

207#油罐位于油库南山洞内，洞中有 2000m^3油罐 17 座，1500m^3油罐 3 座，1969 年竣工投入使用以来运行良好。207#油罐容量 2093m^3，直径 14.3m，油罐壁板高 13.0m，拱顶高 1.9m，顶板厚度 4.5mm，进出油管 DN150，呼吸管 DN150。

2. 事故经过和油罐损坏

当时，207#油罐正在进油，突然 U 形压力计管口和管道呼吸阀法兰连接处喷油。保管员立即关闭油罐进油阀门，打开 209#、211#、202#油罐进油阀门和管道呼吸阀旁通管阀门，转换油罐收油。这时操作间 U 形压力计管口和管道呼吸阀法兰处仍然喷油，油罐间内发出“通、通、通”的巨大响声。保管员爬上油罐，发现罐顶下陷，打开测量孔时向外冒油，随即将测量孔关闭，罐顶变形在继续，最后向上的拱顶变为向下的“锅形”。

207#油罐拱顶下陷为“锅形”，顶部中心部位有三角形局部深坑，深坑距离油罐壁板上边缘 1.86m，加上拱顶 1.91m，共下陷 3.77m，和拱顶相连的呼吸管也一起下落，壁板 2 处稍有变形，其他基本完好，见图 10-7。

3. 机理和油品去向

（1）油罐吸瘪机理

在这起事故中，操作间 U 形压力计管口和管道呼吸阀法兰连接处喷油，其流程是铁路油罐车→油泵→输油管道→U 形压力计和管道呼吸阀→操作间。油罐进

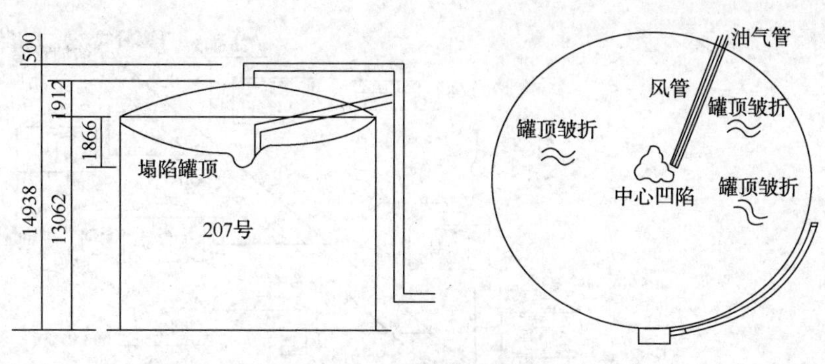

图 10-7　207#油罐损坏示意图

油阀门关闭，在密闭系统中，呼吸管道中的油在重力、惯性力(虹吸)和油罐内压力的作用下，继续外泄，形成油罐→呼吸管道→U 形压力计和管道呼吸阀→操作间的流程，罐内出现物理真空，油罐顶下陷的压力挤出油品，又增加了油罐→呼吸管道→其他油罐的流程，油罐再次出现真空，罐顶再次下陷，如此反复罐顶变成“锅形”。

(2) 油品的去向

207#油罐挤出的油品哪里去了呢？一是 209#、211#、202#油罐储油增加(管道呼吸阀旁通阀打开，进入油品较多)，220 号油罐管道呼吸阀旁通阀没有打开(进入油品较少)；二是 207#油罐操作间 U 形压力计和管道呼吸阀喷出油品，流入洞外油水分离池(大部油品收回，约 $10m^3$)。油品数量见表 10-3 和图 10-8。表中数据说明油品数量基本是平衡的，207#油罐从 U 形压力计和管道呼吸阀喷出的油品收回约 $10m^3$，损失 $0.44m^3$。

表 10-3　207#油罐挤出油品和油泵输入油品平衡表

油罐编号	罐内油品增高(m)	油品数量(m^3)	207#油罐挤出油品(m^3)	备　注
207#	—	—	646	根据油罐变形，计算得出
209#	3.975	638.39	—	
211#	0.952	152.89	—	
202#	0.668	107.28	—	
220#	0.168	26.98	—	
收回油品	—	10.00	—	从油水分离池回收
油泵输入	—	-290	—	根据油泵流量和时间计算
合计	—	645.56	646	差 $0.44m^3$

注：各油罐进油数量不同是由于油罐标高和距离不同，产生的阻力不同形成。

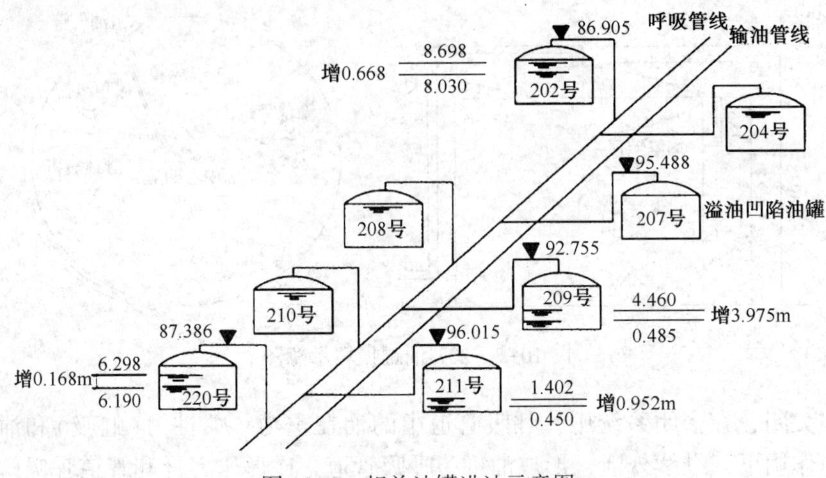

图 10-8　相关油罐进油示意图

4. 事故教训分析

这是一起因对油罐储油数量心中无数而溢油造成的责任技术事故。这起事故与多数油罐溢油造成油罐凹陷的原因有所不同。207#油罐凹陷是由于虹吸作用，使油罐出现物理真空而形成。这就提出了一个问题，在洞内油罐发生溢油后，如何阻断虹吸作用？一是立即停止输油，适时打开测量孔；二是在来不及停止输油(因通信和距离)时，马上关闭油罐进油阀门，同时打开其他油罐进油阀门和管道呼吸阀的旁通阀门，适时打开测量孔。这里的困难是适时打开测量孔，早了会增加油品的外泄，迟了会引发油罐顶部下陷。这就要求操作者，不但要有熟练的操作技能，而且要有良好的心理素质。这个问题应加以研究讨论。

[**案例 24**]　呼吸管路阀门未开，发油瘪罐。

1. 事故概况

1988 年 8 月 3 日至6 日，某油库从 102#油罐发出汽油，因作业中未开启呼吸管路阀门(呼吸管路没有安装呼吸阀)，造成油罐内压超限，油罐严重变形。10 日，102#油罐进油时，听到油罐局部复原声音，检查时才发现油罐瘪凹。油罐瘪凹面积 337m^2。占油罐外壁总面积的 47%，罐顶凹陷 1 处，罐壁凹陷 4 处，塌陷深度 20~97cm，罐壁 1 处焊缝开裂 50cm。

2. 事故原因

收发油作业时未开启呼吸管路阀门，造成油罐吸瘪。

3. 事故教训

这是一起因严重违章造成的责任事故。从事故看出油库各项规章制度基本没有落到实处，管理是很乱的。3 日至 6 日发油不开呼吸管路阀门，10 日进油呼吸管路阀门是否打开，也很难说，要是打开，瘪凹油罐进油时就不会局部复原发出声音。“接收油料前，应检查接收油罐的呼吸管路是否畅通，呼吸管路上阀门是否已打开”。

［**案例 25**］　126 天连续发生三次油罐吸瘪。

1. 事故概况

某年 1 月 2 日，某场站油库在 240m³ 的 20# 油罐测量口安装液位报警器，试验中由于报警器浮子失灵，未能报警，造成油罐超装，油流进呼吸阀管路。操作人员忙中出错，在呼吸管路堵塞的情况下，打开 20# 罐进出油阀门向 21# 油罐自流倒油，20# 油罐被吸瘪。油罐顶部塌陷 20m² 左右，最深处 68cm。

3 月 8 日，在未清除呼吸管路积油情况下，又从 21# 油罐发油造成该罐被吸瘪。油罐顶部塌陷 35m² 左右，中间有 6cm 宽的裂缝，罐底翘起 5cm。

5 月 7 日，从 240m³ 的 15# 油罐自流发油时，作业人员没有打开呼吸管路阀门，作业中擅离现场，在长达 8. 5h 中无人进罐室检查。发油结束时才发现油罐被吸瘪。油罐顶部塌陷 16m² 左右，最深处 80m³。

2. 事故原因及教训

在 126 天中连续发生 3 次油罐吸瘪事故，实属罕见。第 1 次尚可用缺乏知识，处理不当予以解释。第 2 次、第 3 次如何解释呢？只能说明领导者和油库工作人员责任心不强，规章制度不落实，油库管理极为混乱。如果这种状况不改变，油库还会发生更大的事故。

［**案例 26**］　呼吸管路堵塞，罐底松动翘起。

1. 事故经过

1993 年 7 月 27 日，某油库接卸 15 个铁路油罐车（90# 汽油），分别输入洞库内 5#、6#、7# 油罐。9∶50 开泵，10∶10 油头到达 5# 罐。12∶05 保管干部发现 6# 油罐罐底沥青松动，底板有翘起迹象，立即让保管员打开呼吸系统阀门。1min 后 7# 罐底板沥青也发生松动，就立即通知停泵，并报告库领导。到停泵时，6# 油罐罐底板翘起 5cm，同时发现 5# 油罐罐底沥青也松动。库领导赶到现场后，指挥启动风机通风，打开测量孔泄压，5min 后翘起的罐底板恢复原状。

2. 事故原因

收油作业时未打开呼吸管路阀门，呼吸不畅，罐内压力逐渐增大，造成油罐底翘起，打开呼吸管路阀门后，仍继续翘起，直至打开测量孔后才恢复正常，说明呼吸管路堵塞。

3. 事故教训

（1）油料收发作业前检查不细致、不认真，麻痹大意，致使存在的问题没有被发现。“接收油料前，应检查接收油罐的呼吸管路是否畅通，呼吸管路上阀门是否已打开”。

(2) 日常设备设施检修制度没有严格落实。油库应定期组织对呼吸管路、呼吸阀、液压安全阀等进行检查、维护和保养，及时排出各类故障，确保收发作业油罐呼吸畅通，防止油罐翘起和吸瘪。

第二节　油库事故原因分析

油库工作者应掌握一定的案例分析技能。通过油库事故综合分析，认识油库事故的一般规律，通过典型事故分析得到一些警示和启迪，从事故中吸取教训，结合工作实际，防患于未然。

一、事故分析方法

对一起事故的原因分析，通常有两个层次，即直接原因和间接原因。

(一) 事故原因分析的基本步骤

(1) 整理和阅读调查材料。

(2) 分析伤害方式。按以下内容进行分析：受伤部位、受伤性质、起因物、致害物、伤害方式、不安全状态、不安全行为。

(3) 确定事故的直接原因。

(4) 确定事故的间接原因。

(5) 确定事故的责任者。

(二) 事故直接原因分析

事故直接原因分为两大类：一是机械、物质或环境的不安全状态；二是人的不安全行为。

1. 机械、物质或环境的不安全状态

机械、物质或环境的不安全状态主要表现在四个方面。

(1) 防护、保险、信号等装置缺乏或有缺陷。

① 无防护。无防护罩、无安全保险装置、无报警装置、无安全标志、无护栏或护栏损坏、(电气) 未接地、绝缘不良、局部通风机无消音系统而噪声大、危房内作业、未安装防止“跑车”的挡车器或挡车栏及其他无防护内容。

② 防护不当。防护罩未在适当位置、防护装置调整不当、坑道掘进和隧道开凿支撑不当、防爆装置不当、采伐和集材作业安全距离不够、放炮作业隐蔽所有缺陷、电气装置带电部分裸露及其他防护不当行为。

(2) 设备、设施、工具、附件有缺陷。

① 设计不当。结构不符合安全要求：通道门遮挡视线、制动装置有缺欠、安全间距不够、拦车网有缺欠、工件有锋利毛刺和毛边、设施上有锋利倒梭等。

② 强度不够。机械强度不够、绝缘强度不够、起吊重物的绳索不符合安全要求等。

③ 设备在非正常状态下运行。设备带“病”运转、超负荷运转等。

④ 维修、调整不良、设备失修、地面不平、保养不当和设备失灵等。

(3) 个人防护用品用具缺少或有缺陷。无个人防护用品和用具、所用的防护用品和用具不符合安全要求。

(4) 生产(施工)场地环境不良。

① 照明光线不良。照度不足、作业场地烟尘弥漫视物不清、光线过强。

② 通风不良。无通风、通风系统效率低、风流短路、停电停风时爆破作业、瓦斯排放未达到安全浓度爆破作业、瓦斯(油气)超限等。

③ 作业场所狭窄。

④ 作业场地杂乱。工具、制品、材料堆放不安全；采集时未开“安全道”；迎门树、坐殿树、搭挂树未作处理等。

⑤ 交通线路的配置不安全。

⑥ 操作工序设计或配置不安全。

⑦ 地面滑。地面有油或其他液体、冰雪覆盖、地面有其他易滑物。

⑧ 储存方法不安全。

⑨ 环境温度、湿度不当。

2. 人的不安全行为

(1) 操作错误、忽视安全，忽视警告。未经许可开动、关停、移动机器；开动、关停机器时未给信号；开关未锁紧，造成意外转动、通电或泄漏等；忘记关闭设备；忽视警告标志、警告信号；操作错误(指按钮、阀门、扳手、把柄等的操作)；奔跑作业；供料或送料速度过快；机械超速运转；违章驾驶机动车；酒后作业；客货混载；冲压机作业时，手伸进冲压模；工件紧固不牢；用压缩空气吹铁屑等。

(2) 造成安全装置失效。拆除了安全装置；安全装置堵塞，失去作用；调整的错误造成安全装置失效等。

(3) 使用不安全设备。临时使用不牢固的设施；使用无安全装置的设备等。

(4) 手代替工具操作。用手代替手动工具；用手清除切屑；不用夹具固定、用手拿工件进行机加工。

(5) 物体(指成品、半成品、材料、工具、切屑和生产用品等)存放不当。

(6) 冒险进入危险场所。冒险进入涵洞；接近漏料处(无安全设施)；采伐、集材、运材、装车时，未离危险区；未经安全监察人员允许进入油罐或井中；未“敲帮门顶”便开始作业；冒进信号；调车场超速上下车；易燃易爆场所明火；私自搭乘矿车；在绞车道行走；未及时瞭望。

(7) 攀、坐不安全位置(如平台护栏、汽车挡板、吊车吊钩)。

(8) 在吊起物下作业、停留。

(9) 机器运转时加油、修理、检查、调整、焊接、清扫等工作。

(10) 有分散注意力行为。

(11) 在必须使用个人防护用品用具的作业或场合中，忽视其使用。未戴护目镜或面罩；未戴防护手套；未穿安全鞋；未戴安全帽；未佩戴呼吸护具；未佩戴安全带；未戴工作帽等。

(12) 不安全装束。在有旋转零部件的设备旁作业穿过肥大服装；操纵带有旋转零部件的设备时戴手套等。

(13) 对易燃、易爆等危险物品处理错误。

(三) 事故间接原因分析

事故间接原因主要包括：

(1) 技术和设计上有缺陷，如在工业构件、建筑物、机械设备、仪器仪表、工艺过程、操作方法、维修检验等方面在设计、施工和材料使用上存在问题。

(2) 教育培训不够，未经培训，缺乏或不懂安全操作技术知识。

(3) 劳动组织不合理。

(4) 对现场工作缺乏检查或指导错误。

(5) 没有安全操作规程或不健全。

(6) 没有或不认真实施事故防范措施；对事故隐患整改不力。

(四) 事故责任分析

(1) 根据事故调查所确认的事实，通过对直接原因和间接原因的分析，确定事故中的直接责任者和领导责任者。

(2) 在直接责任和领导责任者中，根据其在事故发生过程中的作用，确定主要责任者。

(3) 根据事故后果和事故责任者应负的责任提出处理意见。

通过事故直接原因、间接原因事故责任的分析，在进行案例分析或案例教育时，可以加深对事故的正确认识，更有针对性，提高事故教育的效果。

二、油库事故综合分析

油库事故的教训是前人用鲜血、生命和巨大的财产损失给后人换来的宝贵财富。事故分析是对事故形成过程及其内在规律的研究。通过事故分析确定事故发生的内在原因及其激发因素，有利于针对性地采取安全防范措施，防止或减少事故发生。与此同时，还应找出带有普遍性的规律，以指导事故的预测和防范。从而达到不重复过去的失误，并预测未来，避免事故的再现，这就是分析事故的目的。

通过事故分析可以达到：一是总结业务事故的原因和规律，为改进设备、操作、工艺提供依据；二是为安全防护、人员配备、设备投资指明方向；三是为安全教育、技术训练提供具体详实的内容；四是提出具有指导意义的安全管理的方向和重点；五是为油库储运技术的研究提供新的课题。

根据收集的1050例(有的事故中包含了多起同类事故，故事故总数近1200例)油库事故统计、整理了11组数据。通过这些数据可分析研究油库安全管理的方向、重点区域、重点部位等问题。在11组数据中表10-4~表10-8是事故综合数据，表10-9~表10-14组是着火爆炸、油品流失、油品变质、设备损坏和其他五类事故原因统计数据。

(一) 油库事故数据统计

1. 事故类型统计

油库事故分为着火爆炸、油品流失、油品变质、设备损坏和其他等五类事故。着火爆炸和油品流失两类事故739例，占70.4%。其中着火爆炸事故445例，占42.4%；油品流失294例，占28.0%，见表10-4。

表10-4　油库事故类型统计表

类型	着火爆炸	油品流失	油品变质	设备损坏	其他	合计
案例数	445	294	195	62	54	1050
百分数(%)	42.4	28.0	18.6	5.9	5.1	100

2. 发生区域统计

油库事故发生区域分为油品储存区、收发油作业区、辅助作业区、其他等四个区域统计，储存区和作业区894例，占85.2%。其中储存区468例，占44.6%；作业区426例，占40.6%，见表10-5。

3. 发生部位统计

油库事故发生部位主要有油罐、运输容器(含铁路油罐车、汽车油罐车、油船等)、油泵管线、油桶和其他。储油、输油设备设施共905例，占86.2%，见表10-6。

表 10-5　事故发生区域统计表

项目	储存区		作业区		辅助区		其他区		合计	
	数量	占本类事故的百分数(%)	数量	占本类事故的百分数(%)	数量	占本类事故的百分数(%)	数量	占本类事故的百分数(%)	数量	占总数的百分数(%)
着火爆炸	106	23. 8	225	50. 6	39	8. 8	75	16. 8	445	42. 4
油品流失	171	58. 2	109	37. 1	—	—	14	4. 7	294	28. 0
油品变质	116	59. 5	65	33. 3	—	—	14	7. 2	195	18. 6
设备损坏	54	87. 1	7	8. 3	—	—	1	8. 6	62	5. 9
其他	20	37. 0	20	37. 0	1	8. 9	13	24. 1	54	5. 1
合计	468	44. 6	426	40. 6	40	3. 7	116	8. 1	1050	100

表 10-6　事故发生部位统计表

项目	油罐		油车		油泵		管线		油桶		其他		合计
	数量	占本类事故的百分数(%)	数量	占本类事故的百分数(%)	数量	占本类事故的百分数(%)	数量	占本类事故的百分数(%)	数量	占本类事故的百分数(%)	数量	占本类事故的百分数(%)	
着火爆炸	114	25. 6	88	19. 8	54	12. 1	41	9. 2	26	5. 9	122	27. 4	445
油品流失	165	56. 1	8	2. 7	15	5. 1	104	35. 4	2	0. 7	—	—	294
油品变质	129	66. 2	38	19. 5	12	6. 2	7	3. 6	6	3. 0	3	8-5	195
设备损坏	50	80. 7	9	14. 5	—	—	1	8. 6	—	—	2	3. 2	62
其他	22	40. 7	2	3. 7	5	9. 3	6	8. 1	1	8. 9	18	33. 3	54
合计	480	45. 7	145	13. 8	86	8. 1	159	15. 2	35	3. 4	145	13. 8	1050

4. 事故性质统计

油库事故性质分为责任、技术、责任技术、外方责任、自然灾害、案件(仅收集了 7 例与业务管理关系密切的案件)统计。另外，还收编了 11 例坚持按作业程序和操作规程办事，检查核对，取样化验，逐只油桶、逐台罐车检查底部水分、杂质、乳化物，预防不合格油品入库，防止了事态扩大的事例。责任和责任技术事故 817 例，占 77. 8%。其中责任事故 654 例，占 62. 3%；责任技术事故 163 例，占 15. 5%，见表 10-7。

5. 人员伤亡统计

油库事故后果中只收编了人员伤亡、中毒情况，因时间跨度大、资料不全，未收编事故损失。着火爆炸伤亡人数多，其他类型事故伤亡人数较少，每起事故平均伤亡 8~5 人/起，见表 10-8。

表 10-7　事故性质统计表

项目	责任		技术		技术责任		外方		灾害		案件		合计
	数量	占本类事故的百分数（%）	数量	占本类事故的百分数（%）	数量	占本类事故的百分数（%）	数量	占本类事故的百分数（%）	数量	占本类事故的百分数（%）	数量	占本类事故的百分数（%）	
着火爆炸	242	54.4	81	18.2	92	20.7	26	5.8	—	—	4	0.9	445
油品流失	190	64.6	51	17.4	35	11.9	12	4.1	3	1.0	3	1.0	294
油品变质	166	85.1	3	8.5	11	5.7	15	7.7	—	—	—	—	195
设备损坏	30	48.4	17	27.4	15	24.2	—	—	—	—	—	—	62
其他	26	48.1	5	9.3	10	18.5	2	3.7	11	20.4			54
合计	654	62.3	157	15.0	163	15.5	55	5.2	14	8.3	7	0.7	1050

表 10-8　人员伤亡、中毒统计表

项目	死亡	重伤	轻伤	合计
着火爆炸	390/2	175/0	775/25	1336/27
油品流失	—	—	28/28	28/28
油品变质	5/0	14/0	77/0	86/0
其他	37/21	20/15	57/49	114/85
合计	432/23	209/15	909/102	1574/140

注：伤亡总数/中毒伤亡人数。

（二）油库事故分类数据统计

1. 着火爆炸事故点火源和燃烧物统计

油库着火爆炸事故主要是由于燃烧物和点火源（助燃物——氧在油库任何空间都有）的结合而发生的。为此，统计了燃烧物和点火源两组数据。

（1）燃烧物。燃烧物中油品和油气失控是油库着火爆炸事故燃烧物的主要来源，收编的事故中，这两种燃烧物占 93.7%，见表 10-9。

表 10-9　着火爆炸事故燃烧物统计表

项目	油气	油品	其他	合计
案例数	337	80	28	445
百分比(%)	75.7	18.0	6.3	100

（2）点火源。点火源分为电气火、明火、发动机、焊接和其他。其中电气

火包括了静电和雷电；明火包括库内、库外（油品流到库外引起）和吸烟；发动机是指发动机热表面、电器、火星等；其他点火源中包括冲击、摩擦等，见表10-10。

表 10-10　着火爆炸事故点火源统计表

<table>
<tr><td rowspan="2">项目</td><td colspan="3">电气火</td><td colspan="3">明火</td><td rowspan="2">发动机</td><td rowspan="2">焊接</td><td rowspan="2">其他</td><td rowspan="2">合计</td></tr>
<tr><td>电器</td><td>静电</td><td>雷电</td><td>库内</td><td>库外</td><td>吸烟</td></tr>
<tr><td>案例数</td><td>88</td><td>54</td><td>21</td><td>50</td><td>19</td><td>32</td><td>53</td><td>71</td><td>57</td><td>445</td></tr>
<tr><td rowspan="2">百分比(%)</td><td>19.8</td><td>12.1</td><td>4.7</td><td>11.2</td><td>4.3</td><td>7.2</td><td rowspan="2">11.9</td><td rowspan="2">16.0</td><td rowspan="2">12.8</td><td rowspan="2">100</td></tr>
<tr><td colspan="3">36.6</td><td colspan="3">22.7</td></tr>
</table>

2. 油品流失事故原因统计

油品流失的原因主要有阀门使用管理、脱岗失控和主观臆断、设备腐蚀穿孔、施工和检修遗留的隐患、发动机机油泵胶管脱落、其他六类。前五类249例，占84.7%，见表10-11。

表 10-11　油品流失事故原因统计表

项目	阀门	脱岗失职	腐蚀穿孔	工程隐患	胶管脱落	其他	合计
案例数	119	44	19	58	9	45	294
百分比(%)	40.5	15.0	6.5	19.7	3.0	15.3	100

3. 油品变质事故原因统计

油品变质事故原因主要是阀门管理使用、检查核对不到位、没有取样化验和逐个油罐检查罐底水分杂质、主观臆断和不负责任、储油容器标志不清和无标志、共用管线没有放空、设备不清洁、来油不合格七类。前三类126例，占84.7%，见表10-12。

表 10-12　油品变质事故原因统计表

项目	阀门	检查化验	不负责任	标志不清 共用管线	设备不洁	外方责任	其他	合计
案例数	59	40	27	11	18	21	19	195
百分比(%)	30.3	20.5	13.9	5.7	9.2	10.7	9.7	100

4. 设备损坏事故原因统计

设备损坏分为油罐凹陷、设备没有排水冻裂和其他，不包括其他类型事故中的设备损坏，见表10-13。

表 10-13　设备损坏事故原因统计表

项目	油罐凹陷	设备冻裂	其他	合计
案例数	49	8	5	62
百分比(%)	79.0	12.9	8.1	100

5. 中毒、伤亡、自然灾害等事故统计

设备损坏事故只收编了造成设备损坏而未引发其他事故的。其他事故中推动铁路油罐车时滑移而发生的事故较多。油罐凹陷是设备损坏的主要形式，共 49 例，占 79.0%。

从上述数据来分析，油库预防重点是着火爆炸和油品流失事故，预防事故的重点区域是储存区和作业区，预防事故的重点设备设施是油罐、管线(含阀门)、油车和油泵，主要是预防责任和责任技术事故。

三、油库着火爆炸的原因分析

着火爆炸是油库各类事故中的多发事故。着火爆炸事故不仅会造成严重的人员伤亡和财产损失，而且还会造成人们的恐惧心理。

着火与爆炸虽是两个不同的概念，但对油库来说，着火与爆炸往往联系在一起，或燃烧伴随着爆炸，或爆炸伴随着燃烧，或燃烧与爆炸单独发生。现以油库 445 例着火爆炸事故的统计数据为依据，分析研究油库着火爆炸事故各要素的形成及对策。

(一) 着火爆炸事故燃烧物的形成

油库是储存和供应易燃、可燃油品的基地和中转站。油品的理化特性决定了油品和油气是威胁油库安全的主要物质条件，是油库着火爆炸事故的主要燃烧物。在油库 445 例着火爆炸事故中，油气和油品作为燃烧物的着火爆炸事故占 83.7%，其中油气占 75.7%，油品占 18.0%。着火爆炸燃烧物的形成主要是由于油品和油气失去有效控制。

1. 油品失控

油品失控不仅会造成物质的损失，而且是油库着火爆炸事故的重要隐患。在 445 例着火爆炸事故中，油品作为燃烧物只有 80 例(占 18.0%)，但为数不少的着火爆炸事故燃烧物中的油气是由于油品流失形成的。油品失控的主要形式是跑、溢、漏、滴、洒，以及私人用油等。

(1) 溢油。溢油往往和储存油品容器相联系。油罐装满油后，继续进油时从孔口外流称为溢油。溢油与油品流失相比较无严格的区别，其原因也大致相同，只是流失油品的数量溢油少，油品流失多。如放空输油管时，放空罐容量不够，且脱岗造成油罐溢流；向储油罐、高位罐输送油时，无人监视液位上升，油罐溢流；阀门窜油，从储油罐孔洞溢油；车辆油箱加油、灌装油桶，以及铁路和汽车油罐车装油失控溢油等。

(2) 漏油。漏油常常和油库的储油、输油设备设施的腐蚀及安装质量相关。如储油罐和输油管线腐蚀穿孔漏油；安装焊接质量低劣，有夹渣、气孔、裂缝漏油；油桶裂缝、锈蚀穿孔漏油；油泵及阀门失修漏油等。

(3) 滴油。滴油经常是由于渗漏而产生。滴油多数与储油、输油设备设施的螺丝口、紧固件连接部位，以及油泵、阀门等转动部位的密封质量相关。如油泵盘根允许的滴油，机械密封磨损和填料松紧不当滴油；阀门盘根松紧不当渗漏滴油；灌装油罐车、油桶后，管线内残油从鹤管、胶管、油枪口部滴油等。

(4) 洒油。洒油往往和“油勤”“车勤”人员缺乏知识、怕麻烦联系在一起。如油勤、车勤人员用汽油清洗机件、洗手、洗工作服后，将用过油品随地泼洒。

(5) 私人用油、存油。私人用油、存油是油库着火爆炸事故不可忽视的因素。如打火机灌装油后试验打火，个人存的打火机用油发生着火爆炸的事故屡有发生；煤油炉、柴油炉、汽油炉发生火灾的事例也不少；私人摩托车主家里存油发生着火爆炸；还有用汽油洗毛料衣服发生火灾等。

跑、溢、漏、洒、私人用油，不仅是油品火灾燃烧物的来源，而且也是油气着火爆炸事故燃烧物的重要来源。

油品失控的原因很多，归纳起来主要有三个方面：

(1) 操作使用问题。

① 执行制度不严和误操作，造成阀门错开、误开、未关、关闭不严，甚至怕下次阀门难开，有意不关严等，是造成油品流失的普遍原因。

② 保管人员不熟悉阀门操作使用，误将阀门开启当作关闭。

③ 放空管道后阀门未关，或油罐进出油阀门窜油，放空油罐溢油，或者从呼吸阀、测量孔流失。

④ 用泵加压进行灌装作业时，灌装油桶油嘴全部处于关闭状态，压力增大冲毁管道阀门、法兰连接处垫片。

⑤ 管道放空后，进气管阀门未关，或关闭不严。

⑥ 卧式油罐组液位计管阀门失灵、胶管老化破裂。

⑦ 收发油作业后，保管人员怕下次阀门难开，将阀门少转两圈，造成下次作业时放空油罐溢油。

(2) 设计安装问题。

① 主要是没有按规范要求进行设计，施工安装没有严格执行技术要求。如阀门选用不当，在寒区、严寒区选用了铸铁阀门，且未采取保温措施，水积存于

阀门中，冬季结冰将阀门冻裂。

② 管道未设置泄压装置。管内存油受热膨胀，管线阀门、法兰连接处胀裂、垫片冲毁，管线位移破坏了法兰连接的严密性等。

③ 管道未按要求设置补偿器。热胀冷缩时，焊缝受弯曲应力倾斜断裂、焊缝裂口，或弯曲应力破坏了管线阀门、法兰连接处的密封性。

④ 阀门位置设置不当。如将阀门设置于横向位移的管段，且距管路支座近，管线横向位移时阀门连接处的密封受损。

⑤ 施工安装时，未按规定清洗、试验，渗漏、窜油等没有发现，留下了隐患，或者法兰垫片选材不当，老化变质，甚至将已有裂缝的垫片安装在法兰连接处等。

⑥ 管道整体强度试验后，水未放或排放不净，冬季结冰而冻裂阀门、管线；或者试验时，操作不当，造成水击而冲毁垫片；或检查验收不严和不验收而交付使用，留下了隐患。

⑦ 设备、材料安装前没有进行检查验收，使用了劣质设备、材料，或者不符合技术要求的设备、材料。

(3) 检查维修问题。

① 没有按检查维修周期进行检查和鉴定，使设备设施失修，以及检查维修中执行制度不严。例如维修保养不及时，造成阀门失修、失灵。

② 阀门、管线未按照检查维修周期进行技术检查和鉴定，杂物沉积于阀门内，关闭不严，造成内渗、内窜，以及设备设施腐蚀穿孔等。

③ 设备拆卸检修时，不封堵管口、孔口等；或者检修安装后，不封堵管口、孔口，不关闭阀门等。

④ 设备设施试运转中，放空管线后不关闭阀门，或检修中使用了不合格、不符合技术要求的设备、材料。

2. 油气产生与失控

在445例中，油气作为燃烧物的着火爆炸事故337例，占75.7%。

油气释放源向气体空间排放与积聚，以及油品失控的蒸发是油库形成油气着火爆炸事故燃烧物的主要来源。油库油气的产生，从接卸炼油厂来油开始，到输入各种固定和移动储运油容器，直至加入车辆、机械、舰艇、飞机等用油装备油箱的整个过程中都在不断发生，不断排放。

(1) 正常情况下油气的排放和积聚。油库正常情况下油气的排放源主要有：运入或运出油库的油船、铁路油罐车、汽车油罐车；各种储存油品的储油罐、高位罐、零位罐、放空罐、油桶，以及真空泵、用油机械设备的油箱等，油库中主要的油气产生源见图10-9。当这些设备设施大小呼吸发生时，都向大气中排放油气。在通风不良的情况下，油气极易在油罐间、通道、泵房、管沟、阀门井，以及设备设施周围的低洼之处和作业场所周围的气动力阴影区积聚。油库进出、储存、输送、灌装、加注油时，发生大小呼吸是设备设施安全管理所允许的。但由于现有减少大小呼吸的设备设施管理使用不善，简便易行的减少油气逸散的新技术和新设备未得到重视和推广，这就增加了油气的排放，加重了油库着火爆炸的危险性。

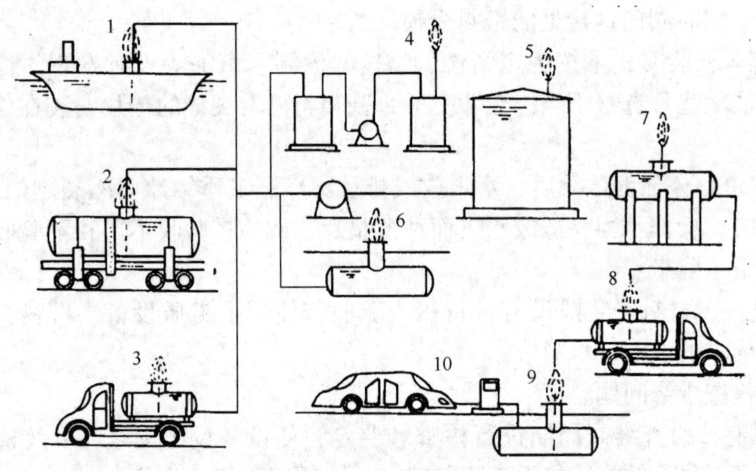

图 10-9　油库中主要的油气产生源

1—油船；2—铁路油罐车；3—汽车油罐车；4—真空泵；5—储油罐；6—回空罐；7—高位油罐；8—汽车油罐车；9—加油站油罐；10—汽车油箱

(2) 检修条件下油气的排放和积聚。储油、输油设备设施内或多或少都有残留的油品。当检修时，拆卸储油、输油设备设施后，其内部的残留油品蒸发逸散，或者积聚于设备设施之内的油气排出，积聚于检修场所。特别是通风不良的油罐间、巷道、泵房、管沟、阀门井等处，很容易积聚油气。如在油库设备设施检修中，进行清洗、通风等作业时，没有及时将可燃物清除，没有严格执行规范的要求，必然会造成油气的散发积聚，增大着火爆炸事故的几率。

(3) 非正常情况下油气的排放和积聚。油库非正常情况下油气的排放和积聚，是指在跑、溢、滴、漏、洒，以及私人用油、存油等失控，以及减少油气排放的设备设施失去应有作用情况下的油气排放和积聚。因为油库事故中跑(溢)油等事故占 40%以上，而漏、滴、洒是经常存在的，私人用油、存油屡禁不止。所以这种失控油品的蒸发逸散，是油库着火爆炸事故不可忽视的危险因素。

3. 其他燃烧物

其他燃烧物如油污、油布、枯草、刨花、沥青等燃烧物引起的火灾有 28 例，占6.3%。其主要原因是在油库安全管理中，清除可燃物的规定没有落到实处；动火中安全措施不落实，以及周围群众放火烧荒、小孩玩火等所致。

(二) 着火爆炸点火源及其形成

油库着火爆炸事故的点火源比较复杂，主要有化学点火源(明火和自燃着火)、电气点火源(电火花和静电、雷电放电火花)、高温表面点火源(高温表面和热辐射)、冲击摩擦点火源(冲击和摩擦及绝热压缩)等。其中自燃、热辐射、绝热压缩作为点火源引发油库着火爆炸事故的情况比较少。为便于与实际设备设施、火种相联系，易于分类研究，按油库设备设施不合格电器、静电、雷电、烧焊、明火(分为库内、库外、吸烟)、发动机、其他等七种类型分析油库着火爆炸事故的点火源。在445例着火爆炸事故的点火源中，电气火(含静电和雷电)、明火、设备设施烧焊等三类火源是油库着火爆炸事故发生的主要点火源。

1. 电气火(含静电和雷电)点火源

在油库445例着火爆炸中，电气火(含静电和雷电)163例，占36.6%。

(1) 电器点源。电器设备不符合要求，或者安装不规范而引发的事故，在445例着火爆炸事故中有88例，占19.8%。主要有油泵与普通型配电安装于同一室内；油泵房和配电室隔墙上有孔洞相通；电器防爆等级与使用场所不相适应；防爆电气合格，但采用普通的布线，或安装不符合防爆要求；配电室与泵房、洞口之间的安全距离不够等。

(2) 静电点火源。静电引发的着火爆炸事故在油库445例中有54例，占12.1%。静电放电的着火爆炸事故主要原因是：没有设置排静电装置，或者安装不符合规范要求。装卸油品作业或油罐输送油时，流速过快、喷溅式灌装油；使用塑料管输油和用塑料桶装油等，产生和积聚静电，并放电引燃油气所致。

(3) 雷电点火源。雷电着火爆炸事故在油库445例中有21例，占4.7%。雷电引发的着火爆炸事故主要是：覆土金属油罐、非金属油罐和半地下、洞室油罐的外露金属设施，没有设置防雷接地，或防雷接地失灵；油罐腾空清洗和检修时，通风不良造成油气积聚，以及油罐渗漏、油罐测量孔密封不严，雷雨时作业等情况下，产生油气排放和积聚，雷击油罐、油罐测量孔和油罐附件引燃油气混合气体发生着火爆炸事故。

2. 明火点火源

明火在油库445例着火爆炸事故中有101例，占22.7%。明火包括火柴、打火机、烟头、炉火、灯火等。明火作为点火源在油库着火爆炸事故中居第二位。值得提出的是在统计的着火爆炸事故中，火柴、打火机和烟头引起的火灾就有32例，占该类火灾的38.7%。另外，还有人用点火的方法检验识别油品的火灾7例，占该类火灾的6.9%。

3. 设备烧焊点火源

设备设施烧焊在油库 445 例着火爆炸事故中有 71 例，占 16.0%。油库设备设施检修、改造、扩建，以及油桶清洗修理，往往要使用气焊和电焊来烧焊补漏、开孔切割，是工艺设备设施安装的主要方法。

4. 发动机点火源

发动机包括汽车发动机、发动机油泵、空压机等。发动机作为点火源是发动机和排气管的热表面、排气中的火星、磁电机火花、电瓶火花等。这类火灾在 445 例中有 53 例，占 8.9%。主要是油库用发动机油泵作业，在给用户油罐汽车灌装油过程中，发生跑、溢、滴、漏的情况下启动车辆，以及发动机油泵运转中检修喷油、加注油品，还有私自灌装油等引起火灾。

5. 其他点火源

这类点火源主要是冲击和摩擦、自燃、杂散电流、高温、超压，以及未查清的点火源等，在 445 例中有 57 例，占 12.8%。其中冲击、摩擦产生的火花作为点火源 21 例，占 4.7%。

(三) 着火爆炸事故的影响因素

着火爆炸事故的影响因素主要有设计施工、区域功能、安全管理三个方面。

1. 设计施工中遗留的隐患

设计施工中遗留的问题，虽不属于着火“三要素”的范围，但它可以促进“三要素”的结合，不仅为火灾提供燃烧物，而且会使火灾蔓延扩大，也是油库安全管理中不可忽视的因素。

(1) 油库设计不符合规范要求。油库平面布置满足不了《石油库设计规范》的安全要求。例如储油区、收发作业区、辅助生产区、行政管理区等四大区域混杂，没有明显界线；各种建筑和构筑物零乱，安全距离不够；总平面布置没有考虑油库所在地区主导风向的影响；将油泵房和配电(非防爆型)设于同一室内等。

(2) 储油区防火堤未设或不合格。地面、半地下油罐未设防火堤，或者防火堤构建不符合规范要求。一旦发生着火爆炸事故，极易造成火灾的扩大蔓延，给火灾扑救和善后处理带来极大的困难。

(3) 排水系统设计不合理。油库各大区域的排水、排洪(渠)和下水道互相连通，未设置水封，直通库外。这样当设备设施发生油品流失，或者排放含油污水时，可以沿沟渠流到各区域，甚至流到库外发生火灾。如在 445 例事故中，有 10 例是油品流失或清洗油罐排放含油污水，顺排水、排洪沟渠或下水道流到库外，遇明火引燃，燃烧火焰又顺着排水沟燃烧到库内，致使油库内外大火相连。

(4) 各种管沟互相连通。油库内输油管管沟、热力管道管沟、电缆管沟互相连通，未进行封堵隔离；输油管管沟和油泵房、灌装油间、油罐间和油罐组互相直通，没有设置隔断墙。这些都是使火灾扩大、蔓延的危险因素。

(5) 埋设输油管未作防腐处理或防腐质量差。埋设输油管线没有防腐蚀处理，或者防腐蚀质量低劣，由此而引起输油管腐蚀穿孔造成油品流失的事例较多。还有将输油管阀门或法兰连接埋入土壤，没有设检查井。另外，还发现过埋设输油管的焊缝有三分之一没有焊接，就回填埋设的情况。

(6) 消防设备设施不配套。由于历史原因，油库的消防问题在设计建设中未予足够重视，致使消防设备和设施不配套，没有消防道路和消防用水的油库为数不少。这个问题对于巷道式储油罐油库、覆土油罐的油库尤为突出。有的油库整修中增设了消防设备，但没有按照规范要求设计，满足不了使用要求。如某油库发生的2000m^3覆土油罐雷击起火，大火燃烧了85h，油品燃烧完，火才熄灭的重大事故，就是由于没有消防道路和消防用水无法实施扑救，只能看着大火燃烧。

2. 区域功能对着火爆炸事故的影响

油库储存区、收发作业区、辅助生产区和行政管理区等四大区域，其功能各不相同。统计数据说明，不同区域发生着火爆炸事故的部位、几率和灾害特点也不相同。

(1) 储存区。该区域发生着火爆炸事故在445例中有106例，占总数的23.8%，比率较低。该区域储存大量油品，油罐大小呼吸频繁，较大的油品流失事故一般发生在储油区，溢、滴、漏油在该区域也有发生，有油品失控和形成油气的条件。但是该区域封闭性管理，进入人员较少、管理严格；对火源的控制极为重视；储油区动火机会少、手续严、防火措施具体。这就是说点火源得到了较好的控制，构成着火爆炸“三要素”结合的几率低，灾害发生率低。在该区已发生的着火爆炸事故中，与油罐(含作业区的油罐)相关火灾114例，占区域数的25.6%，是易于发生灾害的部位。油罐发生着火爆炸时，火势较大，难以扑救。特别是洞库火灾扑救更加困难，目前尚无良法。这是今后研究的重点课题。

(2) 收发作业区。该区域发生着火爆炸事故几率在油库四大区域中占居首位。在445例中有225例，占总数的50.7%。该区域装卸作业频繁，油气排放源大都集中在这里，油气排放和积聚几率多；技术设备和工艺较为复杂，操作使用频繁，失误机率多，易于使油品失控，跑、溢、滴、洒的现象时有发生。这就构成了着火爆炸的燃烧物。该区域作业人员和外来人员(领油)进出频繁、杂乱，容易将火种(火柴、打火机等)带入；出入车辆多而杂，且常用发动机油泵装卸油品，点火源易于失控，容易形成着火爆炸“三要素”的结合，所以灾害发生几率高。据该区域已发生的着火爆炸事故中，汽车、铁路油罐车和油船火灾88例，占区域数的39.1%；发动机油泵和电动油泵火灾54例，占该区域数的24.0%，这是发生火灾的两个重点部位。油罐车、油泵火灾一般火势较小，或者是火炬型燃烧，容易控制，可用手提、推车式灭火器、石棉被等扑救。但油罐车火灾易发生爆炸，如扑救不及时，容易造成蔓延扩大及人员伤亡。

(3) 辅助生产区。在445例中有40例，占总数的9.0%。油桶气焊发生爆炸灾害，是该区域的重点。该区域的工作大都需要动火切割、烧焊、加热。如油桶切割、烧焊，加热锅炉，用过油品更生中的加热蒸馏、化验工作中的电炉等都是点火源。另外，该区域有少量油品存放(油桶、用过油品、煤油等)，空油桶中的残留油品、积聚的油气，且与收发作业区毗邻，油气易于扩散到该区。这就具有了着火爆炸的条件。该区域的火灾大都火势较小，较易扑救，或者爆炸后即灭(油桶烧焊)，但易于造成人员伤亡。

(4) 行政管理区。该区域火灾几率低，在445例中仅有75例，占总数的16.9%。在该区域火灾中，枯草、刨花、沥青等作为可燃物的火灾有11例，占该区域事故数的14.7%。

另外，值得注意的是油品流失事故的油品和含油污水从水渠(沟)、下水道等流淌到该区域和库外、水滩、水面等地引燃、点燃的火灾50例，占火灾总数的11.2%。后者造成的火灾往往形成库内外大火相连，容易造成严重的后果和恶劣的影响。

3. 安全管理中存在的问题

油库安全管理是一个系统工程问题。油库领导和工作人员应从系统工程出发，综合分析研究油库的编制体制、人员素质、规章制度、技术设备，以及环境影响和经费等诸要素对安全管理的作用。因油库岗位人员变化快，领导中外行多等主客观原因，使这方面的工作做得较少较差，影响着油库安全度的进一步提高。

(1) 油库安全管理的编制体制不适应安全管理的要求。油库安全管理是多渠道、多部门实施的。如消防经费和消防管理脱节，管理者无经费，有经费者不管理。油库安全领导小组成员、部门和下属单位安全员都是兼职的，权利和职责不明确。因为要完成本职工作，很难开展安全活动与有效监督。甚至有的同志还不知道自己是安全领导小组成员，更谈不上监督和指导安全工作了。这样对消防这个涉及多种科学知识的边缘学科就很难实施有效的指导与监督。另外，油库消防人员编制连一台消防车开展灭火作战的最低员额都满足不了，这就使油库的消防工作成为无根之木，无源之水。

(2) 安全管理知识缺乏，安全意识较差。油库领导和工作人员安全素质差，缺乏应有的安全管理知识和安全意识。因此，实际中讲抽象安全多，抓具体落实少；讲制订措施多，抓措施的可行性和落实少。今天讲了安全要求，明天就有不安全的行为。储存区和收发作业区“禁烟禁火”是人人必须遵守的法规。但吸烟者常常“忘记”这一规定而将火种带入禁区。“禁烟禁火”是讲给别人听的，不是让自己执行的。油品的跑、溢、滴、漏是油库安全管理的危险因素，在灌装油、发油现场时有发生而熟视无睹。

（3）对“预防为主”的方针认识上尚有差距。根据“预之为计”的古训，按照油库安全管理所要达到的目标，积极开展“三预”活动，全面分析研究油库中各类事故的发生、发展、变化、消亡及后果，深入总结油库发生事故的规律，掌握不安全因素，合理组织人力、物力、财力，把事故隐患和不安全因素消灭于萌芽状态。这是油库落实“预防为主”方针的具体措施，但这方面的工作做得较少，有的油库还没有开展这方面的工作。

（4）规章制度落实还有差距。“没有规矩，不成方圆”。油库安全管理制度基本建立健全，“规矩”有了，但不用“规”和“矩”去校正其行动，等于没有“规矩”。例如不按作业程序和操作规程办事。收发油作业现场消防值班员不清楚自己的职责，不会使用灭火器。消防车值班只有两三人到现场。这样的值班与没有值班区别不大。人人都知道油库有“严禁烟火”的规定，但在一次安全检查中，某油库作业区的哨楼内有 24 根烟头，另一油库作业区有 13 根烟头。这种不用“规矩”规范、约束自己行为的现象较为常见。在五座油库安全检查中，解体设备 35 台，只有一台设备的解体作业程序符合安全作业要求。

（5）重视宏观建设，忽视微观管理。油库技术设备设施是油库安全管理的物质技术保障，应使其经常处于良好状况。实际是在看得见的宏观建设和表面管理上下功夫多，技术设备的微观管理上下功夫少。上级检查时搞突击，平时很少过问。所以，技术设备周期性的检查鉴定及日常维护工作难以落到实处。机械呼吸阀失修和阀门渗漏、窜油现象较为普遍，油泵盘根超过标准滴油时有发生，油罐长期不清洗、不检修的情况也不在少数。诸如此类技术状况不良的现象极大地影响着油库的安全。

（6）危险场所装饰可燃物是人为的不安全因素。近年来，在油库正规化建设中，在火灾、爆炸危险（洞库、库房、油泵房、配电室、化验室等）场所，常常可以看到铺设了化纤、塑料地毯，以及装饰了塑料壁纸的情况，这就增加了着火爆炸的危险因素。一是化纤、塑料制品属可燃物；二是化纤、塑料制品燃烧后能形成有毒物质；三是化纤、塑料制品易产生和积聚静电。这些现象经再三强调已经有所改变，但尚未杜绝。

（7）信息来源少，决策依据不足。信息是决策的依据，是现代管理不可缺少的资源。油库管理信息大体可归纳为以下四类。

① 动态（油品收发）信息，如输油的压力、流量、在线温度，油泵、阀门、电动机的动态等。

② 静态(油品储存)信息，如油罐内储油液位、密度、温度、压力、体积、储量等。

③ 动、静态(安全警戒)信息，如液位、温度、压力、油气浓度、火光报警，禁区内人员行为、门禁等。

④ 各种业务技术资料。

这些管理信息是油库管理决策、实施操作、有效管理必不可少的依据。但是管理信息的采集、储存、整理手段落后，且多数油库尚未引起足够的重视。自有管理信息没有积累或极不齐全，甚至为应付检查，在管理信息方面造假。再加上油库地处山沟，信息闭塞，很难获得军内外有关法规、技术资料、安全管理经验与安全形势等方面的信息，这就形成对外部的经验不能及时吸取，对采用新技术后出现的问题不能及时发现和解决，处于运用已有知识和经验在自己的小天地里想问题，解决问题的状况。另外，运用现代安全管理理论，针对油品理化特性及过去经验研究油库安全对策的工作基本没有开展，这势必影响油库安全度的提高。

(四) 预防着火爆炸的对策

油库着火爆炸事故统计分析结果说明，预防着火爆炸的对策，主要从着火爆炸的“三要素”入手，严格执行各项规章制度。

1. 理顺安全管理关系

理顺油库安全管理关系，明确各级职责和权利，使管事、管人、管物(含钱)结合起来。

(1) 自上而下建立油库安全管理体系(安全管理和技术管理相结合)。

(2) 油库的消防经费和大修经费归口主管油库安全的职能部门经管。

(3) 在油库现有编制内调整，建立安全技术组织。既是安全技术的职能部门，又是领导在安全技术方面的参谋。

(4) 油库实行党委领导下的党政、行政、技术安全三种职能的分工负责制。

(5) 明确各级职责和权利，将安全管理落实到单位和人头。

2. 必须贯彻“安全第一，预防为主”的方针

油库安全管理，必须贯彻“安全第一，预防为主”的方针，在事故发生之前，找出防患于未然的方法，加以预防。

(1) 积极广泛地组织好群众性的“三预”活动，以便及时发现问题，解决问题。如某油库，在2.5h的“三预”活动中，提出了61个(次)不安全因素，并分析了原因，提出了解决问题的办法，消除了安全隐患。

(2) 将事故管理概念引入油库管理机制，通过事故的统计分析，找出油库事故发生的规律，为安全决策提供可靠的信息依据。如油库445例着火爆炸事故发

生区域和部位的统计数据(表8-2和表8-3)，指出了哪个区域、哪个部位是预防着火爆炸事故的重点。

(3) 预防油品流失、着火爆炸是油库贯彻“安全第一，预防为主”方针的重点。一是制订重点保护部位的灭火作战方案和储油、输油设备设施的抢修方案。二是定期不定期组织消防和抢修演练。三是组织好消防知识学习，普及消防知识，学习灭火方法，增强安全意识。四是积极创造条件，建立军、警、民联防，做到共防、共消、共同演习。

(4) 利用各种机会，采取种种形式宣传和传授安全知识，提高油库工作者的安全素质，树立安全意识。如典型事故分析、“三预”活动、安全形势分析会、专题讨论会、安全知识竞赛和讲座，以及短期培训和代训等方式传授安全知识、安全技术、安全技能。

3. 用制度规范约束人的思想和行为

严格执行制度，用制度规范人的思想，约束人的行为。油库445例着火爆炸事故性质统计数据(表8-4)说明，54.4%事故属于责任事故，15.5%属于责任技术事故。而责任事故基本上是没有严格执行制度，责任技术事故基本上是不执行制度和缺乏专业知识和操作技能造成的。这就是说，规章制度没有真正起到对人的思想和行为规范约束的作用。

(1) 充分认识制度的建立健全不等于制度的贯彻执行，严格执行制度比制订制度更难，任务更艰巨。

(2) 制度制订以后，能否严格执行，决定的因素是干部。因此，干部除自身执行制度作表率外，还应宣传、讲授制度制订的依据和执行制度的重要性，从而提高大家的认识，使制度与人的思想作风形成一种内在的必然联系，自觉地执行制度。

(3) 经常检查制度执行情况，适时修改不符合实际的部分，使之更加完善是执行制度中必不可少的工作。

(4) 研究工作条件和环境、生活条件和家庭、习惯做法和作风、社会议题和风气等对人的思想和行为的影响，以便有针对性地做好人的思想工作。根据每个人的不同特点安排合适的工作，也是贯彻执行制度中不可忽视的课题。

4. 加大技术设备设施的检查管理力度

加强技术设备设施的微观维护保养及技术检查和鉴定，工作重点从宏观建设和表面管理工作上转移到技术设备设施的微观管理上来。要减少或杜绝油品失控、油气排放和积聚，除严格制度之外，就是技术设备设施的使用和维护。技术设备设施的技术状况良好是油库安全可靠运行的物质基础。

(1) 制订完善技术设备设施维护检查与技术检查和鉴定的周期、内容及方法的标准。

（2）认真落实日常维护检查及定期技术检查和鉴定的规定。

（3）建立健全技术设备设施的档案，每次检修的情况必须详细记录。

（4）建立设备设施更新改造基金，达到报废条件的技术设备设施坚决报废更新，设备设施不“带病”工作。

（5）严格动火和禁火制度。加强火源管理，严格动火和禁火制度，确保禁区点火源的有效控制。电气火、明火和设备设施烧焊三种火源占着火爆炸事故近60%，这就为点火源管理指明了方向和重点。也就是说点火源的管理问题同样是一个严格执行制度的问题。

① 严格禁烟火的规定。在执行中比较普遍的现象是执行不严，“内松外紧，上松下紧，上级检查时紧，平时松”。从 445 例着火爆炸事故中有 32 例是因火柴、打火机、烟头引起而得到了证实。这种现象必须纠正。

② 严格禁区动火手续。在禁区动火时，必须填写动火申请，按批准的项目，在指定的动火地点和时间内实施。任何人不得以任何借口变更，如需变更应重新审批。无批准手续任何人不得同意在禁区内动火。

③ 严格设备设施动火制度。在设备设施动火发生的着火爆炸灾害中，值得注意的是储存过油品的空容器烧焊，特别是油桶烧焊。如 19 世纪 50 年代有两个油库在一年之内，烧焊油桶发生了 47 起爆炸事故。这说明储存过油的空容器内极易形成爆炸性油气混合气体。所以，油桶烧焊一定要先清洗后进行，并严格执行操作规程。储油罐烧焊时，必须按照油罐清洗规程要求，遵守清洗→测定油气浓度→烧焊的程序进行。

④ 按规范要求整修不符合要求的防爆电气，以及防静电和雷电装置。该改的改，该增设的增设，绝不能等出了事故再去找教训。防爆电气日常维修方面不落实的问题，一定要解决。

⑤ 严禁发动机油泵在运转中检修、加油或在禁区修理汽车。汽车发动机和发动机油泵也是着火爆炸事故发生的一个重要点火源，这种灾害都是由于不执行有关规定所致。只要严格执行有关规定，这类灾害是完全可以杜绝或大大减少的。

⑥ 充分发挥业务技术骨干的作用。业务技术人员是业务技术工作的骨干，也是油库领导的参谋，又是油库开展安全和学术研究、技术设备设施改造和技术革新、油气的控制和回收，以及新技术推广应用的实践者和组织者。能否充分发挥业务技术骨干的作用，对油库安全管理有着决定性的作用。

总之，油库着火爆炸事故同一切灾害一样，可以分为人祸（人为灾害）和天灾（自然灾害）两种。人祸，一般说来，可以通过现代科学技术和人的努力，在灾害发生之前找出防患于未然的方法，加以预防。而天灾，通常来说，无论如何也不能防止。但随着科学技术的发展，人类对自然规律的进一步掌握，至少可以防止灾害的进一步扩大，或者减少损失。从这个意义上讲，天灾也是可以预防的。

四、油库油品流失的原因分析

油品流失是油库常见和多发事故之一，因为仅收集了油品流失而未发生着火爆炸的案例，未把因油品流失而发生着火爆炸的案例列入，故油品流失少于着火爆炸。如果把着火爆炸事故燃烧物来源于油品流失的事故列入油品流失，则此类事故多于着火爆炸事故。因此，分析研究油品流失事故的发生原因及其对策，预防油品流失事故的发生，对油库安全运行具有极其重要的意义。

(一) 油品流失的原因

油品流失的原因是多方面的，违章作业是主要原因，约占该类事故的70%。油品流失的原因大体可归纳为5类，即阀门方面的问题，施工检修方面的问题，钢材腐蚀及材料性能方面的问题，脱岗失职和蛮干方面的问题，气候环境影响及其他方面的问题等。

1. 阀门方面的问题

阀门具有控制、分流、隔离作用。在油库中阀门的用量多、规格型号杂、操作使用频繁，是油库油品流失事故的多发部位，在294例中有119例(约占40.5%)是由阀门原因导致。其原因可归纳为三个方面。

(1) 阀门设计安装问题。

① 阀门选型不当。如在寒区、严寒区使用了铸铁阀门，因油品中含水积存于阀门中，冬季结冰冻裂。

② 管道没有设置泄压装置。因管道中存油受热膨胀，阀门受压破裂，或者阀门法兰垫片被冲。

③ 阀门设置位置不当。如在管线横向位移管段设置的阀门，因管线横向位移时阀门受损或者法兰连接密封被破坏。

④ 管道没有补偿能力(没有设置补偿器)。管道热胀冷缩时法兰连接受损，或者阀门因受弯曲应力法兰密封受损等。

(2) 阀门操作使用问题。阀门操作使用中造成油品流失的原因主要是执行制度不严，违章操作。如阀门开错、误开，未开或关闭不严，甚至怕下次难开有意不关严。另外，还有油泵输油中将阀门垫片冲毁等。

(3) 阀门的维护检查问题。

① 维护保养不及时，造成阀门失修渗漏，或者阀门开关失灵，或因油罐位差窜油造成溢油。

② 阀门未定期检修、试压，甚至使用多年未进行清洗、压力检验和技术鉴定，致使杂物沉积于阀内，关闭不严，严重渗油或者窜油。

③ 阀门检修后未关闭，或者拆除阀门未封堵管口。

④ 阀门垫片使用了不耐油、不耐压的材料等。

2. 施工检修方面的问题

因施工检修方面的问题引起油品流失的事故原因，主要表现是设计、施工、检修质量，以及违反施工检修程序和操作规程等。在 294 例中有 58 例(约占 19.7%)是施工检修问题引发的，如油罐加热管支架和油罐壁板连接处焊接不规范，加热管热胀冷缩时将罐壁焊缝拉裂；混凝土拱顶油罐，施工时油罐间拱角部位的超挖、钢筋混凝土拱顶强度低、拱顶悬空部分又没有回填等；山体塌方将油罐砸毁；石条圆拱式油罐堡建设在砂土上，构筑基础所用砂浆标号低，暴雨将泥沙冲积于油罐堡顶部，基础下沉倒塌，砸毁油罐；油罐基础没有按技术要求施工，回填石渣没有夯实，投用后基础下沉，罐底板受力不均，焊缝开裂；油罐底板焊接工艺不当，造成应力集中，装油后底板受压变形而开裂；输油管焊接没有按技术要求开坡口，或者焊缝中有夹渣、气孔等，投用后在外力作用下断裂；埋设输油管回填时，将石块压于管线上，管线防腐层或管线本体受损，使用中管线腐蚀穿孔或断裂等。还有在储、输油设备设施检修中，没有按要求封堵与大气相通的孔洞，带油违章检修，设备设施失修老化，检修后未及时恢复原状等原因。

3. 钢材腐蚀及材料性能方面的问题

钢材腐蚀是一种自然现象。人类只能通过科学技术成果的运用和努力，来控制腐蚀，而不能杜绝腐蚀的产生。这里所指腐蚀是由于人们的失误而造成的腐蚀加速。如油罐底板防腐处理不当或未进行防腐蚀处理，使其过早地产生腐蚀穿孔；埋设管道防腐质量低劣或者没有防腐处理等造成腐蚀穿孔。材料的性能方面，主要指的是使用了不符合油库技术要求的材料，其中问题最多的是使用不耐油、不耐压的密封垫片，质量低劣的设备和材料。

4. 脱岗失职和蛮干方面的问题

这方面的问题主要表现是参加作业人员的责任心差，违犯规章制度，以及缺乏专业知识，主观臆断等问题，其中尤以擅自离开岗位较为突出。这类事故在 294 例中有 44 例，占 15.0%。

5. 环境影响及其他方面的问题

环境影响主要是指气候条件和自然灾害。如气温变化，油品和设备设施的热胀冷缩造成管道断裂，法兰连接密封破坏，设备设施冻裂，以及因洪水、滑坡、崩塌、泥石流等自然灾害造成设备设施损坏，进而造成的油品流失事故。

其他方面的原因包括开山放炮将输油管线砸坏；推土机将埋设的输油管线推

断；地面上堆放土、石料或其他重物，将地下输油管道压断；科学论证不充分，不明确操作使用要求等。

另外，社会环境对人的安全意识和安全行为的影响，也是不可忽视的因素。

（二）预防油品流失的对策

油品流失事故的控制对策主要是搞好设计的技术审核，抓好施工质量，改善人员的素质状况，建立健全并落实好各项规章制度，重视环境气候和自然因素的干扰影响等。

1. 改善设计施工状况，防止遗留隐患

新建油库或老油库更新改造，油库周期性的检修，都必须严格执行有关规范、标准，选用满足油库使用要求的设备设施和材料，认真把好施工图纸审查、施工质量监督、竣工验收关，为油库安全运行打好物质基础。

2. 改善人员素质状况，提高专业水平

人员的素质涉及范围广、内容多，影响因素复杂，是油库安全的首要问题，也是一项经常性的教育和培养工作。这里所说的人员素质是指认真负责的工作态度，严肃细致的工作作风。专业技术水平的最低要求是懂得油品的理化特性及其危险性，熟悉岗位工作内容和方法，了解设备设施结构和性能，掌握有关的规章制度，并在实际工作中加以落实，严防脱岗和蛮干。

3. 建立完善可行的规章制度是安全作业的依据

建立完善可行的作业程序、工艺流程、操作规程和岗位责任制等规章制度是油库安全管理的基础和安全作业的依据。规章制度不是一成不变的，应随着经验的积累、科学技术的发展及情况的变化，不断加以补充修订，提高完善，使之更符合实际情况。而且应把规章制度的落实放到重要位置上抓紧抓好，使之贯彻于工作的始终。

4. 管好用好设备，特别应重视阀门技术状况的完好

（1）要对影响油库安全，容易造成油品流失事故的工艺、设备、设施加以改造整修，使之满足作业功能的要求。

（2）明确设备设施日常检查维修的内容和方法，并落实好。

（3）设备设施周期性技术检修和鉴定内容、方法、技术标准等，必须使岗位和检修人员明确，并落实于日常工作之中，从而使设备设施处于完好的技术状态。这里应特别指出的是，应重视阀门使用、检修及施工前的预防检验。制订和落实预防油品流失的安全技术措施，并认真落实。

5. 环境及自然因素的影响必须重视

环境及自然因素对油库安全的干扰影响极大，必须予以重视。环境（含内部和外部）可影响人的思想和行为，成为活的不安全因素，应做好经常性教育与培

训，使之具有安全意识和安全行为，具有适应油库工作的专业知识和技术水平。自然因素，如暴雨洪水、滑坡、崩塌、泥石流等都会摧毁油库设备设施，必须通过调查研究，结合油库具体实际制订相应的预防自然灾害的对策。

五、油库油品变质的原因分析

油品变质是影响油品质量的重要原因之一。分析研究油品变质的原因，对预防油品质量事故和设备事故，延长用油设备的使用寿命具有重要的意义。

（一）油品变质的原因

油品变质的主要原因可归纳为阀门操作管理，主观臆断、盲目决定，接收来油不检查核对、取样化验，共用输油管线使用后没有放空，储油容器标志不清等。

1. 阀门方面的问题

阀门问题是造成油品变质的主要原因，在195例中有59例(占30.3%)是阀门操作管理不当引发的。例如阀门安装前没有按规定清洗、压力检验，造成阀门关闭不严、内渗、内窜没有发现，留下了隐患；阀门失修或杂物沉积于阀板槽内，造成其关闭不严，或密封面受损封闭不严造成内渗、内窜；执行制度不严，缺乏知识，储油容器标志不清和阀门没有编号等造成阀门错开、误开、未关，或者关闭不严，甚至怕难开有意关闭不严等原因。

2. 接卸油品不检查核对、取样化验

在195例中有40例(占20.5%)是这方面的原因造成的。例如有的油库没有建立接卸油的作业程序、工艺流程和操作规程；有的油库没有按要求进行检查核对、取样化验；有的油库有编制而没有化验人员，或者没有编制化验人员，或者化验人员不在位、业务不熟悉等，造成接卸油时，没有按规定做入库化验及核对证件和车号，没有逐台车、逐座油罐检查油品外观与油罐车底部水分、杂质等。

3. 主观臆断，盲目接卸

油库由此造成的事故不少，且情况复杂。在195例中有27例，占13.9%。例如现场值班和作业人员不核对证件，化验结果不明确即开始卸油，没有随车来油证件，按进油预报计划接卸；化验结果不符合质量标准，主观上认为是新产品；火车站调车人员失误，不化验不核对证件卸车；油品颜色有疑问，不详究原因，盲目接卸；两种油混和已经发现，怕承担责任，将油品再次输送，造成几种油品多次混和；不等化验结果即行卸油等。

4. 储油、运油设备设施不清洁

在195例中有18例，占9.2%。其表现是储油、运油设备中有水分杂质，调错运油车，两种油品混合等。

5. 容器标志不清或没有标志和共用输油管线

在195例中有11例，占5.6%。储油容器无标志或标志不清，记错油品储油罐位，接卸油品或者油罐间输送油品造成油品混合；布置任务不清，手续不全等造成油品混合。不同油品共用输油管道，不按规定放空管道内存油而造成油品混合。

6. 外方责任问题

由于外方原因造成油品质量问题的在195例中有21例，占10.8%。主要是来油质量指标不合格，油品中含有水分、杂质、乳化物等；火车站调错了油罐车；发油单位填写错了油品代号、铁路运单号等。

7. 其他原因

这类事故在195例中有19例，占9.7%。其表现是油品质量差、不合格，容器没有清洗，库内输送时，搞错了油品，听错电话和传话错误等。

（二）预防油品变质的对策

预防油品变质事故应特别重视阀门的使用管理，严禁主观臆断及来油不检查、不化验的情况发生。

1. 防止阀门误操作和阀门内渗、内窜

这个问题的解决主要是严格执行制度。其中阀门挂牌制及操作核对制的落实，对于防止阀门误操作极为有效。阀门内渗、内窜问题，在安装新阀门前必须按规定进行严格的清洗、试压，在用阀门应按周期进行技术检修和鉴定，以保证密封良好；对于隔离阀、储备油罐进出油阀门等，应根据具体情况，采用眼圈盲板隔断或者更换质量好的阀门。另外，不同油品共用管道必须按规定放空管线。

2. 树立科学态度，防止主观臆断

在任何情况下，都不得以进油计划、以油品颜色和油品气味判断来油品种，必须以科学态度（如化验油品、与来油单位联系、核对证件等）确定来油品种，否则不得卸油。

3. 编配化验人员，坚持化验制度

油库应根据其功能编配应有的化验人员，配备能满足工作需要的化验设备和仪器。接卸油时，必须按规定取样化验，经化验确认，核对证件无误才准许卸油。化验人员必须经过培训、考试合格，取得上岗证后，才允许单独上岗工作。另外，还应当逐台车、逐座油罐检查油品外观和油罐车底部水分、杂质，以防意外。

4. 完善装油罐（含油桶）标志

无论是油罐还是其他装油容器，都应在明显的部位设置包括油罐技术数据和储存油品、数量等的标识牌。油桶灌装后，应按规定在油桶顶盖上喷、刷油品名称、数量等内容标记。

5. 建立接卸油作业程序

接卸油作业程序、工艺流程和操作规程本身就是重要的安全措施。油库应当结合具体实际，建立接卸油作业程序、工艺流程、操作规程和作业时检查核对制度，并加以实施。

六、油库设备损坏的原因分析

油库设备损坏的情况比较复杂，着火爆炸事故、跑油、自然灾害及腐蚀等都可以使油库设备遭受损坏。油库设备损坏，主要是指先于其他事故发生，未引发其他事故的情况。

(一) 油罐凹陷的原因

油罐凹陷在油库设备损坏事故中占79%。它不仅造成设备损坏，还可能引发油品流失和着火爆炸事故。因此，分析研究油罐凹陷的原因，对于指导油库安全管理，提高科学管库水平是十分必要的。

1. 油罐承受的压力和运行

(1) 油罐结构和承受的压力。油罐属薄壁壳体结构，根据金属结构及油罐进出油作业罐内压力的变化，设计中规定了油罐运行允许承受的压力。SY/T 0511.1—2010《石油储罐附件　第1部分　呼吸阀》规定，呼吸阀操作压力分为四级：+355Pa、+980Pa、+1765Pa及-295Pa，实际工作中油库使用的机械呼吸阀控制压力与此规定有所不同。成品油储油罐通常工作正压为1961~3923Pa，多为1961Pa；工作负力为245~490Pa，多为490Pa。

(2) 油罐运行和呼吸。油罐运行中，油罐压力由机械呼吸阀(含液压安全阀)进行调节，洞室油罐则由其呼吸系统调节。当油罐进油或者油罐油品的温度升高，正压达到允许值时，机械呼吸阀的压力阀打开，油气混合气体向油罐外排出；当油罐出油或者油罐油品的温度下降，负压值达允许值时，机械呼吸阀的负压阀打开，空气向油罐内补充。油罐内气体排出及吸入的过程称为油罐的呼吸。

(3) 油罐压力运行中罐顶承受的压力。油罐压力运行时，罐顶均匀地承受着大气的压力，特殊情况还要承受风压或者雪载荷等。当油罐压力以490Pa运行时，概算大气压对不同容量油罐顶部的荷载见表10-14。这么大的压力作用于钢板较薄的罐顶，如因操作使用、检查维修不当，以及受其他因素的影响，油罐呼吸不畅通时，罐压力会成倍，甚至十几倍增加，对油罐的稳定性威胁很大。油罐压力超限时，极易引起油罐失稳而发生凹陷。所以，油罐在操作使用、检查维修，以及油库设备设施更新改造中，特别应注意检查校核引起油罐压力超限的因素，以确保油罐安全运行。

表 10-14　大气压对不同容量油罐顶部的载荷表

油罐容量(m^3)	1000	2000	3000	5000
荷载(kN)	58.8	98.0	137.2	196.0

2. 机械呼吸阀的压力超过其控制压力

(1) 机械呼吸阀(含阻火器)操作维护不当引起压力超限。

① 机械呼吸阀(含阻火器)封口网布污染或者鸟、虫(如蜂巢、鸟窝)等堵塞呼吸通道。在油罐呼吸过程中，具有过滤作用的机械呼吸阀封口网布，凝结、黏附于空气和油罐内油气混合气体中的水蒸气、油气、尘埃等而堵塞网布的孔眼，造成油罐呼吸不畅，压力增大，引起油罐凹陷。另外，机械呼吸阀封口网布破损或未装，鸟、蜂等进入或筑巢，严重堵塞油罐呼吸通道的事也有发生。

② 机械呼吸阀活动部位加注润滑油造成黏结。机械呼吸阀的阀片、阀座、导杆、导向孔是严禁加注润滑油的。如果加注了润滑油，大气中的尘埃经过一段时间黏附其上，从而增大了运动阻力，使机械呼吸阀控制压力增大。另外，机械呼吸阀的滑动部位加注的润滑油容易氧化产生胶质，增加运动阻力，甚至会使阀片黏结，而导致失灵。

③ 机械呼吸阀零部件锈蚀失灵、失效。在油罐运行中，机械呼吸阀经常处于空气和油气混合气体气流的冲击之中，机械呼吸阀零部件，由于受气体及尘埃中所含腐蚀性物质的作用而氧化生锈，从而增大运动阻力，甚至阀片锈死而失灵、失效。

(2) 机械呼吸阀安装及检修失误引起压力超限。

① 机械呼吸阀制造精度及安装偏差造成失灵或卡住。按技术要求机械呼吸阀阀盘椭圆度和导杆偏心度不超过 0.5mm，导杆和导孔间隙不大于 2mm，安装垂直度偏差为 1mm。如果误差超过允许范围，会使阀片沿导杆运动受阻，有的还会卡住，造成油罐压力超限，失稳凹陷。在实际工作中，由于机械呼吸阀的阀片的椭圆度和导杆的偏心度，以及安装垂直度超过允许范围，阀片卡住常有发生。另外，油罐基础的不均匀沉降及油罐顶曲面的不规则变形，严重影响着机械呼吸阀安装的垂直度。

② 机械呼吸阀(含阻火器)封口网布过密，减少了通气截面。机械呼吸阀封口网布规格是经过计算确定的。如果检修机械呼吸阀更换网布，使用了丝直径过细、网孔过密的网布，不但会减少呼吸通道的净截面，而且网布容易被尘埃污染堵塞，增加呼吸阻力，造成油罐失稳凹陷。

③ 检修呼吸阀时，(误)将阀片互换或使用了整块垫片。检修组装机械时，误将不同规格的机械呼吸阀的阀片互换，又未进行控制压力校核，使压力超限；

或者检修中用整块石棉板作为孔盖垫片，将压力阀升降空间封闭，致使压力阀片开不到位或不能活动。另外，还有阀片丢失自行加工阀片时，既不计算阀片重量，又不检验控制压力，造成压力超限。这种情况虽属个别，但也是造成油罐凹陷不可忽视的原因。

④ 加注、更换液压安全阀密封油品失当。液压安全阀控制压力由加注油品的密度和高度决定。在加注、更换油时，超过规定高度，或者更换油时使用不同密度油品，又未计算注油高度。这些做法都会使压力超限而影响油罐的安全运行。

(3) 设备更新改造未进行计算校核引起压力超限。

① 油泵流量与机械呼吸阀的呼吸能力不匹配。新建油库油罐进出油流量与机械呼吸阀的呼吸量是相匹配的。但油库设备更新时，为了满足变化了的收发油需要，未经计算校核选用了比原流量大的油泵，或选用了油泵扬程大于实际作业扬程较多，而未考虑油罐机械呼吸阀的呼吸能力，造成机械呼吸阀的呼吸量与油罐进出油流量不相匹配，呼吸阀呼吸量满足不了油罐补气量实际需要，造成压力增大。油罐进出油流量与之相匹配的机械呼吸阀直径见表 10-15。

表 10-15　机械呼吸阀直径匹配的对应流量表

机械呼吸阀直径(mm)	50	100	150	200	250	250×2
允许收发流量(m^3/h)	≤25	25~100	100~150	150~200	200~300	>300

注：除满足口径要求外，呼吸阀通气量必须大于油罐最大进油量。

② 校核机械呼吸阀控制压力时未考虑阻火器的影响。通常阻火器与机械呼吸阀串联安装于油罐顶部，油罐呼吸气流经过阻火器时，一般产生 98Pa 的压降。如果计算机械呼吸阀的阀片重量，或检测机械呼吸阀控制压力时，不考虑阻火器压降，就等于提高了机械呼吸阀控制压力 98Pa。如油罐压力为 490Pa，而油罐实际运行压力为 588Pa，超过设计压力值的 20%。这个造成油罐凹陷的因素往往被忽视。

③ 旧油罐机械呼吸阀控制压力未调整。随着油罐使用年限的增加，油罐顶板和壁板因腐蚀减薄，强度下降，其承受压力的能力也在减弱。但机械呼吸阀控制压力不变，就可能使油罐失稳凹陷。这是油库普遍存在的问题。油罐顶板、壁板 $2m^2$ 出现麻点，深度达钢板厚度 1/3，或顶板、壁板凹陷、鼓包偏差达 8%(凹陷深、鼓包高除以变形最大距离)，或顶板、壁板折皱高度超过钢板厚度 7.5 倍时，应将呼吸阀控制压力调低 25%。

(4) 气象变化造成压力超限。

① 机械呼吸阀结霜、结冰而失灵、失效。在环境气温突变及寒冷的冬季，

机械呼吸阀的阀片和阀片座、导向杆和导向杆套之间，容易凝水、结霜、结冰，甚至冻死，造成油罐不能正常呼吸。在这种情况下，如果油罐出油，就会因吸气不畅或不能吸气而压力超限，会失去稳定而凹陷。特别是洞室油罐呼吸管道的洞外部分在地温较高气温突降时，含水蒸气空气进入呼吸管道、机械呼吸阀，凝水、结霜、结冰的事较为常见。

② 暴雨突降，气温急剧下降油罐凹陷。分析暴雨造成油罐凹陷事故时发现：凡凹陷的油罐都是存油量少，而气体空间大的油罐。其因是暴雨使罐内气体温度急剧下降，气体骤然冷缩，而机械呼吸阀的压力阀盘因惯性作用造成瞬间“失灵”关闭，油罐形成短时假性密闭容器，压力超限使油罐失稳凹陷。

(5) 洞室油罐呼吸系统故障引起压力超限。

① 洞室油罐呼吸系统的组成。洞室油罐呼吸系统通常由呼吸管路、闸阀、管道式机械呼吸阀、通风式阻火器(或阻火器和机械呼吸阀)等组成。因此，洞室油罐除上述油罐凹陷因素外，还有其独特的因素。

② 洞室油罐呼吸系统阀门误操作、失灵。对洞室油罐来说，油罐呼吸系统的管道式机械呼吸阀旁通管阀门和洞室油罐呼吸系统阀门控制油罐进出油的大呼吸。如油罐出油时这两个阀门未打开或者假性打开(闸板脱落)都会使油罐压力超限凹陷。

③ 洞室油罐呼吸系统管路积存冷凝油、水堵塞。在呼吸管路堵塞的情况下发油时，油罐压力超限、失稳凹陷。这种事故的原因，一是冷凝的油、水未及时清除，二是呼吸系统未设排水装置。

④ 洞室油罐进油超高，或者油罐之间窜油造成溢油，油品进入呼吸系统的管路。在清除呼吸系统管路中的油时，忙中出错，处理失误或没有进行处理，油罐出油时造成凹陷。这种事故较为常见，应特别注意。另外，这类事故在油罐充水试验中也屡有发生。

⑤ 洞室油罐呼吸系统管路中铁锈堆积，减少了呼吸通道截面或堵塞。如某油库在运行了11年的洞室油罐呼吸系统管路竖管增设“排渣口”时，不同部位竖管下部弯头部位堆积铁锈0.6~8.9kg，通气截面减少1/3~2/3。这就说明，洞室油罐的巷道口呼吸系统竖管长度短于洞内油罐间外的竖管，但堆积铁锈多。其因是洞口受外界环境和气温影响大，腐蚀严重所致。

⑥ 洞室油罐呼吸系统管线直径和油罐进出油管线直径不相匹配。洞室油库呼吸系统管路的管径小而长时，气体在管内流动的阻力损失大于油罐设计允许压力，致使油罐压力增大而发生凹陷。通常洞室油库呼吸管路管线直径应不小于油罐进出油管线直径，具体应经计算确定。

总之，油罐凹陷的直接原因是油罐呼吸系统不畅或堵塞，油罐压力超限、失稳。但影响呼吸系统不畅或堵塞的因素较多，以上列举的各种因素多数属于人为的失误。所以，控制油罐凹陷的对策是严格执行有关的规范、标准、制度，落实好油罐呼吸系统的日常维护检查和技术检定。另外，油罐控制压力的调整，洞室油罐呼吸系统竖管的铁锈堆积，以及暴雨对空罐和空容量较大油罐的威胁，应当引起足够的重视。

(二) 设备冻裂的原因

油库设备冻裂多发生于输油管、阀门和机动设备。主要是由于内部积水，气温变化结冰造成设备裂缝。

1. 输油管道结冰裂缝的原因

输油管冻裂多数是由于充水试验后未及时放水，或者排水不净，冬季结冰后裂缝、断裂；另一种情况是油品含水沉积于油罐排污管，结冰使有缝排污管焊缝开裂。这类情况虽然较少，但也忽视不得。另外，埋设输油管不均下沉断裂及穿越道路未设套管断裂的情况也有发生。

2. 阀门冻裂的原因

阀门冻裂都是因阀门内积水造成的。寒区、严寒区热力系统阀门冻裂较多，储油、输油系统的阀门也有裂缝的。冻裂的阀门基本都是铸铁阀，未发现钢阀门冻裂的现象。这里应指出的是油罐排污阀、灌装系统阀门，有不少采用铸铁阀门，这是油库安全管理的隐患。

3. 机动设备冻裂的原因

油库常用的发动机油泵、空压机、车载泵等，由于间断性使用，或库存设备在试运转后，未及时放水，入冬前又没有检查，冬季结冰裂缝的情况时有发生，在设备损坏中占有较大的比例。

另外，设备损坏的原因，也有设计不符合规范，施工质量低劣，造成建筑物、构筑物倒塌而砸坏设备的情况。

七、其他类型事故的原因分析

其他类型事故中主要有油气中毒、伤亡、灾害等。其他类型的 54 例事故中，中毒窒息事故 19 例，占 35.2%；伤亡事故 18 例，占 33.3%；灾害事故 11 例，占 20.4%。

(一) 中毒事故原因和预防

1. 中毒事故的原因

中毒事故原因是在油气浓度超过安全指标的环境中作业，不采取安全防护措施，不遵守安全规定所造成的。中毒事故主要是由于接触油品，吸入有害气体而引起的。

（1）碳氢化合物（油气）。

① 油品是由多种碳氢化合物组成的，各种碳氢化合物都具有一定的毒性。其中以芳香烃毒性最大，环烷烃次之，烷烃最小。轻质油品毒性小于重质油品。但是，轻质油品容易挥发，油气容易在空气中积聚；轻质油品对皮肤的渗透能力也强。所以，轻质油品实际对人体危害大于重质油品。

② 油品挥发出来的油气通过呼吸道进入人体，油品与皮肤接触进入人体是油品对人体危害的主要形式；也有个别违章操作者，用嘴吸入油品引起中毒的现象。

③ 油品中毒的症状。油库工作者一般都有油气很浓刺眼、油味很大、头痛的体验。在这种环境中工作，如不及时通风，或者不及时离开现场，就有油气中毒的危险，甚至造成中毒事故。

a. 在油气浓度 $300mg/m^3$ 以上时，如果长期在这种环境中工作就会逐渐引起慢性中毒。其症状是贫血、头痛、萎靡不振、易疲乏、易瞌睡或失眠、体重下降等。因受油气刺激，眼黏膜会引起慢性炎症，并会使喉头、支气管、声带等呼吸系统发炎，使嗅觉变坏。

b. 在油气浓度 $500 \sim 1000mg/m^3$ 时，时间达到 12～14min 就会出现头痛、咽喉不适、咳嗽等症状，进而走路不稳、头晕和神经紊乱等急性中毒症状。急性中毒初期还会使体温下降、脉搏缓慢、血压下降、肌肉无力而晕倒。

c. 当油气浓度 $3500 \sim 4000mg/m^3$ 或更高时，人便会在 5～10min 的极短时间内出现急性中毒。其症状是失去知觉、抽搐、瞳孔放大、呼吸减弱，直至停止呼吸。

d. 汽油会溶解皮肤表面的油脂。油库工作者大多数有过汽油洗手或手沾上汽油的经历。手沾汽油后，汽油很快蒸发，使皮肤变白、干燥，甚至产生裂口。有的人接触了汽油的皮肤还会发炎或出现湿疹等慢性皮肤病。

e. 据资料介绍，双手浸入汽油 5min，血液中的汽油含量就会有 0.5mg/L；15min 之后，含量达 31mg/L。一般来说，人体内无积存汽油的条件，汽油可通过肺部迅速排出体外，但对人体仍有不良影响。

f. 油品的毒性组分还有硫化氢（H_2S）、二氧化硫（SO_2）、溴乙烷（C_2H_5Br）和 α-氯萘（$C_{10}H_7Cl$）等。硫化氢是无色剧毒气体，有臭鸡蛋味，这种气体对人的神经末梢危害极大，当人进入硫化氢浓度为 1mg/L 的环境中，一瞬间即会丧失知觉，如不及时离开就有生命危险；二氧化硫是无色有毒气体，带有强烈的令人窒息气味，通常人们会本能地离开危险区域，但有人对其感受迟钝，也是很危险的。

（2）一氧化碳。一氧化碳气体无色、无味、可燃，具有强烈的毒性。因为它与血红蛋白的亲和力大约是氧与血红蛋白的亲和力的300倍；一氧化碳和血红蛋白结合产生的碳氧血红蛋白，会阻碍其他血红蛋白释放氧供给人体组织，从而加深人体组织缺氧，发生各种病症。一氧化碳对人体的影响，见表10-16。

表10-16　一氧化碳对人体的影响

一氧化碳含量(%)	对人体的影响
0.01	滞留1h以上，中枢神经受影响
0.05	1h内影响不大，滞留2~4h剧烈头痛、恶心、眼花、虚脱
0.1	滞留2~3h，脉搏加速、痉挛昏迷、潮式呼吸
0.5	滞留20~30min有死亡危险
8.0	吸气数次后失去知觉，1~2min可中毒死亡

在通风不畅、供氧不足的条件下发生不完全燃烧，产生大量一氧化碳和二氧化碳。当空气中一氧化碳含量达5%时，人的呼吸会发生困难；超过10%时，能很快使人死亡。如冬季室内煤炉烟囱堵塞，洞库内油气着火爆炸时，可能发生一氧化碳中毒。1980年5月26日，某油库油品洞库3#洞口部因雷击引爆洞内可燃气体而着火。在抢救中，由于对供氧不足条件下的燃烧、产生一氧化碳的认识不足，发生18人中毒昏倒，其中两人中毒死亡。

(3) 其他有害物质。

① 生漆。生漆中的漆酚(不挥发)和我国近年发现的非酚性六元环内酯(亦称漆敏内酯，常温下挥发)是致病物质，对皮肤有刺激性，因此不仅常在过滤、熬煮、涂装中发生接触性皮炎，而且有的生漆过敏者，闻到生漆的气味就会发生过敏症。其症状是生漆过敏时一般都有程度不同的全身性症状，在脸部或其他接触部位先出现弥漫性红潮、水肿、剧痒，并有密集的丘疹、水泡或融合成大泡，溃破糜烂、渗出。生漆引起的接触性皮炎，主要是对症治疗，“大泡”犯者可抽出“泡液”；渗出明显者可用1∶5000高锰酸钾液，或者用“枇杷叶”煮的水涂敷在患病处，重者应请医生治疗。

② 沥青。沥青中以煤焦油沥青的毒性最大，常在熬煮和涂装时引起急性皮炎，多见于夏季阳光下操作者。长期接触煤焦油沥青的工人，可引起慢性皮炎或其他皮肤病变。急性皮炎是由于刺激和光感作用所致，皮疹以面、颈、背、四肢等裸露部位为多，呈红斑、肿胀、水泡、眼结膜炎症等。发生急性皮炎除对症治疗外，一般应暂时调离接触沥青的工作岗位，并尽量避免日光照晒。

③ 合成树脂。近年来油库中采用防锈涂料的不少。有些涂料是有一定毒性的。其中酚醛树脂及环氧树脂等合成树脂会引起皮炎、皮肤痒，以及慢性咽炎。

油气中毒(碳氢化合物)是通过人的呼吸吸入、皮肤渗入、误吞服(汽车驾驶员用胶管从油桶用嘴吸取油）等方式进入人体，可能引起慢性中毒、急性中毒、甚至死亡。

2. 中毒事故的场所及预防措施

（1）易发生中毒的场所。据测试，油库收发汽油时，排放气体中油气的含量为500～1200g/m³。而工作场所油气浓度在300mg/m³以下才没有中毒的危险。这就是说，收发汽油时排放气体中的油气含量是安全含量的1667～4000倍。在油库收发油作业中，空气中油气含量极易超过安全含量。

① 在洞库中，储存、输送油品设备设施渗漏，通风不良时，会造成油气积聚，可能发生油气中毒。如某油库贴丁腈橡胶的油池渗漏，通风设备技术状态不良，未及时通风，保管员查库时，多次出现油气中毒症状。

② 测量油罐储油量时，在打开测量孔的瞬间可能发生油气中毒，特别是安装于洞内和地下的油罐，以及有风测量打开测量孔时，容易发生中毒。因此，开启测量孔时，应位于上风方向，且不应面对测量孔。某油库接收汽油后，保管员上油罐测量时，油气中毒昏倒。幸亏发现及时，未造成严重后果。事后保管员说：我打开测量孔时，油气迎面冲来，以后就什么也不知道了。

③ 呼吸阀附近休息可能发生油气中毒。如某油库收发油作业时，当地一位放羊群众躺在离呼吸阀两米远的坡上晒太阳。因吸入油气，自己无力站起来，幸亏被油库检查油罐的人员发现，扶着离开油气浓的地方休息，才未造成中毒事故。事后放羊群众说：那里是阳坡，是晒太阳的好地方。开始没有嗅到油气味，后来嗅到了油气味，觉得怪好嗅的。过了一会儿，感到头晕，想站起来移到别处去，但怎么也站不起来了。

④ 某油库地下泵房，抽吸油罐底油的泵安装在通风死角处，造成油库工作人员和外来人员多次在此处出现中毒症状。甚至有的无力走动，靠人扶着走出洞外。

⑤ 某油库所属加油站，管沟内阀门严重渗漏，油气积聚在管沟内。加油员叫司机连续两次进入阀门井开关阀门，司机第二次下到阀门井内，打开阀后摇摇晃晃地爬出阀门井便晕倒了。

⑥ 清洗油罐，检修储、输油设备设施，极易造成中毒或中毒事故。具体事例前面已经谈到，这里不再赘述。

综上所述，油库发生中毒或中毒事故，一般来说，多发生于油品收发、检修测量、清洗油罐，以及发生跑、冒、滴、漏、渗的场所和易于排放与积聚油气的地方。一是油气排放源附近，如油船、油罐车、真空泵、储油罐、回空罐、高位罐等排气口和呼吸阀附近。二是通风不良的油罐间、巷道，以及易于积聚油气的低洼处和气动力阴影区，如泵房、灌油房、检查井、管沟，以及设备设施和建筑物、构筑物的背风区等。三是储存过油品的空容器内。

(2) 预防中毒的措施。

① 加强防中毒教育。油库人员在油品收发、保管，设备设施维修保养中，接触油品及其他有害物质是不可避免的。因此，加强防毒教育，做到既不麻痹大意，又不恐慌惧怕，将敬业精神与科学态度结合起来，认真贯彻执行有关规章制度和防中毒措施，就可以顺利地完成工作任务，而又不发生中毒事故。

a. 教育中要把思想政治工作和讲清科学道理结合起来，使大家认识到接触有毒物质是工作的需要，不能借口有毒而不干，一个油库工作者应见困难就上，争挑重担，以苦为荣。同时，在工作中必须尊重科学，认真执行防毒规定，做好必不可少的劳动保护。

b. 搞好物质毒性的防中毒和抢救知识传授、宣传，使油库人员掌握这方面的知识，克服麻痹大意和恐慌惧怕的倾向。例如人体对油品、铅等都有一定的排泄作用，所以并不是一接触油品就会中毒致病。所谓中毒致病是由于进入人体的量超过了正常排泄的量，积蓄到一定的量时才发生中毒。总之，在这里强调的是防中毒，人人都能自觉遵守防中毒措施。

② 保证储、输油设备设施的完好。油库储、输油设备设施的完好是防中毒的基本保障。只要有了完好的设备设施，就能减少环境的污染，防止中毒的发生。

a. 为了减少空气中油气的浓度，油管、油罐、油泵、油桶等器材设备应不渗、不漏，如有渗漏，应立即排除。

b. 泵房、灌油房、桶装库房必须注意通风，及时排除油气，在通风条件不良的工作场所，如洞库、离壁式覆土油罐、半地下泵房等应采用机械通风设备。

c. 改进不符合要求的通风结构。一是卧式油罐尽量采用直埋式敷设，避免油气在油罐间的空间积聚，造成人员中毒或燃烧爆炸。二是凡设置在油罐间内的油罐，卸油口、测量口、呼吸管口应当设在油罐间外。三是地下、半地下油罐应根据条件将“垂直爬梯”改为旋梯，以便工作人员有不良感觉时，迅速方便的离开现场。四是洞室油罐的测量口附近应设置通风管管口。

③ 严格遵守安全操作规程。

a. 一般情况下，不应进入油罐车内清扫底油。

b. 严格禁止用嘴通过胶管吸取油品。禁止用汽油灌装打火机和擦洗衣服，以及用作其他日常生活需要。

c. 清洗油罐、油罐车时，应严格执行清洗、除锈、涂装作业安全相关规程的各项要求。采取自然通风或机械通风以排除油罐内的油气，按规定检测油气浓度，清洗作业的人员应按规定着装整体防护服，佩带呼吸护具，避免吸入过量油气和油泥等与皮肤接触。进入油罐作业时，油气浓度、工作时间等各项要求，必须符合“清罐规程”的规定。

d. 油库设备设施防腐涂装时，应使用危害性较小的涂料。禁止使用含工业苯、石油苯、重质苯、铅白、红丹的涂料及稀料；尽量选用无毒害或低毒害、刺激性小的涂料和稀料。在进行有较大毒性或刺激性的涂料涂装作业时，涂装作业人员应佩带相应的防护用具和呼吸器具。

e. 涂刷生漆等工作场所，除应采取通风措施外，暴露的皮肤应涂防护膏。

f. 防毒呼吸用具及防护用品必须严格按照“说明书”要求使用，使用前必须认真检查。隔离式呼吸面具无论采用何种供气方式(自吸新鲜空气、手动风机供气、电动风机供气、压缩空气供气、自带压缩空气进行)都必须保证供气可靠。

g. 凡进入通风不良、烟雾弥漫的燃烧爆炸场所抢险时，作业人员必须严密组织，佩带相应的防护器具，设监护人，定时轮换，并作好发生意外时的抢救准备。

h. 在有中毒危险的场所作业时，必须准备质量合格的防护器具，供进入油罐内作业和抢险使用。

i. 作业中如发生头昏、呕吐、不舒服等情况，应立即停止工作，休息或治疗。如发生急性中毒，应立即抢救。先把中毒人员抬到新鲜空气处，松开衣裤(冬天要防冻)。如中毒者失去知觉，则应使患者嗅、吸氨水，灌入浓茶，进行人工呼吸，能自行呼吸后，迅速送医院治疗。清洗油罐等作业现场应有医护人员值班。

④ 认真执行有关的劳动保护法规。国家颁发的劳动保护法规是每个单位都必须执行的。油库防中毒应认真执行相关规定。

a. 油库按规定配备一定数量的劳动防护器具，以保证有中毒危险作业的需要。

b. 建立劳动防护器具的管理制度，保证其质量完好，佩带适合，具有良好的防护性能。

c. 按规定发给从事有毒有害物质作业的人员营养补助，使身体获得补益。

d. 定期给从事有毒有害物质作业的人员查体，并根据病情及时给予治疗或疗养。

(二) 伤亡事故原因和预防

1. 伤亡事故的原因

伤亡事故发生的主要原因是不遵守劳动安全纪律和规定，违反操作规程。如高空作业不携带安全带，不戴安全帽，架板超载上人等造成的伤亡事故；铁道专用线停放车皮，违反规定推车，且没有专人刹车造成“溜车”事故；施工中过早拆除模板造成倒塌事故等。

2. 伤亡事故预防

主要是油库各项作业前应提出安全要求，检查安全防护的落实；作业过程中检查督促遵守劳动纪律，按章办事；作业后清理现场，进行讲评。如油罐内高空作业，作业前应按高空作业要求检查脚手架、安全防护装具，必要时检测罐内油气浓度及通风设备等；作业过程中按要求检查督促工具、材料的传递和放置，脚手架下不允许停留人等；作业后应将现场清理，清除可燃物(如涂料、破布等)，检查无误后切断电源，并进行讲评等。

(三) 灾害事故的原因和预防

从事故、灾害损失情况来说，灾害事故损失大于油库其他各类事故损失，但由于主客观原因，这类事故收编不多，仅收编某军区油库发生的11例灾害事故(占其他类型事故的20.4%，占收编事故总数10.5%)。

1. 灾害事故的原因

灾害事故的原因较为复杂，例如油库选点、定点，施工建设，经费投入，以及当时的政策和指导思想，再加上管理者对灾害事故认识上的差距等都有可能造成灾害的发生。例如某油库选址、定点不当，1981年8月21日至22日，一场暴雨冲毁库区涵洞和桥梁3座，库区公路多数被冲毁、冲断；输油管沟坍塌，管线外露，部分管线掉入嘉陵江中；泥石流掩埋了宿舍和食堂；12座500m^3油罐旁边形成30多米高的陡壁；高位油罐因山体滑移而位移，直接经济损失近千万元，恢复工程也投入了近千万元。

2. 灾害事故的预防

对于油库和管理者来说，预防灾害事故主要是调查了解清楚当地多发性灾害的种类和发生时间，针对具体情况采取工程措施、非工程措施、抢险避灾措施加以预防，制订应急处置方案，准备好物资器材，适时加以演练，以提高抗灾避灾能力。

第三节　油库事故发生的规律

一、用事故模型分析事故发生的规律

模型是对系统本质的描述、模仿和抽象。在建立系统时，为了便于试验和预测，而设法把系统的结构形态或运动状态变成易于考查的形式，就是为表达系统实体而建立的数学方程、图形或物理的形式。

对模型的基本要求：

(1) 现实性。即在一定程度上能够确切地符合系统客观实际情况。

(2) 适应性。随着模型建立时的具体条件的变化，要求模型具有一定的适应能力。

(3) 简洁性。在现实性的基础上，应尽量简化，以节约模型建立和计算的时间。

(一) 油库事故模型

油库事故模型就是用图形把油库系统形成事故的本质形象描述出来，以反映油库系统形成事故的规律性。研究油库事故模型就是从根本上寻求防止油库事故的方法。在油库的储、运、灌、加过程中，影响油库安全的主要因素有人的因素、物的因素、管理因素、外界因素。把这些因素如何相互影响、相互作用而导致事故的过程，给以形象的描述，就构成如下模型。如图 10-10 所示。

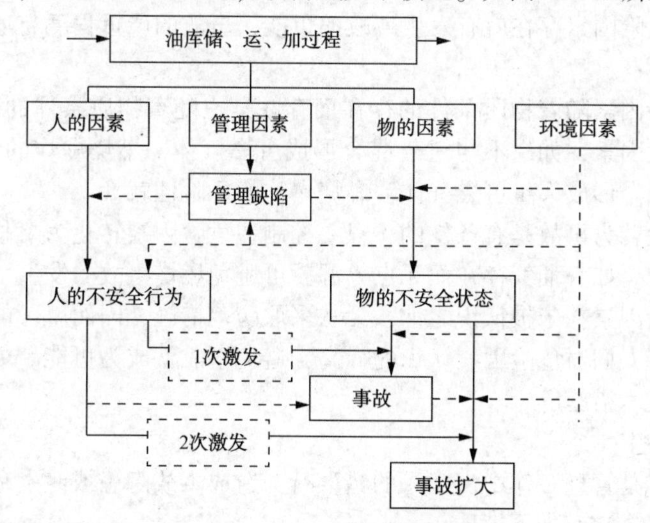

图 10-10　油库事故模型

(二) 事故模型分析

从事故模型中可以看出，在作业过程中，人(指挥者、组织者、操作者及领油人员)、物(油品、设备设施、工具等)在一定的环境(环境)中组成一个系统。在这个系统里，物质条件(即油料自身因素和设备、设施因素、工具因素等)中的危险因素是造成事故的物质基础；人的不安全行为、环境不良影响激发物的危险因素而形成事故；而管理缺陷则是导致人的不安全行为和形成物的不安全状态的主要原因；环境不良影响会对人、物、管理施加作用，成为激发因素。因此，研究油料事故要十分重视研究人和物导致的危险因素和管理缺陷，但也不能忽视环境的不良影响。

1. 危险因素

危险因素系指作业(或生产)过程中物质条件(如流通物资、原材料、加工对象、机器设备、工具器具等)所固有的危险性及潜在的破坏力。危险因素有如下特性：

(1) 危险因素是构成事故的物质基础。它表示物质自身固有的、潜在的危险性和破坏力，如油品的燃烧、爆炸特性，压力锅炉的爆炸危险性等。

(2) 危险因素固有的危险性还决定了它受管理缺陷和外界条件激发转化为事故的难易程度。这种难易程度称危险因素的感度。危险因素感度愈高，转化为事故可能愈大。结构容易发生形变、能量容易转化的物质也容易形成事故。如汽油和滑润油虽然都是可燃物，但两者能量转化的条件不一样，汽油比滑润油容易燃烧。汽油危险因素的感度比滑润油的感度大的多。

(3) 有危险因素存在就有发生事故的可能，事故的严重程度与危险因素的能量成正比。

(4) 危险因素随着物质条件的存在而存在，也随着物质条件的变化而变化。如汽油的危险因素，如果不与空气混合形成可燃气体，燃烧爆炸的危险性就小；如果与空气混合形成大量可燃气体，燃烧爆炸的危险性就大。

(5) 危险转为事故是有条件的，只要控制住危险因素转化为事故的条件，事故就可以避免。如有油气存在而无点火源就可避免燃烧事故的发生。

(6) 危险因素在未被认识之前，无从采取防范措施，因而就可能直接转化成事故。但随着人们对危险因素认识的提高，避免事故就成为可能。如防雷技术措施和防静电技术措施等。

2. 管理缺陷

管理缺陷是管理工作中由于人的错误行为造成事故隐患或激发危险因素而造成事故的缺陷，它有如下性质：

(1) 管理缺陷是由于人的错误行为(错误指令、错误操作等)造成的。人的错误行为激发了危险因素而形成事故。

(2) 管理缺陷是构成事故的活动因素。管理缺陷对危险因素的激发而形成事故属于随机事件，不能因为一时蛮干而未形成事故而掉以轻心。

(3) 管理缺陷是通过对人、物施加影响而产生事故隐患的，或激发危险因素发生事故的，或导致事故扩大蔓延的。

(4) 管理缺陷对危险因素的作用时间和频率与发生事故频率成正比。

3. 从事故模型分析形成事故的主要形式

从事故模型可以直接看出，在油库工作的各个方面，物的不安全状态(危险因素)是形成事故的物质基础，而人的不安全行为、环境不良影响是激发危险因素导致事故发生的主要方面。形成油库事故的主要形式：

(1) 物的不安全状态+人的不安全行为→事故。事故发生最多的是由于人的不安全行为激发了物的不安全状态而引起的。如油品流动易产生静电，这是物的危险性，如果作业人员采用高速、喷溅式装油时，就可能引起静电起火，反之就可避免静电事故；灌装油品时造成了油气逸散，遇违章动火，就可能形成事故；发油时，不注意观察油面上升而造成了溢油事故等。

(2) 物的不安全状态+环境不良影响→事故。物的不安全状态受环境不良的激发也易形成事故。如寒冷天气冻裂拖车泵发动机和水箱；高气温条件下，存油管线(含阀门)因油品体积膨胀而被损坏；雷击油罐附件爆炸起火等。

(3) 事故+人的不安全行为→事故扩大。由于事故发展而导致的事故扩大的，如电工没有系安全带进行带电高空作业，发生触电并从电线杆上摔下来造成的死亡事故。事故受人的不安全行为的激发而形成的事故扩大的，如火场有大量的一氧化碳、二氧化碳，没戴防毒面具而进入火场造成的中毒死亡事故；油品流淌又遇明火造成事故扩大。

(4) 事故+物的不安全状态→事故扩大。事故进一步激发物的不安全状态而形成事故扩大。如油罐着火爆炸无密闭门、无拦油措施而引起的火灾扩大、蔓延；一座罐着火爆炸而引起相邻的罐的着火爆炸。

(5) 事故+环境不良影响→事故扩大。事故受环境不良影响形成的事故扩大，如油罐室积聚油气，突发雷击而引起的爆炸事故等。

(6) 人的不安全行为+物的不安全状态→事故扩大。在事故条件下，人的不安全行为，再次作用于物的不安全状态造成事故扩大。如油罐溢油堵塞呼吸管道，在处理事故时，没有先清除呼吸管道内的存油，将油罐内油品输送到其他油罐时造成油罐凹瘪。

(7) 人的不安全行为→事故。由人的不安全行为直接引起的事故例子很多，如打架斗殴引起的伤亡事故，用弹子打碎玻璃、灯泡及人为的破坏活动等。

(8) 管理缺陷。从事故模型中看出，管理缺陷在事故中的作用是通过对人、物的激化而施加影响的。环境的不良影响也可以作用于人、物和管理缺陷，进一步激活人、物的不安全状态而引发事故。

在上述这些形成事故的形式中，最多的还是人的不安全行为激发物的不安全状态而引起事故。从事故模型中可以看出，没有物的潜在危险，没有人的不安全行为，就不会触发能量逸散，不会把潜在危险升华为事故灾害。能量逸散的大小，直接影响事故的严重程度。另外，不良环境对物的影响有些是渐变的，有些是突发的。如油罐、管线腐蚀是渐变的，而雷击、山洪是突发的。就某种意义来讲，事故是变化和失误的连锁。正确认识事故的形成过程，对采取措施防范事故的发生是十分有益的。

二、用“海因里希连锁反应理论”分析事故发生规律

1959年海因里希对事故灾害发生的机理进行了研究，建立了多米诺骨牌连锁反应理论，亦称海因里希连锁反应理论。事故灾害的发生是以下五个因素依次发生连锁反应的结果。在时间推移的过程中，五个因素以一定的关系依次顺序发生。即事故起源于人的错误判断和决策(M)→人的意志所产生的不安全行为(P)→触发潜在危险或故障(H)→引起事故(D)→造成人员伤亡、财产损失、工作停滞(A)；如果在反应过程中，潜在危险或故障(H)得以控制，则连锁反应中断。

海因里希连锁反应理论，对于研究油库事故发生的机理具有一定的指导意义。人的判断不发生错误，或排除了潜在的危险因素，事故就不会发生。油库安全管理的中心任务就是预测和防止人的不安全行为、物的危险因素。因此，加强预测技术和控制技术的研究是安全管理的重要课题。

综上所述，事故之所以发生主要是人的不安全行为(或失误)、物的不安全状态(或故障)两大因素作用的结果，即人、物的两系列运动轨迹相交的时间和地点就是事故发生的时机。

三、用“能量逸散理论”分析事故发生规律

现代仓储理论中，物流、能流、信息流的理论和观点已被广泛地接受和采用，逐渐形成一套完整的学科体系。伴随物资流通，能量也随之流动和转移，形成所谓的能流。事故的发生则是能量在储存、流通和转移的过程中发生非正常逸散的结果，而预防事故则是防止或避免这种非正常逸散。

(一) 能量的逸散

能量有各种形式，如势能、动能、电能、化学能、机械能、原子能等。物质通常以能量作为动力而流通，或者物流是这些能量的携行者。油品依靠电能、机械能和势能而输送，油料装备是依靠机械能、电能进行装卸、搬运、码垛，从而使油品或油料装备具有了势能或动能。同时，油品本身也是一种能源，它携带着内能而运行。物流所具有的能量(或叫能流)如果发生非正常的转移，就可能形成事故。所谓非正常转移就是指在异常的情况下，由于不安全因素的危害，致使能流没有流向机器，而是逆流于人体或其他场所，导致人体伤亡或造成物产损失的现象。如人从脚手架、梯子、跳板上坠落；油品的燃烧、爆炸、流失；有毒物质侵入人体使人中毒；输油过程出现的水击现象等，这些都是能量非正常的逸散的事例。

（二）事故是能量逸散的结果

一般说来能量是事故的基础，能量违反人的意志而逸散就可能导致物损人亡的事故发生。从物理学的观点来看，随着物质的流动必然伴随有能量的流动。在油品的生产、加工、储存、收发、输送的整个过程中，都可以看作是系统能量转换做功的过程，或者是系统的运行必然伴随着能量的流动。如铁路油罐车内的油品通过油泵输送到地上、半地下油罐，就是电能变成机械能，克服了油泵、管线的摩擦损失进入油罐，机械能变成位能。发油时，利用位能重力自流，位能克服摩擦阻力做功，将油品送入油罐车。油料收发过程，就是能量转换做功的过程。这个能量转换过程必然遵循能量守恒的定律。能量在其转换做功的过程中，一般输入的能量并不完全等于系统正常运行做功所需的能量，必然存在各种损失。如电动机本身的铜损、铁损、摩擦损失，输油管路的阻力损失等，被称为正常损失。这些损失人们总是千方百计地设法减少或予以消除。除此之外，还会出现非正常的能量逸散，如油罐冒油、电器漏电、人从梯子上摔下来等，都会造成系统工作的中断或财富损失、人员伤亡，这就造成隐患或形成了事故。

油品是能源，其本身就储存着大量的内能，供人们利用。物质内能的转换通常是遵照人们意志进行的，如在发动机气缸里油气与空气混合成可燃气体，爆燃推动活塞运动而做功，将其内能转换为机械能，这是人们的意志。如果油气与空气混合形成的可燃气体不在气缸里，而是在油库的爆炸危险场所被点燃发生爆炸，这就是违反人的意志的能量转移，就造成了事故。

人也是一个能量系统，人通过自身的新陈代谢实现其能量转换，维持自身的生存，从事劳动、作业和其他活动。然而，人体能量的非正常失散，即人的过失行为就可能造成自身、他人的伤亡。更多的情况则是人的能量系统与系统能流发生冲突，造成的能量意外的逸散。如开错阀门造成的跑油或混油事故。能量逸散可能直接发生，也可能几经转换后才发生，如触电事故是电能逸散的结果，而电火花引起的油气爆炸则是经历电能变成热能(形成火花)，热能激发油品内能的骤然变化而引起。所以，人们根据能量逸散理论把事故定义为：一种造成人员伤亡，或财产遭受损失，或延误工作进程的不希望的能量转移。

（三）容易发生能量非正常逸散的场所及条件

（1）收发作业现场。因为在收发过程中物资在装卸，能量在频繁的转换过程中，造成能量非正常逸散的可能性比较大。

（2）流速快的物流所具有的动能大，位置高的物体具有高势能，发生事故的严重度高。

（3）水平运转和垂直升降搬运时，后者发生的事故概率高。物质水平方向移动主要靠外力克服接触面的阻力，使用轮式工具可用较小的能量使物体沿水平方向移动。而垂直升降移动，物体越重，提升高度越高，耗费的能量越多。因此，物体占据高位所具有的位能也越高，高空坠落有更大的危险性，高度越高事故的严重度也越大。为了减少垂直方向移动物质的事故频率，多采用斜面上下滚动(滑动)的运行方式。油库依山而建，发油设施多利用位能或高位罐重力自流。发油的过程中，位能随着油品的流动转换为动能，除了克服管道摩擦阻力做功消耗的动能外，还有较大剩余动能，地势越高剩余的动能越大。为了防止事故，对地理位置比较高的油罐，应在适当部位设置缓冲罐或减压阀，以利于能量的释放。在输油管路中伸缩器、安全阀、减压阀，通气管路系统中的呼吸阀等都有逸散或控制能量散失，避免事故发生的功能。

(4) 能量越容易转换的物质事故发生率越高。不同物质其能量转换的难易程度是不一样的，发生事故的可能性也不一样。能量越容易转化的物质越容易形成事故。

(四) 抑制能量非正常逸散措施

既然事故是能量非正常逸散的结果，就应竭力避免这种能量非正常的逸散，以免发生事故。通常防止能量非正常的逸散可以采取以下措施。

(1) 限制系统能量。如油品可以限制单罐容量或总容量，规定安全容量等。

(2) 用具有安全能量的物质代替危险性能量大的物质，如用清洗剂代替汽油、煤油清洗机件，用 CO_2 灭火剂代替 CCl_4 灭火剂等。

(3) 防止能量积聚。如加强通风降低油气浓度，储罐高度适当、控制流速、限制流量等。

(4) 控制能量释放。如设置中继罐发油，安装调节阀、减压阀等。

(5) 延缓能量释放。如采用安全阀、呼吸阀等。

(6) 开辟能源释放渠道。如设备的各种接地，排水系统的溢洪道，输油管道设置的胀油管、伸缩器，建筑物的伸缩缝、沉降缝等。

(7) 在能源流道上设置屏障。如油罐区的防火堤，设备上的消声器，控制电路采用屏蔽电缆等。

(8) 人与能源之间设置屏障。如设置防火带、密封门、遮拦等。

(9) 人与物间设置屏障。如规定禁区、修建围墙等。

(10) 提高防护标准。如家用电器设备采用双重绝缘、安全型防爆电气设备增大抗漏电距离等措施来提高防护标准。

(11) 改进操作。如改变不合理的工艺流程和操作程序。

(12) 规定安全距离。如为防止事故连锁反应，《石油库设计规范》中规定的各种安全距离。

第四节　油库事故预防与控制

事故预防的基本要求是针对不同情况采取对应的预防对策，主要有预防生产过程中产生的危险和危害因素，排除工作场所的危险和危害因素，处置危险和危害物并降低到国家规定的限值内，预防生产装置失灵和操作失误产生的危险和危害因素，发生意外事故时能为遇险人员提供自救条件的要求。分析研究油库事故的目的是从过去的事故中总结经验、积累知识，用以指导现在的行动，并预测将来，努力不犯同样的错误。隐患是隐藏着的事故，预防事故有三项对策，“走动”模式管理有利于预防事故。

一、油库事故宏观控制

事故宏观控制就是油库在选择落实安全管理技术与方法时，应有一个宏观的战略规划，选择的安全管理技术和方法应遵循等效原则、平衡原则，即在安全管理技术、人因的安全管理、物因及危险源安全管理、环境安全管理中，选择采用的技术水平、方法措施应与实际相适应、相平衡。如有的方法技术含量极高，安全效果甚佳，有的方法技术含量低，安全效果差。又如在安全管理界于人治管理与法制管理阶段，而盲目人本管理，因人的综合素质不能适应人本管理而告失败。

（一）事故可预防性理论

根据事故模式知道，事故是各因素之间相互作用的结果。只有排除阻碍生产的不安全因素，根除事故的基本原因事件，才能防止事故发生。因此，事故预防就是根据事故模式理论，分析事故的致因及相互关系，采取有效的防范措施，消除导致事故的因素，从而避免事故发生。事故预防包括两个方面：一是对重复性事故的预防，即对已发生事故进行分析，寻求事故发生的原因及其相互关系，提出防范类似事故重复发生的措施，避免此类事故再次发生；二是对可能出现事故的预防，此类事故预防主要只对可能将要发生的事故进行预测，检查分析导致事故发生的危险因素组合，并对可能导致什么类型事故进行研究，模拟事故发生过程，提出消除危险因素的办法，避免事故发生。

1. 事故可预防性

无论什么类型的事故，都有其原因，只要能消除这些原因，就可控制事故，实现防止事故发生的目的。从事故发生机理还可以看出，事故是其原因之间相互作用的结果。因而，可以从协调事故原因之间的关系入手，采取措施，减少事故。

(1) 事故的因果性。事故的因果性是指事故由相互联系的多种因素共同作用的结果，引起事故的原因是多方面的，在伤亡事故调查分析过程中，应弄清事故发生的因果关系，找到事故发生的主要原因，才能对症下药，有效地防范。

(2) 事故的随机性。事故的随机性是指事故发生的时间、地点、事故后果的严重性是偶然的。这说明事故的预防具有一定的难度。但是，事故这种随机性在一定范畴内也遵循统计规律。从事故的统计资料中可以找到事故发生的规律性。因而，事故统计分析对制定正确的预防措施具有重大意义。

(3) 事故的潜伏性。表面上，事故是一种突发事件，但是事故发生之前有一段潜伏期。在事故发生前，人、机、环境系统所处的这种状态是不稳定的，也就是说系统存在着事故隐患，具有危险性。如果这时有一触发因素出现，就会导致事故的发生。在油库作业活动中，较长时间内未发生事故，如麻痹大意，忽视了事故的潜伏性，这就是油库作业中的思想隐患，是应予以克服的。了解掌握事故潜伏性对有效预防事故所起的关键作用十分重要。

(4) 事故的可预防性。现代工业生产系统是人造系统，这种客观实际给预防事故提供了基本的前提。所以说，任何事故从理论和客观上讲，都是可预防的。认识这一特性，对坚定信念，防止事故发生有促进作用。因此，应该通过各种合理的对策和努力，从根本上消除事故发生的隐患，把事故的发生降低到最小限度。

2. 事故预防的基本原则

除自然灾害造成的事故难以采取主动的防止措施，以及某些事故原因在技术上尚无有效控制措施外，其余事故都可以通过消除原因，控制事故发生。但无论什么事故，都可以寻求出避免或减少损失的办法。例如，地震灾害的预防，可以通过对地震活动规律进行分析，预测地震可能出现的时间、地点，采取疏散、撤离、转移等手段，减少其损失。因此，分析事故发生原因和过程，研究防止事故发生的理论及对策，能防止事故发生，减少损失。在预防事故发生的过程中，应遵循下列原则：

(1) 防患于未然的原则。预防事故积极有效的办法是防患于未然，即采用“事先型”解决问题的方法，将事故隐患、不安全因素消除在潜伏、孕育阶段，这是防止事故的根本出发点。

(2) 根除事故原因原则。事故预防就是要从事故的直接原因着手，分析引起事故的最为本质的原因，只有消除这些最根本的原因，才能消除事故的相关因素，最终根除事故。

(3) 全面治理原则。消除事故隐患，根除事故的最基本原因，应遵循全面治理的原则。即在安全技术、安全教育、安全管理等方面，对物的不安全状态(包括环境的不安全条件)、人的不安全行为、管理的不安全因素进行治理和消除，从而达到对事故原因的多方位控制的目的。技术、教育、管理称为事故预防的"三大"对策，它是企业预防事故的三大支柱。只有全面发挥三大支柱的作用，实行全过程的控制措施，对事故隐患与事故苗头进行全面治理，才能有效地实现预防事故的目的。

（二）事故预防的宏观战略对策

事故预防的宏观战略对策主要包括安全法规对策、安全工程技术对策、安全管理对策、安全教育对策等。

1. 安全法规对策

安全法规对策就是利用法制和管理的手段，对生产的建设、实施、组织以及目标、过程、结果等进行安全的监督与监察，使之符合职业安全健康的要求。通过职业安全健康责任制度、实行强制的国家职业安全健康监督、建立健全安全法规制度、有效的群众监督四个方面的工作来实现。

2. 工程技术对策

工程技术对策是指通过工程项目和技术措施，实现生产的本质安全化，或改善劳动条件提高生产的安全性。如，对于火灾的防范，可以采用防火工程、消防技术等技术对策；对于油气、尘毒危害，可以采用通风工程、防毒技术、个体防护等技术对策；对于电气事故，可以采取能量限制、绝缘、释放等技术方法；对于爆炸事故，可以采取改进爆炸器材、改进炸药等技术对策等。在具体的工程技术对策中，可供选择的技术有消除潜在危险的原则、降低潜在危险因素数值的原则、冗余性原则、闭锁原则、能量屏障原则、距离防护原则、时间防护原则、薄弱环节原则、坚固性原则、代替作业人员的原则、警告和禁止信息原则等。

3. 安全管理对策

安全管理是通过制定和监督实施有关安全法令、规程、规范、标准和规章制度等，规范人们在生产活动中的行为准则，使劳动保护工作有法可依，有章可循，用法制手段保护职工在劳动中的安全和健康。安全管理对策是工业生产过程中实现职业安全健康的基本的、重要的、日常的对策。工业安全管理对策具体由管理的模式、组织管理的原则、安全信息流技术等方面来实现。安全管理的手段有法制手段、行政手段、科学手段、文化手段、经济手段等。

4. 安全教育对策

安全教育是对企业各级领导、管理人员以及操作工人进行安全思想政治教育和安全技术知识教育，特别要重视教育方法的有效性。

（三）事故预防技术措施

1. 事故预防技术措施选择

在选择事故预防技术措施时，应该遵循如下原则。

(1) 设计过程中，当事故预防对策与经济效益发生矛盾时，应优先考虑事故预防对策的要求，并应按下列事故预防对策等级顺序选择预防技术措施。

① 直接安全技术措施。

② 间接安全技术措施。

③ 指示性安全技术措施。

④ 若间接、指示性安全技术措施仍然不能避免事故、危害发生，则应采用安全操作规程、安全教育、培训和个人防护用品等来预防、减弱系统的危险、危害程度。

(2) 按事故预防对策等级顺序的要求，设计时应遵循以下具体原则。

① 消除。通过合理的设计和科学的管理，尽可能从根本上消除危险、危害因素。

② 预防。当消除危险、危害因素有困难时，可采取预防性行政措施，预防危险、危害发生。

③ 减弱。在无法消除危险、危害因素和难以预防的情况下，可采取减少危险、危害的措施。

④ 隔离。在无法消除、预防、减弱的情况下，应将人员与危险、危害因素隔开和将不能共存的物质分开。

⑤ 连锁。当操作者失误或设备运行一旦达到危险状态时，应通过连锁装置终止危险、危害发生。

⑥ 警告。在易发生故障和危险性较大的地方，配置醒目的安全色、安全标志。必要时，设置声、光或声光组合报警装置。

2. 事故预防技术措施的科学性与合理性

提出的技术措施应针对行业的特点和辨识评价出的主要危险、危害因素及其产生危险、危害因素的条件，还要满足经济、技术、时间上的可行性。

(1) 针对性是指针对行业的特点和辨识评价出的主要危险、危害因素及其产生危险、危害后果的条件，提出技术措施。

(2) 提出的技术措施应在经济、技术、时间上是可行的，能够落实、实施的。

(3) 经济合理性是指不应超越项目的经济、技术水平，按过高的劳动安全卫生指标提出事故预防技术措施。

3. 安全生产危害因素的控制方法和措施

根据预防伤亡事故的原则，安全生产危害因素的控制方法和措施主要包括：

(1) 改进生产工艺过程，实行机械化、自动化生产，减轻劳动强度，消除人身伤害。

(2) 设置安全装置。安全装置包括安全防护装置、保险装置、信号装置及危险标牌识别标志。

(3) 机械强度试验如果不能及时发现机械强度的问题，就可能造成设备事故以至人身事故。因此，必须进行机械强度试验。

(4) 电气安全对策通常包括防触电、防电气火灾爆炸和防静电等，防止电气事故可采用如下五种对策：

① 安全认证。

② 备用电源。

③ 防触电。

④ 电气防火防爆。

⑤ 防静电措施。

(5) 机器设备的维护保养和计划检修。机械设备在运转过程中有些零部件逐渐磨损或过早破坏，以至引起设备上的事故。因此，必须对设备进行经常的维护保养和检修。

(6) 工作地点的布置与整洁。工作地点就是工人使用机器设备、工具及其他辅助设备对原材料和半成品进行加工的地点，完善地组织与合理地布置，不仅能够促进生产，而且是保证安全的必要条件；工作地点的整洁是很重要的，如工作地点散落的金属废屑、润滑油、乳化液、毛坯、半成品的杂乱堆放，地面不平整等情况，都能导致事故的发生。因此，必须随时清除废屑、堆放整齐，修复损坏的地面以保持工作地点的整洁。

(7) 个人防护用品。采取各类预防措施后仍不能保证作业人员的安全时，必须根据须防护的危险、危害因素及危险、危害作业类别配备具有相应防护功能的个人防护用品，作为补充对策。对于个人防护用品应当注意其有效性、质量和使用范围。

二、消除隐患

隐患，顾名思义就是隐藏着的祸患。它最突出的特点是隐蔽性和危害性。隐蔽性是因为它不容易被发现；危害性是因为它是导致事故发生的罪魁祸首。

在油库中隐患从级别上可分为班组级、队所级、处级、油库级四等，从类型上可分为有形隐患和无形隐患两种。

(一) 有形隐患

所谓有形隐患指的是容易发现、看得见、摸得着、嗅得出的隐患。例如汽车进入爆炸危险场所排气管未戴防火罩；油泵和输油管线振动剧烈；作业场所油气浓度大；油泵和电机轴温过高；储油和输油设备锈蚀、渗漏；私自离开工作岗位，打扑克、看电视、睡觉等。这些容易发现的隐患并不是小事情，而是关系到人员生命和财产损失的大事。如2001年7月23日15:17，某加油站因汽油渗漏发生爆炸着火事故，亡4人，重伤1人，轻伤11人，加油站报废，就是因为7月22日晚发现汽油渗入地下室，产生了油气浓度超高的有形隐患，但没有查明原因，消除隐患，也没有采取措施，结果23日1名职工打开地下室的灯时发生了爆炸。

（二）无形隐患

无形隐患与有形隐患相对立，它有着更大的隐蔽性和危害性。它不容易被发现，是看不见、摸不着、嗅不到的，它是存在于人们的思想之中，是一种意识形态的表现。在油库的主要表现是：会上讲了油库禁火制度，不准将火种带入库区，但衣袋里装着打火机、脚上穿着钉子鞋，进入了油库禁区；嘴上讲的是"安全第一，预防为主"，遇到具体事故时，违章指挥，违章作业，由此酿成的灾祸无数。另外，还有一种表现是对已经发现的有形隐患重视不够，心存侥幸，认为暂时不会出事，结果发生了事故，为时已晚！如1984年4~7月期间，某油库在4月初接卸汽油时，因阀门关闭不严汽油混入了煤油罐中，仓储员和司泵员都知道此事。7月25日接卸煤油时，仍然输入混有汽油的煤油罐中；7月21日，有人反映，油库出售的煤油发生了爆炸伤人事故时，既不向领导汇报，也不采取措施，继续销售混有汽油的煤油。结果造成40起"轰灯"爆炸事故，炸死4人，烧成重伤13人，轻伤22人的恶性事故，当事者受到刑事处罚。

（三）隐患转化

在实践中，常常是无形隐患成为有形隐患转化的条件，无形隐患促成了有形隐患发生质变，转化为事故。如1993年10月21日，某炼油厂发生的恶性爆炸着火事故，因为开错阀门造成油品串罐，报警系统连续发出"高液位"声光报警，操作者认为是误报警，不去检查，造成油罐溢油，在周围空间形成爆炸性油气混合气体，被行驶在油罐区消防道路上的拖拉机排出的火星引燃发生爆炸。上述开错阀门、声光报警、溢油、拖拉机在油罐区行驶等都是有形隐患，但促成爆炸的是"认为是误报警"这种思想上不重视安全，安全意识淡薄的无形隐患，造成了在操作中没有执行操作规程、没有落实核对检查制度，结果有形隐患转化为恶性的爆炸着火事故。

分析油库发生的事故时发现，70%以上的事故都是由无形隐患促成有形隐患转化而发生的。前面列举三例事故中，"没有查明渗漏原因，消除隐患""7月21日，有人反映，油库出售的煤油发生了爆炸伤人事故""报警系统连续发出'高液位'声光报警，操作者认为是误报警，不去检查，造成油罐溢油"等有形隐患，都是由于安全意识淡薄，不重视安全这种无形隐患促使其转化为事故的。

由此可见，无形隐患是油库作业活动中的最大隐患，消除无形隐患是保证油库安全运行的根本保障。

第五节 油库事故的管理

事故管理就是对危险和事故进行调查、分析、统计、报告、处理等一系列工作的总称，是一项涉及面广，政策性、技术性、综合性很强的管理活动。它对于确保稳定，实现安全管理，都具有极其重要的意义。

对油库来说，事故管理是一项贯穿于油库全员、全过程、全方位的安全管理工作。它是综合运用管理技术、专业技术及科学方法，依靠专业管理与群众管理相结合，从调查危险和事故原因做起，分析研究危险和事故的本质因素和客观规律，做好统计、报告、处理，采取有效的整改和预防措施，达到完善安全系统，实现安全“收、储、发”的目的。

一、油库事故管理的基本任务

油库事故管理是油库安全作业有机整体的重要组成部分，可为安全教育、安全作业、安全决策提供可靠的科学依据。其基本任务如下。

(一) 收集信息，积累资料

凡是石油储运方面有关的各类事故、危险因素、事故隐患等，不管其产生原因如何，都应加以收集，分类整理。特别应注意收集采用新技术、新材料、新工艺、新设备出现的新问题。

(二) 深入调查，研究规律

对油库、加油站发生的重大事故或典型事故，应深入现场，调查事故发生的全过程，透过事故前后的各种表面现象，研究分析危险存在和事故发生的本质原因及客观规律，为事故处理、安全决策，以及安全技术规范的建立和完善提供可靠的科学依据。

(三) 完善安全技术和安全管理系统

根据积累的资料及危险存在和事故发生的本质原因、客观规律，运用安全系统工程及现代安全管理的方法，建立、完善安全技术、安全管理措施，为完善安全技术、安全管理提供具体的整改方案。

(四) 为油库储运技术的科研提供研究课题

过去的实践证明，危险和事故可增强科学研究的活力，为科学研究指明方向，提出新的研究课题。应用科学的发展，几乎都源于危险及事故。“生产实践中出现危险或发生事故→经过研究找到了防止危险、事故的方法→实践中又出现新的危险或事故→再经过研究解决新的危险或事故”这样循环往复，推动应用科学不断发展。

二、油库事故的分类

(1) 按事故性质分为责任、技术、责任技术、行政、自然灾害和外方责任等6种。

① 责任事故：由于责任心不强，没有严格遵守规章造成损失的事故。

② 技术事故：由于规章制度未作规定和观念难以预见的技术原因，如设备突然失灵或工程隐患而造成损失的事故。

③ 责任技术事故：由于缺乏业务知识，设备设施失修而未采取有力措施而造成损失的，属责任技术事故。

④ 行政事故：非业务作业中发生的各种工伤、财产损失事件、交通肇事，属行政事故。

⑤ 自然灾害：由于洪水、泥石流、地震、雷击、暴风雨等人力难以抗拒的原因造成损失的，属自然灾害。

⑥ 外方责任事故：由于被动地受到外界原因破坏而造成油库人员伤亡和财产损失的，属外方责任事故。

以上责任、技术、责任技术三类事故统称油库业务事故，外方责任事故、自然灾害统称灾害事故。

(2) 按事故表现形式分类为着火爆炸、跑(漏、冒)油、混油、设备损坏、人身伤亡等5类。

① 着火爆炸事故：由于火灾、爆炸造成伤亡和财产损失的事故。

② 跑(漏、冒)油事故：由于某种原因造成油料流失的事故。

③ 混油事故：由于非人为有意识原因造成二种以上油品相混(包括油品中混入杂质、水分)而造成油品变质、报废处理的事故。

④ 设备损坏事故：由于某种原因造成油罐、管道，工艺设备、建筑物、构筑物等设施损坏的事故。

⑤ 人身伤亡事故：由各种原因造成人员伤亡、致残、重伤住院的事故。

(3) 按其损失程度分类为一等事故、二等事故、三等事故、四等事故和等外事故。

① 一等事故：造成人员死亡2人(含)以下者；造成油料损失、变质或设备损坏等，价值在20万元以上者。

② 二等事故：造成人员受伤致残3人(含)以下者；造成油料损失、变质或者设备损坏等，价值在10万元(含)以上者。

③ 三等事故：造成人员受伤致残 2 人(含)以下者；造成油料损失、变质或者设备损坏等，价值在 6 万元以上者。

④ 四等事故：造成人员受重伤、住院治疗一月以上者；造成油料损失、变质或者设备损坏等，价值在 1 万元以上者。

⑤ 等外事故：发生火灾、爆炸造成经济损失 1 万元(不含)以下者；造成油料损失、变质或设备损坏等，经济损失 2000 元至 10000 元(不含)以下者；外委工程施工队在油库作业中发生人员伤亡事故的；造成油罐吸瘪、变形，但未造成严重破坏者。

三、事故经济损失计算

事故经济损失可分为直接经济损失和间接经济损失两大类。

(1) 直接经济损失包括人身伤亡所支付费、善后处理费和财产损失三部分。

人身伤亡费：医疗和护理费、丧葬费、抚恤费、补助费、救济和歇工工资。其中丧葬费按规定审批，抚恤费按规定从开始支付日至停发日的累计；歇工工资为被伤害人日工资与事故结案前的歇工日和延续歇工日总和的乘积。

善后处理费：处理事故的事务性费用，现场抢救费用，清理现场费用，事故罚款和赔偿费用。

财产损失费：固定资产损失价值和流动资产损失价值。其中固定资产损失价值：对报废的固定资产，以固定资产净值减残值计算；对损坏的固定资产，以修复费用计算。流动资产损失价值：对原材料、燃料、辅助材料等均按账面值减去残值计算；对成品、半成品、在制品等均以企业实际成本减去残值计算。

(2) 间接经济损失包括停产和减产损失、工作损失、资源损失、新职工培训、环境污染处理及其他费用。

(3) 经济损失=直接经济损失+间接经济损失

四、事故调查分析

事故调查是对事故物证、事实材料、证人材料的搜集，以及相应的摄影、录像、绘图、制表等有关工作。事故调查应坚持实事求是的原则，运用科学的方法和手段，及时查明导致事故所有事实和细节，为事故分析、事故处理提供依据。

(一) 事故原点理论

1. 事故原点定义及其特征

事故原点就是由事故隐患转化为事故的具有初始性和突变性的特征，并与事故发展过程有直接因果联系的点。事故原点是构成事故的最初起点，如火灾事故的第一起火点，爆炸事故的第一起炸点。事故原点具有时间和空间的双重概念。

它对事故既表示某一时间，又表示空间的某一点，其特征有三方面。

(1) 突变性。事故原点是从事故隐患转化为事故的具有突变特征的点，没有突变特征的点不是事故原点。

(2) 初始性。事故原点是从事故隐患转化为事故的具有初始性的点，只有突变特征没有初始性的点不是事故原点。

(3) 具有直接因果联系。事故原点是在事故发展过程中与事故后果有直接因果联系的点，只有突变性和初始性特征，而与事故后果无直接因果联系的不是事故原点。

在任何事故中，事故原点只能有一个。事故原点不是事故原因，也不是责任分析，它们之间有严格的区别。

2. 事故原点理论在事故调查中的作用

事故原点理论是事故调查的基础理论，为事故调查提供了科学方法。在事故调查中，必须首先查清和验证事故原点的位置，然后才能对事故调查过程中的各个环节进行定性和定量分析。在比较简单的事故中，如冲床冲伤了手，发生事故的人—机接触部位就是事故的原点，也是事故的终点。这时事故原点理论，只起了和事故调查程序图相同的作用。但对比较复杂的事故来说，不首先查到事故原点，调查工作就无法深入下去。如果在未确定事故原点之前，就对事故原因作出结论，其结论必然是错误的，所采取的防范措施必然无针对性。因此，确定事故原点是事故调查过程中的关键问题。

3. 确定事故原点的方法

(1) 定义法。定义法就是用事故原点的定义，查证落实事故的最初起点。此法适用于事故发生、发展过程较明显，凭直观可基本确定事故原点和原因的事故。如机具伤害事故，油库设备损坏事故等。

(2) 逻辑推理法。逻辑推理法是用发生事故的生产过程的工艺条件，结合事故的发生、发展过程的因果关系进行逻辑推理。因为事故的原因与结果在时间上是先后相继的，后一个结果的原因就是前一个原因的结果，依次推导至终点，便可找出事故的原因。此法适用于事故过程不明显，而破坏性又比较复杂的事故。例如较大的着火爆炸事故等。

(3) 技术鉴定法。技术鉴定法是利用事故现场的大量物证进行综合分析，使事故的发生、发展过程逐步复原，将事故原点从中揭露出来。此法适用于极其复杂，而且造成重大损失的事故，例如重大爆炸火灾事故，根据实际工作经验，技术鉴定要查证被炸物承受面的痕迹、爆炸散落物的状态和层次、抛射物的方位和状态、人机损伤部位、现场遗留的痕迹等，还要与爆炸物理学、化学工艺学、物质燃烧理论、结构力学等结合进行工作。

（二）事故调查技术

事故调查技术是事故管理工作的基础。任何预防事故的措施，都必须以大量可靠的第一手原始调查材料为基础。如果事故原因不明，资料不全，计量的基础有严重误差，计算方法再好，也达不到预防事故的目的。因此，查明事故的准确原因极为重要。

危险因素的性质、能量、感度是构成事故的三个基本要素，管理缺陷是促使危险因素转化为事故的条件。对危险因素、管理缺陷的研究，必须占有大量的、科学的、完整的事故原始资料，再进行技术分析，才能把事故原因调查清楚。

1. 事故调查程序

油库事故的发生是由于油库工作违背了生产或作业过程的客观规律。但油库事故本身的发生、发展过程却有它必然的规律。因此，就具有查清事故的可能性。为查清事故，要求事故调查人员必须实事求是，根据事故现场的实际情况调查，按照物证作出结论；调查事故人员必须掌握调查技术，懂得油品性能、工艺条件、设备结构和性能、操作等方面技术。不论事故大小，都应按照事故调查程序进行，一般不宜省略或跨越。事故调查程序如图 10-11 所示。

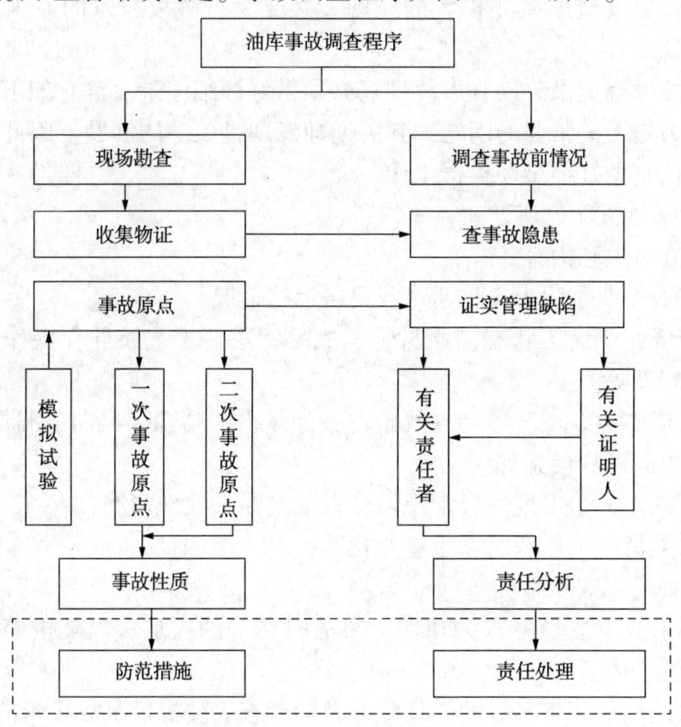

图 10-11 事故调查程序

2. 现场勘查的方法和步骤

事故现场是保持事故发生原始状态的场所，它包括事故所波及的范围及与事故有关联的场所。只有保持了原始状态，现场勘查工作才有实际意义。拍摄、记录工作未进行完之前，事故现场不能废除或破坏，也不准开放。

(1) 勘查事故现场的目的有三：其一是查明事故造成的人员伤害、设备和建筑的破坏、防范措施的功能和破坏等情况；其二是发现或确定事故原点，收集事故原因的物证，以确定事故的发生、发展过程；其三是收集各种技术资料，为研究新的防范措施提供依据。

(2) 勘查现场的准备。首先是准备好勘查事故现场需要测绘用的工具、仪器、图纸、记录、资料，以及照相机或录像机设备，最好备有事故勘查箱。其次是事前培训好事故调查人员，以便在发生事故时能迅速进行勘查工作。

(3) 勘查事故的步骤。根据事故现场的实际情况，划定事故现场范围，制订勘查计划，并对事故现场全貌和重点部位进行摄影、测绘，有条件时进行录像。然后按调查程序，从事故现场中找出可供事故发生、发展的各种物证。首先应查证事故原点的位置，初步确定事故原点后，再查证事故原点处由事故隐患转化为事故的原因，以及造成事故扩大的原因。必要时对事故原点的原因进行模拟试验，加以验证。

(4) 事故勘查记录。勘查事故现场必须做好详细记录。常有如下的情况，在调查初期认为是无关紧要的问题，到后期却发现是关键的问题。因此，在勘查事故现场时应认真做好记录及拍摄工作。

3. 对事故前情况的调查

(1) 调查对象和内容。

① 生产或作业过程中人员活动及设备运行情况。

② 生产或作业进行状态，原材料、成品状态，工艺条件和操作情况，技术规定和管理制度等。

③ 生产或作业区域环境和自然条件，如雷击、晴雨、风向、温湿度、地震，以及其他有关的外界因素等。

④ 生产或作业中出现的异常现象，以及判断、处理情况。

⑤ 有关人员的工作态度及思想变化等。

(2) 调查的方式和时机。

① 凡与形成事故隐患有关和发生事故时在场的人员，以及报警者、目击者都在调查范围之内。

② 注意他们对调查事故的心理状态及向调查人员提供事故线索的态度。

③ 事故前情况调查应比现场勘查早进行一步。

④ 对负伤人员要抓紧时机调查，并核实负伤部位。

⑤ 查清死亡人员的伤痕部位、状态及致死原因。

⑥ 注意现场勘查与事故前调查互通情况，互相配合，提供线索和依据。

⑦ 调查中要注意用物证证实人证，用物证来揭示事故的事实真相，不被表面现象所迷惑。

(3) 调查结论必须以物证为基础，不能仅凭某些人的推理判断作结论。但人证材料不可缺少，有时一句话就能说明事故发生的关键，特别在事故刚出现时有关人员的证实材料较为真实，应充分注意最初个别谈话的材料。

(三) 事故原因分析

事故原因就是事故原点处危险因素转化为事故的激发条件和技术条件。危险因素转化为事故的技术条件是指物质本身的性质、能量、感度向事故转化的物理或化学变化；激发条件是指错误操作和外界条件促使危险因素转化为事故的作用。发生事故的直接原因可分为一次事故原因和二次事故原因。一般查证事故原因的方法有直观查证法、因果图示法、技术分析法和模拟试验。

1. 直观查证法

凡是能用事故原点定义法确定事故原点的事故，一般均可用直观查证法确定事故原因。此法适用于事故情况比较简单的事故。

2. 因果图示法

因果图示法是利用事故隐患转化为事故的因果关系来确定事故原因的方法。用因果图示法分析事故原因时，先要尽可能地把事故原点处危险因素转化为事故的所有条件，都罗列出来，再按因果关系画出因果图进行分析。

3. 技术分析法

既不能直观查证，又做不出因果图的事故，可用技术分析法查证事故原因。技术分析法是根据事故原点的技术状态，密切结合事故发生时产品、工艺、操作和设备运行情况，分析危险因素转化为事故的技术条件、管理缺陷，以及外界条件对事故原点所起的激发作用，从中找出事故原因。此法较为复杂，但查证疑难事故的原因，可获得满意的结果。

4. 模拟试验

在事故调查中，模拟试验是检验事故原点和事故原因的准确性的定量标准。因此，在判定事故原点和事故原因之后，宜根据事故的实际情况进行模拟试验，以得到进一步证实。如果物证、人证充分，事故原点和事故原因明显、肯定，调查人员认识一致，模拟试验可不做。

(四) 事故性质和责任分析

在事故原点和事故原因查清之后，就要对事故性质进行定性分析。事故性质一般分为责任事故、技术事故、责任技术事故、外方责任事故、行政事故、自然灾害六类。其中责任事故、技术事故、责任技术事故三类属油库业务事故，外方责任事故和自然灾害属灾害事故。无论是什么性质的事故，都应对事故隐患的形成原因进行全面分析，从中体现出人的责任，以便吸取教训。事故责任分析，就是追查事故原因的责任。在许多事故原因中，不但有操作者的责任，而且有组织者和指挥者的责任，甚至有设计者和施工者的责任。只有分清了责任，才能正确进行事故处理，吸取教训，制订防范措施，防止同类事故再次发生。

（五）事故过程分析

事故过程分析是针对一次事故，或者一类事故的发生、发展过程，从事故发生后留下的痕迹，查寻同事故发生有关的因素，分析各因素及其互相作用，找出导致事故发生的问题所在，订出有效的安全防范措施，防止同类事故再次发生。事故过程分析的方法有因果分析图、事件树分析图、事故树分析图等。

现将因果分析图法和事故树分析法介绍如下。

1. 因果分析图法

因果分析图又叫树枝图、鱼刺图、特性因素图。因果图顾名思义，就是寻找事故的各种原因，并从各种原因中确定主要原因。

（1）因果分析图的绘制。把事故有关人员组织起来，使每个人都充分发表自己对事故的看法，然后把各种意见按照相互关系加以归纳，用图 10-12 的形式表示出来。通常事故的发生可归纳为六类因素，即人、原料、设备、方法、计划、环境等六类因素。将各因素由大到小，由表及里，一层一层地寻找原因。再从这些大大小小的原因中，分析确定主要原因。然后采取具有针对性的有效防范措施，防止事故的发生。

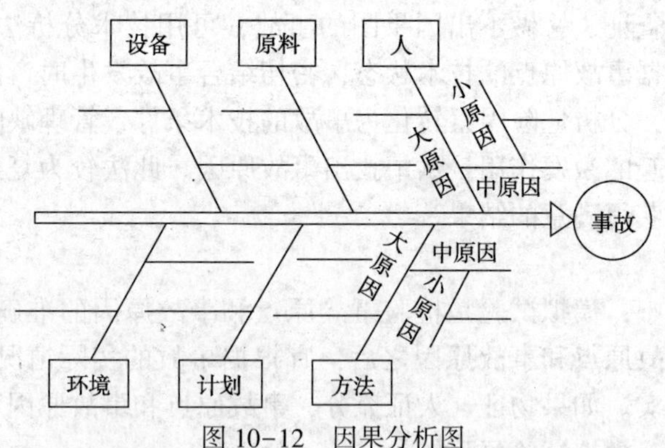

图 10-12　因果分析图

（2）绘制因果分析图应注意事项。因果分析图简单实用，用于已发生事故的原因分析。其特点是系统化、条理化，因果关系和层次分明。绘制因果分析图时，应注意以下各点：

① 查寻原因时要实事求是，防止罗列许多表面现象，不深入分析因果关系。

② 找出的各种原因有可能采取的措施，但防止事故的措施不能绘在图上。

③ 确定主要原因时，要充分讨论，集思广益，不轻易否定别人的意见。主要原因应是多数人的意见。只有这样绘制的因果分析图，才是一个完善全面的分析。

(3)举例分析。某洞库内的 1000m³ 油罐进油后发生跑油事故，处理跑油中油罐吸瘪。事故后经调查分析，其原因是多方面的。根据事故原点理论，油从油罐测量孔口溢出，油罐顶部是多处被吸瘪。从设备、操作、管理、指挥四个方面进行了分析，找出的原因是：接卸油时，没有测量罐内存油高度，进油超过了油罐规定的安全空容量，油温升高，体积膨胀而从测量孔溢出，同时呼吸管内也进油；油罐吸瘪是由于排放罐内超装油时，未清除呼吸管内存油，使罐内真空度超过规定值。图 10-13 是这次事故各种因素归纳的因果分析图。

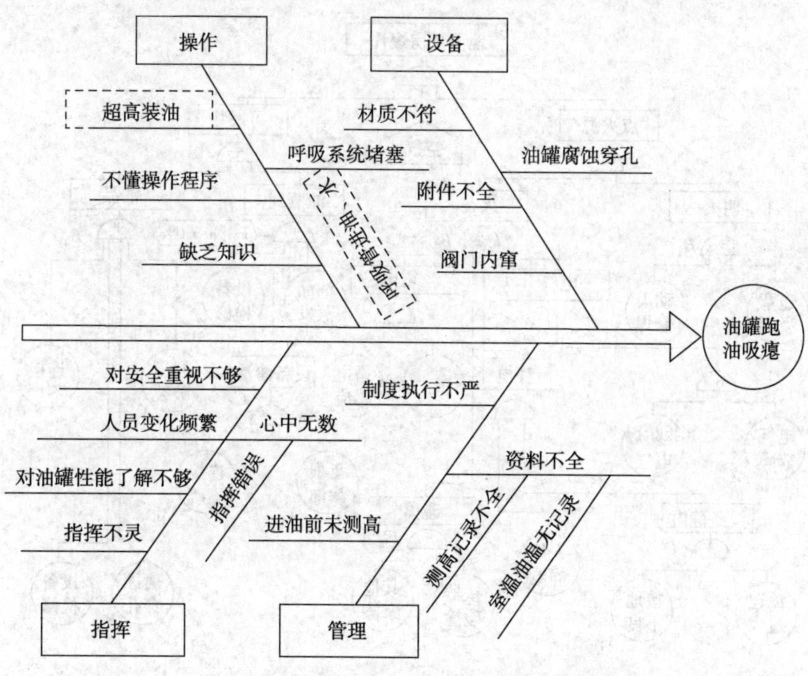

图 10-13 油罐跑油、吸瘪事故因果图

2. 事故树分析法

某油库地下油泵房发生爆炸。爆炸前，地下泵房 3 号汽油泵因机械密封漏油，爆炸前一天拆开检修，油泵轴下放了一个油盆，油泵内残油流入油盆。下班

时检修工作未完成，油盆内的汽油没有处理。第二天是星期天没有上班，第三天上班后，电工到配电室送电通风。送电启动风机时即发生爆炸，造成泵房内通风管、木门炸坏，配电室电器轻微烧损(仍可使用)。木门碎片沿地下泵房出入巷道拐了两道弯后飞出，散落在距巷口30m以外的地方；进风口水泥盖板掀翻至5m以外，风机入口处帆布柔性接头的压紧法兰拉脱。

该爆炸事故顶上事件是地下泵房爆炸，其直接原因是可燃物、空气、点火源三要素相遇引起爆炸。图10-14是地下泵房爆炸事故树分析图。

(1) 点火源可能有明火和火花两种。明火如吸烟、修理焊接等；火花如电气、静电、雷击、碰撞等。但这些都是规程、制度、工艺严加控制的因素。

(2) 在油库“收储发”场所都有油品，也有油蒸气散发。但对于油泵房来说，因油品在密闭工艺系统中输送，只有在设备故障或检修时可能发生油品失控，油蒸气散发。这次地下泵房爆炸就是因汽油泵检修，油盆内汽油蒸发形成爆炸性油气混合气体，充满地下泵房、风机室所致。

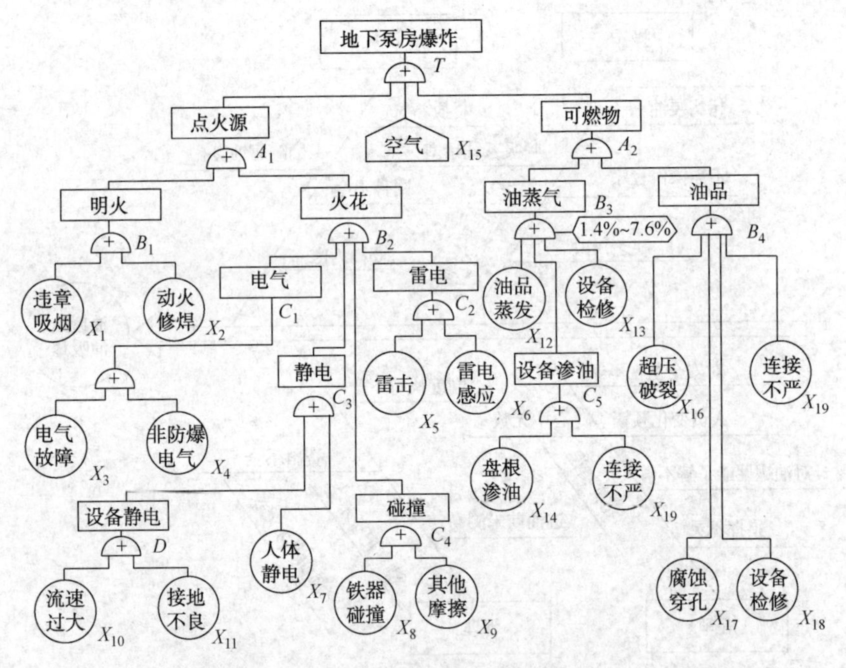

图10-14　地下泵房爆炸事故树分析图

(3) 基本因素在图10-14中有18个。导致顶上事件发生的这些基本因素的组合叫割集，而最小组合叫最小割集。事故树的最小割集指出了事故发生的途径。利用布尔代数计算，导致顶上事故可能发生的割集数为66组。即：

$\{X_1 \cdot X_{12\sim17} \cdot X_{18}\}$6组；$\{X_2 \cdot X_{12\sim17} \cdot X_{18}\}$6组；

$\{X_3 \cdot X_{12\sim17} \cdot X_{18}\}$6组；$\{X_4 \cdot X_{12\sim17} \cdot X_{18}\}$6组；

$\{X_5 \cdot X_{12\sim17} \cdot X_{18}\}$6组；$\{X_6 \cdot X_{12\sim17} \cdot X_{18}\}$6组；

$\{X_7 \cdot X_{12\sim17} \cdot X_{18}\}$6组；$\{X_8 \cdot X_{12\sim17} \cdot X_{18}\}$6组；

$\{X_9 \cdot X_{12\sim17} \cdot X_{18}\}$6组；$\{X_{10} \cdot X_{12\sim17} \cdot X_{18}\}$6组；

$\{X_{11} \cdot X_{12\sim17} \cdot X_{18}\}$6组。

根据爆炸事故现场遗留的痕迹分析，爆炸原点在风机室，当时无人，排除明火引爆的可能，即X_1、X_2可排除；经爆炸后检查，电气设备防爆等级和安装，符合场所爆炸要求，可剔除X_3、X_4；泵房导静电接地、跨接线完好，且没有输油作业，也无人，即X_7、X_{10}、X_{11}不能存在；天晴无云不会有雷电，X_4、X_6不存在。这就是说爆炸事故的点火源，只剩下碰撞产生火花这个因素了，即X_8、X_9两个因素了。爆炸后检查设备连接可靠，无锈蚀和渗漏，可燃物只能是盛装汽油的油盆和检拆油泵残油蒸发，即X_{12}、X_{13}。这样最小割集只有$\{X_8 \cdot X_{12} \cdot X_{18}\}$、$\{X_9 \cdot X_{12} \cdot X_{18}\}$、$\{X_8 \cdot X_{13} \cdot X_{18}\}$、$\{X_9 \cdot X_{13} \cdot X_{18}\}$4组，实际上只要找出$X_8$、$X_9$，原因就可查清。经在风机室查证，事故原点是拉脱的风管帆布柔性连接处的压紧法兰与风机螺栓碰撞，产生火花引爆可燃混合气体。事故原点是压紧法兰与风机螺栓碰撞点。

通过上述事故分析，油库引起着火爆炸事故的因素较多，各因素又交织在一起，用常规分析方法，容易陷入就事论事，只能找出个别、孤立的原因，深层的原因及其相互关系很难揭示清楚，就难以制订全面的预防对策。事故树分析的优点在于能深刻揭露引起事故的大量的、复杂的、交织在一起的原因及其因果关系和相互影响。从顶上事件开始，经中间事件，层层深入，追根求源，直到找到引起事故的初始原因。然后根据基本事件间的逻辑关系，运用数学模型，进行定性、定量分析，为预防事故提供可靠的依据。从而减少安全工作中的盲目性，增加主动性，有效地避免同类事故重演。

五、事故处理

事故处理是事故的善后工作，应认真做好，如果处理不好，不但对此次事故无益，而且对以后的安全工作也将产生不良影响。通过事故处理真正能起到对事故的肇事者和有关人员的教育作用，能从事故中吸取教训、改进工作、完善制度、改进操作、改造设备，避免同类事故再现。因此，对事故的处理坚持三不放过的原则，即原因分析不清不放过、事故责任者和群众没有受到教育不放过、没有防范措施不放过。

（一）事故处理原则

在事故处理上既要严肃认真，又要实事求是谨慎行事；坚持有法必依、执法必严、违法必究，以及“惩前毖后，治病救人”的原则，真正达到既教育本人，又教育群众。

（1）对不正确的认识必须予以纠正和批评。有的单位不能正确对待事故，常常对事故隐瞒不报，或大事化小，小事化了。其表现是个人的责任、管理的失误、领导的渎职统统说成自然灾害，或把责任事故说成技术事故，或以组织的名义把责任包下来，力图掩盖事情的本质，回避对肇事者的追究。有的出现重大事故找英雄，开抢险救灾表彰会，事故的处理就在锣鼓声中结束。把这种不正常现象说成是“坏事变成了好事”，在“事故处理中积了德，留下了好人员”。有的甚至在事故发生后召开的事故分析会上，搞所谓的“统一认识、统一观点、统一说法”，实际为事故调查设置障碍，为肇事者开脱责任。这些都必须予以纠正，甚至要以犯罪论处。

（2）凡是事故都应该认真处理，如果小事故不认真处理就可能酿成大事故或造成灾害，小事故原因找不清，就可能是形成大事故的原因，所以查处事故将有利于堵塞一切漏洞，预防事故再现。

（3）事故责任者的处理应根据造成事故的原因，情节轻重、损失的大小，进行必要的批评教育，行政处分。对那些造成重大后果构成犯罪的违章作业、违章指挥，应按规定追究刑事责任。在确定重大责任事故罪时，应与人为破坏、自然灾害、技术事故、科学试验失败等加以区别，以划清罪与非罪、犯罪与违法的界限。只有对那些给国家造成严重损失的当事人和严重渎职者，给予应有的处罚，才能真正达到事故处理的目的。

（4）加强法治观念，强化安全管理工作。通过事故处理，积极宣传规章也是法，违规就是违法。与此同时，还应大力推行群众、行政、国家监督的三级安全管理机制。

另外，也应推行安全奖励制度，对那些从事安全工作、消除隐患、积极抗灾的先进单位和个人实施有效的奖励，也是推动安全工作的好方法。

（二）业务事故调查和等级裁定权限

拟定为一、二、三等业务事故的由行业主管部门组织调查并裁定等级；拟定为四等业务事故的由油库直接上级组织调查并裁定等级；拟定为等外业务事故的由油库组织调查。上级部门有权对下级单位的调查报告裁定等级，进行重新调查并裁定等级。

属于行政事故的由油库上级行政部门组织调查并裁定等级；属于外方责任事故的会同当地政府部门组织调查，重大外方事故应有油库上级领导部门参加；属

于交通事故的由当地公安部门裁决处理。

（三）事故报告要求

油库必须建立健全事故报告制度，以便上级业务部门了解情况、掌握动态，作为研究分析油库事故规律的资料，为安全教育、安全检查，以及有目标地加强安全建设提供依据。

（1）油库事故发生后，应逐级上报(紧急情况可越级上报)，其中发生一、二等事故的，应在24h内用电话等快速方法，将事故主要情况逐级上报到行业主管部门；发生三、四等事故3天内，等外事故7天内，向上级机关报告主要情况。

油库行政事故按有关规定逐级上报行政部门的同时，抄报业务部门；油库不得隐瞒、迟报事故，如发现有隐瞒、迟报者，对责任人视情节予以追究。

（2）发生事故后，应立即采取抢救措施，重大事故应立即组成以库领导为首的现场指挥部，组织指挥抢救。抢救过程中应当采取正确措施，防止扩大蔓延，减少人员伤亡和事故损失，并尽最大可能保护现场。事故失控或凭油库力量无法扑救时，应当立即电请上级支援；事故有蔓延倾向时，应当向可能遭受影响的地区发出报警信号。

（3）事故报告填报要求。为加强事故管理和资料处理，事故调查报告除文字报告应包括时间地点、现场情况、事故经过、经验教训、防范措施，以及必要的事故现场图，数据表格和技术鉴定报告等，并按规定的格式和内容填表，表格内容主要包括：事故单位、事故时间(年月日，星期几)、地点场所(储存区、收发油作业区、生活区车辆或管线输送油、其他)、气温、事故等级(一、二、三、四等和等外)、事故类型(着火爆炸、跑油、油品变质、设备损坏、人身伤亡)、事故性质(责任、技术、责任技术、外方责任、自然灾害、行政事故)、事故原因、发生经过、吸取教训和防范措施、经济损失、事故处理等。其表格见表10-17。

（4）事故损失计算。人身伤亡按GB 6441—1986《企业职工伤亡事故分类》规定的伤亡方式和分类标准确定；事故损失按GB 6721—1986《企业职工伤亡事故经济损失统计标准》执行；火灾爆炸事故按GA 185—2014《火灾损失统计方法》计算。

（四）事故档案要求

事故档案用于研究事故规律，指导油库安全防事故工作。事故档案主要包括：

（1）事故报告和批复文件。

（2）油库事故调查报告和事故报告表。

（3）现场调查记录、图纸、照片和录像(音)磁带。

（4）技术鉴定或试验报告。

(5) 人证、物证材料。

(6) 医疗部门对伤亡人员的第一张诊断书和病历复印件。

(7) 发生事故时的工艺条件，操作情况和设计资料。

(8) 直接和间接经济损失计算资料。

(9) 处分决定和受处分人员的检查材料。

(10) 有关事故通报、简报文件。

(11) 事故调查报告及调查人员姓名、单位、职务。

(12) 事故现场会参加单位主要负责人姓名、职务。

表 10-17　油库事故报告表

填表时间：　年　月　日　　　　编号：

<table>
<tr><td>单　位</td><td colspan="3"></td></tr>
<tr><td>地点</td><td colspan="3"></td></tr>
<tr><td>时间</td><td></td><td>气温</td><td></td></tr>
<tr><td>事故性质</td><td></td><td>事故等级</td><td></td></tr>
<tr><td colspan="4">事故经过：</td></tr>
<tr><td colspan="4">事故损失：</td></tr>
<tr><td colspan="4">主要经验教训：</td></tr>
<tr><td colspan="4">主要防范措施：

主任：　　政委：</td></tr>
<tr><td colspan="4">公司意见：

(盖章)　年　月　日</td></tr>
<tr><td colspan="4">总公司意见：

(盖章)　年　月　日</td></tr>
</table>

第十一章　油库安全文化建设

安全文化教育是一个长期的、艰巨的系统工程，需要社会和单位共同努力，经过不懈而艰苦的教化和养成，才能达到与社会发展相适应的、单位所需的安全文化水平。

第一节　概　述

正确理解安全文化这个概念，应从两方面入手：一是弄清文化是怎么回事，二是明白什么是安全，特别是安全与人的关系。

一、文化的内涵

现代汉语中的“文化”一词，源于拉丁文的“culture”，其义是指由人为的耕作培养、教育而发展出来的东西，是与自然存在的事物相对而言的。最早把文化作为基本概念引入社会学中的是19世纪英国文化人类学家爱德华·泰勒。在1871年出版的《原始社会》一书中，对文化作了这样的描述性定义：文化是一种复杂体，它包括知识、信仰、艺术、道德、法律、风俗，以及其他从社会上学得的能力与习惯。从此之后，随着人类学、社会学、民族学、心理学的发展，“文化”逐渐成为这些学科的一个共同的重要范畴。围绕着文化的含义和内容的问题也开展了种种讨论，至今未绝。有人偏重文化的观念属性，把文化界定为观念流或观念丛；有人倾向于文化的社会规范作用把文化视作不同人类群体的生活方式，或者共同遵守的行为模式。

文化一词在汉语中含义是很全面的，《辞海》中对文化有三条注释，其一从广义来说，指人类社会历史阶段实践过程中所创造的物质财富和精神财富的总和。从狭义来说，指社会的意识形态，以及与之相适应的制度和组织机构；其二是泛指一般知识，包括语文知识在内；其三是“指中国古代封建王朝所施的文治教化的总称”。

二、安全的内涵

安全是人们最常用的词语之一，在现代社会了解其内涵具有重要的指导意义。

“安全”二字，通常是指各种事物(指天然的或人为的)对人不会产生危害、不会导致危险、不会产生损失、不会发生事故，正常运行、进展顺利等安顺祥和、国泰民安之意。总之，安全是指人的身体不受伤害，心里有保障感，太平、圆满等意义。

从对“安全”一词各种互相联系含义分析，可以认为其本质性的内涵，是从人的身心需要的角度(或着眼点)提出来的，是针对与人的身心存在状态(包括健康状况)直接或间接“相关事或者物”来说的。这里所指“相关的事或者物”的外延，包括人的躯体和心理存在状态，也包括造成这种存在状态的各种外界客观事物的保障条件。人的躯体和心理存在状态的着眼点是在外界客观事物(或称环境因素)作用下的存在状态。如果只是单纯着眼于人体自身的话，它属于医学的讨论范畴，医学界定时所使用的词语为“健康”。

随着认识的不断加深，人们对安全一词的理解已不再停留在望文生义的字面上，而是从概念的本质上去认识它的内涵。例如人们发现，安全不仅是大家所希望出现的一种好状态，而且应该是一种积极的能力，是管理风险，或是对普遍存在于人们周围的，对人的利益产生威胁因素的控制能力。所以，安全可以概括为“无危则安，无损则全”，具有多种内涵，主要表现在六个方面。

(1) 人所处环境。人所处的环境是可以通过人的感观、见识和知觉来检测的，或通过人所积累的安全经验和知识作比较判断，或借以自然现象或科学仪表、设备来反映预示是否安全。

(2) 人对安全的态度。人对待安全应具有严肃、认真、警惕、预防的态度；具有超前、主动、积极的态度；具有科学的、自律的态度。有了正确意识和科学的态度，人才会主动地采取保障安全的行动，才能牢固地树立“安全为大”“安全第一，预防为主”的观点。

(3) 人对安全的预见性。人对待安全必须要有预见性，要从长计议，防患于未然，必须使人们熟悉安全知识，精通安全技能，具有救灾应急本领；人要不断地创造和维护保障人从事任何活动的身心安全与健康的环境和条件，形成一种和谐、协调、舒适、高效、健康的生产、生活、生存的安全大环境。

(4) 对人的安全教育。安全是通过对人的教育、训练、培养、熏陶，使人懂得安全知识，掌握安全技能，树立安全意识，养成安全思维习惯，形成安全的道德观、价值观和行为规范。通过各种教育形式和手段，传播安全知识和技术，倡导、弘扬、优化安全文化，提高全民安全文化素质；通过安全文化来深刻影响人、教育人、启迪人、造就人，以社会文明和科技进步的标准来塑造新时代的安全观，塑造新时代的安全人。

(5) 安全信息的作用。人要充分利用安全信息的交流和反馈，通过周密的计划和科学的安排，做到合理高效、安全运转，依靠建立可靠的预警系统，采取保障安全的应急防损措施，借以现代通信技术和计算机技术，处理各方面的信息并做出正确判断，提供科学的决策，并建立完善的安全系统工程，以保障人的身心安全与健康。

(6) 人的安全目标。安全是全人类的最崇高目标，是人类的共同利益所在。人人需要安全，安全与每个人紧密相关，安全是全员的大事。社会稳定、国家昌盛、世界和平都依赖于安全。安全需要大众来创造、奉献，安全要从每个人做起，提高全人类安全文化素质，共建安全文化。安全是各国人民生存和人权的基本需求，是人类发展、社会文明永恒探索的主题。

实现安全是一项巨大的系统工程，也是人类最崇高的伟业，安全的时代性和安全标准的相对性是人类进步、社会文明在各个历史时期对安全需求的标志，也是安全文化不断丰富和发展的过程。

三、安全文化的内涵

一直以来，人们对安全文化众说纷纭，莫衷一是，归纳起来，安全文化有四类，即“本体说”“关系说”“狭义说”和“广义说”。

(1) 本体说。本体说认为安全劳动创造人。安全只存在于人的世界、人的生存与发展之中，绝不是独立于人类社会之外的抽象事物，也不是发自生物体本能的条件反射，而是社会人的一种自觉追求，是人类文化系统的构成元素。准确地说，安全是一种元文化，即人类最初脱离动物状态时首批创造的文化之一。

同文化一样，给安全文化下定义，自然也就成了一个需要不断探索的难题。国内首倡安全文化的学者，至今仍以发展的眼光和认真的态度十分冷静而客观地对待这个问题。

第一，安全是一种元文化，是人类最初脱离动物状态时首批创造的文化。安全文化是人类自觉之为的产物，是追求安全和获得安全的结果。

第二，安全文化散见于人类活动的各个领域，存在于社会生活的方方面面，它涉及自然科学和社会科学诸学科，为安全世界观和方法论的形成提供孕育的胚胎，它既具有历史的继承性，又具有鲜明的时代感，大有挖掘、弘扬、发展之必要。

第三，当代社会，安全是生产的灵魂，安全生产的灵魂源自安全文化。大力倡导和弘扬安全文化，是做好各行各业生产安全工作的基础。

(2) 关系说。关系说认为安全文化不过是“安全”与“文化”两个词语意义的简单相加，根本没有有价值的内涵值得探索。因为许多文化教育的做法对安全生产有奇效，例如为了促进安全生产所开展的文艺演出、演讲比赛、小黄帽(交警)、安全生产万里行、安全生产月(周)活动等。正是这种关系的客观存在，才使安全文化的倡导者有了主张此事的理由。

(3) 狭义说和广义说。狭义说和广义说同属于本体说的范畴，二者都承认安全是一种文化，只是对这一文化所寓居的时空范围有不同看法。人们在安全文化的认识上长期存在的分歧都集中于此点。这一分歧又引出了割断历史的“静止论”和孤立地看问题的“局部说”等观点。

第二节　油库安全文化的范畴、系统和结构

一、油库安全文化的范畴

油库安全文化主要涉及油库生产经营活动中员工(包括决策层、管理层和操作层)、生产资料、生产对象、生产管理及社会文明等，保障人的身心安全和健康，预防、减少或消除生产事故和意外灾害，建立不伤、不死、无危、无损的安全生产活动领域及作业环境等，这些都属于油库安全文化活动的范畴。主要集中于控制操作生产人员和用来进行生产的物质(自然物和人造物)上。

二、油库安全文化的系统

油库安全文化系统分为三个分系统，也可以说是三个层次，上层是安全哲学层次，中层是安全社会学层次，底层是安全技术层次，见图 11-1。

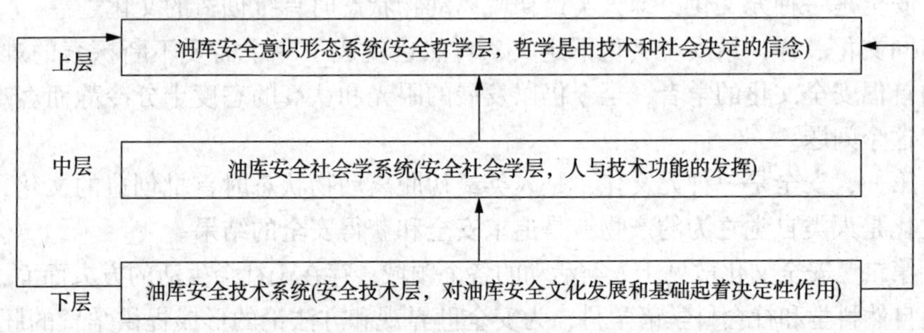

图 11-1　油库安全文化系统层次框图

(一) 油库安全文化的技术系统

油库安全文化的技术系统是物质的、机械的、物理的和化学的工具、设备、设施、仪器仪表、材料及使用这些物质和技术所构成的安全技术系统，油库依靠技术系统保障油库员工在生产经营过程中安全的从事生产和经营活动。

(二) 油库安全文化的社会学系统

油库安全文化的社会学系统是由生产经营活动中的人际关系构成的，以个人与集体的安全行为和效益方式来体现，包含社会关系、亲缘关系、经济关系、伦

理关系、政治关系、宗教关系、职业关系、娱乐关系等。它体现了通过人的社会关系及人际关系，以人文及文化的功能更好地发挥安全技术的功能。

（三）油库安全文化的意识形态系统

油库安全文化的意识形态系统是由油库员工的思想、信仰、知识而构成。它用语言、符号及思维形式表现，通常表现于传说、文学、科学、习俗、风尚，以及伦理道德标准之中。安全观念形态或哲学系统是信念的体系。人类的经验通过这一体系得到解决，但社会经验和解释也受到技术力量的强力约束。

三、油库安全文化的结构

油库安全文化由油库物质安全文化、制度安全文化、价值规范安全文化、精神安全文化四部分组成。油库安全文化的结构框架见图 11-2。

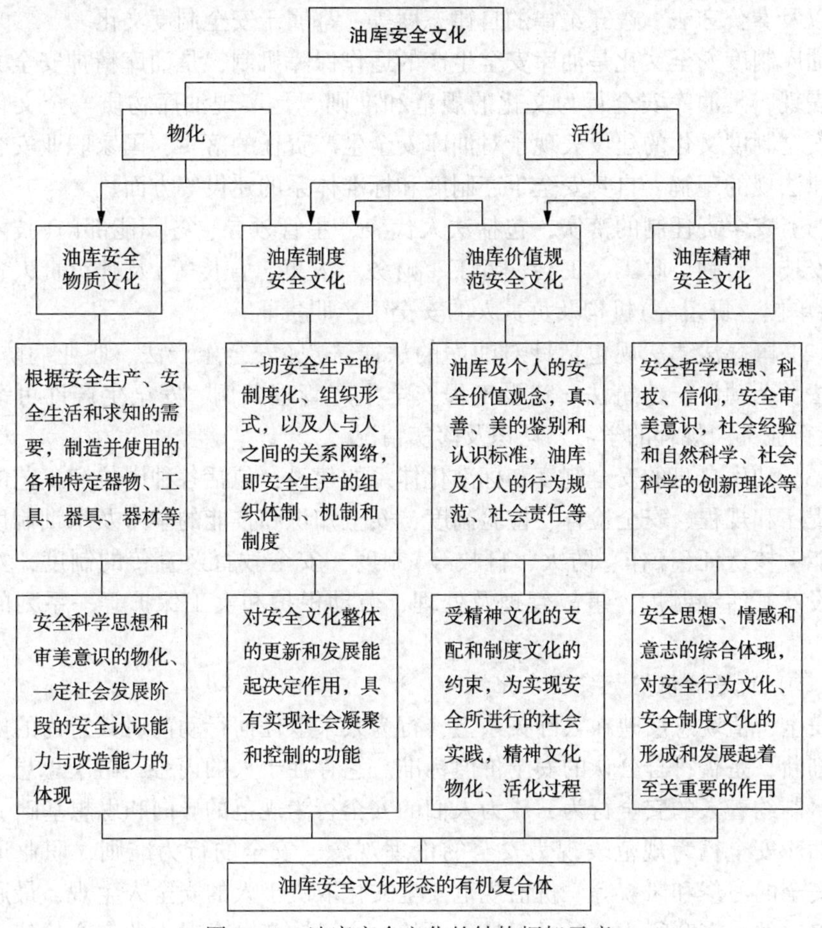

图 11-2 油库安全文化的结构框架示意

（一）油库物质安全文化

油库物质安全文化是指生产经营活动中使用的保护员工身心健康与安全的工具、原料、设备、设施、工艺、仪器仪表、护品护具等安全器物。例如库区道路和围墙(刺网)、油罐区安全防护系统、油库自动报警系统、油罐呼吸系统、防爆电气系统、电气化铁路专用线安全防护系统、油库通风系统、油库防静电系统、油库防雷电系统、油库接地系统、油库安全消防系统，发给个人防护器具等，乃至保护人们的衣食住行、娱乐休闲安全需用的一切物件用品，都属于油库物质安全文化。

（二）油库制度安全文化

油库为使生产经营活动安全地进行，长期执行、完善保障人和物安全而形成的各种安全规章制度、操作规程、防范措施、安全宣教培训制度、安全管理责任制，以及奉公守法、遵守纪律的自律态度等，都属于安全制度文化。

油库制度安全文化是油库安全生产的运作保障机制，是油库精神安全文化的外在表现，是油库安全行为文化的规范和准则，是实现油库物质安全文化的依据。安全制度文化的建设表现于对油库安全生产责任的落实，国家职业安全与卫生法律法规的理解，自身安全生产制度和标准体系的建设等方面。

(1) 安全责任制的落实，包括法人代表、主管领导、各职能部门(技术、行政、安技、后勤、政工、工会、青工、财务、人事、宣传等)及其负责人、各级(基层单位、班组等)机构及负责人的安全生产职责。

(2) 国家法律法规包括针对油库的法律法规(安全生产法、职业病防治法、消防法、劳动法、建筑法、建设工程安全生产管理条例、安全生产许可证条例等)及行业部门规程的学习、认识及落实情况。

(3) 油库自身的安全制度和标准化体系的建设，包括各种岗位和工艺的安全操作程序和规程、安全检查、检验制度，安全知识和技能的学习及培训制度。安全技能考核认证(操作、防火、自救等)制度，安全教育及宣传的制度，安全班组建设及其活动制度，事故管理及处理、劳动保护和女工保护等一系列的制度建设。

（三）油库价值规范安全文化

安全价值观念反映在人际关系上，行为人采取任何行动前对其行为的安全审视和判断，是否符合公认的安全价值标准。它存在于人的内心，溶于思想、引导思维，制约着人的安全行为，成为人们的安全行为规范的导向和思想基础。

油库安全行为规范表现为安全的伦理观念、安全的行为准则、职业道德标准、安全的习俗和风貌等。价值规范安全文化取决于人的安全人生观，最顽固地影响着人的心态和行为，是最不易变更的。一旦改变，会对人的安全价值，人的安全行为产生巨大的影响或产生质的飞跃。

有的学者把油库安全行为文化与属于精神层的安全价值观和属于制度层的行为规范混在一起，认为油库安全价值是一种或明或隐的观念。这种观念制约着人在生产实践活动中的一切选择，一切愿望及行为的方法和目标。所谓价值观念，就是人们对什么是真的和什么是假的鉴定认识，对什么是好的和什么是坏的鉴定功用，对善与恶的鉴定行为，对美与丑的鉴定形式等问题所做出的判断，是采取行动，发生行为后果的判断依据。

实际上，从事安全文化事业或进行安全生产活动，都是在安全观念文化的支配下，以人为善，是保护人、爱护人、关心人、尊重人，使生产经营活动的价值与人的自身价值达到统一的结界，也是为他人、为油库、为社会奉献爱的工作。油库员工的安全价值观应是以美、好、真、善为准绳的，是全体员工的、社会的、最讲安全伦理道德的，又为公众所接受的安全行为规范和标准，是先进的大众安全文化的体现。

行为安全文化分为个人行为和集体行为两种。个人行为就是人们常说的自我保护；集体行为就是政府、社区或单位为达安全的目的所开展的一切活动，如安全培训、安全检查、安全评估、安全制度的编写、安全法律的制定、安全文艺演出、安全管理学术研讨、安全电视电话会议等。

油库安全文化的形成和发展都是通过集体认同的价值观念，把各种不同的个人信念和心态综合于一个整体、一个目标、一个方向，才能发生深刻的、革命的变化。因此，油库安全价值及行为规范层被认为是它所属的文化系统的特质和核心。

（四）油库精神安全文化

油库精神安全文化包括安全哲学思想、安全意识形态、安全思维方法、安全生产心理素质；安全生产心态与环境、油库安全风貌、油库安全形象、工业安全科技水平、油库安全管理理论、安全生产机制、安全文明氛围，还包括安全审美意识(安全美学)，安全文学、艺术，包含自然科学的、社会科学的安全科学理论等。例如，安全法学、安全经济学、安全心理学、安全人机工程学、安全管理学等。油库精神安全文化从本质上看，它是油库员工的安全文明生产及经营活动的思想、情感和意志的综合表现，是员工在外部客观世界和自身内心世界对安全的认识能力与辨识结果的真实体现。精神安全文化是油库员工长期实践形成的心理和思维的产物。反映在对“安全第一，预防为主”方针的贯彻，对安全法规和油库安全规章制度执行的态度和自觉性上；反映在油库的安全形象的塑造、安全目标追求和油库员工的安全意识、安全素质上；反映在安全生产的全过程，保障安全操作和安全产品的质量上；反映在关心油库、关心集体、关心他人的安全态度和风貌上；反映在自觉学习安全技能，自救互救的应急训练的热情，以及对油库安全承诺和承担维护安全的义务和行动上。油库精神安全文化在社会群体的文化行为中，以及在油库生产经营活动中占有至关重要的地位。

第三节　油库安全文化建设目标与特点

油库安全文化建设的目标是增强油库全体员工的安全意识，提高安全素质，实现员工、油库及社会对安全的需求，在倡导“以人为本、关心人、爱护人”的基础上，把“安全第一”作为油库生产经营活动的首要价值取向，形成浓厚的安全氛围。油库安全文化建设的功能是安全知识的教育和普及，安全法律法规和各项标准的健全，安全生产政令畅通，安全技术咨询方便，安全操作合格达标，安全预警预报系统灵敏好用，意外事故应急预案切实有效。由于安全文化是传统的硬性管理的一种补充，在油库倡导和推广，员工易于接受，使员工自身所需的安全真正成为其主观需要。这样，工伤事故就会大大减少，即使偶尔发生事故，其由主观因素所致的“三违”比例也会大减，伤亡和损失也会降到最低程度。

油库安全文化是安全文化的组成部分，具有安全文化的基本特征，蕴含着油库生产经营活动所追求的安全、质量、效益。安全生产、文明生产就是以油库安全文化为基础提出的目标，是安全文化内在动力的一种外化表现。因此，弄清安全文化的内容、范畴及特征是十分必要的。概括地说，安全文化有如下五个特征。

一、“以人为本”是安全文化的本质特征

安全文化基本特征是“以人为本，以保护自己和他人的健康与安全为宗旨”。这就是弘扬和倡导安全文化，要强调“安全第一”，提倡关心人、爱护人，注重通过多种宣传教育方式来提高员工的安全意识，做到尊重人的生命、保护人的身心健康与安全的根本所在。对于油库这个高危行业，倡导安全文化意义尤为重大。如果一个人疏忽大意或违章操作，就有可能引发恶性事故，轻则危及油库内部，重则危及周边环境。如2001年9月1日，某石油公司油库因溢油发生爆炸着火，烧毁8座400m^3油罐及1000m^2库房，死亡1人，受伤8人，直接财产损失285万元，就是一起典型责任事故。这就提醒油库工作者，安全是一切行为不能省略的前提、不能或缺的基础。因而，建立互相尊重、互相信任、互助互爱、自保互保的人际关系和油库与周边的安全联保网络，使全体员工在“安全第一”的思想指导下，从心理、意识、道德、行为规范及精神追求上形成一个整体，从而达到班组、基层单位，乃至全库的协调一致，这必然促进油库内聚力的增强和外

部公共关系的改善，有益于油库的长远发展。

二、安全文化具有一定的超前性

安全文化注重预防预测，未雨绸缪，居安思危，防患未然。“凡事预则立，不预则废。”可见古人很注重预测预防。两千多年前的《周易》就是一本预测预防学大全。现代安全防灾理论之“风险论”，承认风险的客观现实性和主观预防性；“控制论”强调现代控制技术对预防事故的作用；“系统论”研究系统安全工程和综合对策，提倡“本质安全化”；“安全相对论”重视安全标准和安全技术措施的时效性等，都以预防预测为重点。国家要求对新、改、扩建工程实行“三同时”评审，对产品、设备实行安全性评价，对油库进行安全评价，对重大危险源的评估，实施工伤保险、防损风险评估，都是从本质上消除事故隐患，为使用者提供安全优质的产品和工程。

三、安全文化具有相当的经验性

安全文化包括事故调查技术的经验教训的积累。毋庸置疑是安全文化的重要内容之一，对各种事故的调查分析，总结教训并研究事故发生发展的规律，以便采取相应的防范措施，杜绝类似事故重复发生，“亡羊而补牢，未为迟也”“前车覆，后车鉴。”这为安全文化的这一属性奠定了思想基础。油库应当重视本行业和相关行业事故资料的积累，运用典型事故教育员工。

四、安全文化具有鲜明的目的性

安全文化既保护人身安全，也保护财产安全，从而对经济发展起到保障作用。随着社会主义市场经济体制的建立，行政管理手段更多地让位于经济手段和法律手段，安全工作领域拓宽到防灾防损的经济领域，开始注重对经济发展的保障作用。近年来，我国每年因意外事故死亡 13 万多人，全国每年职业病患者约 70 万人；意外伤亡事故(不含自然灾害)和职业病造成的经济损失高达年 GDP 的 2. 5%，相当于 2500 亿元人民币。如此巨大的经济利益必然成为安全科技界许多学者研究的热门学科之一。这就是说油库安全文化建设也应有明确的保护人和经济发展的目的。

五、安全文化具有广泛的社会性

自然界存在着飓风、暴雨、雷电、地震、洪水、泥石流等灾害，预防灾害是人类的共同课题。社会生活中(即非生产领域)无处没有安全问题，许多人为的非故意伤害(与社会治安相对)成了当前十分突出的公共安全问题。既说明了安全问题无处不在，也说明了安全文化的广涉性。联合国开发计划署曾在向联合国大会提交的一份“人类发展报告”中阐明，只有当人们在日常生活中有了安全感，世界才能享有和平。这份报告提出人类安全的新概念，即“人类安全”应视为一切国家发展战略、国际合作和全球管理的基础。这个新概念不仅包括人身安全，而且还包括政治安全、社会安全、经济安全、环境安全等方面，即保障人们日常生活的安全感。安全问题渗透在人类社会的各个层面，分布在人类活动的所有空间，体现在生存环境的各个领域。因而，以解决安全问题为己任、以创造和谐文明的休闲环境和工作环境为目的的安全文化具有最广泛的社会性，当然油库也包括在其中。

第四节　油库安全文化的机制

通过油库安全文化的实践活动来保障安全文明生产，保护生产力，发展生产力，优质增产，取得更大的效益，必须形成有效的油库安全文化运行机制，充分发挥其作用，达到预期的安全生产经营指标。油库安全文化机制，就是确立油库安全文化建设的目标及实现目标的途径。目标确定之后，关键在于决策体制、制度建设、管理方法和员工的实际响应。

油库安全文化建设的目标是增强油库安全意识，提高全体员工的安全素质，实现对群体、对油库、对社会的安全需求，在提倡“以人为本、珍惜生命，关心人、爱护人”的基础上，把“安全第一”作为油库生产经营的首要价值取向，形成强大的安全文化氛围，使油库的安全知识教育普及，安全管理制度健全，安全生产政令畅通，安全信息反馈及时，安全操作规范达标，安全预警预报系统灵敏可靠，意外事故应急处理迅速有效。这样，事故就会大大减少，或将事故损失降到最低程度。为达到上述目的，必须做到以下四点。

一、在决策层中建立起“安全第一，预防为主”的机制

在决策层中建立起“安全第一，预防为主”的机制，并贯彻于一切生产经营活动之中。用制度安全文化要求油库的“一把手”真正负起“安全生产第一责任人”的责任，在计划、布置、检查、总结、评比生产经营工作时，必须有落实安全工作的考核指标；在安全生产问题上正确运用决定权、否决权、协调权、奖惩权；在机构、人员、资金、执法上为安全生产提供保障条件。各单位主管领导必须各司其职，本着“谁主管、谁负责”的原则，抓好其业务领域的安全工作。

二、进行安全文化制度建设

完善和健全安全文化宣传教育制度，各级安全生产职责，安全生产技术规程

等。弘扬和倡导安全文化，从全员抓起，讲科学、求实效。

三、达到安全文化建设的目标，要讲究工作方法

采用员工喜闻乐见的形式，有目的、有计划地组织开展安全文化宣传、教育、培训、实践活动。利用广播、电视、图书、报刊、黑板报、宣传栏、文艺会演、专题讲座、培训班、研讨会、表演会、安全技能竞赛等多种形式，宣传安全文化的知识、讲授安全科学技术、推广安全技术的先进成果、传播应急处理办法和自救互救等技能，使广大员工及其家属从多渠道、多层次、多方面受到安全文化的影响和熏陶。

四、强调员工的实际响应行动

油库安全文化建设必须靠全员努力，其动力和基础是全员，即决策层、管理层和操作层都要实现各自的要求和目标，只有大多数员工都接受，学会和掌握了油库对安全文化的要求，并在生产实践活动中有实效，才算达到了预期的安全文化建设目标。

第五节　油库安全文化的核心与员工素质

油库安全文化包括安全的物质文化、行为文化、制度文化和精神文化。除按人的需求，创造发明物化的安全科学技术外，油库安全文化的灵魂和主体就是人(员工)。人的安全意识、安全素质决定了油库安全文化的水平和发展方向。油库安全文化，不仅把员工看成是有温饱需求的自然人，抑或是“经济人”，更把员工视为有情感、心理、精神等方面需求的社会人。人是生产系统的主体，是管理的核心，油库安全文化是以人为中心的“灵性管理”的基础，是以人为本的柔性管理理论的自然依据，油库安全文化融合了管理文化的灵魂，突出和倾注对员工的“爱”和“护”。油库员工在自己创造的油库安全文化氛围中开展活动，并与油库的经济活动紧密相连，员工的思想意识、价值取向、精神面貌、心理素质、经营理念、审美观点等都反映了油库安全文化的水平，要把油库安全文化建设推向更高阶段，必须对油库员工各层次有严格的要求，不同阶段、不同时期要达到相应的安全文化素质。

一、油库决策层的安全文化素质

油库除了追求购售量和经营利润外，还有促进社会物质文明和精神文明进步等多方面的责任，这就要求油库决策层具有较高的政治思想觉悟、丰富的法律知

识、很好的文化修养、非凡的油库管理才能、健康的心理和身体素质。此外，还需要具备较高的安全文化素养，将安全责任贯穿于生产经营决策和组织管理全过程中。这不仅有利于本油库的生产安全，而且有利于使本油库的油品具有可靠的质量，确保消费者满意地、放心地使用，必将促进油库的兴旺发达。

（一）法人代表的安全文化素质

油库法人代表的安全文化，也可称为“油库家”安全文化或决策者安全文化。法人代表是油库的“一把手”，是安全生产的第一责任人，对油库的安全生产负有全权责任。因此，油库安全文化的建设是其主要任务之一，就是使油库法人代表具有很高的安全文化素质。法人代表的安全文化素质，除了必须具备决策人员的所有素质外，还应具备以下几方面的素质。

（1）对“安全第一”“人命关天”“劳动保护”观点的认识和理解，对“安全第一，预防为主”方针及劳动安全卫生的法律、法规、条例、技术标准的贯彻与执行的态度和实施的力度。

（2）依法建立和完善各级安全生产责任制，并将安全生产责任制落实到位；对安全与生产的关系有正确的认识和理解；建立和完善油库安全管理的规章制度和相应的决策程序。

（3）对员工生命与健康有良好的情感和积极的态度，对油库安全生产在人力、物力、财力及作业环境方面的投入决策果断。

（4）不断提高安全文化素质。一方面要提高基本的安全科技文化知识；另一方面要通过学习，掌握安全生产的管理知识和安全科技理论，也可通过安全工程技术的实践和体验，强化和提高安全文化素质，要努力达到或相当于安全工程师的知识水平，要符合国家对特殊岗位准入控制的资质要求。

（二）决策参与者的安全文化素质

（1）优秀的安全思想素质。具备这样的素质，才能真正重视人的生命价值，一切以员工的生命和健康为重，把“安全第一，预防为主”落到实处；才能树立起强烈的安全事业心和高度的安全责任感，发自内心地去关心员工的疾苦，改善恶劣的劳动条件；加强安全管理，采用先进的安全科学技术，提高安全防护能力。

（2）高尚的安全道德品质。具备正直、善良、公正、无私的道德情操和关心员工、体恤下属的职业道德，对于贯彻安全生产法律、法规、标准制度，凡要求下属做到的，必先自己做到，以身作则，率先垂范，严格要求，身体力行。

（3）综合的安全管理素质。安全管理是油库管理的重要组成部分，油库决策层要各司其职，分工负责，本着“谁主管、谁负责”的原则，深入实际，实事求是地抓好本业务中的安全工作。主要应做到：在计划、布置、检查、总结、评比生产经营工作时，必须同时计划、布置、检查、总结、评比安全工作；在安全生产问题上正确运用决定权、否决权、协调权、奖惩权；在机构、人员、资金、执法上为安全生产提供保障条件。

（4）丰富的安全法律知识和牢固的技术功底。油库决策层应有意地培养自己的安全法律法规和安全技术素质，认真学习国家和行业主管部门颁发的安全法规和有关安全技术知识，以及事故发生的规律，避免“以其昏昏，使人昭昭”，能够做到“用先进典型引导人，用事故案例警戒人，用规章制度规范人，用言传身教感化人”。

（5）扎实、求实的工作作风。要“提倡真抓实干，反对敷衍塞责；提倡身体力行，反对大话空话；提倡雷厉风行，反对办事拖拉；提倡求真务实，反对弄虚作假”。

二、油库管理人员的安全文化素质

油库管理层是指油库的中层和基层管理部门的领导及干部。他们既要服从油库决策层的管理，又要管理基层生产和经营的人员，有承上启下的作用，是生产经营决策的贯彻者和执行者，他们的安全意识和安全文化素质对整个油库的形象、油库安全管理、油库事故的控制、油库职工健康与安全的保护都具有重要影响。

（一）油库各级领导（油库管理人员）的安全文化素质

这种安全文化也称为油库管理层的安全文化。由于油库安全管理是全面管理，油库的各个部门都有各自的安全生产责任和安全生产目标。要使各职能部门负责人能真正对安全生产负起责任，就要求从根本上提高油库各级领导的安全文化素质。

油库各级领导安全文化的建设，主要是通过行政管理、法制建设和业务培训及教育的手段来实现的。达到安全生产分级管理，“责、权、利”明确，抓好安全生产监督检查，执行安全评比奖惩规定，充分发挥油库安全文化的作用和功能，做好本系统的安全生产工作。

通过学历教育、安全专业教育、继续工程教育及工作实践，油库各级领导应具有胜任领导岗位资格、带头遵章守纪，有责任、有义务保护员工在生产经营活动过程中的健康与安全，真正把“安全第一，预防为主”的方针落到实处，应具备以下安全文化素质。

（1）有关心员工安全健康的仁爱之心。“安全第一，预防为主”的观念牢固，珍惜员工生命，爱护员工健康，善良公正、宽容同情，把方便留给别人，关心体贴下属。

(2) 有高度的安全责任感。对人民生命和公共财产具有高度负责的精神，正确贯彻安全生产法律、法规、标准制度，决不违章指挥。

(3) 有多学科的安全技术知识。如油库管理、劳动保护、工业卫生、个体防护、机械安全、电气安全、防火防爆、环境保护等知识，重视现场的生产条件和作业环境，有减灾防灾的忧患意识。

(4) 有适应安全工作需要的能力。如组织协调、调查研究、逻辑判断、综合分析、写作表达、说服教育等方面的能力。

(5) 有推动安全工作前进的方法。善于学习、思维、开拓和创新，对安全工作全身心地投入。如利益驱动法、需求拉动法、科技推动法、精神鼓动法、检查促动法、奖罚激励法等。

(二) 油库安全生产专职人员的安全文化素质

安全工作专职人员是油库安全生产管理和安全技术实践的具体承担者，是油库安全生产“正规军”的技术骨干队伍，也是油库实现安全生产的重要因素和技术保障。因此，必须具有专业学历，掌握业务领域内的安全专业知识和科学技术，有生产管理的经验又懂得技术操作，精通业务，深入基层，保障安全，保护员工的健康与安全，解决生产经营活动中出现的安全技术问题是安全专职人员的基本素质。

安全生产专职人员既要懂得安全技术，又要懂得安全生产管理；既有安全科学技术理论，又有安全生产实践经验，同时又能结合油库的特点，不断总结和创新安全技术、改进生产现状。因此他们具有较高的科技安全文化素质。油库领导应特别重视和支持这种人才，大胆提拔和有计划培养、深造，也需要安全专职人员自身的刻苦钻研、勤奋实践和努力奋斗。

(三) 班组长应具备的安全文化素质

油库的基层管理者，特别是班组长，也应具有较高的安全文化素质。班组是油库的细胞，是油库生产经营的最小单位，是生产经营任务的直接完成者，“上面千条线，班组一根针”，油库的各项制度、生产指令和经营管理活动都要通过班组来落实，因而班组安全工作的好坏，直接影响着油库的安全生产和经济效益。这就需要抓好班组带头人班组长的安全文化素质的提高。

(1) 强烈的班组安全需求。珍惜生命、关心健康，把安全作为班组活动的价值取向；不仅自己不违章，而且能抵制违章指挥。

(2) 深刻的安全生产意识。深悟“安全第一，预防为主”的含义，并把它作为规范自己和全班人员行为的准则。

(3) 较多的安全技术知识。通过刻苦学习，增长安全文化知识，掌握与自己工作有关的安全技术知识，了解有关事故案例。

（4）熟练的安全操作技能。通过刻苦学习，掌握与自己工作有关的操作技能，不仅操作可靠，还帮助班内人员避免失误。

（5）自觉遵章守纪的习惯。不仅知道与自己工作有关的安全生产法规制度和劳动纪律，也熟悉班组其他岗位的操作规程，而且能够自觉遵守，模范执行，长年坚持。

（6）勤奋的履行工作职责。班前开会作危险预警讲话，班中生产进行巡回安全检查，班后交班有安全注意事项和安全记录。

（7）机敏处置异常的能力。如遇异常情况，能机敏、果断地采取补救措施，把事故消灭在萌芽状态或尽力减小事故损失。

（8）高尚的舍己救人品格。如一旦发生事故，能够在危难时刻自救、互救或舍己救人，把方便让给工友，把困难和危险留给自己。发扬互帮互爱精神，确保他人、班组、集体的安全。

三、油库一线操作层的安全文化素质

一线操作层员工是油库安全生产的操作者和实践者，操作层员工对安全生产活动的积极参与、响应和创新精神，是油库安全文化最基本和最重要的部分。

通过对物质安全文化、制度文化、精神文化及价值规范文化的宣传、学习和理解，及时有效开展油库安全科技文化知识和安全技能的培训和教育，正确的引导和针对性强的开展班组安全活动等来提高操作层员工的安全素质。

（1）操作层员工具有正确的安全人生观和安全价值观，有严谨的科学态度，遵章守纪，自觉规范行为，心中牢记油库安全目标和形象，以安全为大，以安全为荣，处处关注安全，事事保证安全，爱集体、爱油库的思想。

（2）学会岗位操作程序和操作规程，有应急本领，会处理应急情况的能力，能自救互救。

（3）操作层员工要积极参加油库的各种安全生产活动，能发现事故隐患或不安全因素。

（4）操作层员工对安全生产工作的意见和信息要及时向有关方面反映，有安全文化建设的积极性和创新性，才是油库安全文化建设长盛不衰的基本动力。

四、油库员工家属的安全文化责质

家庭生活是油库员工生活的重要领域，家庭是员工安全祥和、幸福生活的港湾，从业人员的劳动或工作的状况，甚至言行举止、思想和行为都与家庭生活（环境）有着密切的关系，家人的状况也必然给员工的思想和行为造成种种影响。因此，油库的安全文化建设一定要渗透到员工的家属层面。

员工家属的安全文化建设，主要是使家庭为员工的安全生产创造一个良好的生活环境和心理环境，为此需要家属了解员工的油库安全生产概况、工作环境、工作性质、工作规律，相关的安全生产技术及安全常识等。

油库员工家属安全文化建设，是为保障员工安全生产创造条件，建立一个安全稳定的社会环境和温暖和谐的家庭关系。人人都有一个温暖、幸福、稳定而安宁的家庭。通过家庭亲人给员工带来的关怀、支持、理解、爱护是排除后顾之忧，化解生产经营活动中的不快和愁烦，全身心地投入工作，真正做到“高高兴兴上班去，平平安安回家来”的重要保障之一。

第六节　油库安全文化建设手段与方法

油库安全文化建设除了继续探索、发展和丰富油库安全文化的理论外，更加重要的途径是通过油库的生产活动和经营实践，不断总结、提高优化。根据油库的特点和生产经营中突出的安全问题，依据近期的安全生产计划，有步骤、有阶段地执行油库安全文化建设的中长远奋斗目标，特别在油库的安全生产奋斗精神、油库的安全文明风貌、油库员工的安全意识、油库的安全生产效益等方面体现出安全文化的素质和建立的宜人的安全文化氛围。

一、油库员工安全文化素质教育投入

油库安全文化建设，也是建立安全生产机制的主要内容，同时也是员工对安全文明的需求、响应和承诺。图 11-3 是油库员工安全文化素质教育投入程序框架。

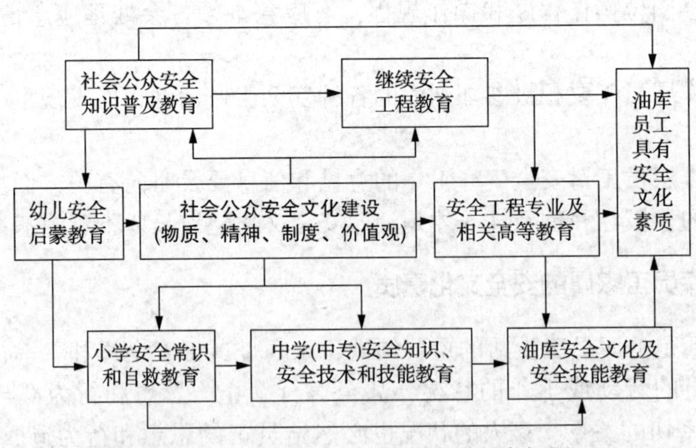

图 11-3　油库员工安全文化素质教育框图

从图中可以看出，油库安全文化素质教育投入分为两部分，一部分是社会的投入，一部分油库自身需要的投入，且社会投入大于油库投入。为加强油库安全文化素质教育，油库必须重视、落实安全文化素质教育的投入。

二、油库安全文化建设常用的手段

从国内外油库安全文化建设的理论和可取的经验表明，主要可采取以下六种办法和手段来建设油库安全文化。

(一) 管理手段

采用现代安全管理的办法，从精神与物质两方面去更有效地发挥安全文化的作用，保护员工的健康与安全。一方面以改善油库的人文环境，树立科学的人生观和安全价值观，在安全意识、思维、态度、理念、精神的基础上，形成油库安全文化背景；另一方面，通过管理的手段调节“人、设备、环境”的关系，建立一种安全文化氛围中的安全生产运行机制，达到安全管理的期望目标。例如，通过安全目标管理，安全行为管理，劳动安全卫生监督、检查，发挥行为管理作用。无隐患管理、预期型管理、油库安全人性化管理、油库安全柔性管理等，其各种途径的对象和目的集中于对人的重视和爱护。

(二) 行政手段

发挥行业、油库内部的行政和业务管理中的一切办法，贯彻政府、行业的法规、条例、标准；保证执行安全生产的各种规章制度、操作程序、操作规程；坚持“三同时”，即新建、改建、扩建工程的劳动安全卫生设施必须与主体工程同时设计、同时施工、同时投产；坚持“五同时”，即在计划、布置、检查、总结、评比生产的同时，计划、布置、检查、总结、评比安全；严格执行安全生产的奖惩制度；加强事故管理；真正贯彻管生产必须管安全的原则，并落实到油库法人代表或第一责任人头上。行政手段要充分运用制度安全文化的功能，规范员工的行为，人人遵章守纪，防止“三违”现象，保护自己、保护他人、保障油库安全生产。

(三) 科技手段

依靠科技进步，推广先进技术和成果，不断改善劳动条件和作业环境，实现生产过程的本质安全化，不断提高生产技术和安全技术水平。例如，应用和发挥安全工程技术，消除潜在危险和危害；用新设备、新工艺、新材料、新方法代替人的手工操作和笨重体力劳动，改善劳动环境减少职业危害；采用防火防爆工程、现代消防技术、阻燃隔爆等方法，减少和防止油气爆炸和火灾；采用安全系统工程、安全人机工程、闭锁技术、冗余性技术，以及能量、时间、距离控制等技术，保障“人、机、环境”和谐协调运转，保护人与设备的安全。总之利用安全文化的物质特性和物化了的技术、材料、设备、保护装置，维护生产经营活动安全卫生地进行。

(四) 经济手段

保障安全生产，不仅是保护员工在生产经营活动中的身心健康与安全，也不仅是减少意外伤亡事故及其经济损失，它还要体现生产技术与安全技术有机结合所产生的能动作用，使经济处于良性的正增长态势。特别是在市场经济条件下，怎样掌握经济的规律及其杠杆作用，实现安全生产，创造良好的劳动作业环境，保障安全所需要的投入。怎样才能科学而合理的解决投入，如何能适应油库的安全文化和经济背景，以最小的安全投入，取得最大的经济效益。例如利用安全经济的信息分析技术、安全产出的投资技术、事故直接经济损失计算技术、事故间接非价值对象损失的价值化技术、安全经济效益分析技术、安全经济管理技术、安全风险评估技术、安全经济分析与决策技术等，在安全投入、技术改造、兴建工程、安全经济决策、安全奖励等方面都显示出安全经济手段的重要作用。技术经济学和安全经济学的理论与实践是应用经济手段促进安全生产的理论依据。

(五) 法治手段

进入21世纪以来，我国立法步伐加快，安全生产方面的法律法规以及国家标准、行业标准日益健全，无法可依的时代已经过去。因此，要充分利用安全生产和工业卫生的法律法规，以及政府部门依据这些法律法规制定的一系列行政规章和有关政策，对油库的安全生产状况，包括油库的生产改造、扩建、改建或新建工程，生产经营活动等进行安全监督和监察，利用安全法制规范人的安全生产行为，实现依法治安全的长期追求。例如，宪法、刑法、工会法、劳动法、企业法、建筑法等法律中有关安全生产与职业病防治的条款；安全生产法、职业病防治法、消防法等专门法律；国务院颁布的"三大规程"和"五项规定"、危险化学品安全管理条例、工伤保险条例、建设工程安全生产管理条例等行政法规；有关安全生产的所有国家标准和行业标准；行业(部门)制定的各项安全生产规章制度等。用好这些法律规章和制度，保护油库员工的合法权益，保护其在劳动生产过程中的安全和健康。同时，也要用法制来规范员工的安全生产行为，依法惩治安全生产的违法行为。使每个员工知道遵章守法是公民的义务，是文明人对社会负责任的表现。

(六) 教育手段

教育及教化，教者，传授、指导、培训，使之变也；化者，变之结果也。此教，乃社会之文教；此化，乃受教者之文化。换言之，教育的目的，就是把一个自然人塑造成一个社会人。再通俗一点讲，教育是一种传播文化，传递生产经验和社会经验，促进世界文明的重要手段。员工的安全生产、生活以及社会公共安全的知识、态度、意识、习惯，可以通过科学技术和精神需求的教育、宣传、学习、升华，不断提高。教育是培养和造就高素质人才的必由之路。油库的全员安全教育必须常抓不懈，不断提高，以适应安全科学技术的进步和现代安全管理的需要。例如，新员工的上岗安全知识、规章制度的培训教育，特殊工种资格培训教育，油库决策者、各级生产经营管理人员、安全主管人员的任职资格教育，安全法律法规及标准的告知，油库及其危险场所潜在危险的告知，安全科普、安全文化知识教育，员工家属安全文化教育等。通过各种宣传、教育的形式和手段，来影响、塑造符合油库发展和社会文明的安全文化人。全体员工不仅具有安全生产技术、安全行为规范，还有正确的安全观念、安全思维、安全态度、意识和应急反映能力，还有安全心理和安全的精神需求，达到真正健康与安全的状态。

安全工作是精神文明建设的重要方面，安全工作中的“三不伤害”的全部内容都包括在道德范畴里面，油库安全文化建设的出发点与归宿都是“三不伤害”。做到了“三不伤害”，你就是一个高尚的、有理想、有道德的人。因此，衡量一个人道德品质如何，高尚与否，就看其对安全的态度如何，就看其在生产指挥和操作中是否能做到“三不伤害”；而能不能做到“三不伤害”就反映出你的安全文化素质如何。“三违”是对“三不伤害”的直接否定，有“三违”习惯的人，无疑是品质低劣者；“三违”现象严重的油库，无疑是精神文明和道德建设极差的油库。例如油库领导利用职权把配偶或子女从危险岗位调走，以减弱对危险部位的担心，或雇农村剩余劳动力于脏、累、苦、危害大、危险性强的工作；短期行为、违章指挥、鼓励冒险、重生产轻安全等。这既是安全问题，又是道德问题，这些问题都是油库从上到下最普遍、最习以为常的事情。人的行为一旦成了不利于人的习惯，实际上就演变为一种反文化的恶习，这是对生命的漠视，对人类自身的否定。因此，安全道德教育如同安全立法一样重要，应视为油库安全文化建设的当务之急，要下力气切实抓紧抓好。

三、油库安全文化建设的实用方法

每个油库都有自己的安全文化背景，安全生产、生活条件也不大相同，油库领导层、安全管理层及职工的安全意识和安全文化素质也不一样，建设油库安全文化的方法就会千姿百态，形式多样，各有侧重。其主要方法有：

塑造油库安全的精神法；

树立油库安全形象法；

突出油库安全风貌、道德法；

应用安全经济价值规律，提高安全生产效益法；

提高安全文化知识水平，增强自我保护意识法；

油库员工“三级安全教育”法；
管理干部任职前安全培训达标法；
安全科普知识宣传与教育法；
安全心理普及教育法；
安全行为规范教育法；
安全文艺宣教激励法；
安全专家咨询整改法；
安全科学技术宣传推广法；
安全产品质量保障法；
安全法律法规法治普及教育法；
油库“三预”活动法；
油库班组安全生产活动竞赛法；
油库班组安全文化活动推广法；
人体科学身心保护法；
安全自救常识宣讲法；
安全生产知识竞赛法；
安全职业道德培训法；
安全工程技术专业教育法；
职业卫生工程技术推广法；
现代安全管理科学普及法；
安全生产规章制度宣讲法；
油库安全生产考核奖惩法；
油库安全评价、整改法；
油库重大隐患评估法；
安全监督检查评优法；
油库定期安全检查巡回活动法；
油库主任经理安全法规教育法；
油库事故应急保安法；
防“三违”基本素质训练法；
油库安全软科学思维推荐法；
事故分析、预报、预防、减灾法；
油库安全生产信息数据处理法；
安全标识形象判断法；
国内外重大事故案例分析对比法；

油库内重大事故反思教育法；

油库安全生产竞赛重奖法；

职工安全生产家庭优胜评选活动法；

油库安全报刊优胜评比法；

油库安全生产自检、自查、整改法；

全员安全自律创优法；

安全环保综合治理法；

员工“三不伤害”评比法；

安全警句、语录、标语激励法；

员工要安全、会安全互学互助法。

油库安全文化活动的方法，集中表现为通过宣传和教育、传授和示范、理论和实践、学习和理解、思维和行动、外因和内因、心理和生理、理性和感性、道德和伦理等活动方式来开展，形成油库各具特色的行之有效的方法；虽受时间、地点、环境的限制，总能找到或创造符合油库安全生产经营活动实际的，人人喜闻乐见，不落俗套、不刻板、不乏味的好办法，以提高职工的安全文化意识和素质，保护职工的身心健康与安全的好办法。

在油库倡导和弘扬安全文化，结合当代安全文化的最新成果，依靠安全科学技术的普及，提高员工的安全意识和安全素质，是建设油库安全文化的最佳途径。其中关键之举，是通过教育和传媒的形式和手段，将安全哲理、安全思想、安全意识、安全态度、安全行为、安全道德、安全法规、安全科技、安全知识告诉、传授给职工，并影响公众，激励和造就员工的安全文化品质。只有全员的安全文化素质不断提高，油库安全文化才能真正发挥巨大作用。

附录　油库常用安全管理口诀歌

油库加油站及油料管理部门，在多年安全管理中，积累了丰富的安全管理经验，结合油库加油站的实际，经过总结、提炼上升为安全文化，且编写成易记易传的安全歌、顺口溜，在油库加油站广泛宣传、推广，并不断扩充、总结、提高，现将部分安全歌、顺口溜选编如下。

一、安全歌

多想集体，讲安全，平安工作会保险；
常想自己，警钟响，安全永远伴身边；
油料收发，要遵章，跑冒滴漏不出现；
车辆行驶，莫大意，不超不赶慢为先；
工作之余，不放松，遵章守纪练内功；
业务场所，勤查看，排除隐患睡也安。

二、安全作业三字经

抓安全，促发展，定制度，严把关。讲安全，有余年，事故出，无宁日。
查隐患，纠违章，防事故，保安全。定措施，要有方，既实际，又恰当。
抓落实，强整改，讲效率，出成果。安全经，须常念，君要记，莫大意。
人进站，心到岗，工作前，着好装。见着火，莫惊慌，报警早，损失少。
遇难题，别慌张，狠整治，真落实。多动脑，细思量，作业时，莫乱想。
纪律严，措施当，规程全，谁敢违。明责任，严纪律，互监督，重奖罚。
守规则，避危险，创平安，全家福。严是爱，松是害，安全保，油站好。

三、安全六字经

时时注意安全，处处防止事故。安全在我心中，生命在我手中。
安全在于心细，事故出自大意。营造安全氛围，创造安全环境。
宣传安全法规，普及安全知识。强化安全责任，落实安全措施。
要想合家欢乐，牢记安全操作。只有麻痹吃亏，没有警惕上当。
严禁违章违规，确保安全操作。只有防而不实，没有防不胜防。

四、安全七字经

全神贯注差错少，马虎大意事故多。熟读规程千万遍，恰如卫士身边站。
居安思危年年乐，警钟长鸣岁岁欢。反违章铁面无私，查隐患寻根究底。
设备巡视莫粗心，运行操作要认真。出事故手忙脚乱，酿苦酒辛酸难咽。
执行安规不认真，等于疾病染上身。黄泉路上无老小，屡屡违章先报到。
安全第一忘不得，违章作业干不得。侥幸心理有不得，盲目操作了不得。
不讲卫生要生病，不讲安全要送命。万丈高楼平地起，安全教育是根基。
安全第一要牢记，不可粗心和大意。一人把关一处安，众人把关稳如山。
违章违纪不去抓，害人害己害大家。居安思危险不至，麻痹大意祸降临。
烟头虽小是火源，乱丢烟头有危险。条条规程血写成，人人作业必执行。
苍蝇不叮无缝蛋，事故专找大意人。灾害常生于疏忽，祸患多起于粗心。
见了违章严批评，道是无情却有情。安全靠我们创造，我们靠安全生存。
镜子不擦拭不明，事故不分析不清。事故教训是镜子，安全经验是明灯。
安全技术不学习，遇到事故干着急。平时多练基本功，安全作业显神通。
安全工作时时抓，精心操作细检查。安全工作严是爱，处理事故松是害。
严格要求安全在，松松垮垮事故来。违章行为不狠抓，害人害己害国家。
你对违章讲人情，事故对你不留情。重视安全硕果来，忽视安全遭祸害。
快刀不磨会生锈，安全不抓出纰漏。见火不救火烧身，有章不循祸缠身。
平时有张婆婆嘴，胜过事后妈妈心。唠唠叨叨为你好，千叮万嘱事故少。
麻痹与痛苦共存，幸福与安全同在。语言尖刻比蜜甜，幸福莫忘安全员。
千方百计抓安全，群策群力防事故。千日防险不出险，一朝大意事故来。
铲除杂草要趁小，整改隐患要赶早。安全工作时时想，胜过领导天天讲。
违章作业根挖掉，安全工作才可靠。遵章守纪阳光道，违章违规独木桥。
上岗安全忘一旁，好比身后藏只狼。作业之中忌嬉闹，分散精力事故冒。
小病不治成大疾，隐患不除出事故。宁为安全慢一分，不为违章快一秒。
安全措施要做细，疏忽大意出问题。安全第一是灵魂，杜绝违章是根本。
违章操作祸无穷，事故出在鲁莽中。麻痹大意违章程，祸根出在这当中。
违章操作快一时，贪小失大苦一世。一次违章松松手，百件事故跟你走。
时时刻刻不违章，分分秒秒讲安全。寒霜偏打无根草，差错专找违章人。
爱岗敬业是本分，遵章作业是责任。反违章铁面无私，查隐患寻根究底。

五、消防知识口诀

火灾起自条件三，可燃助燃点火源，三去其一火自完。

灭火方法有四点，一冷却来二隔离，三要窒息四抑制。
防火安全责任制，一年到头要落实，谁负责来谁主管。
所有岗位明火险，会报火警会防范，灭火器材要熟练。
报警电话要讲全，何地何人何物燃，迎接警车路口边。
着火先要救人员，救完重点救一般，轻重缓急会决断。
防火间距合规范，不损不占消火栓，消防标志要明显。
电器保险用专件，不可钢铁来代换，不超负荷使用电。
火灾袭来速疏散，披湿衣物贴地面，捂住口鼻穿浓烟。
身上着火把滚翻，别嫌难看别乱窜，躲到阳台忙呼喊。
心中有了防火弦，消防之经要常念，保平安来万家欢。

参 考 文 献

[1] 范继义．油库安全工程全书[M]．北京：中国石化出版社，2009.
[2] 郭继坤，王 丰．油库安全管理[M]．北京：中国石化出版社，1997.
[3] 陈书耀．油库加油站风险辨别与管理[M]．北京：中国石化出版社，2010.
[4] 陆朝荣．油库安全事故案例剖析[M]．北京：中国石化出版社，2006.
[5] 马秀让．油库设计实用手册[M]．2 版．北京：中国石化出版社，2014.
[6] 马秀让．石油库管理与整修手册[M]．北京：金盾出版社，1992.
[7] 马秀让．油库工作数据手册[M]．北京：中国石化出版社，2010.

编后记

20年前，我和老同学范继义曾参加《油库技术与管理手册》一书的编写，2012年我们两个老战友、老同学、老同乡、“老油料”，人老心不老，在新的挑战面前不服老，不谋而合地提出合编《油库业务工作手册》。两人随即进行资料收集，拟定编写提纲，并完成部分章节的编写，正准备交换编写情况并商量下一步工作时，范继义同志不幸于2013年6月离世。范继义的离世，我万分悲痛，也中断了此书的编写。

范继义同志是原兰州军区油料部高级工程师。他一生致力于油料事业，对油库管理，特别是油库安全管理造诣很深，参加了军队多部油库管理标准的制定，编写了《油库设备设施实用技术丛书》《油库安全工程全书》《油库技术与管理知识问答》《油库安全管理技术问答》《油库加油站安全技术与管理》《油库千例事故分析》《加油站百例事故分析》《油罐车行车及检修事故案例分析》《加油站事故案例分析》等图书。他的离世是军队油料事业的一大损失，我们将永远牢记他的卓越贡献。

范继义同志走后，我本想继续完成《油库业务工作手册》的编写，但他留下的大量编写《油库业务工作手册》素材的来源、准确性无法确定及他编写的意图很难完全准确理解，所以只好放弃继续完成这本巨著。但是其中很多素材是非常有价值的，再加上自己完成的部分书稿和积累的资料和调研成果，于是和石油工业出版社副总编辑章卫兵、首席编辑方代煊一起策划了《油库技术与管理系列丛书》。全套丛书共13个分册，从油库使用与管理者实际工作需要出发，收集了国内外油库管理及建设的新知识、新技术、新工艺、新标准、新设备和新材料，总结了国内油库管理的新经验和新方法，涵盖了油库技术与业务管理的方方面面。希望这套丛书能为读者提供有益的帮助。

马秀让

2016.9